MOMENT DER ENTSCHEIDUNG

Wie wir mit Lehren aus der Erdgeschichte die Klimakrise überleben können

MICHAEL E. MANN

in der deutschen Übersetzung von
Matthias Hüttmann und Tatiana Abarzúa

Impressum

Herausgeber: Deutsche Gesellschaft für Sonnenenergie (DGS), Landesverband Franken e.V.
Fürther Straße 246c, 90429 Nürnberg • www.dgs-franken.de

Vertrieben durch: oekom verlag München
Gesellschaft für ökologische Kommunikation mbH, Goethestraße 28, 80336 München • www.oekom.de

Redaktion, Konzeption: Matthias Hüttmann
Traubenstraße 39, 90617 Puschendorf • www.pressebuero-huettmann.de

Übersetzung: Matthias Hüttmann, Puschendorf, Tatiana Abarzúa, Berlin
Lektorat: Eva Augsten, Hamburg

Layout, Satz: Satzservice S. Matthies, Weimar

Cover-Design: Bild von Olena – stock.adobe.com / ISTANBUL2009 – stock.adobe.com
Bearbeitung Satzservice S. Matthies

Druck: GGP Media GmbH, Pößneck

1. Auflage 2024

ISBN: 978-3-98726-069-8

MIX
Papier | Fördert gute Waldnutzung
FSC® C014496

Dieses Buch wurde mit mineralölfreien Biodruckfarben gedruckt.
Das Papier ist holz-, säure- und chlorfrei.

Im Original erschienen bei PublicAffairs, Hachette Book Group
1290 Avenue of the Americas, New York, NY 10104
www.publicaffairsbooks.com

Originaltitel: Our Fragile Moment: How Lessons from Earth's Past Can Help Us Survive the Climate Crisis

Meiner Frau Lorraine Santy
und meiner Tochter Megan Dorothy Mann
Im Gedenken an meinen Bruder, Jonathan Clifford Mann,
und meine Mutter, Paula Finesod Mann

Inhalt

Vorwort

Es ist unbestreitbar: Wir leben kollektiv in einem globalen, epochalen Umbruch, den es in der Menschheitsgeschichte mit so vielen Menschen auf der Erde noch nie gegeben hat. Acht Milliarden Menschen, die mit dem versorgt werden müssen, was überhaupt notwendig ist, um zu Leben. Die absoluten Grundlagen müssen gewährleistet sein, wie die Lebensmittelversorgung und Zugang zu sauberem Trinkwasser. Schließlich bedarf es auch einer friedvollen Umgebung, damit ein Miteinander auch in der Zukunft bestehen kann. Spätestens die Corona-Pandemie hat uns gezeigt, wie sehr wir global aufeinander angewiesen sind. Letzten Endes stellt sich auch die ethische Frage, was es bedeutet, wenn die Existenzgrundlage der Menschheit achtlos weiter gefährdet wird, obwohl alle Fakten schon längst klar sind und die Grundlagen gar bis ins Jahr 1822 zum französischen Mathematiker und Physiker Joseph Fourier zurückreichen.

Wie kann es sein, dass wir bereitwillig alles aufs Spiel setzen, was wir lieben und schätzen? Die Klimawissenschaft ist ausgeforscht, bezogen auf die notwendigen Handlungen, um eine sich weiter fortschreitende, katastrophale Entwicklung einzuschränken. Es ist eindeutig: Wir müssen so schnell wie möglich aus den fossilen Energieträgern aussteigen und das zusätzliche CO_2, was wir freisetzen, unterbinden. Denn es torpediert den natürlichen Kohlenstoffkreislauf und stört somit die Energiebilanz des Planeten. Immer mehr Wärme verbleibt im System und sorgt für Zerstörungen, die sich über Generationen fortsetzen werden. Die Veränderungen sind derart tiefgreifend und in allen Bereichen derart massiv, dass ein passives »weiter so« ein enormes Risiko darstellt, die Lebensgrundlagen der gesamten Menschheit zu zerstören.

Es gibt keine positiven Entwicklungen in der globalen Erhitzung, denn die Veränderungen finden rasant statt. Weder Pflanzen noch Tiere, aber auch wir Menschen können uns nicht dauerhaft an diese dynamische Entwicklung anpassen. Das ist alles bekannt. Neue Erkenntnisse aus Forschungsergebnissen bestätigen stetig bereits anerkannte und verstandene Fakten, die sich nicht ignorieren lassen. Physik ist für alle Menschen gültig, und die Veränderungen sind systematisch.

In diesem Buch reist Michael Mann aus der Vergangenheit bis in die Gegenwart und zeigt die natürlichen Veränderungen auf unserer Erde und über Epochen hinweg. Der erfahrene, international anerkannte, mehrfach ausgezeichnete Klimawissenschaftler verdeutlicht, welche gewaltigen Kräften die Erde immer wieder verändert haben. Dabei legt er dar, dass wir bisher in einer stabilen Zeit im Holozän gelebt haben, die uns überhaupt die Entwicklung bis in die heutige Gegenwart ermöglicht hat.

Mit fossilen Energieträgern sind wir als Menschheit weit gekommen, haben aber den Absprung verpasst, als es optimal war, aufzuhören Kohle, Öl und Gas zu verbrennen. Eines ist dennoch klar: Wir Menschen bestimmen was in der Zukunft sein wird.

Wir sind die letzte Generation, die den Klimaschutz umsetzen kann. Die Generation, die jetzt gefordert ist, das Pariser Abkommen als Mindestmaß zu erfüllen, da sich bei einer Abweichung der globalen Durchschnittstemperatur um 1,2 °C bereits extreme Auswirkungen weltweit zeigen. Außerdem werden Kipppunkte immer wahrscheinlicher, einige gelten sogar als bereits getriggert.

Fundiert und sehr gut verständlich, dazu mit Lösungswegen, zeigt Professor Michael Mann, was zu tun ist und welche Veränderungen im Klimasystem es bezogen auf die kulturelle Entwicklung der Menschheit im Laufe der Zeit gab.

Es wird klar, die Natur ist zu Veränderungen im Stande, die leicht unsere Existenz gefährden können. Dass wir einfach nebenbei einen epochalen Umbruch provozieren und auf das austarierte Gleichgewicht im Erdsystem einschlagen, ist tragisch. Die komfortable Stabilität des Holozäns kommt zu einem Ende, insbesondere wenn wir nicht beginnen, uns selbst zu schützen. Es steht uns frei, welchen Pfad wir begehen wollen, denn das Großartige an uns Menschen ist: Wir können entscheiden, wie wir leben wollen.

Es ist unsere Entscheidung.
Und der »Moment der Entscheidung« ist jetzt.

Özden Terli, Diplom Meteorologe.
Bluesky: @terliwetter.bsky.social
Mainz im Januar 2024

Einführung

Wir leben auf einem Planeten, der nicht besser sein könnte. Er hat Wasser, eine sauerstoffreiche Atmosphäre und eine Ozonschicht, die das Leben vor schädlichen ultravioletten Strahlen schützt. Er ist weder zu kalt, noch zu heiß, alles scheint genau richtig für das Leben. Trotz unserer andauernden Suche – die dank des kürzlich in Betrieb genommenen James-Webb-Teleskops nun fast 14 Milliarden Lichtjahre in den Weltraum reicht – haben wir bisher keinen anderen Planeten im Universum mit solch günstigen Bedingungen gefunden. Es ist fast so, als ob dieser Planet, die Erde, für uns geschaffen wäre. Und dennoch war sie es ursprünglich nicht.

Die Erde hat in der überwiegenden Zeit ihrer 4,54 Milliarden Jahre gezeigt, dass sie gut ohne Menschen auskommt. Die ersten Hominiden – die Urmenschen – tauchten vor etwas mehr als zwei Millionen Jahren auf. Erst vor 200.000 Jahren hat der moderne Mensch die Erde betreten. Und menschliche Zivilisationen gibt es gerade mal knapp seit 6.000 Jahren, das sind 0,0001 Prozent der Erdgeschichte – ein flüchtiger Augenblick in der geologischen Zeit.

Was hat uns diesen Zeitraum einer den Menschen freundlich gesonnenen Erde eröffnet, der zugleich so labil ist? Ironischerweise ist es genau das, was uns jetzt bedroht: der Klimawandel. Ein Asteroideneinschlag vor 65 Millionen Jahren, der einen globalen Staubsturm auslöste, kühlte den Planeten ab, tötete die Dinosaurier und ebnete den Weg für unsere Vorfahren – winzige, spitzmausgroße Ur-Säu-

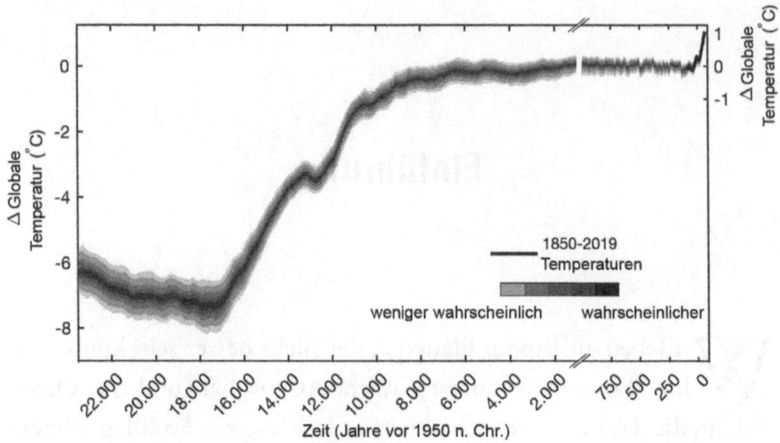

Abbildung 1: Geschätzte Veränderungen der globalen Durchschnittstemperatur der letzten 24.000 Jahre. Der einzigartige Augenblick (siehe Original-Buchtitel »*Our Fragile Moment*«) wird durch den Zeitraum von vor etwa 6.000 Jahren bis zur Mitte des 20. Jahrhunderts definiert (hier: der »Nullpunkt« der Zeitachse).

getiere, die umher huschten und sich vor ihren saurierartigen Fressfeinden versteckten. Nun, ohne die Dinosaurier, konnten diese Tiere aus dem Schatten heraustreten, neue Nischen besetzen und sich über Generationen an diese anpassen, um Primaten, Affen und schließlich uns hervorzubringen. Ein Ereignis wie der Asteroideneinschlag wäre für die moderne menschliche Zivilisation verheerend, wenn es heute eintreten würde. Doch unsere wirkliche und akute Bedrohung geht von der Verbrennung fossiler Brennstoffe und der Luftverschmutzung durch Kohlenstoffdioxid (CO_2) aus. Eine Erwärmung der Erde, und nicht deren Abkühlung, ist unser heutiges Problem.

Das Klima hat uns von Anfang an geprägt und geleitet. Die Austrocknung der Tropen im Zuge der Abkühlung des Planeten während des Pleistozäns vor 2,5 Millionen Jahren schuf eine Nische für frühe Hominiden, die Beute jagen konnten, als die Wälder in den afrikanischen Tropen den Savannen wichen. Doch heute drohen in vielen Regionen Dürre und Flächenbrände. Die plötzliche Abkühlung im

Nordatlantik vor 13.000 Jahren, die als Jüngere Dryaszeit bekannt ist und gerade eintrat, als die Erde die letzte Eiszeit hinter sich ließ, war eine Herausforderung für die Jäger und Sammler, und trieb die Entwicklung der Landwirtschaft im sogenannten fruchtbaren Halbmond voran [Winterregengebiet am nördlichen Rand der Syrischen Wüste, gilt als Ursprungsgebiet von Ackerbau und Viehzucht, Anm. d. Ü.]. Die der mittelalterlichen Warmzeit folgende kleine Eiszeit im 16. bis 19. Jahrhundert führte später in weiten Teilen Europas zu Hungersnöten und Seuchen und trug etwa zum Zusammenbruch der grönländischen Siedlungen im Norden bei. Eine ähnliche Abkühlung des Nordatlantiks zeichnet sich heute ab, da das Grönlandeis schmilzt, das Wasser des Nordatlantiks auffrischt und das System der nordwärts gerichteten Meeresströmungen unterbricht. Dies könnte die Fischpopulationen bedrohen und damit unsere Möglichkeiten einschränken, einen hungrigen Planeten zu ernähren. Für einige, wie die Niederländer, war die kleine Eiszeit jedoch ein Segen, da sie die stärkeren Winde nutzen konnten, um ihre Seereisen zu verkürzen. Die niederländischen West- und Ostindien-Kompanien wurden zu den dominierenden Seehandelsgesellschaften und besaßen fast ein Monopol auf die europäischen Schifffahrtsrouten nach Süd- und Nordamerika, Afrika, Australien und Neuseeland. Sie schienen die Welt zu beherrschen. Eine Zeit lang. So wie es die Dinosaurier taten – eine Zeit lang.

Wie wir sehen, ist die Geschichte des menschlichen Lebens auf der Erde eine komplizierte. Klimaschwankungen haben zuweilen neue Nischen geschaffen, die wir Menschen oder unsere Vorfahren zu nutzen wussten. Sie sorgten auch für Herausforderungen, die verheerende Folgen hatten und dann zu Innovationen führten. Doch die Bedingungen, welche es den Menschen ermöglichen, auf der Erde zu leben, sind unglaublich fragil, und es gibt nur einen relativ engen Bereich an Klimavariabilität, innerhalb dessen die menschliche Zivilisation lebensfähig bleibt. Heute versorgt unsere riesige gesellschaftliche Infrastruktur mehr als acht Milliarden Menschen. Diese Größenordnung übersteigt die natürliche »Tragfähigkeit« der Erde, also die Ressourcengrenzen, die unser Planet ohne die menschliche Technologie bereitstellen könnte. Zudem ist unsere Infrastruktur nur so lange stabil, wie die Bedingungen, die während ihrer Entwicklung herrschten, unverändert bleiben.

Die CO_2-Konzentration in der Atmosphäre ist heute so hoch wie noch nie seit der Zeit, in der frühe Hominiden in den afrikanischen Savannen auf die Jagd gingen. Sie liegt jetzt schon außerhalb des Bereichs, in dem unsere Zivilisation entstanden ist. Wenn wir weiterhin fossile Brennstoffe verbrennen, ist es wahrscheinlich, dass sich der Planet über die Grenze unserer kollektiven Anpassungsfähigkeit hinaus erwärmen wird. Wie nah sind wir an dieser Grenze? Auf den folgenden Seiten versuche ich, diese Frage zu beantworten.

Wir werden uns ansehen, wie wir in diese Lage gekommen sind. Und wir werden das unglaubliche Geschenk betrachten, das uns der Planet auf unserem Weg gemacht hat: Ein stabiles Klima, damit wir Menschen nicht nur überleben, sondern uns entwickeln können. Und wir werden erfahren, wie sehr wir unsere Zivilisation gefährden, wenn wir unseren derzeitigen Weg fortsetzen. Außerdem werden wir uns mit der *Paläoklimatologie* befassen, der Erforschung der klimatischen Verhältnisse der erdgeschichtlichen Vergangenheit. Daraus lassen sich entscheidende Lehren für die größte Herausforderung ziehen, der wir uns als Spezies stellen müssen. Denn, wie Sie zweifellos bereits wissen, stehen wir vor einer Klimakrise. Auf den folgenden Seiten werde ich Sie mit dem Wissen ausstatten, das Sie brauchen, um das Ausmaß der sich anbahnenden Bedrohung zu erkennen, und Sie gleichzeitig ermutigen, zu handeln, bevor es wirklich zu spät ist. Nur wenn wir die Klimaveränderungen der Vergangenheit verstehen und wissen, was sie uns über die Umstände sagen, unter denen wir gedeihen konnten, können wir zwei scheinbar widersprüchliche Realitäten verstehen. Auf der einen Seite ist da die absolute Zerbrechlichkeit dieses Augenblicks (siehe Original-Buchtitel »*Our Fragile Moment*«), die uns quasi täglich durch jeden verheerenden Flächenbrand, jeden

»Jahrhundert-Hurrikan« oder jeden Tag mit Temperaturen von über 43 °C vor Augen geführt wird. All das sind Anzeichen dafür, dass wir in den Abgrund eines unbewohnbaren Planeten zu schlittern drohen. Andererseits zeigt das Studium der Erdgeschichte, dass das Klima bis zu einem gewissen Grad resilient ist. Der Klimawandel ist eine Krise, jedoch eine *lösbare* Krise.[1]

Ein wichtiger Punkt, auf den wir im Laufe dieses Buches immer wieder zurückkommen werden, ist folgender: Wir müssen die *wissenschaftliche Unsicherheit* akzeptieren. Der wissenschaftliche Prozess baut auf sich selbst auf. Es kommen neue Daten ans Licht, die uns helfen, unser Wissen zu präzisieren. Manchmal ändern sie unsere Auffassung. Viele Klimawandelleugner benutzen diese Ungewissheit, um Untätigkeit im Zusammenhang mit dem Klimawandel zu rechtfertigen. Wir können uns nicht darauf verlassen, so die Argumentation, würden womöglich gar in einer Weise überreagieren, die etwa der Wirtschaft schaden könnte. Doch genau das Gegenteil ist der Fall. Viele der wichtigsten Klimaauswirkungen – die Zunahme tödlicher und verheerender extremer Wetterereignisse, der Verlust von Gletschereis und die daraus resultierende Überflutung unserer Küsten – haben die früheren wissenschaftlichen Prognosen bereits übertroffen. Die Ungewissheit ist nicht auf unserer Seite. Sie ist vielmehr ein sehr guter Grund für noch größere Vorsicht und konzertiertere Maßnahmen.

Eine Folge dieser Ungewissheit ist, wie wir sehen werden, dass die Antworten nicht immer eindeutig sind. Dies gilt insbesondere, wenn wir in der Zeit zurückgehen und die Daten sowohl spärlicher als auch unschärfer werden. Wir versuchen instinktiv, einfache Analogien zu finden und endgültige Schlussfolgerungen zu ziehen. Aber so funktioniert die Wissenschaft nicht, und ein komplexes System wie das Erdklima funktioniert ganz sicher nicht auf diese Weise. Wir müssen uns also auch auf Nuancen einlassen. Denn dies ist tatsächlich eines unserer besten Werkzeuge bei der Suche nach Antworten auf die wichtigsten Fragen zu unserer Klimavergangenheit und unserer Klimazukunft.

Verschiedene wissenschaftliche Studien kommen oft zu zumindest leicht unterschiedlichen Schlussfolgerungen. Nur wenn wir die kollektiven Beweise zahlreicher wissenschaftlicher Studien bewerten, kommen wir zu eindeutigeren Schlussfolgerungen und beginnen, einen wissenschaftlichen Konsens zu erzielen. Ich habe diese Geschichte von Ira Flatow, dem liebenswürdigen Moderator des NPR-Senders *Science Friday*, über eine Untersuchung des Kongresses zur potenziellen Bedrohung durch Flugreisen mit Überschallgeschwindigkeit in den frühen 1970er Jahren immer geliebt:

> Senator Edmund Muskie aus dem US-Bundesstaat Maine war der Vorsitzende des Ausschusses, der die Antworten auf diese Fragen finden sollte. Er beauftragte seinerseits einen hochrangigen Ausschuss der Nationalen Akademie der Wissenschaften (NAS) mit der Untersuchung dieser Frage. Sechs Monate später sollten sie dem Ausschuss des Kongresses Bericht erstatten. Journalisten aller Zeitungen waren anwesend und die Kameras liefen.
>
> Der leitende Wissenschaftler des Ausschusses sagte: »Senator, wir sind bereit auszusagen«, und Muskie antwortete: »Okay, sagen Sie mir, wie die Antwort lautet. Stellt die Sache eine Gefahr dar?« Daraufhin schlug der Wissenschaftler seinen riesigen Stapel Papiere auf den Schreibtisch und sagte: »Ich habe hier diese Dokumente, die uns eindeutig sagen, dass es gefährlich werden wird.« Muskie wollte schon die Untersuchung abschließen, doch dann warf der NAS-Wissenschaftler ein: »Andererseits habe ich hier noch eine Reihe von anderen Unterlagen, die besagen, dass diese Papiere nicht gut genug sind, um die Antwort zu kennen.« Erschöpft blickte der Senator auf und schrie: »Kann mir jemand einen einhändigen Wissenschaftler besorgen?!«[2]

Es ist eine niedliche Geschichte, aber mit einer ernsten Botschaft. Jeder will einen »einhändigen Wissenschaftler«, nur so funktioniert Wissenschaft nicht.

Erschwerend kommt hinzu, dass Pressemitteilungen und Medienberichte dazu neigen, spektakuläre Studien hervorzuheben: Studien mit angeblich schockierenden neuen Entdeckungen, die Klicks und Seitenaufrufe erzielen. So kommt es zum so genannten Peitschenhiebeffekt. Dabei erfahren wir in einer Woche von einer Studie, die offenbart, dass es gesund ist, Schokolade zu essen oder Kaffee oder Wein zu trinken, also die guten Dinge zu genießen, die das Leben zu bieten hat. Das jedoch nur, um in der darauffolgenden Woche eine Schlagzeile über eine neue Studie zu lesen, die besagt, dass dies alles schlecht für uns ist.[3]

Das Ergebnis ist ein verzerrtes Bild der wissenschaftlichen Erkenntnisse. Sie scheinen polarisierter und unbeständiger, als sie tatsächlich sind. Dieses Phänomen lässt sich leicht in der Klimadiskussion beobachten, wo uns beispielsweise in der einen Woche gesagt wird, dass der Grönländische Eisschild (GIS) möglicherweise am Rande des Zusammenbruchs steht und uns ein Anstieg des Meeresspiegels droht, während eine Studie in der folgenden Woche darauf hindeutet, dass es stabiler ist, als wir dachten. Wir werden häufig mit düsteren Schlagzeilen über »Weltuntergangsgletscher und »Methanbomben« bombardiert, die das immer noch düstere, aber differenziertere und vor allem *weit weniger hoffnungslose* Bild verfälschen, das sich aus einer objektiven Bewertung der zugrunde liegenden wissenschaftlichen Erkenntnisse ergibt.

In Anbetracht der Ungewissheit und ihrer Auswirkungen werden wir uns mit der großen Frage befassen, die uns alle beschäftigt: Sind wir dem Untergang geweiht? Die Antwort darauf ist, dass es ganz an uns liegt. Die vielen Hinweise aus den paleoklimatischen Daten – die Belege für die bisherigen klimatischen Veränderungen auf der Erde – liefern uns sogar eine Vorlage dafür, was wir tun müssen, um unseren kritischen Zustand zu stabilisieren. Die größte Bedrohung für sinnvolle

Klimaschutzmaßnahmen besteht heute nicht mehr in der Leugnung, sondern in Verzweiflung und Untergangsstimmung, die auf der fehlerhaften Vorstellung beruhen, dass es zu spät sei, etwas zu tun. Unsere Überprüfung der paläoklimatischen Aufzeichnungen wird uns vom Gegenteil überzeugen.

Zwischen der menschlichen Spezies und dem Klima, das sie genießt, besteht eine Wechselwirkung. Menschliche Handlungen, insbesondere die Verbrennung fossiler Brennstoffe und die Luftverschmutzung durch Treibhausgase, haben die Entwicklung unseres Klimas in den letzten zwei Jahrhunderten beeinflusst, aber die längerfristige Entwicklung unseres Klimas hat auch *uns* beeinflusst. Das ist es, was uns in die heutige Lage gebracht hat. Wenn wir auf diese Entwicklung zurückblicken, können wir Erkenntnisse darüber gewinnen, welche Zukunft möglich ist. In meinem letzten Buch *The New Climate War (dt. Ausgabe: Propagandaschlacht ums Klima)* habe ich die Lobbyarbeit der fossilen Brennstoffindustrie und ihrer Förderer während des letzten halben Jahrhunderts untersucht, die uns bisher daran gehindert hat, die notwendigen Maßnahmen zu ergreifen, um einen katastrophalen Klimawandel abzuwenden. Den gezielten Anstrengungen dieser Konzerne haben wir es zu verdanken, dass wir heute an die Grenze des für uns Menschen erträglichen Lebens stoßen.

In diesem Buch drehe ich die Perspektive um. Wir werden uns ansehen, welchen Einfluss die Klimageschichte der Erde auf uns hatte, und was wir daraus lernen können. Aber denken Sie daran, dass das Paläoklima nur eine der Argumentationslinien ist. Es kann und wird nicht alle Fragen beantworten, die wir uns in Bezug auf den vom Menschen verursachten Klimawandel stellen. Schon allein deshalb nicht, weil es in unserer Vergangenheit keine perfekte Analogie für das gibt, was uns in der Zukunft möglicherweise bevorsteht. Aber zusammen mit den Erkenntnissen aus den modernen Klimaaufzeichnungen und den Hinweisen aus neuesten Klimamodellen der Erde gibt uns die Geschichte Aufschluss darüber, wie heikel dieser momentane Zustand ist. Sie unterstreicht sowohl die Dringlichkeit von Maßnahmen, um die sich verschärfende Klimakrise abzumildern und uns anzupassen, als auch die Möglichkeiten, die wir noch haben, um eine Katastrophe abzuwenden.

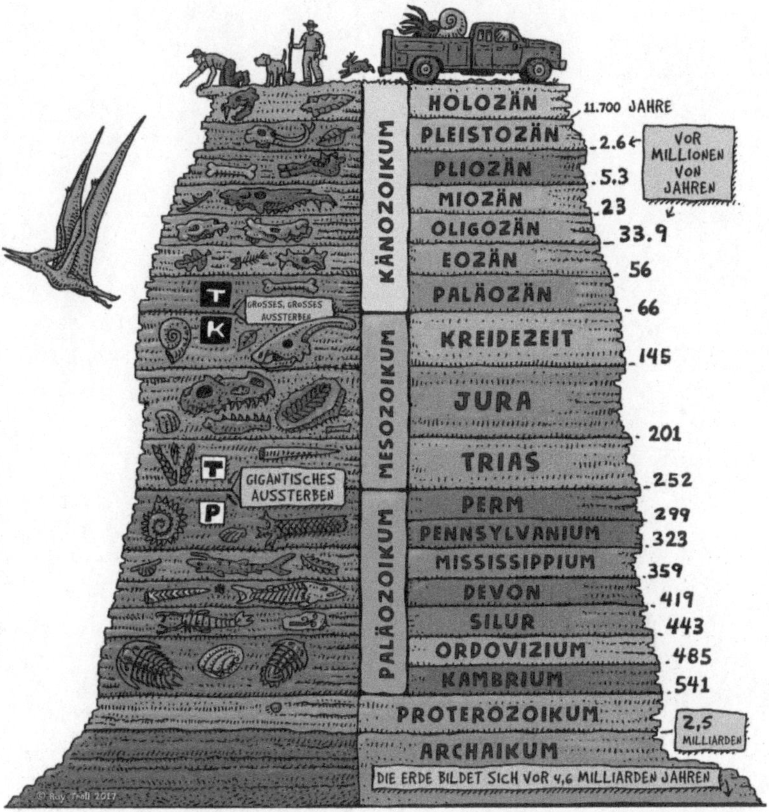

Abbildung 2: Die geologische Zeitskala [Andere Begriffe: Oberkarbon für Pennsylvanium, Unterkarbon für Mississippium, Erdurzeit für Archaikum, Anm. d. Ü.]

KAPITEL 1

Unser Augenblick ist gekommen

Wir stehen an einem Scheideweg der Menschheitsgeschichte. Nie zuvor war ein Augenblick so gefährlich und zugleich so vielversprechend. Wir sind die erste Spezies, die die Evolution selbst in die Hand genommen hat.

– CARL SAGAN, *Broca's Brain*

Angesichts der von uns verursachten Erwärmung des Planeten birgt unsere derzeitige Notlage eine gewissen Ironie. Denn tatsächlich verdanken wir unsere eigene Existenz einem Wandel des Klimas, wenn auch einem der *natürlichen* Art. Ein heftiger Asteroideneinschlag hier, ein plötzlicher Erwärmungsschub dort, dazu ein Zusammenstoß tektonischer Platten und ein kollabierendes System nordwärts gerichteten Meeresströmungen – fertig ist die Mischung. Ohne eine solche außergewöhnliche Abfolge von Klimaereignissen und -unfällen wären wir gar nicht erst in die Lage gekommen, diesen Planeten bevölkern und verändern zu können.

UNSERE ENTSTEHUNG

Der Klimawandel hat uns von Anfang an geprägt. Diese Aussage ist schlicht, doch die Geschichte dahinter ist es nicht. Nicht alle evolutionären oder gesellschaftlichen Entwicklungen sind auf Umweltveränderungen zurückzuführen, schon gar nicht allesamt auf den Klimawandel. Einige spiegeln lediglich das langsame, aber stetige Fortschreiten der natürlichen Auslese wider, die auf Umweltbedingungen, zufällige Erkenntnisse und Innovationen beruht. Es besteht jedoch kein Zweifel daran, dass einige der wichtigsten Entwicklungen, die uns zu dem gemacht haben, was wir heute sind, durch Klimaereignisse ausgelöst wurden. Fangen wir ganz am Anfang an.

Man könnte behaupten: Die theoretische *Möglichkeit* menschlichen Lebens eröffnete sich mit dem Hervortreten des ersten lebenden Organismus aus dem Urschlamm vor etwa vier Milliarden Jahren. Aber in Wirklichkeit fing es erst mehrere Milliarden Jahre später an – genauer gesagt vor 66 Millionen Jahren – als ein riesiger Asteroid auf der Erde einschlug. Er war fast zwölf Kilometer breit und bewegte sich mit gut 40.000 Stundenkilometern, also mehr als 30-mal so schnell wie die Schallgeschwindigkeit. Er hinterließ einen gut 150 Kilometer breiten Krater, der heute, zum Teil unter Wasser, vor der Küste der Yucatan-Halbinsel in Mittelamerika liegt. Die spektakuläre Kollision schleuderte eine riesige Trümmerwolke in die Atmosphäre, die Sonnenlicht nicht mehr durchließ und den Planeten rasch abkühlte. Etwa 80 Prozent aller Tierarten verschwanden, einschließlich der nicht-vogelartigen Dinosaurier. Die vogelartigen Dinosaurier wiederum stellten als direkte Nachfahren der Dinosaurier eine eigene Unterklasse dar, die überlebte.

Wie wir im Laufe dieser Geschichte sehen werden, liegt in dem, was für die einen eine Tragödie ist, für andere oft eine Chance. Eine wichtige Folge dieses katastrophalen Ereignisses war, dass für unsere noch sehr weit entfernten Vorfahren die wichtigsten natürlichen Feinde wegfielen. Die kleinen nagetierähnlichen Säugetiere, die sich zwischen den Felsen versteckt hatten, konnten aus ihren Verstecken hervorkommen und neue Nischen besetzen. Die Kollision markierte das Ende des Mesozoikums – dem Zeitalter der Dinosaurier – und den Beginn des Känozoikums – dem *Zeitalter der Säugetiere*.

Vor etwa 56 Millionen Jahren – eine in geologischen Maßstäben kurze Zeit – und etwa zehn Millionen Jahre nach dem Aussterben der Dinosaurier, stellte ein *natürlich auftretender* Klimawandel die Lebewesen vor eine neue Aufgabe. In diesem Fall handelte es sich um eine plötzliche Erwärmungsphase, die als »Paläozän-Eozän-Wärmemaximum« oder auch PETM, bekannt ist. Sie trat zu Beginn der 20 Millionen Jahre langen sogenannten »Eozän-Epoche« auf. Die Wärme führte zu einem evolutionären Druck, der eine Nische für eine ganz neue Ordnung von Säugetieren eröffnete – *den Primaten*. Der erste von ihnen war ein primitives Lemuren ähnliches Geschöpf namens *Dryomomys*. Es war in der Tat unser Vorfahre, auch wenn man es sich angesichts seiner Länge von gut zwölf Zentimetern und seiner frugalen Ernährung eher schwer auf einem Erntedankfest vorstellen kann[1], [das Thanksgiving-Dinner, zu dem US-Amerikaner traditionell ihre Familie einladen, Anm. d. Ü.].

Die warmen, feuchten Treibhausklimata des frühen und mittleren Eozäns begünstigten auch eine Zunahme der Pflanzenvielfalt, die wiederum neue ökologische Nischen für Primaten schuf. Feuchte tropische und subtropische Wälder ermöglichten es den frühen, auf Bäumen lebenden Primatenarten, sich zu diversifizieren und in Nordamerika, Eurasien und Afrika auszubreiten. Im Laufe des mittleren und späten Eozäns, bis hin in die Oligozän-Epoche, die vor etwa 34 Millionen Jahren begann, kühlte das Klima dann langsam wieder ab.

Wie kam es zu dieser Abkühlung? In den frühen 1990er Jahren vermuteten die führenden Paläoklimaforscher Maureen Raymo und William Ruddiman, dass eine Kollision der indischen und asiatischen tektonischen Platten die Ursache dafür war, und dass diese im frühen Eozän begann. Schließlich drückte diese Kollision das tibetische Plateau nach oben und schuf so das hoch aufragende Himalayagebirge mitsamt dem majestätischen Mount Everest. Warme, feuchte Luft, die vom Indischen Ozean herkam, stieß nun auf die Gebirgskette und bewegte sich bis zu den Gipfeln hinauf. Die enthaltene Feuchtigkeit kondensierte beim Aufsteigen und Abkühlen in der Atmosphäre zu Regen. Noch heute kennen wir dieses System als den südasiatischen Sommermonsun.[2]

Mehr Niederschlag bedeutet mehr Verwitterung von Gestein: CO_2 aus der Atmosphäre löste sich in Bächen und Flüssen, wo es zu Kohlensäure wurde und Gestein auflöst. Silikatgestein, bekannt als Feldspat, löste sich in Ton sowie Kalzium- und Karbonat-Ionen auf, also in sehr kleine, geladene Moleküle. Diese Materialien flossen mit dem Regen in Bäche und Flüsse und schließlich in den Ozean. All dieser Kohlenstoff, der aus der Atmosphäre abgezogen und im Meer versenkt wurde, schwächte den Treibhauseffekt und kühlte den Planeten ab.

Es war im frühen Oligozän, als sich die ersten Anzeichen für ein so genanntes *Eishaus-Klima* abzeichneten. Es formten sich Eisschilder [ausgedehnte Vergletscherung kontinentalen Ausmaßes, Anm. d. Ü.], zunächst in der Antarktis vor etwa 34 Millionen Jahren und später auch in Nordamerika und Grönland.[3]

Der CO_2-Rückgang und die Abkühlung setzten sich in der nachfolgenden miozänen Epoche fort, die vor 24 Millionen Jahren begann. Die kühleren Bedingungen führten zum Rückgang der subtropischen Wälder, an deren Stelle offene Baumsavannen traten. In diesen Gebieten gab es Bäume, Gräser, Sträucher und andere Pflanzen, die zusammen eine Nische für diejenigen Primaten schufen, die mehr Zeit auf dem Boden verbrachten, als damit, sich von Baum zu Baum zu schwingen: Willkommen auf dem »Planeten der Affen«. Orang-Utans tauchten in der Mitte des Miozäns auf, ein paar Millionen Jahre später Gorillas. Weitere Millionen Jahre danach betraten die ersten Schimpansen die Bildfläche. Mit diesen Primaten, die teilweise aufrecht standen, primitive Werkzeuge benutzten und eine komplexere Sozialstruktur hatten – die Menschenaffen oder *Hominiden* – kommen wir unserer Spezies, dem *Homo sapiens,* immer näher.

Als die Wälder in Eurasien vor 6 bis 12 Millionen Jahren verschwanden, gingen auch die Populationen der verschiedenen Menschenaffen stark zurück. Es kam zu einem Exodus der Hominiden gen Südostasien und Afrika, wo sich einige von ihnen schließlich zu *Homininen* entwickelten. Sie stellen eine noch speziellere Gruppe dar, zu der wieder verschwundene Menschenarten ebenso gehören wie unsere unmittelbaren Vorfahren und der moderne Mensch. In der Zwischenzeit wurde

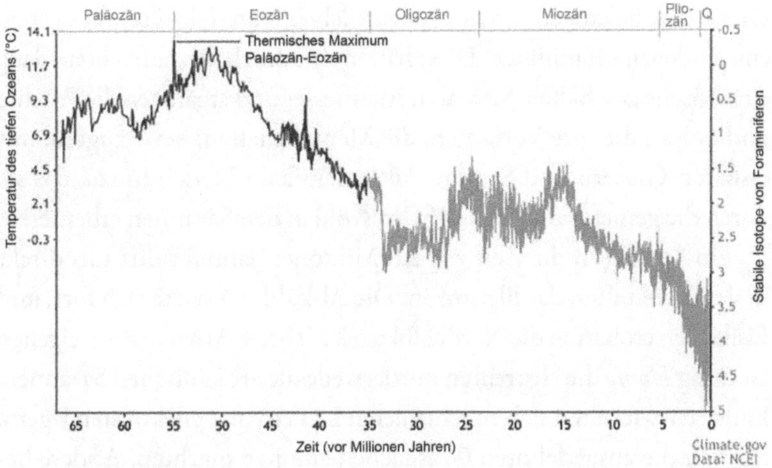

Abbildung 3: Geschätzte Veränderungen der globalen Durchschnittstemperatur während der letzten 65 Millionen Jahre

noch mehr Kohlenstoff abgezogen und die Abkühlung setzte sich fort. Graslandschaften dehnten sich aus. Zugleich wuchsen in der nördlichen Hemisphäre, in Grönland und Nordamerika, die Eisschilder.

Vor fünf Millionen Jahren hatten wir das Pliozän erreicht. Dies war das letzte Mal, dass der Gehalt an Treibhausgasen in der Atmosphäre mit dem heutigen Wert vergleichbar ist, einer Konzentration von 380 bis 420 Millionstel (ppm). Dennoch war der Planet damals 2 bis 2,8 °C wärmer als heute, und der Meeresspiegel dürfte bis zu zehn Meter höher gewesen sein. Was war da los? Dieses scheinbare Paradoxon werden wir später noch erkunden.[4]

Homo sapiens gab es damals noch immer nicht, wohl aber unsere direkten Vorfahren. Die ersten aufrecht gehenden Hominінen wie Ardipithecus, bald auch Australopithecus, entwickelten sich aus früheren Homininen auf dem afrikanischen Kontinent. Mit weiter fortschreitender Abkühlung verdrängten subtropische Savannen und Graslandschaften Wälder und Baumsavannen. Während diese Umgebungen für die Menschenaffen nicht geeignet waren, die sich in feuchtere tropische

Gebiete zurückzogen, wo sie bis heute leben, waren sie ideal für die neu entstandenen Homininen. Diese hatten sich durch den aufrechten Gang eine Nische geschaffen. Sie waren Allesfresser und ergänzten die Früchte und Nüsse, die ihre Vorfahren, die Menschenaffen, bevorzugten, mit essbaren Gräsern und Seggen. Außerdem kam Fleisch hinzu, das sie durch die gemeinsame Jagd auf Großwild in den Savannen erbeuteten.

Ein Sprung in die Zeit vor 2,6 Millionen Jahren führt uns direkt in das Eiszeitalter, das Pleistozän. Die Abkühlung setzte sich fort, und Eisflächen eroberten die Nordhalbkugel. Mehrere Arten unserer eigenen Gattung *Homo* durchstreiften mittlerweile die afrikanischen Savannen. Einige entwickelten sich zu schnelleren Läufern und effektiveren Jägern, die sich die ausgedehnten Grasflächen zunutze machten. Andere benutzten rudimentäre Steinwerkzeuge. Wieder andere entwickelten größere und bessere Gehirne, bis sie sich schließlich zu unserer eigenen Art, dem *Homo Sapiens,* weiterentwickelten.

Etwa 700.000 Jahre vor unserer Zeitrechnung hatte sich das Klima noch weiter abgekühlt, und Gletscher dehnten sich bis weit nach Nordamerika und Eurasien hinein aus. Diese weiten Eisflächen verschoben den Jetstream in Richtung Äquator. Dadurch wurden die Subtropen und Tropen kühler und trockener, einschließlich großer Teile Afrikas, wo die Homininen lebten. Womöglich haben die durcheinander gebrachten Klimamuster eine Selektion zugunsten von Arten mit leistungsfähigeren Gehirnen bewirkt. Es kann sein, dass sie gezwungen waren, Strategien zu entwickeln, um mit den ernsten Herausforderungen fertig zu werden, die ein sich veränderndes Klima mit sich brachte. Dazu gehörten die Entwicklung von anspruchsvolleren Steinwerkzeugen und zunehmend komplexeren sozialen Gemeinschaften. Wie etwa Gruppen von Jägern, die, als andere Nahrungsquellen knapp wurden, bessere Speere und ausgeklügelte Strategien für die gemeinsame Jagd nutzten, um effizienter Wild zu erlegen.[5]

Größere Eisschilder veränderten die Dynamik des Klimasystems grundlegend. Sie führten zu einem verlangsamten Wechsel von kalten

Glazialperioden (Eiszeiten) zu wärmeren *Interglazialen* (Zwischeneiszeiten). Diese Phasen führten abwechselnd zu ausgedehnten Eisschildern und zu stark reduzierten Eismengen. Die Schwankungen hängen mit den astronomischen Zyklen zusammen, die die Umlaufbahn der Erde im Verhältnis zur Sonne bestimmen. Dies gilt insbesondere für die *Exzentrizität* der Erdbahn, also den etwa 100.000-jährigen Zyklus, der vorgibt, wie kreisförmig oder elliptisch die Umlaufbahn der Erde um die Sonne im jeweiligen Jahr ausfällt. Das Ausmaß der Schwankungen bestimmt letztendlich, wie kalt und eisig der Planet werden kann.[6]

Der gerade beschriebene, langfristige Abkühlungstrend, der vor etwa 700.000 Jahren einsetzte, hielt für mehrere hunderttausend Jahre an. Er führte zu einem zeitweiligen Wachstum von immer umfangreicheren Eismassen, die während der darauffolgenden Glazial-/Interglazialzyklen zunehmende Störungen des Klimas in den afrikanischen Tropen und Subtropen verursachten. Der zuletzt vollendete Zyklus war dabei der größte von allen und reichte von der extremen Wärme der Eem-Periode bis zur extremen Kälte des letzten glazialen Maximums vor etwa 21.000 Jahren. Die Eem-Periode, oder auch Eem-Warmzeit, übertraf auf ihrem Höhepunkt wahrscheinlich sogar die heutige Erwärmung, zur kältesten Zeit des Zyklus war hingegen das Gebiet des heutigen New York von einem Eisschild bedeckt. Die Veränderung der globalen Durchschnittstemperatur während dieses Wechsels betrug etwa 5 °C, in den mittleren und hohen Breitengraden sogar das Doppelte, was auf die verstärkenden Effekte des wachsenden oder schrumpfenden Eises zurückzuführen ist. Es handelt sich dabei um eine so genannte positive Rückkopplungsschleife – ein Effekt, der für den Klimawandel entscheidend ist. Diese enormen Klimaschwankungen verstärkten den Selektionsdruck für immer größere und bessere Gehirne, die immer raffiniertere Mechanismen entwickeln konnten, um die Herausforderungen der Klimaextreme zu bewältigen.

Und dann war es endlich so weit. In Afrika tauchten vor 300.000 Jahren erstmals Knochen des primitiven *Homo sapiens* auf. Die Schädel lassen bereits auf Gehirne von ähnlicher Größe wie den unseren schließen. Der anatomisch moderne *Homo sapiens* erschien vor 200.000 Jahren. Und 100.000 Jahre alte Schädelfunde legen schließlich nahe, dass die Gehirne der damaligen Menschen in allen Aspekten den unseren glichen, einschließlich ihrer Form und Größe. Vor 100.000 bis 200.000 Jahren sammelte und kochten *Homo sapiens* Schalentiere und fertigte Angelgeräte an. Die Menschen konnten verbal kommunizieren. Sie waren »wir« geworden. Doch obwohl der moderne Mensch nach einem Asteroideneinschlag, einer langfristigen Abkühlung und den gewaltigen Erwärmungs- und Abkühlungszyklen des späten Pleistozän schließlich das Licht der Welt erblickt hatte, bedurfte es einer weiteren Reihe von Klimaereignissen und Unfällen, um die Innovationen hervorzubringen, die für das Hervorbringen der menschlichen *Zivilisation* notwendig waren.[7]

IN DER WILDNIS

Die ersten 100.000 Jahre unseres Lebens als Art verbrachten wir buchstäblich in der Wildnis. Frühe *Homo sapiens* lebten in nomadischen, eigenständigen Gemeinschaften von Jägern und Sammlern. Sie wurden immer zahlreicher und breiteten sich auf andere Kontinente aus, darunter Europa und Asien, und folgten damit anderen archaischen *Homo*-Unterarten – den Neandertalern und Denisova-Menschen – die in diese Regionen eingewandert waren. Es gibt Beweise dafür, dass wir mit diesen anderen Unterarten gekämpft und uns zeitweise mit ihnen vermischt haben, sodass ihre Gene heute in vielen von uns weiterleben. Aber in den meisten Fällen haben wir sie verdrängt – mit etwas Hilfe des Klimawandels. Einige Archäologen glauben, dass die Ausrüstung der Neandertaler zu schlecht war, um eine längere Kälteperiode in Europa vor etwa 40.000 Jahren zu überstehen. Sie waren auf die Jagd auf bestimmte Großwildarten angewiesen, deren Bestände durch die Auswirkungen der Abkühlung zurückgingen.[8]

In den folgenden 40.000 Jahren nutzten wir *Homo sapiens* unsere großen Gehirne, um immer ausgefeiltere Steinwerkzeuge zu entwickeln, uns zu kleiden und durch komplexe Sprache miteinander zu kommunizieren. Wir führten eine zeremonielle Bestattung der Toten ein, schmückten uns mit dekorativen Halsketten und stellten Figuren her, die die menschliche Gestalt feierten. An die Höhlenwände malten wir Wandbilder, die unsere Lebensweise zeigten und insbesondere die Tiere, die wir als Nahrung jagten. Wir entwickelten die Seefahrt und wanderten in ferne Gebiete aus, die wir heute Australasien und Amerika nennen.[9]

Wir hatten bereits einen langen Weg hinter uns, doch wir waren noch nicht *zivilisiert*. Geprägt durch unseren nomadischen Lebensstil waren wir nicht in der Lage, mehr oder weniger dauerhafte Siedlungen zu errichten, komplexe soziale Hierarchien zu schaffen oder eine Arbeitsteilung umzusetzen, die eine dauerhafte Versorgung großer Populationen ermöglicht hätte. Das alles sollte sich in Folge eines klimatischen Zwischenfalls ändern, der sich während der großen Eisschmelze am Ende der letzten Eiszeit ereignete.

Es kam zu einer Art »Panne« im Klimasystem. Das kann geschehen, wenn plötzlich eine große Menge Süßwasser in die Ozeane gelangt. Der Auslöser war in diesem Fall das rasche Abschmelzen des weitläufigen Laurentidischen Eisschilds, eines Gletschers von kontinentaler Größe. Er bedeckte die nördliche Hälfte Nordamerikas und sein südlicher Rand reichte bis zu den heutigen Städten Chicago und New York. Die Schmelze begann vor etwa 15.000 Jahren, als sich das Ende der letzten Eiszeit beschleunigte, und sollte etwa zwei Jahrtausende lang anhalten. Dieses warme Intervall ist als das Bølling-Allerød-Zwischenzeitalter bekannt.

Die rasche Eisschmelze führte zu einer Reihe von massiven Süßwasserschüben, die in den Nordatlantik gelangten. Einige vermuten, dass die mythologischen Fluten verschiedener Kulturen ihren Ursprung in einem dieser Schmelzwasserereignisse haben könnten. Zu diesen Mythen gehören die laut dem biblischen Buch Genesis von Noah überstandene Sintflut und die große Flut, die im alten mesopotamischen Gilgamesch-Epos beschrieben wird. Ein besonders starker Schub, der originellerweise als »Schmelzwasserimpuls 1A« bezeichnet wird, ereignete sich vor etwa 13.500 bis 14.700 Jahren. Er führte so viel Wasser in den Ozean, dass der globale Meeresspiegel in nur 300 Jahren um satte 13 Meter anstieg.[10]

Ein Teil des Wassers von 1A sammelte sich allerdings in einem riesigen Gletschersee, dem Lake Agassiz, der sich im Süden der Region Laurentide im heutigen südlichen Zentralkanada bildete. Ein massiver Damm aus Eis verhinderte, dass das Wasser in den Ozean floss. Vor 12.900 Jahren brach plötzlich der Damm. Die massive Freisetzung von Gletscherschmelzwasser führte zu einer dramatischen Verdünnung des Oberflächenwassers im nördlichen Nordatlantik. Süßwasser ist leichter als Salzwasser, sodass es an der Oberfläche blieb. Auf diese Weise verhinderte die Flutwelle, dass das kalte Oberflächenwasser wie bisher in die Tiefe des Ozeans absinken konnte. Dieses ist Teil des so genannten Förderbandes der Ozeanzirkulation, einem großräumigen, bandförmigen Strömungssystem, das warmes subtropisches Oberflächenwasser nach Norden bewegt und so den Nordatlantik und die angrenzenden Regionen erwärmt. Der wohlbekannte Golfstrom ist ein Teil dieses Systems. Mit dem Zusammenbrechen der warmen Strömung kühlten sich der außerhalb der Tropen liegende Nordatlantik und die angrenzenden Regionen im Osten Nordamerikas und im Westen Europas ab, so dass fast wieder eiszeitliche Bedingungen herrschten.[11]

Wenn Sie den Film *The Day After Tomorrow* gesehen haben, dann kennen Sie das Szenario – oder zumindest eine gewisse Karikatur davon. Der Film geht von einer dramatisch beschleunigten, überspitzt dargestellten Version des tatsächlichen Phänomens aus. Die globale Erwärmung wird nicht dazu führen, dass Monster-Tornados Hollywood zerstören, Menschen in Bahnhöfen durch unterkühlte Luftströme verfrieren oder sich innerhalb einer Woche ein Eisschild über die Vereinigten Staaten legt. Aber es steckt dennoch ein Körnchen Wahrheit

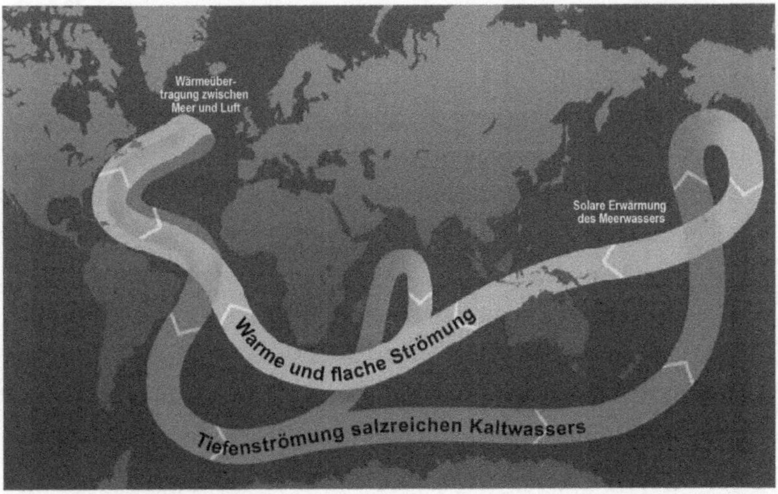

Abbildung 4: Diagramm zur Veranschaulichung der wichtigsten Komponenten der Oberflächen- und Tiefenwasserzirkulation des Ozeans, die zusammen das globale Förderband bilden, einem Kreislauf von Meeresströmungen

in dieser Geschichte. So deuten Klimamodelle durchaus darauf hin, dass die vom Menschen verursachte Erwärmung den Kreislauf der Meeresströmungen, der als ozeanisches Förderband bekannt ist, verlangsamen könnte. In Nordamerika gibt es heute zwar kein Eisschild, wohl aber auf Grönland. Es schmilzt aktuell immer schneller und könnte eines Tages genug Süßwasser in den Nordatlantik abgeben, um ein ähnliches, wenn auch weniger dramatisches, Stoppen des Förderbandes zu verursachen. Einige meiner eigenen Forschungen deuten darauf hin, dass eine solche Veränderung bereits im Gange ist. Meine Mitarbeitenden und ich haben gezeigt, dass sich eine kleine Region des Nordatlantiks südlich von Grönland im letzten Jahrhundert abgekühlt hat, während sich der Rest der Welt erwärmt hat. Dieses Muster der regionalen Abkühlung trägt den »Fingerabdruck« der beginnenden Verlangsamung des ozeanischen Förderbandes.[12]

In der Wissenschaft tätige Personen bezeichnen die Rückkehr zu eiszeitlichen Bedingungen im Nordatlantik vor 12.900 Jahren als Jüngere Dryas. »Jünger«, weil es sich um das jüngere und ausgeprägtere von zwei Kälteereignissen handelt, die gegen Ende der letzten Eiszeit auftraten, und »Dryas« nach der Tundra-Wildblume *Dryas octopetala*, die oft in den Sedimenten von Seen der hohen Breitengrade aus dieser Zeit gefunden wird. Das Auslaufen des Förderbandes und die damit verbundene Abkühlung des Nordatlantiks und der angrenzenden Gebiete dauerte etwa 1.000 Jahre, bevor die letzte Eiszeit endgültig zu Ende ging.

Dieses Ereignis scheint der Auslöser für eine der entscheidenden Innovationen gewesen zu sein, die letztlich die menschliche Zivilisation ermöglichten. Das Ende der Jüngeren Dryas vor 11.700 Jahren markierte den Beginn der Holozän-Interglazialepoche, unserer heutigen Warmzeit. Es war auch der Beginn dessen, was Archäologen als Neolithikum oder Jungsteinzeit bezeichnen, das letzte Stadium der Steinzeit. Man sagt, die Steinzeit sei nicht aus Mangel an Steinen zu Ende gegangen, was zweifellos stimmt. Sie endete, weil es etwas Besseres gab. Dieses Etwas wird als neolithische Revolution bezeichnet, eine Reihe bemerkenswerter, miteinander verbundener menschlicher Entwicklungen, die eine Abkehr von unserem früheren Nomadendasein hin zu dauerhaften Siedlungen, Ackerbau und Viehzucht ermöglichten.

Alles scheint in der sichelförmigen Region am östlichen Mittelmeer begonnen zu haben, die als Fruchtbarer Halbmond bekannt ist. Dieser erstreckt sich über die heutigen Länder Irak, Syrien, Libanon, Palästina, Israel, Jordanien und Nordägypten sowie über den Norden Kuwaits, den Südosten der der Türkei und den westlichen Teil des Iran. Er gilt als »Wiege der Zivilisation«, da hier zahlreiche technische Innovationen entstanden sind, darunter die Schrift, das Rad, die Landwirtschaft und die Bewässerung.

Von besonderer Bedeutung war die Natufien-Kultur in Südsyrien, die sich am Ende des archäologischen Paläolithikums vor etwa 15.000 Jahren entwickelte, als die Eiszeit gerade zu Ende ging. Ungewöhnlich war, dass die Menschen des Natufiens keine Nomaden waren, sondern größtenteils ein sesshaftes, landwirtschaftlich geprägtes Leben führten.

Sie hatten kleine Siedlungen, die von den nährstoffreichen Böden, der relativen Wärme und den Niederschlägen im Fruchtbaren Halbmond zu dieser Zeit profitierten. Diese günstigen klimatischen Bedingungen ermöglichten ein beständiges Jagen und das Sammeln für den Eigenbedarf. Während sie Gazellen jagten, hatten sie Zugang zu reichlich Wildgetreide, Hülsenfrüchten, Mandeln, Eicheln und Pistazien. Sie benutzten Sicheln mit Feuersteinklingen und steinerne Mörser und Stößel zum Ernten und Zermahlen der Körner. Das waren Vorläuferwerkzeuge der Landwirtschaft, doch die Menschen von Natufien waren Jäger und Sammler. Sie waren noch keine Bauern.[13]

Die Jüngere Dryas verursachte eine Abkühlung und Austrocknung im Fruchtbaren Halbmond, was für die Natufier große Probleme mit sich brachte. Da die Bedingungen für die sesshaften Jäger und Sammler nicht mehr so günstig waren, sahen sie sich gezwungen, eine Vielzahl von Anpassungsstrategien zu entwickeln. Eine Gruppe der Natufier in der Negevwüste und im Norden der Sinaihalbinsel wurde nomadisch und brachte schließlich die Harifianer-Kultur hervor, die unter anderem für ihre Pfeilspitzen aus Harif bekannt ist. Andere Natufier-Gruppen verfolgten dagegen die entgegengesetzte Strategie: Sie blieben sesshaft und intensivierten ihre Jäger- und Sammlertätigkeit. Dieser Weg führte zum Ackerbau und zur Landwirtschaft.[14]

Die Natufier hatten bereits als sesshafte Sammler beobachtet, dass gepflanzte Samen später Wurzeln schlagen konnten. Dieses Wissen war der Grundstein für die Kultivierung von Wildpflanzen, die wohl während der Jüngeren Dryas in den nördlichen Natufier-Gemeinschaften begonnen hat. Diese Gemeinschaften haben gelernt, verschiedene Getreidearten anzubauen, um ihre Nahrungsmittelversorgung zu verbessern. Hatten Sie zum Frühstück Cornflakes oder Müsli gegessen? Danken Sie den Natufiern dafür![15]

Das neu erworbene landwirtschaftliche Wissen verbreitete sich schnell in den Gemeinschaften der Natufien-Kultur des Fruchtbaren Halbmonds. Auch die weite Verbreitung von grünen Perlen als Körperschmuck in den spätnatufischen Gemeinschaften scheint die Bedeutung zu unterstreichen, die der Ackerbau für ihre Kultur erlangt hatte. Mit dem Ende der Jüngeren Dryas wurde es in der Region wieder wärmer und die Winterregenmengen waren zuverlässiger. Der Ackerbau verbreitete sich und wurde ertragreicher. Auch das Halten von Tieren setzte sich durch, als die Jagd und das Hüten von Herden auf natürliche Weise in die Domestizierung von Rindern, Ziegen, Schafen und Schweinen durch sesshafte Bauern überging.

Währenddessen spielte sich in China etwas Ähnliches ab. Und auch hier scheinen die klimatischen Einflüsse der Jüngeren Dryas eine entscheidende Rolle gespielt zu haben. Die wärmeren und feuchteren Bedingungen in Nordchina während der Bølling-Allerød-Periode, auch spätglaziales Zwischenstadium genannt, waren für Jäger-Sammler-Gemeinschaften in der Region günstig. Die Gemeinschaften wuchsen. Auch konnten sie sich in zuvor trockene (aride) und halbtrockene (subaride) Gebiete ausbreiten. Doch die trockeneren und kühleren Bedingungen während der Jüngeren Dryas erschwerten die Nahrungssuche, so dass die Menschen begannen, wilde Hirse anzubauen. Vieh, wie etwa Schweine, wurde gezüchtet, als Jäger zu Bauern wurden. Ebenso könnte der Reisanbau in Südchina bei den Jägern im Becken des Jangtse-Flusses um diese Zeit entstanden sein. Die Landwirtschaft entwickelte sich unabhängig voneinander und fast gleichzeitig in unterschiedlichen Regionen. Das zeigt, wie weitreichende Klimaveränderungen gesellschaftliche Entwicklungen vorantrieben.[16]

DIE GEBURT DER ZIVILISATION

Unsere Spezies, der *Homo sapiens,* hatte endlich den Übergang vom Nomadendasein zur Sesshaftigkeit geschafft. Wir hatten gelernt, Nutzpflanzen anzubauen und Vieh zu züchten. Gleichzeitig begannen wir, die natürlichen Landschaften der Erde zu verändern. Da wir bei der Nahrungsbeschaffung immer effizienter wurden, stieg unsere Zahl exponentiell an. Aus Siedlungen wurden Dörfer und Kleinstädte, dann größere Städte. Es bildeten sich soziale Hierarchien heraus. Die Saat der Zivilisation hatte Wurzeln geschlagen. Es dauerte jedoch mehrere Jahrtausende, bis sie *Stadtstaaten* als Früchte hervorbrachte – Städte mit umliegenden Gebieten, die einen unabhängigen Staat, eine rudimentäre Zivilisation bildeten.

Vor 11.000 Jahren, nur 700 Jahre nach dem Ende der Jüngeren Dryas, entstand in den halbtrockenen Hügeln des Jordantals, an der Mündung einer Quelle, östlich des heutigen Jerusalems, der natufische Prototyp einer Stadt: Jericho. Um 8500 v. Chr. wurde sie aufgegeben und anschließend in Form eines landwirtschaftlichen Dorfes aus Lehmziegeln wiederaufgebaut, das einen massiven steinernen Turm besaß und von der berühmten Steinmauer umgeben war. Es gibt aus dieser Zeit Hinweise auf die Domestizierung von Ziegen als verlässliche Fleischquelle. In Jericho lebten möglicherweise mehrere Tausend Menschen, und die Bauwerke wie der Turm und die Mauer deuten auf die Anfänge einer koordinierten Zusammenarbeit hin. Zu dieser Zeit war bereits eine Reihe ähnlicher landwirtschaftlicher Gemeinschaften entstanden.

Plötzlich, um 8200 v. Chr., wurden viele dieser Siedlungen zugunsten kleinerer, autarker Einzelhaushalte aufgegeben, als die Region erneut eine abrupte Austrocknung erlebte, die etwa zwei Jahrhunderte lang andauerte. Die paläoklimatischen Belege deuten darauf hin, dass es sich um eine Art Miniereignis der Jüngeren Dryas handelte, einen letzten massiven Schmelzwasserimpuls, als die Reste des Laurentidischen Eisschilds schmolzen. Möglicherweise war ein weiterer Eisdamm zusammengebrochen und hatte so viel Schmelzwasser aus dem verbliebenen Agassiz-See in den Nordatlantik abgegeben, dass das ozeanische Förderband erneut geschwächt wurde, wenn nicht gar zusammenbrach, der Nordatlantik abkühlte und der Fruchtbaren Halbmond austrocknete.[17]

Vor etwa 8.000 Jahren förderte die Rückkehr zu feuchteren Bedingungen die Besiedlung der fruchtbaren Täler des Flusssystems von Euphrat und Tigris im nördlichen Fruchtbaren Halbmond. Dort lebte eine als Halaf bekannte Bauernkultur, die wahrscheinlich Flussdeiche und saisonale Wasserbecken für eine sehr primitive Form der Bewässerung nutzte. Die ikonische Rolle dieser Region, die Teile der südöstlichen Türkei, des Nordiraks und Syriens umfasst, hat ihr einen Namen eingebracht: Mesopotamien, was auf Griechisch »das Land zwischen den Flüssen« bedeutet. Dörfer wie Jarmo waren beispielhaft für diese Kultur und wiesen bedeutende technologische Innovationen auf, wie verzierte Töpferwaren, die primitivere Korbwaren und Taschen aus Ziegenhaut ablösten. Ein Großteil der Ernährung stammte aus dem Anbau von Weizen und Gerste und der Zucht von domestizierten Ziegen. Größe, Form und Anordnung der einzelnen Häuser deuten darauf hin, dass die primäre soziale Einheit nun die Großfamilie war, während große Getreidespeicher auf eine Zusammenarbeit auf Gemeinschaftsebene schließen lassen. Eine einfache soziale Hierarchie war nun erforderlich, um zu bestimmen, wer welches Land bekam und wie es von Generation zu Generation weitergegeben wurde. Irgendjemand – ein Einzelner oder eine Gruppe – musste die Entscheidungen treffen. Dies förderte komplexere soziopolitische Systeme, mehr gesellschaftliche Komplexität und Hierarchien. Jarmo wurde daher auch als frühes Stammesfürstentum interpretiert.[18]

Rund 2.000 Jahre später, vor etwa 6.000 Jahren, dem so genannten mittleren Holozän, entstanden in Mesopotamien die ersten echten menschlichen Zivilisationen – die Stadtstaaten. Auch hierfür können wir dem Klimawandel danken. Um zu verstehen, wie und warum, müssen wir eine weitere Eigenschaft der Erdumlaufbahn um die Sonne berücksichtigen. Dies hat nichts mit der Form der Erdbahn zu tun, sondern mit der *Präzession*, der *Tagundnachtgleiche*, also dem Taumeln der Umlaufbahn. Dieser Zyklus findet in kürzeren Zeiträumen statt – nicht in 100.000 Jahren, sondern eher in 26.000 Jahren. Die Auswirkungen auf die Tropen und Subtropen sind dabei besonders ausgeprägt.[19]

Zum Verständnis: Die Rotationsachse der Erde ist nicht im rechten Winkel zur Ebene der Erdumlaufbahn um die Sonne ausgerichtet, sie ist vielmehr um etwa 23,5 Grad aus der Senkrechten gekippt. Und die Erde taumelt wie ein Kreisel, der gedreht worden ist. Nur dass es etwa 26.000 Jahre dauert, bis die Erde einmal vollständig hin- und hergekreiselt ist. Heutzutage ist die Nordhalbkugel so ausgerichtet, dass sie zur Winter-Tagundnachtgleiche am 22. Dezember von der Sonne weggekippt ist. Das ist etwa der gleiche Zeitpunkt, zu dem wir der Sonne am nächsten sind. Der sonnennächste Punkt, das sogenannte Perihel, fällt momentan auf den 4. Januar. Da sich die nördliche Hemisphäre im Winter näher zur Sonne befindet, sind die Winter dort etwas weniger kalt. Ebenso ist die nördliche Hemisphäre im Hochsommer weiter von der Sonne entfernt, wodurch die Sommer etwas kühler sind. Im Allgemeinen sind die Jahreszeiten bei dieser planetaren Konstellation milder. Vor 12.000 Jahren, zu Beginn des Holozäns, war die Situation fast umgekehrt, und die Jahreszeiten waren stärker ausgeprägt. Was für unsere Geschichte hier von Bedeutung ist: Vor 6.000 Jahren – während des mittleren Holozäns – befanden wir uns auf halbem Weg zwischen den beiden Extremen und entwickelten uns langsam in Richtung einer geringeren Jahreszeitenabhängigkeit.

Ein anderer wesentlicher Aspekt ist, dass sich das Land schneller als der Ozean erwärmt. In Küstenregionen kommt es daher im Sommer am späten Nachmittag zu Seewinden. Das liegt daran, dass die Luft über dem warmen Land aufsteigt, wodurch kühlere, feuchtere Luft vom Ozean angesaugt wird. Auch ein Monsun kann als ein kontinentaler Seewind betrachtet werden. Wenn nun die Jahreszeiten ausgeprägter und die Sommer wärmer sind, kommt es zu kräftigeren Monsunen. Der indische Sommermonsun, den wir bereits im Zusammenhang mit den längerfristigen tektonischen Einflüssen auf das Klima erörtert haben, ist ein Beispiel dafür, aber es gibt auch einen verwandten Sommermonsun in Westafrika.

Beides scheint bei den Ereignissen in Mesopotamien eine Rolle gespielt zu haben. Klimamodellsimulationen und paläoklimatische Indizien, wie etwa geochemische Hinweise aus Höhlenablagerungen, deuten darauf hin, dass die Region im frühen Holozän feuchter war. Grund dafür war eine Kombination aus einem stärkeren und nördlicheren südasiatischen Sommermonsun, der mehr Feuchtigkeit aus dem Indischen Ozean in die Region brachte, und einem stärkeren westafrikanischen Monsun, der zu einem stärkeren Transport von Feuchtigkeit aus dem Atlantischen Ozean nach Nordafrika und einem Ergrünen der Sahara führte. Die zunehmende Vegetation in der Sahara könnte die Windverhältnisse in einer Weise verändert haben, die eine stärkere Verlagerung der Feuchtigkeit nach Mesopotamien begünstigte. In der Mitte des Holozäns schwächten sich die Monsune ab, da die Jahreszeiten weniger ausgeprägt waren. Ein halbtrockenes Klima etablierte sich in der Region.[20]

Ähnlich wie der ungünstige Klimawandel während der Jüngeren Dryas selektiven Druck auf Anpassungsstrategien ausübte, die zur Entwicklung von Ackerbau und Landwirtschaft führten, machte der Klimawandel im Mesopotamien des mittleren Holozäns die effiziente Nutzung von Wasser nötig. Das »Land zwischen den Flüssen« war ideal für die Bewässerung geeignet. Was benötigt wurde, war die gesellschaftliche Organisation, um eine weitaus raffiniertere Methode einzuführen, eine, die grundlegende wasserbauliche Prinzipien berücksichtigte. Die Stadtstaaten beherrschten diese Art der gesellschaftlichen Organisation.[21]

Damit war die Zivilisation in Mesopotamien geboren. Der erste Stadtstaat war Sumer, der im Süden, dem heutigen Süd- und Zentralirak, entstand und zu Beginn der so genannten Uruk-Periode von 6100 bis 4900 v. Chr., dauerhaft besiedelt war. Mit Hilfe der Bewässerungstechnik konnten die Bauern hier Getreide und andere Feldfrüchte im Überfluss anbauen. Dadurch konnten sich die übrigen Bewohner anderen Aufgaben widmen, wie zum Beispiel dem Bauwesen, was zur Entstehung der ersten echten städtischen Siedlungen führte.

Sumer war in zahlreiche unabhängige Stadtstaaten unterteilt, von denen jeder mehr als 10.000 Einwohner zählte. Die unabhängigen Staaten waren durch Kanäle und steinerne Grenzen voneinander getrennt. Zwischen ihnen fand ein reger Handel statt, wobei die Waren in der Regel über die Kanäle und Flüsse des südlichen Mesopotamiens transportiert wurden, was wiederum zu einer größeren Homogenität der Wirtschaft und der Kulturen führte. Das Fehlen von Mauern deutet darauf hin, dass es zwischen den verschiedenen Staaten im Allgemeinen keine Kriege gab, obwohl – wir befinden uns jetzt in der Kupferzeit – Messer, Bohrer, Keile, Sägen, Speere, Bögen, Pfeile und Dolche vorhanden waren. Letztere lassen zumindest auf gelegentliche Kämpfe schließen.

Es gab zahlreiche gemeinsame Merkmale, die den zunehmend »zivilisierten« Charakter dieser Stadtstaaten unterstrichen, obwohl wir hier auch einige der Schwächen sehen, die von späteren Gesellschaften übernommen wurden. Die Staaten waren theokratisch, im Zentrum stand jeweils ein Tempel, der einem Schutzgott oder einer Schutzgöttin der Stadt geweiht war. Die zentralisierten Verwaltungen beschäftigten spezialisierte Arbeitskräfte und – leider – später auch Sklaven als Hilfskräfte. Die soziale Struktur war männlich dominiert und es gab gesellschaftliche Schichten. An der Spitze stand ein Priesterkönig, der von einem Ältestenrat unterstützt wurde. Es gab ein Gesetz, das jedoch manchmal brutal und ungerecht war. Frauen, die der Untreue für schuldig befunden wurden, wurden zu Tode gesteinigt. Zu den ersten Stadtstaaten gehörten Uruk, Ur und Akkad. Uruk wurde zur größten Stadt, die die Welt bis dahin gesehen hatte, mit mehr als 50.000 Einwohnern, vergleichbar mit einer modernen Kleinstadt.

Viele der Merkmale, die wir heute mit Zivilisation in Verbindung bringen, waren bereits vorhanden. Es gab kunstvolle Töpferwaren in Form von Vasen, Schüsseln und Geschirr, die Gefäße waren mit Ton verschlossen. In ihnen wurden Honig, Butter, Öl und sogar früher Wein, der vermutlich aus Datteln hergestellt wurde, aufbewahrt. Die Menschen trugen Kopfbedeckungen und hatten Halsketten aus Gold. Es gab rudimentäre Möbel, darunter Betten, Hocker und Stühle. Die Menschen kannten Feuerstellen und Altäre. Sie benutzten eine Schriftsprache und schrieben auf Tafeln. Und sie spielten Musik auf Leiern und Flöten.

Andere Zivilisationen entstanden etwa zur gleichen Zeit in anderen Regionen des semiariden Mittelmeerraums und im Nahen Osten. Alle nutzten ausgeklügelte Bewässerungstechniken, um mit den Herausforderungen des trockenen Klimas fertig zu werden. Dies war etwa im alten Ägypten um 5000 v. Chr., in der Industal-Kultur um 4500 v. Chr. und in der minoischen Zivilisation um 4000 v. Chr. der Fall. Auch hier scheint der Klimawandel ähnliche Innovationen unabhängig voneinander und fast gleichzeitig in unterschiedlichen Regionen gefördert zu haben.

Doch in Mesopotamien geschah etwas Einzigartiges. Um 4300 v. Chr. vereinigten sich die sumerisch und akkadisch sprechenden Völker unter einer Herrschaft und einem Herrscher, nämlich unter Sargon von Akkade. Damit war das erste echte Imperium der Welt geboren. Das akkadische Reich, mit dem Zentrum in der Stadt Akkad, dehnte sich auf die gesamte umliegende Region aus. Es nutzte seine gewaltige militärische Macht, um in ganz Mesopotamien und den angrenzenden Regionen, einschließlich Anatolien und dem heutigen Saudi-Arabien, Einfluss geltend zu machen.

Die soziale Organisation, die Arbeitsteilung und die soziale Hierarchie eines Reiches brachten ihm mehr Macht und Einfluss. Diese manifestierten sich in Form einer eigenen gesellschaftlichen Klasse von Soldaten und immer fortschrittlicheren und effektiveren Waffen, die von Schmieden hergestellt wurden. Die staatliche Organisation sorgte auch für eine größere Widerstandsfähigkeit in Form von ausgeklügelten Bewässerungsanlagen, welche die Landwirtschaft auch noch ermöglichten, als die Regenfälle immer unzuverlässiger und unregelmäßiger wurden, da die Region immer trockener wurde. Doch die Widerstandsfähigkeit hatte auch ihre Grenzen. Und so kommen wir zu der vielleicht lehrreichsten Lektion von allen: Dem Untergang des akkadischen Reiches um 4200 v. Chr.

Wir müssen uns jedoch vor einem gewissen Klimadeterminismus hüten, der besagt, dass jedes bedeutende historische Ereignis, jeder gesellschaftliche Anfang oder Zusammenbruch ausschließlich durch die Brille des Klimawandels interpretiert werden kann. Wir müssen immer die Komplexität des menschlichen Verhaltens und der soziopolitischen Dynamik berücksichtigen, die gesellschaftliche Veränderungen bewirken. Davon abgesehen ist es dennoch wahrscheinlich, dass ein abrupter Klimawandel und seine Wechselwirkung mit der gesellschaftlichen Dynamik *der* grundlegende Faktor für den Untergang des ersten Großreichs war.[22]

Der Anthropologe Harvey Weiss von der renommierten Universität Yale stellte in den frühen 1990er Jahren als erstes diese Hypothese auf, auf der Grundlage seiner detaillierten Studien der archäologischen Überreste von Tell Leilan, dem Verwaltungszentrum des akkadischen Reiches. Die Hypothese war damals sehr umstritten. Mittlerweile gibt es jedoch zahlreiche paläoklimatische Beweise, die seine Annahmen bestätigen.[23]

Die genaue Ursache für die Dürre ist noch nicht geklärt. Möglicherweise war es ein großer Vulkanausbruch. Eine explosive tropische Eruption, wie die des Mount Tambora auf den Philippinen im Jahr 1815, könnte genügend Partikel in die Stratosphäre schleudern, um einen erheblichen Teil des Sonnenlichts zu blockieren. Das ist zwar nichts im Vergleich zu dem Asteroideneinschlag, der vor 66 Millionen Jahren den Planeten abkühlte und die Dinosaurier tötete, aber es könnte ausreichen, um die Subtropen für mehr als ein Jahrzehnt abzukühlen und auszutrocknen. Sedimentablagerungen, die kürzlich von einer Gruppe von Geologen analysiert wurden, deuten auf einen Ausbruch des Vulkankomplexes Cerro Blanco in den tropischen Anden Nordargentiniens um 4200 v. Chr. hin, der wahrscheinlich einer der explosivsten Ausbrüche des Holozäns war.

Auch andere Zivilisationen in der Region waren von dieser ausgeprägten, großflächigen Dürre betroffen: das alte ägyptische Königreich, Erbauer der majestätischen Pyramiden, die Indus-Zivilisation beziehungsweise Harappan-Kultur wie auch die frühbronzezeitlichen Zivilisationen Palästinas, Griechenlands und Kretas. Alle litten darunter. Lediglich das akkadische Reich erlebte einen unmittelbaren Niedergang. Dies lag offenbar an der Schwierigkeit, eine derart weit verzweigte und vielfältige Zivilisation zusammenzuhalten.[24]

Das akkadische Reich war auf die Produktivität seines nördlichen Teils angewiesen. Die dortigen hohen landwirtschaftlichen Erträge versorgten sowohl andere Regionen mit Nahrungsmitteln als auch die riesige Armee. Die verheerenden Folgen der Dürre wurden in dem Text »Der Fluch von Akkad« beschrieben, der die Lage in aller Deutlichkeit schildert: »... die großen Ackerflächen erbrachten kein Getreide, die überschwemmten Felder keinen Fisch, die bewässerten Obstgärten keinen Sirup oder Wein, die dicken Wolken regneten nicht.« Auf den Zusammenbruch der Landwirtschaft folgte eine Massenabwanderung der nördlichen Bevölkerung gen Süden, die auf den Widerstand der südlichen Bevölkerung stieß, die sogar eine 160 Kilometer lange Mauer vom Tigris bis zum Euphrat errichtete, um Einwanderer fernzuhalten. Wenn Ihnen dieses Szenario auf beunruhigende Weise bekannt vorkommt, gibt es dafür einen Grund, auf den wir später noch eingehen werden.

Andere Zivilisationen in den Nachbarregionen kollabierten zwar nicht unmittelbar, wurden aber dennoch von der Dürre in Mitleidenschaft gezogen. So kam es, dass sie innerhalb weniger Jahrhunderte ebenfalls untergingen, weil sie zum großen Teil vom Handel mit Mesopotamien abhängig geworden waren, der mit dem Zusammenbruch des akkadischen Reiches wegbrach. Die Zivilisation im Indus-Tal verschwand innerhalb weniger hundert Jahre. Und schließlich gab es noch die minoische Zivilisation. Ich hatte das Vergnügen, Zeuge ihrer großartigen kulturellen Errungenschaften zu werden – und diese auch zu verkosten –, indem ich Ausgrabungsstätten auf den griechischen Inseln Kreta und Santorini besuchte und eine ziemlich schmackhafte Weißweinsorte namens Assyrtiko trank, die ihren Ursprung bei den Minoern hat. Die minoische Zivilisation verschwand um 3500 v. Chr., beschleunigt durch einen zerstörerischen Vulkanausbruch auf Santorini, das damals Thera hieß. Wenn Sie jemals die Gelegenheit haben, in den heißen Quellen der Vulkaninsel Nea Kameni zu schwimmen, die zum selben vulkanischen Kessel gehört wie Santorini, dann sollten Sie das unbedingt tun.

Auch wenn wir uns bisher auf Europa und Asien konzentriert haben, spielte sich in Amerika ein bemerkenswert ähnliches Szenario ab. Der Kontinent wurde zwischen 15.000 und 17.000 v. Chr. bevölkert, als asiatische Stämme die Landbrücke nach Nordamerika überquerten und den niedrigen Meeresspiegel während der späten Eiszeit ausnutzten. Innerhalb weniger tausend Jahre gelangten einige von ihnen bis nach Peru. Und dort, wiederum gegen Mitte des Holozäns, entstand die erste wahre amerikanische Zivilisation, die Caral. Der Klimawandel war wieder einmal ein Schlüsselfaktor, und zwar in Form eines Phänomens, das als El Niño bekannt ist.

Unter El Niño versteht man die periodische Erwärmung des Oberflächenwassers des östlichen tropischen Pazifiks, die heute alle drei bis fünf Jahre auftritt. Der Name El Niño – »das Kind« – leitet sich vom Christkind ab, da die Erwärmung immer um die Weihnachtszeit auftritt. Es ist zwar verlockend zu behaupten, dass die Erwärmung auf die Abschwächung der Passatwinde, also der Oberflächenwinde, die in den Tropen in der Regel aus östlicher bis westlicher Richtung wehen, zurückzuführen ist. Doch die Kausalität ist hier nicht ganz eindeutig. So führen starke Passatwinde dazu, dass im östlichen Äquatorialpazifik kaltes Wasser aus der Tiefe aufsteigt. Durch diesen Aufstieg kühlt sich die Meeresoberfläche ab. Weiter westlich am Äquator, über Indonesien, sind wärmere Gewässer zu finden. Dieses warme Wasser erwärmt die Atmosphäre und lässt warme Luft aufsteigen. Diese bewegt sich dann in östlicher Richtung entlang des Äquators, sinkt im östlichen Pazifik wieder auf die Wasseroberfläche und bewegt sich entlang des Äquators zurück nach Westen, wodurch genau die Passatwinde entstehen, mit denen wir begonnen haben. Dies vervollständigt das atmosphärische

Zirkulationsmuster. Wir können daher nicht behaupten, dass der Ozean die Atmosphäre dazu bringt, so zu reagieren, wie wir auch nicht behaupten können, dass die Atmosphäre den Ozean dazu bringt, sich so zu verhalten, wie er es tut. Vielmehr handelt es sich um einen gekoppelten, voneinander abhängigen, in sich konsistenten Zustand des Systems aus Meeresströmungen und Atmosphäre.

Wenn dieser Zustand durch ein Wetterphänomen gestört wird, das die Passatwinde abschwächt, erwärmt sich das Oberflächenwasser im östlichen Äquator. Damit gehen die großen Temperaturunterschiede zum warmen Oberflächenwasser im westlichen Äquator verloren. Aber genau dieser Temperaturgegensatz treibt das atmosphärische Zirkulationsmuster an, das für die Passatwinde verantwortlich ist, so dass das gesamte Muster schwächer wird und die Passatwinde sich weiter verringern. Es ist eine sich selbstverstärkende Spirale. Das System neigt dazu, alle paar Jahre zwischen einer schwachen Zirkulation, die El Niño begünstigt, und einer starken Zirkulation, die mit La Niña verbunden ist, wenn das Oberflächenwasser im östlichen Äquatorialpazifik kalt ist, hin und her zu schwanken. Dieses Wechselspiel von Ozean und Atmosphäre ist als El Niño-Southern Oscillation (ENSO) bekannt. Die Abkühlung und Erwärmung des äquatorialen Pazifiks beeinflusst die Jetstreams in beiden Hemisphären und verändert die jahreszeitlichen Wettermuster in Nordamerika, Afrika und Australasien [Region, die während der letzten Eiszeiten mit Australien über Landbrücken verbunden war, Anm. d. Ü.]. El-Niño-Jahre bedeuten für das westliche Nordamerika oft eine relativ ruhige Saison in Bezug auf atlantische Hurrikans. La-Niña-Jahre sind in der Regel das Gegenteil: im Westen trocken und am Atlantik stürmisch.

Heutzutage sind El-Niño-Ereignisse keine Seltenheit, und wir haben in letzter Zeit einige große erlebt. Dazu gehören die Jahre 1982 bis 1983, 1997 bis 1998 und außergewöhnlich lange, 2014 bis 2016. Aber es gab auch lange Abschnitte mit kühlen La-Niña-Bedingungen im tropischen Pazifik. Wird der Klimawandel zu größeren und häufigeren El Niños führen? Oder könnte er auch das Gegenteil bewirken und uns zu einem La-Niña-ähnlichen Klimazustand treiben? Die paläoklimatischen Aufzeichnungen liefern einige Hinweise, auf die wir später noch eingehen werden.

Das Wichtigste ist nun, dass wir jetzt in der Lage sind, den möglichen Grund für die dramatische Abschwächung des ENSO-Phänomens zu verstehen, das sich im frühen bis mittleren Holozän abspielte, wie paläoklimatische Daten zeigen – darunter gut erhaltene Korallen und Meeres- und Seesedimente. Die zunehmende Jahreszeitlichkeit zu jener Zeit führte, wie bereits erwähnt, zu einer Verstärkung der Monsune. Dies wiederum begünstigte stärkere Passatwinde im tropischen Pazifik, und zwar genau in der Zeit, in der El-Niño-Ereignisse in der Regel auftreten, nämlich im Winter der nördlichen Hemisphäre. Sind die Passatwinde zu stark, wird eine abgeschwächte Zirkulation nur noch schwer ausgelöst. Mit anderen Worten, es ist für El Niño schwierig, sich zu etablieren. Mit der allmählichen Abschwächung des Monsuns und der Passatwinde ging die lange Periode der schlafenden El-Niño-Aktivität zu Ende. Um 5000 v. Chr. nahm El Niño wieder Fahrt auf.[25]

Entlang der peruanischen Küste befinden sich einige der Regionen, die zu den biologisch vielfältigsten zählen, die es in den Weltmeeren gibt. Zu verdanken ist dies dem durch Passatwinde verursachten Aufstieg von Tiefenwasser, der Nährstoffe aus der Tiefe an die Oberfläche pumpt. Die Nährstoffe werden von dem an der Oberfläche lebenden Phytoplankton verwertet. Diese photosynthetisierenden Meereslebewesen bilden die Grundlage für eine reichhaltige marine Nahrungskette, zu der auch große Bestände an Sardinen, Sardellen und Makrelen gehören. El-Niño-Ereignisse unterbrechen den Auftrieb und bringen diese bemerkenswerte natürliche Fischzucht zum Erliegen.

Die wiederkehrenden El-Niño-Episoden führten daher zu zeitweiligen Unterbrechungen der wichtigsten Nahrungsquelle für die einheimische peruanische Küstenfischerei. Doch während El-Niño-Ereignisse schlecht für die Fischerei waren, waren sie gut für die Landwirtschaft.

Die wärmeren Küstengewässer während El-Niño-Ereignissen führten zu sintflutartigen Regenfällen in einer Region, die normalerweise eine Küstenwüste ist. Mit dem Wasser kam die Möglichkeit des Anbaus von Nutzpflanzen und der Landwirtschaft – aber nur, sofern man das Wasser speichern konnte, um die langen Trockenperioden zwischen den El-Niño-Ereignissen zu überstehen. Das erforderte Wasserspeicherung und Bewässerungstechnik. Nur die Organisationsstruktur der Zivilisation konnte solche Innovationen ermöglichen. Und so wurde die komplexe Zivilisation der Caral geboren. Sie betrieben eine zentralisierte Nahrungsmittelproduktion mit einer dualen Wirtschaft aus Fischfang an der Küste und Landwirtschaft im Landesinneren, sowie Handel zwischen beiden. Sie errichteten dauerhafte Wohnstätten, abgesenkte Plätze für Gruppenversammlungen und 25 Meter hohe Pyramiden. Die Zivilisation währte etwa 1.000 Jahre. Wenn Ihnen das kurz vorkommt, sollten Sie bedenken, dass dies ungefähr die Zeitspanne zwischen der Besiedlung Grönlands durch Erik den Roten und heute ist.[26]

Trotz des Verschwindens all dieser frühen Zivilisationen überlebte die menschliche Zivilisation, gedieh und breitete sich in den verschiedenen Teilen der Welt aus. In Peru baute die Chavín-Kultur im Hochland der Anden um 3800 v. Chr. Mais an. Etwa zur gleichen Zeit züchteten die Maya in Mittelamerika robuste Formen von Mais, Bohnen, Kürbissen und Chilischoten. Nach dem Untergang des akkadischen Reiches schlossen sich die Menschen in Mesopotamien schließlich zu zwei großen akkadisch sprechenden Völkern zusammen: Assyrien im Norden und Babylonien im Süden. Das alte ägyptische Reich zerfiel ungefähr zur gleichen Zeit wie das akkadische Reich. Aber es handelte sich weniger um einen »Zusammenbruch« als um ein jahrhundertelanges »Intermezzo«, als das alte Königreich in das neue überging. In Griechenland erlebte die mykenische Zivilisation ihre Blütezeit in der späten Bronzezeit (3700 bis 3100 v. Chr.), gefolgt von der antiken griechischen Zivilisation, die durch eine Reihe neuartiger politischer, philosophischer, künstlerischer und wissenschaftlicher Errungenschaften gekennzeichnet war. Dazu gehörte auch die Einführung der Demokratie als Regierungssystem. Diese Errungenschaften sollten die westliche Zivilisation an der Schwelle zur Neuzeit grundlegend prägen.[27]

DIE GEMEINSAME ZEITRECHNUNG

Das gemeinsame Zeitalter (»Common Era«, CE) ist das rund 2.000 Jahre dauernde Zeitalter, in dem wir uns gegenwärtig befinden. Es beginnt mit dem Jahr Eins des gregorianischen Kalenders. Im Jahr 2022 CE habe ich begonnen, dieses Buch zu schreiben. In diesem Zeitalter finden wir eine Reihe von Beispielen an denen deutlich wird, wie subtil sich das Klima auf die menschliche Zivilisation ausgewirkt hat. Wie wir sehen werden, ist es nicht einfach ein Vulkanausbruch oder ein anderes Klimaereignis, das Zivilisationen auslöscht. Es ist vielmehr oft ein komplexes Zusammenspiel von Klimastress und soziopolitischen Faktoren, das zum Zusammenbruch einer Gesellschaft führt. Es gibt vielleicht keine besseren Beispiele als das antike Griechenland und Rom.

Das Ende der griechischen Hochkultur kann man am Tod Alexanders des Großen im Jahr 323 v. Chr. festmachen. Sicher aber war sie zu dem Zeitpunkt am Ende, als die Römer Griechenland 146 v. Chr. eroberten. Es ist bemerkenswert, dass die Römer, obwohl Griechenland unterging, einen Großteil der Kultur übernahmen. Dazu gehörten die demokratischen politischen und sozialen Strukturen ebenso wie das Pantheon der Götter. Das unterstreicht die Doppeldeutigkeit des Begriffs »Untergang«: Die griechische Kultur überlebte letztendlich trotzdem. Die Geschichte des Römischen Reichs begann offiziell im Jahr 27 v. Chr., als Cäsar Augustus sich zum Kaiser von Rom erklärte. Zählt man also 27 Jahre dazu, dann beginnt die gemeinsame Zeitrechnung im Grunde mit dem Aufstieg des Römischen Reiches. Die Regierungszeit von Augustus war durch einen relativen Frieden, die so genannte Pax Romana, in der römischen Welt gekennzeichnet. Auch wenn die imperiale Expansion an den Grenzen des Reiches fortgesetzt wurde, blieb die Welt mehr als zwei Jahrhunderte lang weitgehend konfliktfrei.

Über zwei Jahrhunderte hinweg kontrollierten die Römer eine ausgedehnte, geografisch vielfältige Region des Globus, die vom nördlichen Britannien bis zu den Rändern der Sahara und vom Atlantik bis nach Mesopotamien reichte. Die Bevölkerung war wohlhabend und erreichte eine bemerkenswerte Zahl von 75 Millionen Menschen. Unter Klimahistorikern ist die Ansicht weit verbreitet, dass klimabedingte Herausforderungen eine wesentliche Ursache für den Untergang dieses großen Reiches waren. Ein Reich wird geboren, expandiert, gedeiht zunächst, wird zu dünn besiedelt, gerät in Schwierigkeiten – wahrscheinlich klimabedingt – und fällt.

So einfach ist das nicht. Zwar wird der Untergang des Römischen Reiches in vielen Berichten auf den Klimawandel zurückgeführt, doch beruht dies oft auf selektiven, anekdotischen oder schwachen Beweisen. In der Regel wird argumentiert, dass es von etwa 200 v. Chr. bis 150 n. Chr. ein vermeintliches römisches Klimaoptimum gab, in dem die Temperaturen angeblich wärmer waren als heute, und dass die Römer Glück hatten, weil sie ihr Reich in diesem günstigen Zeitraum errichteten. Dann verschlechterten sich die klimatischen Bedingungen rapide, bedingt durch eine Reihe großer Vulkanausbrüche, während der so genannten spätantiken kleinen Eiszeit (»Late Antique Little Ice Age«, LALIA), und das Imperium zerfiel.[28]

Es ist eine schöne Geschichte, geeignet für ein TV-Dokudrama. Aber sie ist eben nicht korrekt. So deuten die neuesten Auswertungen der paläoklimatischen Daten nicht auf eine jahrhundertelange Warmzeit in dieser Region hin, geschweige denn auf eine globale Warmzeit. Die Beweise sprechen vielmehr für regional unterschiedliche Temperatur- und Niederschlagsmuster und eine Wärmeperiode, die nicht an das heutige Niveau heranreicht. Das Argument, dass die vulkanisch bedingte LALIA-Abkühlung den Zusammenbruch verursachte, ignoriert die Tatsache, dass diese Abkühlung im sechsten Jahrhundert stattfand, während der ursprüngliche Zusammenbruch des Reiches, also der Niedergang des *westlichen* Römischen Reiches im westlichen Mittelmeerraum und den angrenzenden Regionen, bereits 100 Jahre früher stattfand, nämlich im späten fünften Jahrhundert.[29]

Es ist anzunehmen, dass gesellschaftliche Zwänge, die nichts mit dem Klimawandel zu tun haben, den Untergang des westlichen Römischen Reiches verursacht haben. Der ärmere, verfallende Westen war überfordert und sah sich wachsenden Unruhen einer bäuerlichen Unterschicht gegenüber, die sich über den dekadenten Lebensstil der Eliten ärgerte. Das Reich wurde durch wiederholte Invasionen geschwächt, 410 n. Chr. schwer beschädigt, als die Stadt Rom von den nomadischen Westgoten geplündert wurde, und 476 n. Chr. vernichtet, als Odoaker, ein italienischer Militärführer germanischer Abstammung, Romulus Augustulus, den letzten römischen Kaiser des Westens, absetzte.

Aber was ist mit dem *oströmischen*, auch byzantinisches Reich genannten, Imperium? Dort gab es zwar einen Zusammenbruch, aber der kam erst fast 1.000 Jahre später, im 15. Jahrhundert. Das Argument, dass die Abkühlung und Austrocknung im sechsten Jahrhundert *die* Hauptursache war, ist erneut höchst fragwürdig. Aber der Klimawandel hat vermutlich dennoch eine Rolle gespielt. Er könnte sogar die Lebensdauer des östlichen Teils des Reiches *verlängert* haben. Paläoklimatische Vergleichsdaten wie Seesedimente und Ablagerungen von Stalaktiten und Stalagmiten, so genannte Speläotheme, weisen auf einen Trend zu feuchteren Wintern im östlichen Mittelmeerraum ab dem fünften Jahrhundert hin. Der Winter war in der Region die feuchte Jahreszeit, die Winterregen und die Schneedecke in den Gebirgsregionen waren, wie auch heute noch, von entscheidender Bedeutung für das Auffüllen der Wasservorräte, die über die langen mediterranen Sommer reichen mussten. Diese Sommer sind in den letzten Jahrtausenden als Teil des bereits erwähnten Trocknungstrends im mittleren bis späten Holozän zunehmend trockener geworden.

Was also könnte der Grund für die Verschiebung hin zu feuchteren Wintern gewesen sein, die das Bestehen des byzantinischen Reiches verlängerte? Die winterlichen Niederschläge im östlichen Mittelmeerraum und im Nahen Osten hängen vom Verlauf des Jetstreams ab, der den Atlantischen Ozean von West nach Ost überquert. In manchen Jahren verschiebt er sich nach Norden und bringt Europa warme, stürmische und feuchte Wetterbedingungen, während es in südlichen Breitengraden nicht regnet. In anderen Jahren zieht er geradewegs über den Atlantik in den Mittelmeerraum und bringt reichlich Gewitterniederschläge mit sich. Diese Schwankungen im Verhalten des Jetstreams von Jahr zu Jahr werden als Nordatlantische Oszillation (NAO) bezeichnet, wobei die letztgenannte Konfiguration ihre negative Phase darstellt, die mit kalten und trockenen Bedingungen in Europa und feuchten Bedingungen im Nahen Osten einhergeht. Die NAO wird durch Schwankungen der Sonneneinstrahlung beeinflusst. Obwohl die Mechanismen etwas kompliziert sind, besteht der Haupteffekt darin, dass ein Rückgang der solaren Erwärmung diese negative NAO-Phase begünstigt. Ein solcher Abschwung, der durch Radiokarbonablagerungen in Eisbohrkernen belegt ist, begann in der Mitte des fünften Jahrhunderts. Er führte wahrscheinlich zu einem negativen NAO-Muster und den verstärkten Niederschlägen, die zu dieser Zeit im östlichen Mittelmeerraum und im Nahen Osten auftraten.[30]

Dieser Klimatrend spielte im östlichen Teil des Römischen Reiches eindeutig eine günstige Rolle. Belege aus Pollenablagerungen und historischen Quellen zeigen, dass die Landwirtschaft in der Region in der Mitte des fünften Jahrhunderts florierte und sich die ländlichen Siedlungen ausweiteten. Das Steuersystem des Imperiums profitierte von der gesteigerten landwirtschaftlichen Produktivität und ermöglichte mehr Mittel für kritische Infrastrukturen, wie zum Beispiel ausgeklügelte Bewässerungssysteme und widerstandsfähige hydrologische Projekte, wodurch die Landwirte in den trockensten Teilregionen stärker abgesichert wurden, was wiederum zur weiteren Expansion und Festigung des Imperiums beitragen sollte.[31]

Byzanz fiel schließlich im Mittelalter. Es war durch die Pest geschwächt worden, an der zwischen 1347 und 1353 n. Chr. fast die Hälfte der Bevölkerung Konstantinopels zugrunde ging. Bei der Verbreitung der Krankheit von Asien nach Europa mag tatsächlich auch das Klima eine Rolle gespielt haben. In der Folge wurde das Reich weiter geschwächt und zersplitterte, bis es schließlich 1453 an das Osmanische Reich fiel.[32]

Der Klimawandel sollte in den folgenden Jahrhunderten zumindest eine gewisse Rolle für die menschlichen Geschicke spielen. Die vorindustriellen Temperaturschwankungen waren im globalen Maßstab bescheiden. Die so genannte Kleine Eiszeit, grob definiert als das 15. bis 19. Jahrhundert, scheint weltweit nur etwa 1 °C kühler gewesen zu sein als die vorangegangenen vier Jahrhunderte. Dieser geringe Unterschied ist auf moderate Veränderungen bei den natürlichen Faktoren des Klimas, wie Sonneneinstrahlung und Vulkanausbrüche, zurückzuführen. Regionale Temperatur- und Niederschlagsverschiebungen waren jedoch größtenteils das Ergebnis von Veränderungen der atmosphärischen Zirkulation im Zusammenhang mit der NAO und ENSO, die ihrerseits auf dieselben natürlichen Faktoren zurückzuführen sein könnten. Im Mittelalter vom 11. bis 14. Jahrhundert, war es in weiten Teilen Nordamerikas, des Nordatlantiks und Eurasiens relativ warm, im tropischen Pazifik dagegen kühl. Besonders trocken war es im Westen der heutigen Vereinigten Staaten, was angeblich auf ein anhaltend kühles La-Niña-Muster im tropischen Pazifik zurückzuführen ist. Diese beträchtlichen regionalen Klimaveränderungen hatten sicherlich Auswirkungen auf die Geschichte der Menschheit und trugen wahrscheinlich zumindest zu einigen gesellschaftlichen Verwerfungen bei.[33]

Das bekannteste Beispiel ist der Untergang der nordischen Siedlungen in Grönland im 15. Jahrhundert. Im Jahr 985 n. Chr. führte Erik Thorvaldsson, auch Erik der Rote genannt, eine Schiffsflotte an, die von Island nach Südgrönland reiste und etwa 500 Männer und Frauen, Vieh und Vorräte an Bord hatte. Dort unterhielten sie dauerhafte Siedlungen, züchteten Milchkühe und Schafe und bauten Getreide an, während sie als geschickte Seefahrer gleichzeitig den Handel mit dem europäischen Festland aufrechterhielten. Im 15. Jahrhundert brach dann alles zusammen.

Die Norweger hatten von relativ warmen Bedingungen profitiert, was zum Teil auf das positive NAO-Muster zurückzuführen war, das während des Mittelalters anhielt. Als dieses im 15. Jahrhundert einem eher negativen NAO wich, setzte die Abkühlung ein. Die Abkühlung stellte sicherlich eine Herausforderung für diese Jagd- und Agrarkolonien dar und trug vermutlich zumindest zum Untergang der nordischen Siedlungen zwischen 1400 und 1450 n. Chr. bei. Aber auch Fehlentscheidungen haben zu dem Zusammenbruch geführt. Wissenschaftler vermuten etwa, dass die übermäßige Abhängigkeit der Norweger von Walrossstoßzähnen, einem wertvollen, aber schwindenden Handelsgut, eine Schlüsselrolle spielte. Darüber hinaus war der Zusammenbruch des Handels mit dem europäischen Festland, der durch das immer dicker werdende Meereis in der Region behindert wurde, zumindest eine indirekte Folge der Abkühlung des Klimas. Das zeigt, wie klimatologische und soziopolitische Faktoren zusammen zum Zusammenbruch einer Zivilisation führen können. Der Untergang der nordischen Kolonien hat zweifelsohne den Lauf der Geschichte verändert. Er eröffnete den Niederländern die Möglichkeit, sich, wie wir in der Einleitung gesehen haben, zur dominierenden Seefahrernation zu entwickeln. Einer verliert, einer gewinnt.[34]

Das Paradebeispiel für den Klimakollaps in Nordamerika ist einige Jahrhunderte früher zu finden, und zwar bei einer als Anasazi bekannten und auf den Maisanbau spezialisierten Kultur, die ab dem zwölften Jahrhundert v. Chr. in der Four Corners-Region [Ort in den Vereinigten Staaten, an dem die Bundesstaaten Utah, Colorado, New Mexico und Arizona aufeinandertreffen, Anm. d. Ü.] des amerikanischen Südwestens existierte. Diese Zivilisation fand um 1300 n. Chr. ein dramatisches Ende. Es scheint so, dass die Landwirtschaft der Anasazi zu dieser Zeit der zunehmenden Trockenheit, verortet im heutigen

Westen der Vereinigten Staaten, nicht standhalten konnte. Die Dürre erreichte im späten 13. Jahrhundert lokal ihren Höhepunkt und führte zur Aufgabe der Anasazi-Siedlungen. In diesem Zusammenhang haben Wissenschaftler eine Art von Simulation verwendet, die als agentenbasierte Modellierung bekannt ist, um zu ermitteln, wie die Anasazi auf die veränderten Klimabedingungen reagiert haben könnten, indem sie ihre Ernten und Siedlungsstandorte änderten. Obwohl die tatsächliche Anasazi-Zivilisation um 1300 n. Chr. rasch und dramatisch zusammenbrach, legt die Modellierung nahe, dass die Landwirtschaft in der simulierten Zivilisation auch danach noch lebensfähig geblieben wäre, wenn auch auf einem reduzierten Niveau, was die manchmal komplexe Beziehung zwischen Klima und Niedergang verdeutlicht.[35]

In einigen Fällen sind die Auswirkungen des Klimawandels und sogar die Frage, ob sie nachteilig oder vorteilhaft waren, nicht eindeutig zu klären. Es gibt zum Beispiel zahlreiche Berichte darüber, dass die kälteren Temperaturen der Kleinen Eiszeit in Europa negative Auswirkungen auf die Gesellschaft hatten. Denn in Europa war die Abkühlung ausgeprägter, da das vorherrschende negative NAO-Wettermuster kalte Luft aus der Arktis einbrachte. Insbesondere führten kalte Bedingungen im späten 17. bis frühen 18. Jahrhundert in Frankreich zumindest anfänglich zu schlechten Ernten, einem Anstieg der Lebensmittelpreise und einer hohen Sterblichkeit. Doch die französische Regierung ergriff Anpassungsstrategien, um den Hunger zu lindern und viele Tote zu vermeiden, indem sie beispielsweise Getreide aus Algerien importierte. Die Londoner feierten indessen die Winterkälte mit Frostfesten auf der Themse. Die Niederländer konnten eine Nahrungsmittelknappheit vermeiden, indem sie ihren Speiseplan diversifizierten, und wie wir bereits gelernt haben, die stärkeren Winde nutzten, um ihre Seereisen zu verkürzen und den Handel mit Asien zu verbessern.[36]

Ein weiteres Beispiel ist die Französische Revolution. In einigen Berichten werden klimatische Faktoren für das Ereignis verantwortlich gemacht, wobei die Kleine Eiszeit als ursächlicher Faktor genannt wird. Aber auch andere klimatische Einflüsse wie aufeinander folgende Hitze- und Dürrejahre in den Jahren 1788 und 1789 und sogar ein schweres Hagelunwetter am 13. Juli 1788 werden angeführt. All diese Faktoren führten zu einer Dezimierung der Ernten und einer Beeinträchtigung der Lebensmittelversorgung. Ein Autor schrieb, »die Jahre des klimatischen Stresses, der finanziellen Instabilität und des politischen Konflikts trafen in den Jahren 1788 und 1789 auf brutale Weise zusammen« und führten zum Aufstand. Das Problem ist, dass es eigentlich keine Beweise dafür gibt, dass die Kleine Eiszeit – eine Periode kälterer Bedingungen in Europa – Episoden extremer Hitze und Dürre in Frankreich verursacht haben könnte, ganz zu schweigen von einzelnen außergewöhnlichen Wetterereignissen wie Hagelstürmen. Manchmal ist das Wetter einfach nur Wetter, und nicht Klima.[37]

Die Ursachen für die Französische Revolution selbst waren daher weitgehend politisch und nicht umweltbedingt. Die herrschende Regierung versäumte es, sich mit Fragen der sozialen und wirtschaftlichen Gleichheit zu befassen, was sicherlich vertraut klingt. Die Folge war eine weit verbreitete Arbeitslosigkeit, eine wirtschaftliche Depression und steigende Lebensmittelpreise. Wenn man dann noch den Unmut der Arbeiterklasse über den extravaganten Lebensstil der herrschenden Elite hinzufügt, hat man alle Zutaten für eine Revolution beisammen. Könnten klimabedingte Spannungen ein erschwerender Faktor gewesen sein? Ja. Kann man sie für die Französische Revolution *verantwortlich* machen? Nein.

Beispiele für die Komplexität des gesellschaftlichen Zusammenbruchs sind nicht auf Europa und Nordamerika beschränkt. Man denke nur an den Untergang der Maya-Zivilisation im Südosten Mexikos und Guatemalas. Eine Reihe großer, lang anhaltender Dürren im neunten und zehnten Jahrhundert, welche in Ablagerungen in Meeressedimenten nachgewiesen wurden, führte vermutlich im zehnten Jahrhundert zum Zusammenbruch der klassischen Maya-Zivilisation. Doch das allmähliche Verschwinden der Maya-Städte im Tiefland war bereits im siebten Jahrhundert voll im Gange. Die dokumentierten Belege für Dürre stimmen weder räumlich noch zeitlich mit dem Untergang der Maya-Städte überein, von denen viele nur geringfügige Veränderungen erfuhren und sogar bis zur spanischen Eroberung im frühen 16. Jahrhundert florierten.[38]

VORSICHTIGE ERZÄHLUNGEN

Von dem Moment vor 66 Millionen Jahren, als unsere entfernten nagetierähnlichen Vorfahren aus dem Schatten der Dinosaurier hervortraten, bis zu dem Zeitpunkt vor fünf Millionen Jahren, als unsere nahen Primatenvorfahren von den Bäumen herabstiegen, um in den alten afrikanischen Savannen zu jagen, hat uns das Klima geformt. Das Kommen und Gehen der Eiszeiten während der letzten paar 100.000 Jahre hat uns von *Homininen* – Affen – zu *Hominiden* – Menschen – gemacht, da die Herausforderungen, die das Überleben großer Klimaschwankungen mit sich brachte, größere Gehirne und höhere Intelligenz begünstigten. Ein Kälteeinbruch am Ende der letzten Eiszeit vor 12.000 Jahren zwang uns zu lernen, wie man Pflanzen anbaut und Landwirtschaft betreibt.

Seitdem sind immer wieder einzelne Zivilisationen aufgestiegen und untergegangen, wobei der Klimawandel häufig eine Rolle gespielt hat. Doch die menschliche Zivilisation als Ganzes ist bemerkenswert stabil geblieben: Wir haben uns gut entwickelt und unsere Zahl ist exponentiell gewachsen. Es ist kein Zufall, dass unsere Beständigkeit als Spezies die Stabilität der globalen Durchschnittstemperaturen in genau diesem Zeitrahmen widerspiegelt. Dieses Intervall eines insgesamt gleichmäßigen Klimas wurde immer wieder unterbrochen – durch Vulkanausbrüche, Schwankungen der Sonnenstrahlung, langsame Verschiebungen der regionalen Niederschlags- und Temperaturmuster und Monsune sowie das auf der Präzession der Tagundnachtgleichen basierende El-Niño-Phänomen. Größere Klimaveränderungen waren jedoch auf regionale

Maßstäbe beschränkt, so dass die Menschen in andere, günstigere Gebiete abwandern konnten, wenn sich die Bedingungen lokal verschlechterten. Die heutigen Klimaveränderungen werden durch die Verbrennung fossiler Brennstoffe verursacht, und sie sind global. Kein Ort ist vor den nachteiligen Auswirkungen sicher: Überflutung der Küsten durch den globalen Meeresspiegelanstieg und stärkere Stürme, Austrocknung der Kontinente und häufigere extreme Wetterereignisse.

Die Tatsache, dass die globale Durchschnittstemperatur in den letzten 6.000 Jahren so stabil waren, verlangt nach einer Erklärung. Eine überzeugende Antwort auf dieses Rätsel hat der Paläoklimaforscher William Ruddiman gegeben, dessen Arbeit wir bereits kennengelernt haben. Ruddiman versuchte zu verstehen, warum das globale Klima in diesem Zeitraum so stabil war, obwohl es sich eigentlich langsam abkühlen und in die nächste Eiszeit übergehen sollte. Seine Argumente hat er in seinem 2005 erschienenen Buch »*Plows, Plagues, and Petroleum (Pflüge, Plagen und Erdöl)*« zusammengefasst – auf die Bedeutung der einzelnen Wörter in dieser Alliteration werden wir gleich eingehen.[39]

Ruddiman, der inzwischen aus der Universität von Virginia ausgeschieden ist, arbeitet in seinem Ruhestand zu Hause. Sein Domizil befindet sich in einem idyllischen Zufluchtsort im Shenandoah Valley von Virginia, das auf einem Vorgebirge liegt, eingebettet zwischen den Appalachen im Westen und den Blue Ridge Mountains im Osten. Ich hatte die Gelegenheit, kurz vor der Abfassung dieses Kapitels mit ihm über sein Werk zu sprechen, als ich ihn Mitte März 2020 auf dem Weg zum Virginia Festival of the Book in Charlottesville bei sich im Haus besuchte. Nach anfänglicher kontroverser Diskussion hat er mit Hilfe seiner jahrelangen akribischen Arbeit überzeugend gezeigt, dass wir Menschen nicht erst während der industriellen Revolution in den letzten zwei Jahrhunderten die Kontrolle über das Klima übernommen haben. Tatsächlich haben wir dies bereits vor mehr als 6.000 Jahren getan: durch Landwirtschaft, Abholzung und die Ausbreitung von Seuchen.

Verglichen mit vergangenen Zyklen von Eis- und Zwischeneiszeiten hätte auf der Erde der langsame, aber unaufhaltsame Übergang von warmen zwischeneiszeitlichen zu kalten eiszeitlichen Bedingungen vor etwa 9.000 Jahren beginnen müssen, so Ruddiman. Es hätte zu einem Rückgang des CO_2-Gehalts, einer Abkühlung der Temperaturen und einer stärkeren Eisbedeckung kommen müssen. In Anbetracht des Unterschieds von etwa 5 °C zwischen dem Höchststand der Zwischeneiszeit und dem Höchststand der Eiszeit im Verlauf des etwa 100.000-jährigen Exzenterzyklus hätte sich das Klima in diesem Zeitrahmen von 6.000 Jahren um etwa 0,6 °C abkühlen müssen. Doch genau das ist nicht geschehen. Die globalen Durchschnittstemperaturen waren fast völlig konstant. Die Lösung des Rätsels, so Ruddiman, ist, dass dieser natürliche Abkühlungstrend durch eine geringe, aber nicht zu vernachlässigende, vom Menschen verursachte Erwärmung durch Treibhausgase kompensiert wurde.

Natürlich gab es vor Tausenden von Jahren keine Kohlekraftwerke oder SUVs. Aber die zunehmende Abholzung der Wälder für die Brandrodung in Eurasien und Nordamerika (die »Pflüge«) setzte immer größere Mengen CO_2 in die Atmosphäre frei. Zeitweise ging der CO_2-Ausstoß sogar etwas zurück, weil die Bevölkerung infolge von Pandemien wie der Beulenpest in Europa während des Mittelalters und der Ausbreitung der Pocken bei den amerikanischen Ureinwohnern nach der europäischen Kolonisierung Amerikas im späten 15. Jahrhundert (die »Plagen«) abnahm. Aber das Muster der letzten 6.000 Jahre war ein stetiger, langfristiger Anstieg der CO_2-Werte, obwohl sie durch orbitale Veränderungen eigentlich hätten sinken müssen. Ich halte dies für ein überzeugendes Argument, das auf den uns vorliegenden Hinweisen beruht.

Und dann wäre da noch das Methan. Wie wir bereits gelernt haben, begann der Reisanbau in China vor etwa 6.000 Jahren im unteren Jangtse-Tal und verbreitete sich in den folgenden Jahrtausenden schnell in anderen Teile Chinas und dann in ganz Asien. Für den Reisanbau sind überschwemmte Reisfelder erforderlich, sodass ausgedehnte Becken mit stehendem sauerstofffreiem Wasser entstehen – ein perfekter Nährboden für methanerzeugende, anaerobe Bakterien. Obwohl Methan eine kürzere Lebensdauer in der Atmosphäre als CO_2 hat, da es in der Atmosphäre schnell oxidiert, ist es ein sehr starkes Treibhausgas. Solange es in die Atmosphäre gelangt, wirkt es weiterhin erwärmend. Ruddiman bringt den ungewöhnlichen langfristigen Anstieg von Methan, der gemäß der natürlichen Zyklen ebenfalls rückläufig sein sollte, mit der Zunahme des Reisanbaus in Verbindung.[40]

Jetzt wissen wir, welche Rolle sowohl »Pflüge« als auch »Plagen« spielen können. Und was ist mit »Erdöl«? Erdöl sowie Kohle und fossiles Gas sind die fossilen Brennstoffe, die wir seit Beginn der industriellen Revolution verbrennen. Das hat zu einem viel schnelleren und gewaltigeren Anstieg der CO_2-Konzentration in der Atmosphäre geführt. Und bei der Erdgasförderung durch das Hydraulic Fracturing, auch Fracking genannt, werden immer größere Mengen an »flüchtigem« Methan in die Atmosphäre freigesetzt. Es scheint, dass wir im Laufe der Zeit immer geschickter darin geworden sind, den Thermostaten hochzudrehen.

Damit sind wir wieder bei der bitteren Wahrheit angelangt, mit der wir dieses Kapitel begonnen haben. Das Klima hat uns tatsächlich geformt. Unsere kluge Spezies entstand zum Teil aufgrund des Selektionsdrucks, der durch den Wechsel zwischen eiszeitlichem und zwischeneiszeitlichem Klima im späten Pleistozän auftrat. Und schließlich nutzten wir unseren Verstand, um eine Zivilisation zu schaffen, Bewässerung und Landwirtschaft zu entwickeln und Staaten zu errichten. Dieselben Aktivitäten erwärmten den Planeten, nur ein bisschen. Gerade genug, um den langsamen Abstieg in die nächste Eiszeit aufzuhalten. Wir hatten die ultimative Anpassung erreicht: die Fähigkeit, nicht nur vom Klima geprägt zu werden, sondern das Klima tatsächlich zu prägen. Wir haben dazu beigetragen, unseren *einzigartigen Augenblick* zu schaffen, ein stabiles globales Klima, auf dem wir die Infrastruktur der menschlichen Zivilisation aufbauen konnten.

Wir hätten aufhören sollen, als wir der Entwicklung noch einen Schritt voraus waren. Aber wir sind weiter vorwärts gegangen. Wir haben eine *industrielle* Zivilisation aufgebaut, die vollständig von fossilen Brennstoffen abhängig ist. Wir nutzten unsere Intelligenz und unseren Einfallsreichtum, um durch den Abbau und die Verbrennung von Kohle, Öl und fossilem Gas Energie zu erzeugen. Diese Energie wiederum half, eine industrielle Landwirtschaft aufzubauen. Dank dieser Technologien können wir eine Bevölkerung von acht Milliarden Menschen auf diesem Planeten versorgen. Aber sie erwärmten den Planeten nicht nur ein wenig, sondern sehr stark, veränderten das globale Klima, verschoben die Regengürtel, dehnten die Wüsten aus, ließen das Eis schmelzen, den Meeresspiegel ansteigen und lösten verheerende extreme Wetterereignisse aus.

In einer Zeitspanne von nur ein paar Jahrhunderten haben wir eine Technologie entwickelt, die den Kohlenstoff, der vor Jahrmillionen vergraben wurde, binnen eines geologischen Wimpernschlags wieder in die Atmosphäre zurückbringt. Um noch einmal den großen Carl Sagan zu zitieren: »Unsere Zivilisation lebt von der Verbrennung der Überreste bescheidener Kreaturen, die die Erde Hunderte von Millionen Jahren vor dem Auftauchen der ersten Menschen bewohnten. Wie ein grässlicher Kannibalenkult ernähren wir uns von den toten Körpern unserer Vorfahren und entfernten Verwandten.«[41]

Die industrielle Zivilisation, die wir geschaffen haben, hat zweifellos Herausforderungen mit sich gebracht, allen voran die Klimakrise. Das ist zum Teil die Gefahr, von der Sagan in dem Zitat spricht, mit dem dieses Kapitel beginnt. Aber sie bietet uns auch ein gewisses Maß an Widerstandsfähigkeit und neue Möglichkeiten, die uns bis zu einem gewissen Grad vor den Auswirkungen von Klimaschwankungen und Klimawandel schützen. Das ist auch das Versprechen, von dem Sagan sprach. Wir verfügen heute über hochentwickelte Technologien, die wir einsetzen können, um uns an den Klimawandel anzupassen. Wir können Küstenschutzanlagen gegen den Anstieg des Meeresspiegels errichten, Kulturpflanzen und -sorten an veränderte Temperatur- und

Niederschlagsmuster anpassen und die Wasserressourcen und die Landwirtschaft angesichts längerer Trockenzeiten und zunehmender Dürreperioden managen. Vor allem aber verfügen wir über das technologische Knowhow, um die kohlenstoffhaltigen Emissionen in der globalen Wirtschaft zu vermindern und uns von der schädlichen Verbrennung fossiler Brennstoffe abzuwenden, hin zu sauberer Energie und einer klimafreundlichen Landwirtschafts- und Landnutzungspolitik. Die Hindernisse sind nicht technologischer Natur. Sie sind politisch.

Wir haben auch deutliche Vorteile gegenüber den vergangenen Zivilisationen, die wir in diesem Kapitel behandelt haben, denn im Gegensatz zu ihnen sind *wir in der Lage, die Zukunft vorauszusehen.* Obwohl Klimamodelle alles andere als eine perfekte Kristallkugel und mit Unsicherheiten behaftet sind, liefern sie einen Fahrplan für die wahrscheinliche Entwicklung des Klimasystems in der Zukunft. Darüber hinaus geben sie uns Aufschluss darüber, wie schnell wir die CO_2-Emissionen reduzieren müssen, um ein gefährliches Ausmaß an Klimaveränderungen abzuwenden. Wir können auch demografische Modellprojektionen verwenden, um abzuschätzen, wo das größte Bevölkerungswachstum stattfinden wird. All diese Informationen können wir nutzen, um Strategien zu entwickeln, die die Auswirkungen des Klimawandels auf die am meisten gefährdeten Bevölkerungsgruppen minimieren. Wir müssen uns jedoch darüber im Klaren sein, dass es Schwellenwerte gibt, jenseits derer wir die Anpassungsfähigkeit, die uns die menschliche Zivilisation bietet, einfach überschreiten werden. Auch hier müssen wir die Lehren aus vergangenen Beispielen des gesellschaftlichen Zusammenbruchs berücksichtigen.

Der Zusammenbruch sowohl der Anasazi-Kultur als auch des Akkadischen Reiches, der weiter oben in diesem Kapitel beschrieben wurde, dient als abschreckendes Beispiel. Wie wir gesehen haben, lässt sich der beobachtete Zusammenbruch der Anasazi-Zivilisation im Jahr 1300 n. Chr. alleine mit unseren Klimamodellen nicht erklären. Das deutet auf die Möglichkeit hin, dass unsere Modelle etwas übersehen. Es ist

Abbildung 5: Der Cliff Palace der Anasazi-Kultur im Mesa Verde National Park in Colorado, USA, wurde Ende des 13. Jahrhunderts wegen der Auswirkungen einer extremen Dürre aufgegeben

möglich, dass wir die Anfälligkeit von Zivilisationen unterschätzen, wenn sie klimabedingten Belastungen ausgesetzt sind. Dass unsere besten Simulationen das Risiko für den Kollaps einer Kultur in diesem wichtigen »Testfall« unterschätzen, von dem wir genau wissen, wann er eintrat, sollte uns zu denken geben, wenn es um das noch nie dagewesene und unkontrollierte Experiment mit dem gesamten Planeten geht, das wir gerade durchführen. Wenn unsere Modelle dazu neigen, wichtige Auswirkungen zu unterschätzen, dann sollten wir für unsere möglichen Irrtümer einen entsprechenden Puffer einkalkulieren. Diese Maxime hat sogar einen Namen: das Vorsorgeprinzip. Unser Wetteinsatz könnte nicht größer sein: Die fortgesetzte Verbrennung fossiler Brennstoffe bedroht das Überleben der menschlichen Zivilisation.

Das akkadische Reich lehrt uns mehrere Lektionen, da sein Echo aus vergangenen Jahrtausenden bis heute nachhallt. Da ist zum einen die Mauer, die als »Abwehr der Amoriter« bekannt ist und von den

Akkadiern vom Euphrat bis zum Tigris gebaut wurde, in dem verzweifelten Bemühen, Einwanderer fernzuhalten, als sich die klimatischen Bedingungen verschlechterten. Es ist schwer, keine Verbindung zu einer anderen Mauer herzustellen: der Mauer, die der ehemalige US-Präsident Donald Trump und seine Gefolgsleute an der Südgrenze der Vereinigten Staaten errichten wollen, um mexikanische und mittelamerikanische Flüchtlinge fernzuhalten. Für den anhaltenden Exodus gibt es mehrere Gründe. Einer davon ist der Wunsch, vor Armut und Gewalt zu fliehen. Aber auch der vom Menschen verursachte Klimawandel mit seinen Auswirkungen auf die Ernährungssicherheit ist sicherlich ein Faktor. Andrew Harper, Berater des Hohen Flüchtlingskommissars der Vereinten Nationen, sagte zu dieser Massenmigration: »Der Klimawandel verstärkt die zugrunde liegenden Schwachstellen und Missstände, die vielleicht schon seit Jahrzehnten bestehen, die aber jetzt dazu führen, dass die Menschen keine andere Wahl haben, als zu gehen.«[42]

Und dann gibt es da noch etwas, das heute im modernen Mesopotamien selbst passiert. Mitte März 2011 brachen in Syrien Unruhen aus, die Teil eines größeren Aufstandes waren, der als Arabischer Frühling bekannt wurde. Die Unruhen weiteten sich zu einem regelrechten Bürgerkrieg in Syrien aus, der inzwischen Hunderttausende von Menschenleben gekostet und eine der größten Völkerwanderungen aller Zeiten ausgelöst hat. Die tieferliegende Ursache war eine jahrzehntelange Dürre in Syrien, die wahrscheinlich die schlimmste seit mindestens einem Jahrtausend ist. Die beispiellose Dürre, die durch den Klimawandel verschärft, wenn nicht gar verursacht wurde, dezimierte die Landwirtschaft in der Region. Sie zwang die Landwirte in die Städte Aleppo und Damaskus, wo sie mit den dort lebenden Menschen um Nahrung, Wasser und Platz konkurrierten. Der daraus resultierende Konflikt, die Unruhen und die Gewalt schufen ein ideales Umfeld für Terrororganisationen, um unzufriedene Menschen zu rekrutieren, und so entstand die internationale Terrororganisation »Islamischer Staat im Irak und in Syrien«, bekannt als ISIS.[43]

Die wichtigste Lektion von allen ist jedoch, dass große Zivilisationen gleichzeitig widerstandsfähig und zerbrechlich sind. Sie sind wie ein Katamaran. Die zwei Rümpfe verleihen dem Schiff große Stabilität bei moderaten Kräften, die von Wellen oder Wind ausgehen und ein einfaches Schiff zum Wanken bringen könnten. Aber gerade die Konstruktion, die bei kleinen Kräften für große Stabilität sorgt, führt bei großen Kräften zu völliger Instabilität – einem buchstäblichen Kipppunkt. Das akkadische Reich konnte seine Anfälligkeit für begrenzte Wasserressourcen verringern, indem es die Werkzeuge der Zivilisation nutzte: eine ausreichende Zahl an Arbeitskräften, um einerseits das Wasser zu speichern und das Land zu bewässern, und andererseits die Ressourcen von dort, wo es Überschüsse gab, dahin zu transportieren, wo Mangel herrschte. Doch ausgedehnte Zivilisationen sind zerbrechlich. Sie erfordern ein gewisses Maß an Kooperation und ein gemeinsames Interesse der verschiedenen Bevölkerungsgruppen. Angesichts der Gewalt der epischen Dürre brach das Reich zusammen. Welche Auswirkungen hat das auf unsere heutige, global vernetzte Zivilisation? Ist sie auch anfällig dafür, bei einer starken Veränderung unseres Klimas zusammenzubrechen? Oder vielmehr: Wie stark die Veränderung, die wir ertragen können?

In den folgenden Kapiteln wird dies die übergeordnete Frage sein. Wir werden uns Episoden des Klimawandels in der Vergangenheit ansehen und erfahren, wie unser Klimasystem auf große und kleine Störungen reagiert. Wir werden ganz am Anfang beginnen, mit der urzeitlichen Erde und zwei spezifischen Episoden, die sich zu Beginn der 4,5 Milliarden Jahre alten Erdgeschichte ereigneten: die schwache junge Sonne und die Schneeball-Erde. Diese beiden Episoden verdeutlichen einen scheinbaren Widerspruch – die gleichzeitige Widerstandsfähigkeit und Zerbrechlichkeit des Klimasystems, auf das die moderne menschliche Zivilisation angewiesen ist.

KAPITEL 2

Gaia und Medea: Schneeball-Erde und die schwache junge Sonne

Mancher sagt, im Feuer wird die Welt zugrunde gehen,
Ein anderer sagt, im Eis.
Nach allem, was ich vom Begehren weiß,
Halte ich zu denen, die das Feuer bevorzugen.
Doch, wenn sie zweimal untergehen soll,
kenn ich den Hass auch gut genug
Um mir gewiss zu sein: Das Eis
genügt dem Zweck auch voll.
Und es würde ausreichen

– ROBERT FROST, *»Feuer und Eis«*

Die menschliche Zivilisation ist nun über einem Zeitraum von 6.000 Jahren erblüht. In dieser bemerkenswert stabilen Periode haben die Lebewesen von ausgleichenden Rückkopplungen profitiert, die dazu beigetragen haben, das Klima in einer »goldenen Mitte« zu halten. Man kann das Klimasystem ein wenig anstoßen, aber es stürzt nicht über eine Klippe. Stattdessen pendelt es sich im Laufe der Zeit auf einen etwas anderen Zustand ein. Aber wenn es stark genug beansprucht wird, kann es außer Kontrolle geraten. Da wir weiterhin fossile Brennstoffe verbrennen und die Atmosphäre mit CO_2 verschmutzen, belasten wir den Planeten immer stärker. Die Frage ist, wie lange es dauert, bis wir es *zu weit* getrieben haben.

Zwei Ereignisse lassen sich aus den frühen paläoklimatischen Aufzeichnungen rekonstruieren, die mit ungewöhnlicher Klarheit die gegensätzliche Wirkung von Widerstandsfähigkeit und Zerbrechlichkeit zeigen. Das so genannte Paradoxon der schwachen jungen Sonne auf der einen Seite veranschaulicht die stabilisierenden Mechanismen – oft als negative Rückkopplung bezeichnet –, die während des größten Teils der Erdgeschichte eine unkontrollierbare Veränderung des Klimas verhindert haben. Auf der anderen Seite zeigt die »Schneeball-Erde«, eine Episode (oder womöglich sogar zwei Episoden), während der sich der blaue Planet in einen weißen Schneeball verwandelte, die Kraft der positiven Rückkopplungen. Dabei handelt es sich um destabilisierende Mechanismen, die in Form destruktiver Zyklen einen außer Kontrolle geratenen Klimawandel verursachen können.

DAS PARADOXON DER SCHWACHEN JUNGEN SONNE

Die Erde entstand vor 4,55 Milliarden Jahren. Das geologische Zeitalter, das damals begann und vor 3,8 Milliarden Jahren endete, ist nach Hades, dem griechischen Gott der Unterwelt (Hadean) benannt. Der Spitzname ist durchaus angebracht. Zu dieser Zeit war die Erde eine wüste, ständig von Planetoiden bombardierte Höllenlandschaft. Aufprallende mondgroße Gesteins- und Staubkugeln legten alles in Schutt und Asche. Sie ließen die Ozeane verdampfen, zerklüfteten die Erde und verdunkelten die Sonne. Einer dieser Kleinplaneten, ein marsgroßer Himmelskörper, war vermutlich ein Protoplanet namens Theia – benannt nach dem Kind der griechischen Erdgöttin Gaia. Die bei seinem Aufprall auf der Erdoberfläche hinaus geschleuderten Bruchstücke sammelten sich in einer Umlaufbahn um die Erde. Sie enthielten genügend Material, um das entstehen zu lassen, was heute unser Mond ist.

Das Ende des Bombardements vor etwa 3,8 Milliarden Jahren markierte den Beginn des nächsten geologischen Äons (Zeitalter), des

Archaikums – benannt nach Arche, der Muse des Ursprungs und der Anfänge in der griechischen Mythologie. Auch das war ein würdiger Name. Das Leben auf der Erde, in Form von einzelligen Bakterien, die passenderweise Archaeen genannt werden, scheint fast unmittelbar nach dem Ende des Beschusses entstanden zu sein. Das Leben – um Jeff Goldblum aus *Jurassic Park* zu zitieren – scheint sich seinen Weg zu bahnen. Zumindest, wenn die Umstände es zulassen.

Doch genau darin liegt das Paradoxon. In den frühen 1970er Jahren stellte Carl Sagan die folgende Frage: Wie konnte die Erde vor nahezu vier Milliarden Jahren ein lebensfreundliches Klima aufrechterhalten? Zumindest genug, um diese einzelligen Bakterien zu ernähren? Modelle für die Entstehung von Sternen zeigen, dass die Sonne damals 30 Prozent schwächer war als heute. Rechnet man nach, müsste die Erde ein gefrorener Planet gewesen sein, dem es an flüssigem Wasser mangelte – einer Zutat, die für das Leben, wie wir es kennen, unerlässlich ist. Aber das brauchen Sie mir nicht zu glauben. Rechnen wir es aus.

Berechnungen, Integrale, Differentialgleichungen – diese Begriffe lösen verständlicherweise bei vielen Menschen Angst aus. Die gute Nachricht: Wir brauchen nichts von alledem. Wir müssen nur ein paar Zahlen in einen einfachen algebraischen Ausdruck einsetzen. Das Energiebilanzmodell, ein einfaches Modell, berechnet die Temperatur der Erde, indem es die auf die Erdoberfläche auftreffende Sonnenenergie mit der von der Erde in den Weltraum abgegebenen Wärmeenergie mathematisch gleichsetzt. Es berücksichtigt auch den Anteil der Sonnenenergie, der von vornherein in den Weltraum zurück reflektiert wird – vor allem durch Wolken, aber auch durch Eis und andere reflektierende Oberflächen.[1]

Das Stefan-Boltzmann-Gesetz der Physik, auch als Gesetz der Schwarzkörperstrahlung bezeichnet, besagt, dass alle Objekte Energie im Verhältnis zur vierten Potenz ihrer Temperatur abstrahlen. Für Objekte bei typischer Raumtemperatur ist diese Strahlung unsichtbar – sie liegt im Infrarotbereich. Aber sie ist da, und zwar in Form von abgestrahlter

Wärmeenergie. Wenn Sie jemals eine Nachtsichtbrille getragen haben, haben Sie genau das gesehen. Das Stefan-Boltzmann-Gesetz gilt natürlich auch für die Erde, und das hat weitreichende Folgen. Je mehr die Oberfläche des Planeten erwärmt wird, desto mehr Wärme verliert der Planet an den Weltraum. Es handelt sich um eine stabilisierende Rückkopplung, das Planck-Feedback, benannt nach dem großen Physiker Max Planck, der die zugrundeliegende Physik als Erster mathematisch beschrieben hat. Die Planck-Rückkopplung ist das bedeutendste Stabilisierungsmerkmal des Klimasystems.

Am Ende von Plancks Herleitung steht ein einfacher Ausdruck, der besagt, dass die Oberflächentemperatur der Erde in vierter Potenz der durchschnittlichen Sonneneinstrahlung auf die Erdoberfläche entspricht, geteilt durch eine physikalische Konstante. Wir können damit die aktuelle Oberflächentemperatur der Erde berechnen. Die Gesamtmenge der heute einfallenden Sonnenwärme entspricht in etwa der Wärme eines typischen elektrischen Haartrockners auf mittlerer Stufe, genauer gesagt 1.370 Watt Leistung, und zwar für jeden Quadratmeter der Erdoberfläche. Teilen Sie diese durch vier, um der Kugelform der Erdoberfläche Rechnung zu tragen, und multiplizieren Sie sie mit 0,7, da etwa 30 Prozent des einfallenden Sonnenlichts in den Weltraum zurückgeworfen werden. Geben Sie die Zahlen in einen Taschenrechner ein, drücken Sie zweimal die Quadratwurzel, und Sie erhalten die Antwort: eine Oberflächentemperatur von, einen Moment bitte , 255 Kelvin. Das sind -18 °C – ein eisiger, lebloser Planet [diese vereinfachte Berechnung dient nur der Veranschaulichung, Anm. d. Ü.].

Das kann nicht richtig sein, denn schließlich sitzen Sie hier und lesen dieses Buch. Tatsächlich liegt die globale Durchschnittstemperatur des Planeten bei etwa 16 °C. Was ist also bei unserer Berechnung schiefgelaufen? Nun, wir haben etwas sehr Wichtiges nicht berücksichtigt: die Rolle der Treibhausgase in der Atmosphäre, wie CO_2 und Wasserdampf. Sie verwandeln einen andernfalls gefrorenen, leblosen Planeten in einen bewohnbaren. Indem sie einen Teil der Wärmeenergie absorbieren, die die Erde in den Weltraum zu schicken versucht, und diese Wärme dann wieder auf die Oberfläche zurückwerfen, erwärmt sich diese. Das ist der Treibhauseffekt.

In unserem Berechnungsmodell können wir den Treibhauseffekt anhand des *Emissionsgrads* beschreiben, der angibt, wie effektiv die Erdatmosphäre die nach außen abgegebene Wärme einfängt. Kein Treibhauseffekt entspricht einem Emissionsgrad von Null. Die Treibhausgase der Erde absorbieren etwa 77 Prozent der abgehenden Wärmeenergie. Wenn wir in unseren Berechnungen diesen Faktor berücksichtigen, erhalten wir die Temperatur von 16 °C – die richtige Antwort.

Was hat das nun mit dem Paradoxon der schwachen jungen Sonne zu tun? Vor drei Milliarden Jahren leuchtete die Sonne nur 70 Prozent so stark wie heute, so dass die Sonnenerwärmung geringer war. Das ist so, als würde man den Haartrockner von »mittel« auf »niedrig« stellen, wodurch die Temperatur auf der Erde wieder weit unter den Gefrierpunkt fallen würde. Wir wären erneut bei einem leblosen Planeten.

Aber natürlich wissen wir, dass die Erde damals weder leblos noch gefroren war. Es gab Ozeane, die von Mikroben bevölkert waren. Wir haben fossile Zeugnisse von ihnen, die mindestens 3,5 Milliarden Jahre alt sind. Sie haben die Form von Stromatolithen, kuppelförmigen Ablagerungen aus Kalkstein, die von Kolonien von Cyanobakterien gebildet wurden. Diese lebten in der Nähe der Meeresoberfläche und nutzten die Photosynthese, um Sonnenenergie zu gewinnen. Offenbar nutzten sie einen primitiven anoxischen Stoffwechsel, bei dem CO_2 und Schwefelwasserstoff miteinander reagieren, sodass energiereiche Zuckermoleküle und als Nebenprodukt molekularer Schwefel entstehen.

Was bedeutet das also? Unsere Berechnungen ergaben einen gefrorenen, leblosen Planeten. Die Beweise deuten jedoch stark auf das Gegenteil hin. Carl Sagan und sein Co-Autor George Mullen lieferten vor einem halben Jahrhundert eine Erklärung, die heute im Wesentlichen als richtig anerkannt ist. Sie stellten die Hypothese auf, dass damals ein stärkerer Treibhauseffekt am Werk war. Sie vermuteten, dass es sich dabei um Ammoniak, ein starkes Treibhausgas, handelte. Ammoniak wäre in der frühen, sauerstofffreien Atmosphäre der Erde relativ stabil gewesen, da es keine Oxidation gab. Aber ohne eine schützende Ozonschicht, die erst bei der Sauerstoffanreicherung unserer Atmosphäre eine Milliarde Jahre später entstand, hätte Ammoniak durch energiereiche ultraviolette Strahlung, die die Erdoberfläche erreichte, zerstört werden müssen.[2]

Sagans grundsätzliche Erklärung für das Paradoxon erwies sich als korrekt: In der frühen Atmosphäre der Erde verstärkte sich der Treibhauseffekt. Die Treibhausgase, die höchstwahrscheinlich beteiligt waren, sind jedoch CO_2 und Methan. Ironischerweise sind sie auch die häufigsten Treibhausgase, die wir heute durch die Förderung und Verbrennung fossiler Brennstoffe und durch die industrielle Landwirtschaft in die Atmosphäre freisetzen

Der CO_2-Gehalt war damals aus mindestens zwei Gründen hoch. Erstens dürfte das heißere Innere der jungen Erde – ein Überbleibsel ihrer Ursprünge als Kugel aus geschmolzenem Gestein – zu einer stärkeren Plattentektonik und damit zu mehr vulkanischen Ausgasungen von CO_2 in die Atmosphäre geführt haben. Zweitens ist, wie wir bereits gelernt haben, die chemische Verwitterung der kontinentalen Gesteine ein wichtiger Mechanismus, um der Atmosphäre CO_2 zu entziehen. Bei einer fast vollständig mit Wasser bedeckten Erde wäre der Abzug des Kohlenstoffs deutlich geringer gewesen. Die Kombination aus erhöhter Erzeugung und verringerter Absenkung führt zu einem höheren CO_2-Gehalt.

Bei Methan liegt die Sache anders. Wie wir bereits gelernt haben, waren die ersten Lebensformen wahrscheinlich anaerobe Bakterien, die ihre Energie aus der Verbindung von CO_2 mit Wasserstoffgas bezogen und dabei Methan als Nebenprodukt produzierten. In der sauerstofffreien frühen Erdatmosphäre wurde Methan kaum chemisch zersetzt oder abgezogen, so dass es sich leichter in der Atmosphäre anreichern konnte. Schon damals zeigte sich, dass das Leben selbst begann, eine Rolle bei der Regulierung des Klimas auf unserem Planeten zu spielen.

Wir haben also eine plausible Erklärung für das Paradoxon der schwachen jungen Sonne: ein Super-Treibhaus aus CO_2 und Methan in der Frühzeit der Erdgeschichte. Doch dann geschah noch etwas anderes, das ebenso geheimnisvoll ist, wenn nicht sogar noch rätselhafter. Während die Sonne in den folgenden Äonen allmählich heller wurde, wurde die Erde nicht heißer. Offenbar verfügt unser Planet über ein geologisches Thermostat. Reguliert dieser Himmelskörper etwa seine eigene Temperatur – ähnlich wie unser menschlicher Körper? Lassen Sie uns über Gaia sprechen.[3]

GAIA

Wenn wir andere Planeten in unserem Sonnensystem untersuchen, die eine Atmosphäre und einen Treibhauseffekt haben, stellen wir fest, dass der Treibhauseffekt des Mars zu gering ist, sodass er eine gefrorene, karge Wüste geworden ist. Bei der Venus ist der Treibhauseffekt zu groß, weshalb auf ihr ein höllisches Inferno herrscht. Unserer ist genau richtig. Ein Paradiesplanet (»A Goldilocks Planet«), der rein zufällig so ist wie er ist?

Da der Treibhauseffekt auf der Erde mit zunehmender Helligkeit der Sonne immer schwächer wurde, blieb die Oberflächentemperatur des Planeten in bewohnbaren Grenzen. Könnte es sein, dass sich der Treibhauseffekt irgendwie angepasst hat, um den Planeten bewohnbar zu erhalten? Das klingt absurd, oder? Könnte die Erde einen eigenen Geist oder Willen haben? Dieses planetarische Rätsel beschäftigte Carl Sagans einstige Lebensgefährtin, die renommierte Wissenschaftlerin Lynn Margulis.

Nebenbei bemerkt, gehörte Margulis, die kurzzeitig eine Kollegin von mir war, als ich in den späten 1990er Jahren an der Universität von Massachusetts lehrte, zu den wenigen in der Wissenschaft tätigen Menschen der modernen Geschichte, die nicht nur ein revolutionäres Konzept entwickelt haben, sondern sogar zwei. Eines davon war die

Endosymbiose. Diese Theorie besagt, dass bestimmte Zellbestandteile wie Mitochondrien, die für die Atmung in pflanzlichen und tierischen Zellen verantwortlich sind, und Chloroplasten, die den Pflanzen die Photosynthese ermöglichen, wie Bakterien, ursprünglich autonome einzellige Lebensformen wären. Demnach wurden sie in die Zellen von Pflanzen und Tieren aufgenommen und gingen eine dauerhafte, symbiotische Beziehung ein. Als Margulis diese Theorie 1966 vorstellte, war sie umstritten und wurde von 15 wissenschaftlichen Zeitschriften abgelehnt. Anfang der 1980er Jahre war sie jedoch weitgehend akzeptiert, da DNA-Studien zeigten, dass sowohl die Mitochondrien als auch die Chloroplasten eine eigene Erbinformation haben, die sich von der ihrer Wirtsorganismen unterscheidet. Der Chloroplast war dabei ursprünglich eine primitive, photosynthetisierende Cyanobakterie, wie sie weiter oben in diesem Kapitel beschrieben wurde.[4]

Die andere revolutionäre neue Vorstellung von Margulis – in Zusammenarbeit mit dem bahnbrechenden britischen Wissenschaftler James Lovelock – war *Gaia*. Die 1974 veröffentlichte Gaia-Hypothese ist nach der gleichnamigen griechischen Erdgöttin benannt. Diese Theorie geht davon aus, dass das Erdsystem – einschließlich des Lebens selbst – die Bedingungen auf der Erde so reguliert, dass der Planet dank einer Art Thermostat in bewohnbaren Grenzen bleibt. Es gibt Mechanismen, die für die Funktionsweise unseres Klimasystems grundlegend sind. Mit anderen Worten: Sie machen das Klimasystem der Erde zumindest bis zu einem gewissen Grad widerstandsfähig.[5]

Die Gaia-Hypothese war ebenso wie die Endosymbiose von Anfang an höchst umstritten, wurde von Margulis und Lovelocks Wissenschaftlerkollegen belächelt, verleumdet und missverstanden. Einige sahen darin die Zuschreibung von Empfindungsvermögen und Intentionalität an das Erdsystem, eine Art planetarische Vermenschlichung. Man könnte fairerweise argumentieren, dass die Benennung ihrer Hypothese nach einer mythischen Personifikation nicht hilfreich war. Repräsentativ für die Kritik, die an der Hypothese geübt wurde, ist die Aussage des

Mikrobiologen und Royal Society Fellow John Postgate: »Gaia – die große Erdmutter! Der planetarische Organismus! Bin ich der einzige Biologe, dem ein unangenehmes Zucken überkommt, ein Gefühl der Unwirklichkeit, wenn die Medien mich wieder einmal auffordern, das ernst zu nehmen?« Inzwischen ahnen Sie wahrscheinlich, dass es unklug ist, sich auf die Seite derjenigen zu stellen, die Margulis kritisiert haben. Und damit haben Sie natürlich Recht.[6]

Gaia wurde bisweilen ironisch verstanden, gleichermaßen von Umweltbewegten und von Anhängern der Pave-the-earth-Bewegung [letztere fordern mit einer Mischung aus Satire und Zynismus, möglichst viel Erdoberfläche zu asphaltieren, um darauf schnell Auto zu fahren, Anm. d. Ü.]. Viele fühlten sich von der Vorstellung einer »Mutter Erde« angezogen. Eine Sichtweise, die zum Zeitpunkt der Veröffentlichung des Artikels im Jahr 1974 in der Umweltbewegung weit verbreitet war. Ich war damals neun Jahre alt und erinnere mich, wie allgegenwärtig das Konzept von Mutter Natur in der Populärkultur Mitte der 1970er Jahre war. »Es ist nicht nett, Mutter Natur zu täuschen«, lautete der Slogan einer berühmten Werbung für eine Margarine als Butterersatz namens Chiffon, an die ich mich noch gut erinnern kann [diese Margarine wurde im in dem Werbespot als so gut präsentiert, dass sich die als Person auftretende »Mutter Natur« zunächst davon täuschen ließ, Anm. d. Ü.]. Mutter Natur war die Heldin in dem mittlerweile klassischen Stop-Motion-Zeichentrickfilm »*The Year Without a Santa Claus*« von 1974. Wir haben am nächsten Tag in der Schule über nichts anderes gesprochen als über diesen Film. Ein anderes Beispiel: »Sieh, wie Mutter Natur in den 1970ern auf der Flucht ist« heißt es in dem Neil Young Song »After the Gold Rush« aus dieser Zeit.

Den »Pave the Earth«-Anhängern hingegen gefiel die Darstellung eines widerstandsfähigen Planeten im Sinne von Gaia. Sie verbanden damit die Vorstellung eines Erdsystems, das gegen Umweltverschmutzung und andere vom Menschen verursachte Beeinträchtigungen weitgehend immun ist – eine ziemlich bequeme Prämisse für industrielle Dreckschleudern. Aber die Gaia-Hypothese hat *nichts* von alledem besagt. Sie geht lediglich davon aus, dass es Prozesse gibt, die das Erdsystem steuern und die durch die Gesetze der Physik, Chemie und Biologie so wirken, dass sie im Allgemeinen den Kräften entgegenwirken, die das System aus seinem Gleichgewichtszustand bringen.

Diese stabilisierende Fähigkeit unserer planetarischen Heimat ist nicht zufällig, sondern eine Folge einer schwachen Form des so genannten anthropischen Prinzips: Es ist wahrscheinlich, dass von allen Planeten in allen Sonnensystemen in allen Galaxien unseres Universums nur auf denjenigen mit den Eigenschaften von Gaia im Laufe von Milliarden von Jahren Lebewesen und schließlich intelligente, selbstbewusste Organismen wie wir entstehen, die über diese Dinge nachdenken können. Eine Randbemerkung: Man könnte sogar in Richtung einer stärkeren Ausprägung des anthropischen Prinzips argumentieren: Von allen möglichen Universen, mit allen möglichen Werten der physikalischen Grundkonstanten und Versionen der physikalischen Gesetze, werden nur diejenigen Universen, die Spiralgalaxien, Sonnensysteme sowie chemische und biologische Gesetze wie die auf unserem Planeten beinhalten, zu Leben und schließlich zu intelligenten Wesen führen. Es ist nicht meine Absicht, für einen dieser konkurrierenden Standpunkte zu plädieren. Für unsere Zwecke ist nur wichtig, dass es tatsächlich Beweise für gaianische Eigenschaften auf unserem Planeten gibt.

Wie Gaia funktioniert, lässt sich im langfristigen geologischen Kohlenstoffzyklus der Erde beobachten. Als die Sonne im Laufe der Zeit immer heller wurde und den Planeten erwärmte, verstärkte sich der Wasserkreislauf, also der Zyklus von Verdunstung und Niederschlag. Mehr Regen bedeutete mehr Verwitterung von Gestein und Auswaschen von atmosphärischem CO_2 aus der Atmosphäre, was den CO_2-Gehalt senkte und den Treibhauseffekt verringerte. Das führte wiederum zu einer Abkühlung des Klimas. Auf diese Weise blieb die Temperatur auf der Erde in der Regel moderat, während die Sonne immer intensiver leuchtete.

Der Gaia-Effekt zeigt sich auch in der zunehmend wichtigen Rolle, die das Leben im Laufe der Zeit im Kohlenstoffkreislauf spielte. Verfolgen wir den Weg des CO_2, nachdem es durch chemische Verwitterung aus der Atmosphäre entzogen wurde: Anfangs wurde der Kohlenstoff durch die im ersten Kapitel beschriebenen langsamen, ineffizienten, anorganischen Prozesse gebunden. Doch im Laufe der Zeit, als das Leben auf der Erde Fuß fasste, traten immer effizientere organische Abscheidemechanismen für CO_2 auf – der Gaia-Mechanismus war am Werk. Der wichtigste dieser Mechanismen war der Einbau von Karbonaten in die Strukturen von Meeresorganismen wie Plankton und Foraminiferen (für Kenner: Foramen) und später von Korallen, Weichtieren und primitiven Krebstieren wie den bekannten Trilobiten. Diese Skelette sinken schließlich ab, verfestigen sich und bilden am Meeresboden ein kalkartiges Sedimentgestein. Die Überreste können zuweilen unter dicken Schlammschichten begraben werden, wodurch sauerstofffreie Bedingungen entstehen. Unter hohem Druck und hohen Temperaturen, wenn sich die Sedimente ansammeln und die organischen Stoffe immer tiefer unter dem Meeresboden vergraben werden, werden sie schließlich in Kohlenwasserstoffe wie Erdöl und Erdgas umgewandelt. Zusammen mit Kohle sind sie das, was wir als fossile Brennstoffe bezeichnen.

Wenn die Plattentektonik eine ozeanische Erdkruste unter eine andere Platte schiebt, ist das Kalksteingestein einem enormen Druck und einer gewaltigen Temperatur ausgesetzt. Die extreme Hitze verwandelt in Verbindung mit dem reichlich vorhandenen Silizium in der Erdkruste den Kalkstein in Silikatgestein, wobei gasförmiges CO_2 freigesetzt wird. Das Gas entweicht durch vulkanische Schlote zurück in die Atmosphäre und schließt so den langfristigen Kohlenstoffkreislauf.

Während die chemische Verwitterung verhindert, dass der CO_2-Gehalt zu hoch wird, sorgt die vulkanische Ausgasung dafür, dass er nicht zu niedrig wird. Vielleicht ist die tektonische Aktivität ein entscheidender Faktor, um die Temperaturen in einem erträglichen Rahmen zu halten.

So scheint der Mars vor einigen Milliarden Jahren tektonisch aktiv gewesen zu sein. Zu dieser Zeit gab es auf seiner Oberfläche reichlich flüssiges Wasser. Vielleicht gab es dort auch Leben. Heute ist er tektonisch tot, gefroren und leblos.

Das genaue Gleichgewicht zwischen dem Abtrag durch Verwitterung und dem Eintrag durch vulkanische Ausgasungen kann sich im Laufe der Zeit verändern. Wenn die Plattentektonik aktiver ist, gibt es mehr Gasaustritte, und der CO_2-Gehalt in der Atmosphäre steigt tendenziell an. Dies führte zu dem sehr warmen Klima der Trias und des frühen Jura vor etwa 200 Millionen Jahren, als die Dinosaurier auf unserem Planeten lebten. Wie wir im ersten Kapitel gesehen haben, kann die Plattentektonik jedoch auch die andere Hälfte des Kreislaufs beeinflussen – die chemische Verwitterung von CO_2. Die erzwungene Anhebung des Himalayas infolge der Kollision Indiens mit Eurasien vor 50 Millionen Jahren begünstigte beispielsweise den anschließenden Rückgang der CO_2-Werte durch eine Verstärkung des asiatischen Sommermonsuns sowie vermehrte Regenfälle und eine stärkere Verwitterung.

Trotz des allmählichen Ansteigens und Sinkens des CO_2 über Millionen und Milliarden von Jahren ist das Klima der Erde weitgehend in einem bewohnbaren Rahmen geblieben und weit entfernt von den höllischen Bedingungen der Venus und dem eisigen, unwirtlichen Klima des heutigen Mars. Wir haben jetzt gesehen, wie das Leben im Laufe der Zeit eine immer wichtigere Rolle in den Stabilisierungsmechanismen von Gaia gespielt hat. Bedroht von den frostigen Perspektiven einer schwachen Sonne, antwortete die Erde mit Methan bildenden Bakterien, um den Planeten aufzuwärmen. Auf die Bedrohung durch eine immer *heißer* werdende Sonne reagierte der Planet, indem er kohlenstoffhaltiges Leben unter dem Meeresboden vergrub und so den CO_2-Gehalt senkte. Das Leben hatte wieder einmal einen Weg gefunden.

Bereits vor zwei Milliarden Jahren fand die Evolution einen neuen, wesentlich effizienteren Weg der Photosynthese für die Cyanobakterien. Sie spalteten Wassermoleküle, die im Gegensatz zu Wasserstoff oder

Schwefelwasserstoff praktisch unbegrenzt verfügbar waren. Ein Nebenprodukt dieses Prozesses ist Sauerstoff, so dass der Sauerstoffgehalt in der Atmosphäre in die Höhe schnellte. Der Sauerstoff ermöglichte einen völlig neuen Metabolismus für das Leben und die Atmung. Aber er war auch giftig für viele anaerobe Bakterien, die ein Massensterben erlebten. Wie bei den Menschen gab es auch bei den Bakterien Gewinner und Verlierer des Klimawandels.

Vor 600 Millionen Jahren hatte sich so viel Sauerstoff in der Atmosphäre angesammelt, dass er sich buchstäblich bis in die Stratosphäre auftürmte, wo er auf energiereiche ultraviolette (UV) Strahlung traf. Die UV-Strahlen spalteten die Sauerstoffmoleküle auf und verbanden das freie Sauerstoffatom (O) mit einem vollständigen Sauerstoffmolekül (O_2) zu Ozon (O_3). Die Erde verfügte nun über eine Ozonschicht, die die schädliche UV-Strahlung absorbierte, bevor diese in die Atmosphäre gelangte. Das machte es für das Leben ungefährlich, bis an die Oberfläche des Ozeans zu gelangen und an Land zu kriechen.

Vor 500 Millionen Jahren gab es erste Landpflanzen und vor 400 Millionen Jahren die ersten an Land lebenden Tiere. Das älteste erhaltene Exemplar ist ein Tausendfüßer ähnliches Wesen. Pflanzen und Tiere trugen dazu bei, den Kohlenstoff in der Atmosphäre zu binden. Wenn sie starben, gelangten ihre organischen Überreste in den Boden oder in den schlammigen Grund von Sümpfen. Der geologische Prozess der Sedimentation tat seine Wirkung. Überreste wurden in Gesteins- und Erdschichten begraben. Im Laufe der Jahrmillionen zersetzen Hitze und der Druck der Erdkruste diese Organismen zu dem, was wir heute als Kohle kennen. Es hat mehr als 100 Millionen Jahre gedauert, bis Gaia diesen Kohlenstoff vergraben hatte. Heute holen wir ihn wieder hervor und bringen ihn in einem Zeitraum von 100 Jahren zurück in die Atmosphäre, also *eine Million Mal schneller*.

Vor etwa 400 Millionen Jahren entstanden auch die ersten Gefäßpflanzen, also Pflanzen mit Wurzeln, Stängeln und Blättern. Robert Berner, ein ehemaliger Professor von mir am Institut für Geologie und Geophysik in Yale, zeigte, dass die Entwicklung dieser Pflanzen es dem Leben ermöglichte, das Ökosystem der Erde noch stärker zu gestalten. Es recycelte Wasser und produzierte Säuren, die den Prozess der chemischen Verwitterung beschleunigten. Gaia, wenn man so will, hat im Laufe der Zeit immer mehr Einfluss gewonnen. Ihr bevorzugtes Werkzeug ist in zunehmendem Maße das Leben selbst. Die Frage ist: Kann das Phänomen Gaia uns überdauern?[7]

DIE GÄNSEBLÜMCHENWELT

James Lovelock war ein unkonventioneller Wissenschaftler, der für seine brillanten, wenn auch oft umstrittenen Ideen, wie die besagte Gaia-Hypothese, die er zusammen mit Lynn Margulis formulierte, bekannt war. Nach seiner Promotion in Medizin im Jahr 1948 forschte er unter anderem in Yale und Harvard auf dem Gebiet der Biologie und Astronomie. Er war ein bedeutender Autor von mehr als einem Dutzend Büchern und zahlreichen wissenschaftlichen Veröffentlichungen und erhielt eine Reihe angesehener wissenschaftlicher Preise und Auszeichnungen, darunter 1974 auch die Aufnahme in die Royal Society.[8]

Mitte der 1970er Jahre war Lovelock einer der Berater für die Viking-Mission der NASA zum Mars. Er vertrat die Ansicht, dass die Aussichten, Leben auf anderen Planeten zu finden, durch eine Messung der atmosphärischen Zusammensetzung mit dem Teleskop beurteilt werden könnten. Ausgehend von den Erkenntnissen über die Entstehung des Lebens auf der Erde nahm er an, dass eine Atmosphäre, die reich an Sauerstoff und Methan ist, wahrscheinlich auf das Vorhandensein lebender Organismen hinweisen könnte. Ein Planet mit einer Atmosphäre wie die der des Mars, die größtenteils aus CO_2 und Stickstoff besteht, würde wahrscheinlich kein Leben beherbergen. Die Raumsonden und Landefahrzeuge der Viking-Mission lieferten faszinierende Bilder und detaillierte Informationen über den roten Planeten. Unter anderem fanden sie geologische Beweise für tiefe Flusstäler, die wahrscheinlich irgendwann in der fernen Vergangenheit des Mars von Sturzbächen ausgehöhlt wurden: Ein verblüffender Hinweis darauf, dass die Bedingungen zu Beginn der Geschichte des Planeten weitaus lebensfreundlicher gewesen sein dürften. Aber die Viking-Mission war tatsächlich erfolglos, als es darum ging, Beweise für Leben in der Gegenwart zu finden.

Lovelock starb im Jahr 2022 im stolzen Alter von 103 Jahren. Es scheint, dass er ein oder zwei Dinge über Langlebigkeit wusste. Und er sprach mit einer gewissen Weisheit, wenn es um den Gaia-Effekt und seine lange Wirkungszeit von mehr als drei Milliarden Jahren ging. Beunruhigt von der Vermenschlichung und den Fehlinterpretationen der Gaia-Hypothese durch die Öffentlichkeit und sogar durch andere Forschende, machte sich Lovelock Mitte der 1980er Jahre daran, ein Modell zu konstruieren, das zeigen sollte, wie sich die Wirkung von Gaia allein aus den Gesetzen der Physik, Chemie und Biologie ergeben kann. Dazu bedarf es weder eines Gefühls noch eines Willens oder eines Wunsches.

Wir sind uns alle einig, dass Gänseblümchen nicht denken können. Ebenso wenig sind sie in der Lage, etwas zu planen. Sie haben keine Ambitionen, Sorgen oder Ziele. Sie sind vielmehr Sklaven ihrer Umgebung. Was wäre, wenn ich einen Planeten beschreiben würde, auf dem es nur Gänseblümchen gäbe. Diese Blümchen würden ohne jegliche Motivation oder Absicht kollektiv handeln, einfach nur durch physikalische und biologische Gesetze angetrieben, um die Temperatur des Planeten in erträglichen Grenzen zu halten. Würden Sie mir das glauben?

Die Rede ist von Lovelocks hypothetischer »Gänseblümchenwelt« (»Daisyworld«). Sie gleicht der Erde in den meisten Aspekten, ist genauso weit von der Sonne entfernt und wird ähnlich stark von der Sonne angestrahlt. Aber sie besitzt keine Ozeane. Sie besteht nur aus Festland – mit einer Bodenschicht. Es gibt nur eine einzige Lebensform, die potenziell im Oberboden wachsen kann: weiße Gänseblümchen [genau genommen sind es in dem Experiment zweierlei Gänseblümchenarten, Anm. d. Ü.]. Während der Boden einen Großteil des Sonnenlichts absorbiert und nur 20 Prozent davon reflektiert, sind die weißen Gänseblümchen hochgradig reflektierend. 90 Prozent des einfallenden Sonnenlichts werden von ihnen zurückgeworfen. Ein mit Gänseblümchen bewachsener Planet hat also einen höheren Reflexionsgrad und damit eine kühlere Temperatur als ein Planet mit nackter Erde.[9]

Gänseblümchen bevorzugen auf unserem fiktiven Planeten Bedingungen, die weder zu heiß noch zu kalt sind. Sie können Temperaturen zwischen 12 und 40 °C verkraften, aber die optimale Temperatur, bei der sie sich am meisten verbreiten, liegt bei 26 °C. Außerhalb des Temperaturbereichs, den sie tolerieren können, sterben die Gänseblümchen ab.

Das Modell der Gänseblümchenwelt ist also ein interaktives System mit Rückkopplungsmechanismen. Die Verbreitung von Gänseblümchen wirkt sich auf die Temperatur des Planeten aus, indem sie das Reflexionsvermögen der Oberfläche und die Menge der in den Weltraum zurückgestrahlten Sonnenstrahlung verändert. Die Temperatur wiederum wirkt sich auf die Verteilung der Gänseblümchen aus. Wir bezeichnen solche Systeme als *nichtlinear*: Sie können sich stark verändern, wenn sie kleinen Störungen ausgesetzt sind. Dies kann zu einem komplexen und manchmal überraschenden Verhalten führen.

So wie die Erde eine planetarische Geschichte hat, so hat auch unsere imaginäre Gänseblümchenwelt eine solche. Sie war einst völlig unfruchtbar. Damals hätten wir sie vielleicht Ödland genannt. Der kahle Boden absorbierte etwa 80 Prozent des einfallenden Sonnenlichts – zu wenig, um den Planeten über den Gefrierpunkt hinaus zu erwärmen. Seine Sonne war nur etwa 60 Prozent so intensiv wie es unsere Sonne heute ist. So war es zu kalt für das Leben. Die Sonne wurde jedoch langsam stärker, erreichte schließlich 70 Prozent der Leuchtkraft unserer Sonne. Dadurch erwärmte sich der Planet auf eine milde Temperatur von 12 °C. Unter diesen günstigen Bedingungen entwickelte sich schnell außerirdisches Leben – allerdings nur eine einzige Spezies, die Gänseblümchen. Diese sind zufällig mit den irdischen Gänseblümchen identisch – ein bemerkenswerter Zufall der konvergenten interplanetaren Evolution. Die Sonne der Gänseblümchenwelt schien immer heller, und die Temperaturen begannen geringfügig zu steigen. Die Gänseblümchen begannen, sich stark zu vermehren. Entsprechend reflektierten sie einen größeren Teil des Sonnenlichts, was wiederum die Erwärmung begrenzte. Die Gänseblümchen gediehen als die Sonne die Kraft unserer heutigen Sonne erreichte. Die Folge: Beinahe drei Viertel des Planeten waren von Gänseblümchen bedeckt. Indem sie nun mehr als 70 Prozent des einfallenden Sonnenlichts reflektierten, wurde die Temperatur auf dem Planeten angenehm moderat und in einem erträglichen Rahmen gehalten. Das Leben sorgte für eine wichtige stabilisierende Rückkopplung.

Aber die Sonne der Gänseblümchenwelt wurde immer heller. Schließlich erreichte sie 110 Prozent der Sonnenstärke unserer Sonne. Die Gänseblümchen hatten ihre maximale Ausdehnung erreicht und bedeckten 80 Prozent der Planetenoberfläche. Sie reflektierten den größten Teil, etwa 75 Prozent, des Sonnenlichts zurück ins All. Aber das reichte nicht aus, um die erwärmende Wirkung der immer intensiver werdenden Sonne des Planeten auszugleichen. Als die Sonne immer heißer wurde, begannen die Gänseblümchen abzusterben. Das bedeutete, dass sie kein Sonnenlicht mehr reflektierten, so dass der Planet mehr absorbierte und sich noch mehr erwärmte. Und so starben noch mehr Gänseblümchen. Die Situation geriet schnell außer Kontrolle. Bald waren die Gänseblümchen ganz verschwunden. Der Planet reflektierte nur noch 20 Prozent des Sonnenlichts – so viel wie der ursprüngliche unfruchtbare Boden – und absorbierte die übrigen 80 Prozent. Die Temperatur stieg schnell auf höllische 60 °C an. Die stabilisierende Rückkopplung, die so lange zum Erhalt des Lebens auf der Gänseblümchenwelt beigetragen hatte, war verschwunden. Stattdessen wurde sie von einer destabilisierenden Rückkopplung abgelöst.

Die Gänseblümchenwelt gab es nicht mehr. An ihrer Stelle befand sich wieder die leblose Ödnis, aus der sie hervorgegangen war. Einige

Astronauten von der Erde unternahmen eine Expedition zu diesem Planeten. Sie bohrten einige Sedimentkerne, die zeigten, dass auf dem Planeten einst Gänseblümchen gediehen waren, als der Planet mit Temperaturen innerhalb der »20er« der Celsius-Skala noch milder und kühler war. Im Versuch, das Leben auf dem Planeten wieder anzusiedeln, starteten sie ein massives Geoengineering-Projekt. Sie schossen riesige Mengen reflektierender Partikel in die obere Atmosphäre des Planeten, um die einfallende Sonnenstrahlung zu dämpfen und den Planeten abzukühlen. Es gelang ihnen, das einfallende Sonnenlicht auf 90 Prozent der Helligkeit unserer Sonne zu reduzieren – ein Wert, von dem sie wussten, dass die Gänseblümchen auf der Gänseblümchenwelt einst gelebt hatten. Dadurch sank die Temperatur des Planeten jedoch nur auf immer noch recht heiße 41 °C, da der karge Wüstenboden ohne die Gänseblümchen weiterhin 80 Prozent der einfallenden Sonnenwärme absorbierte. Die Gänseblümchen, die der Botaniker der Besatzung, Mark Whatley, in den Boden zu pflanzen versuchte, wuchsen nicht an. Sie starben in der drückenden Hitze sofort ab. Die Astronauten gaben auf und kehrten zur Erde zurück, ohne Erfolg bei ihren Bemühungen, die Gänseblümchenwelt wiederzubeleben.

Welche Lehren können wir aus dieser Geschichte ziehen, obgleich Lovelocks Gänseblümchenwelt eine grobe Vereinfachung des tatsächlichen Erdsystems ist? Immerhin sind alle nützlichen Modelle Vereinfachungen, und es ist die Einfachheit, die oft grundlegende Wahrheiten offenbart. In diesem Fall besteht die Erkenntnis darin, dass sich das Leben tatsächlich so verhalten kann, dass es sich selbst nützt, indem es dazu beiträgt, dass sein Wirtsplanet in bewohnbaren Grenzen bleibt. Das Modell der Gänseblümchenwelt hat nichts mit dem Wunsch der Gänseblümchen oder dem Willen von Gaia zu tun. Es handelt sich nicht um fühlende Wesen. Es ist einfach nur Physik und Biologie. Der mögliche Irrtum unsererseits besteht darin, das Verhalten des Systems zu vermenschlichen und es als Absicht zu interpretieren. Im Übrigen ist die Tendenz des menschlichen Gehirns, Motive, Absichten und

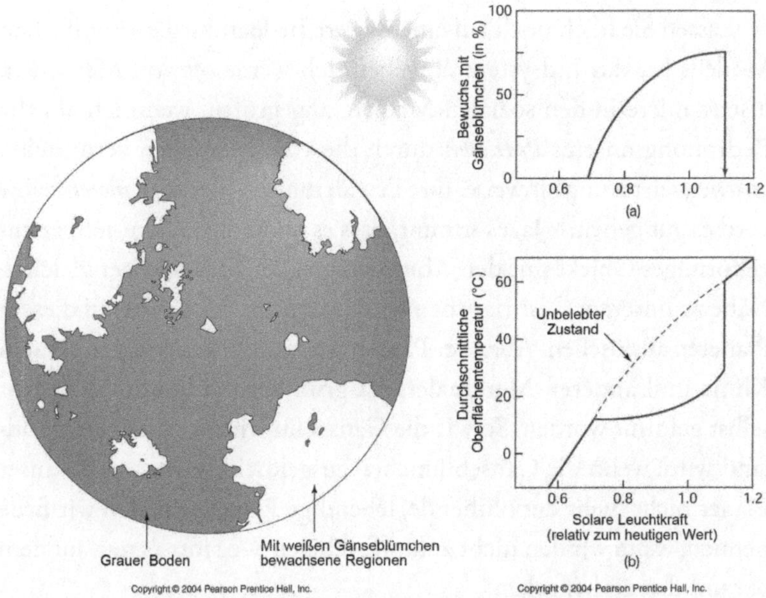

Abbildung 6: Eine Illustration der Gänseblümchenwelt (hier: durchgezogene Kurve), die gestrichelte Kurve steht für das Ödland

Muster dort zu finden, wo sie eigentlich nicht existieren, kein Zufall. Die Evolution begünstigte dies – unsere Vorfahren, die fälschlicherweise glaubten, in der Dunkelheit der Nacht einen Löwen zu sehen, überlebten mit größerer Wahrscheinlichkeit als diejenigen, die den Löwen, der tatsächlich da war, nicht sahen. Vielleicht tun einige Leute etwas Ähnliches, wenn sie dem System Erde Absicht unterstellen.

Dieses einfache konzeptionelle Modell verdeutlicht die Widerstandsfähigkeit des Klimas, allerdings nur innerhalb eines begrenzten Temperaturbereichs. Die Gänseblümchen verhalten sich so, dass der Planet weitaus bewohnbarer bleibt, als er es sonst wäre. Das Leben findet seinen Weg, aber nur bis zu einem gewissen Punkt – einem *Kipppunkt*, an dem ein dramatischer Erwärmungsschub eintritt und das Leben im Nu verschwindet. Die Gänseblümchenwelt ist unter anderem ein konzeptionelles Modell für den klimabedingten Kollaps.

Lassen Sie mich noch auf eine weitere Bedeutung dieses einfachen Modells für das Erdsystem eingehen. Ich werde oft von Menschen, insbesondere in den sozialen Medien, angegriffen, wenn ich auf die Bedrohung unseres *Planeten* durch die vom Menschen verursachte Umweltzerstörung hinweise. Ihre Erwiderung? – »Dem *Planeten* selbst wird es gut gehen.« Ja, es stimmt, dass es immer noch ein riesiges kugelförmiges Objekt mit den Abmessungen der Erde und der gleichen Nähe zu unserem Gestirn geben wird, wenn wir das Leben auf diesem Planeten auslöschen. Aber der Planet, wie wir ihn kennen, mit seinem Klima und anderen Merkmalen, ist grundlegend durch das Leben selbst geformt worden. So wie die Gänseblümchenwelt zu einem Ödland wird, wenn die Gänseblümchen ausgelöscht werden, wird unser Planet nicht mehr der blühende, lebendige Planet sein, den wir Erde nennen, wenn wir den nicht zukunftsfähigen Weg fortsetzen, auf dem wir uns derzeit befinden.

DIE SCHNEEBALL-ERDE

Seit Milliarden von Jahren unterliegt die Erde den stabilisierenden Einflüssen von Gaia, was sie von ihrer heißeren, sonnennäheren Nachbarin Venus unterscheidet, die vor mehr als zwei Milliarden Jahren einen ausufernden Treibhauseffekt erlebte. Aber es scheint, dass es eine Episode – oder *vielleicht* zwei Episoden – *gab*, in denen auch das Klima der Erde aus dem Ruder lief. Seltsamerweise ist es in umgekehrter Richtung geschehen – nicht in Form eines entfesselten Treibhauseffekts, sondern in Form einer *entfesselten Vereisung*.

Während der Schneeball-Episode war die gesamte Oberfläche des Planeten vom Pol bis zum Äquator mit einer Eisschicht bedeckt. Die erste derartige Episode ereignete sich vor etwas mehr als zwei Milliarden Jahren, zu Beginn des Proterozoikums, dem geologischen Äon, das auf das Erdaltertum folgte. Es war ein besonders langer Zeitabschnitt, der sich von vor 2,5 Milliarden Jahren bis vor 541 Millionen Jahren erstreckte. Der erste Teil wird als Paläoproterozoikum, der spätere als Neoproterozoikum bezeichnet. Damals *könnte* es auch eine Schneeball-Episode gegeben haben. Dazu kommen wir gleich noch.

Schätzungen zufolge war die Sonne während des Paläoproterozoikums nur etwa 80 Prozent so stark wie heute, die Erde daher anfälliger für Vergletscherungen. Wir wissen schon seit langem, dass es Episoden von ausgedehntem Kontinentaleis gab, das große Teile des Planeten bedeckte. Ein Beispiel sind die Huronischen Vergletscherungen, benannt nach dem Huron-See, in dessen Nähe die ersten Belege dafür entdeckt wurden. Aber erst in den späten 1990er Jahren hatten wir genügend Nachweise dafür, dass der gesamte Planet, von den Polen bis zu den Tropen, mit Eis bedeckt war. Tief in den tropischen Regionen fand man geriffelte Steine mit Schürfspuren, die von Gletschern hinterlassen wurden, als sie sich über das Gestein bewegten. Man fand sogenannte Dropstones, also einzelne Steine, die von Gletschern mitschleift wurden und ins Meer fielen. Und es gab Tillite – Gesteine, die sich aus dem Schutt formten, der zurückblieb, wenn sich ein Gletscher über Felsen bewegte. Sie alle scheinen aus der äquatorialen Region, nahe dem Meeresspiegel, zu stammen. All diese empirischen Belege deuten darauf hin, dass das Eis sowohl das Land als auch den Ozean bis hinunter zum Äquator bedeckte. Sozusagen obenauf kommen noch die Kappenkarbonate (»Cap Carbonates«), dicke Karbonatschichten, die man auf Gletscherablagerungen findet. Warum das so wichtig ist, werden wir später sehen. Die Summe dieser Hinweise deutet stark auf eine Schneeball-Erde-Episode hin.[10]

Das paläoproterozoische Schneeball-Erde-Ereignis fiel mit ziemlicher Sicherheit nicht zufällig mit der so genannten Großen Sauerstoffkatastrophe (»Great Oxidation Event«) zusammen. Wie wir bereits gelernt haben, hatten die Cyanobakterien zu diesem Zeitpunkt eine wesentlich effizientere Photosynthese entwickelt, die Wasser nutzt und Sauerstoff produziert. Infolgedessen stiegen die Sauerstoffwerte bald darauf sprunghaft an. Der rasch zunehmende Sauerstoff zersetzte das

Abbildung 7: Geologische Beweise für die Vergletscherung: Ackerfläche (vor 2,4 Mrd. Jahren, oben), Gletscherschliffe (vor 0,65 Mrd. Jahren, Mitte) und Fallstein (vor 2,4 Mrd. Jahren, unten)

atmosphärische Methan, ein starkes Treibhausgas. Von diesem wissen wir, dass es in der frühen Erdatmosphäre reichlich vorhanden war und dort eine bedeutende Rolle bei der Lösung des Paradoxons der schwachen jungen Sonne spielte. Als das Methan zurückging, nahm der Treibhauseffekt ab und der Planet kühlte sich ab. Diese Abkühlung führte zum Wachstum von Eisflächen, die mehr Sonnenlicht in den Weltraum reflektierten. Die Menge an Wasserdampf, einem starken Treibhausgas, in der Atmosphäre sank. Der Planet kühlte weiter ab und es entstand noch mehr Eis, bis das Eis den Äquator erreichte.[11]

Unser Planet hatte sich, vereinfacht gesagt, in einen riesigen Schneeball verwandelt. Das Leben verhielt sich während dieser Episode eindeutig *nicht* auf eine gaianische Weise. Indem sie die Atmosphäre mit Sauerstoff anreicherten, bedrohten die Mikroben alles Leben auf dem Planeten. Rücksichtslos, könnte man sagen, wenn sie zu einem Vorsatz oder Gedanken fähig gewesen wären. Das waren sie aber nicht. Gewiss aber sind wir das. Denn auch wir sind gegenwärtig in Handlungen verwickelt – vor allem in die verschwenderische Verbrennung fossiler Brennstoffe –, die das Leben auf unserem gesamten Planeten immer mehr bedrohen. Dabei können wir nicht dieselbe Rechtfertigung geltend machen wie die Mikroben.

Befürworter der Gaia-Hypothese könnten dies als die Ausnahme abtun, welche die Regel bestätigt. Doch zumindest der Paläontologe Peter Ward vertritt die Ansicht, dass die Große Sauerstoffkatastrophe der Gaia-Hypothese grundlegend widerspricht. In seinem Buch über die die Medea-Hypothese (»*The Medea Hypothesis*«) beruft sich Ward auf die Figur der griechischen Mythologie, die ihre eigenen Kinder tötete. Die Medea-Hypothese besagt, dass sich das Leben in Wirklichkeit nicht zum Wohle des Lebens verhalte, sondern seine eigene Existenz bedrohe. Ich liege diesbezüglich irgendwo in der Mitte. In vielen Fällen scheint das Leben tatsächlich auf gaianische Weise zu handeln. Aber es gab in der Geschichte der Erde sicherlich Fälle, wie die Große Sauerstoffkatastrophe, bei dem Medea sich aufbäumte.[12]

Apropos Leben: Es stellt sich die Frage, wie Lebewesen ein Schneeball-Ereignis überstehen konnten. Die Extremophilen, also Organismen, die sich extremen Umweltbedingungen angepasst haben, waren in ihren Nischen von diesem Ereignis abgeschirmt. Zu ihnen gehören verschiedene Arten von Archaebakterien (Urbakterien), die in den hydrothermalen Schloten am Meeresboden leben. Heute findet man Mikroben in anderen extremen unterirdischen Umgebungen wie dem Wostoksee, einem Süßwassersee, der mehr als drei Kilometer unter der Oberfläche des antarktischen Eises liegt. Es ist leicht vorstellbar, dass ähnliche Mikroben auch unter dicken Schichten von Meereis gelebt haben.

Wir wissen, dass auch photosynthetische Cyanobakterien überlebt haben. Es gibt eine Reihe anderer möglicher Zufluchtsorte, in denen das möglich gewesen sein könnte. Am Äquator war das Meereis vielleicht kaum dicker als zehn Meter. Das ist dünn genug, um erhebliche Mengen an Sonnenlicht eindringen zu lassen und Photosynthese zu ermöglichen. Vulkane könnten weiterhin Material in die Atmosphäre geschleudert und das Oberflächeneis stellenweise mit Asche verdunkelt haben, was sein Reflexionsvermögen verringert und die Absorption von Sonnenlicht erhöht hätte. Es ist denkbar, dass die Eisflächen in den Tropen von kleinen Wasserpfützen bedeckt waren, in denen photosynthetisierende Mikroben überleben konnten.[13]

Um noch einmal auf die Schneeball-Erde zurückzukommen: Eine andere, noch bekanntere vermeintliche Schneeball-Episode, die die Titelseite von *Scientific American* zierte, soll sich gegen Ende des Proterozoikums (Neoproterozoikum), vor etwa 800 bis 550 Millionen Jahren, ereignet haben. Da dieses Ereignis deutlich früher stattfand als im Paläoproterozoikum, dürfte die Sonne nicht so schwach gewesen sein. Sie leuchtete etwa 90 Prozent so hell wie heute, was eine tropische Vereisung unwahrscheinlicher macht. Doch Paul Hoffman von der Harvard University und seine Co-Autoren wiesen bereits Ende der 1990er Jahre darauf hin, dass Gletscherablagerungen in Namibia, die aus dieser Zeit stammen, Hinweise auf eine vollständige Unterbrechung der biologischen Aktivität der Ozeane liefern. Was könnte also der Auslöser für dieses Phänomen gewesen sein, das zu einem ausgedehnten Schneeball-Ereignis passen würde? Befürworter der These argumentieren, dass die Entstehung mehrzelligen Lebens, bis hin zur Besiedlung des Festlandes, der Ausbreitung von flechten- und pilzreichen Ökosystemen und der Entwicklung organischer Böden zu einem raschen Anstieg der Sauerstoffkonzentration führte – ähnlich wie die Große Sauerstoffkatastrophe des Paläoproterozoikums. Andere

Studien legen nahe, dass die Vergletscherung selbst die Ursache war für die Diversifizierung des Lebens und die Entwicklung mehrzelliger Organismen in dieser Zeit.[14]

Es gibt gegenwärtig eine lebhafte Debatte darüber, ob es tatsächlich eine neoproterozoische Schneeball-Erde-Episode gab. Einige meinen, die geochemischen Indizien stünden im Widerspruch zu der Verlangsamung der chemischen Verwitterung, die auf einem gefrorenen Planeten zu erwarten wäre. Andere wiederum argumentieren, dass die Hebung des Kontinents möglicherweise Gesteine, die dem Meeresspiegelniveau zugeordnet wurden, auf Höhen befördert haben, die hoch genug waren, um eine Vergletscherung einzuleiten. Die Tatsache, dass es mehrere ausgeprägte eiszeitliche Intervalle gab, die von Warmzeiten unterbrochen wurden, lässt durchaus an der Idee zweifeln, dass es eine einzige, anhaltende Schneeball-Periode gab. Stattdessen deutet sie darauf hin, dass es zyklische Wechsel zwischen Eiszeiten und Zwischeneiszeiten gab, die mehr an die Eiszeiten des Pleistozäns erinnerten. Andere Forscher vermissen in vielen eiszeitlichen Ablagerungen aus dieser Zeit die Kappenkarbonate. Sie sind der Auffassung, dass es für die gefundenen Kappenkarbonate auch andere als eiszeitliche Erklärungen gibt, wie etwa die schnelle und weit verbreitete Freisetzung von Methan. Wiederum sind andere der Meinung, dass die Annahmen falsch sind, die hinter der Berechnung der damaligen Breitengrade stehen. Diese stützen sich auf alte geomagnetische Daten, die auf die Nähe zum Pol schließen lassen. Sind die Daten fehlerhaft, hat es in niedrigen Breitengraden möglicherweise gar keine Vergletscherung gegeben. In einem Artikel aus dem Jahr 2000, der in der führenden Fachzeitschrift *Nature* veröffentlicht wurde, beschrieben der Paläoklimamodellierer William Hyde und seine Co-Autoren die Computersimulationen, bei denen die Modelle auf für diesen Zeitraum typischen Treibhausgaskonzentrationen und Daten zur Sonnenintensität basierten. Ihre Simulationen ergaben tatsächlich einen eisfreien Gürtel aus Wasser, der sich um den Äquator erstreckte. Eine solche alternative »Schlammkugel«-Erde hätte äquatoriale Rückzugsgebiete für das Leben sowie eine Aufrechterhaltung des hydrologischen Kreislaufs ermöglicht. Die Autoren argumentieren, dass ihr alternatives Szenario die ungewöhnliche Konfiguration der tropischen Karbonate, die für die Sedimente des Neoproterozoikums charakteristisch sind, besser erkläre. Dan Schrag und Paul Hoffman aus Harvard, Befürworter der neoproterozoischen Schneeball-Erde, machen ihrerseits geltend, dass die verfügbaren geochemischen Hinweise nicht mit einem eisfreien äquatorialen Ozean zusammenpassen.[15]

Die Details und selbst die Existenz der Schneeball-Erde-Episoden werden immer noch – kleines Wortspiel – heiß diskutiert. Das geschieht in gutem Glauben, basierend auf Fakten und logischer Argumentationen seitens der Wissenschaftler auf beiden Seiten. Das ist die übliche Art und Weise, wie Wissenschaft funktioniert. Als Verfasser eines Buches über Klimageschichte sollte man sich in einer Debatte möglichst neutral verhalten. Ausgehend von allen bisherigen Erkenntnissen ist es nach meiner Einschätzung jedoch sehr wahrscheinlich, dass es im Paläoproterozoikum eine Schneeball-Erde-Episode gab. Nach meiner Einschätzung, die sich auf alle bisher vorliegenden Hinweise stützt, gab es sehr wahrscheinlich eine frühe Schneeball-Erde-Episode im Paläoproterozoikum. Weniger überzeugt bin ich davon, dass es eine spätere, neoproterozoische Schneeball-Erde-Episode gab. Für den größeren Zusammenhang ist es aber ohnehin unerheblich, ob sich die Erde irgendwann einmal in einem Schneeball-Stadium befunden hat.

DIE LÖSUNG: EINE WEISSE ERDE

Wie hat sich die Erde aus dieser misslichen Lage befreit, nachdem sie sich einmal darin befand? Um diese Frage zu beantworten, müssen wir erneut über Rückkopplungen sprechen, sowohl über stabilisierende als auch über destabilisierende. Bei der Schneeball-Erde sehen wir eine weitere wichtige destabilisierende Rückkopplung, die so genannte Eis-Albedo-Rückkopplung. *Albedo* ist ein eleganter wissenschaftlicher

Begriff für das Reflexionsvermögen. Sie ist es, die den Planeten überhaupt erst in den Schneeball-Zustand versetzt. Mit dem Albedo-Wert wird der Anteil der einfallenden Sonnenenergie angegeben, den ein Objekt reflektiert. Eis, wie auch weiße Gänseblümchen, reflektiert einen Großteil der einfallenden Sonnenenergie. Der Albedo-Wert beträgt dabei 60 bis 80 Prozent, je nachdem, wie alt oder verschmutzt das Eis ist. Im Vergleich dazu reflektiert der Boden nur etwa 20 Prozent der Sonnenenergie. Ist der gesamte Planet mit Eis bedeckt, reflektiert es den größten Teil des einfallenden Sonnenlichts und hält den Planeten kalt und eisbedeckt.

In den späten 1960er Jahren entwickelten zwei Klimaforscher, der Russe Mikhail Budyko und der US-Amerikaner William Sellers, unabhängig voneinander und im Grunde gleichzeitig, ein einfaches Modell des Erdklimas, das zu einer kuriosen Erkenntnis führte: Unter den richtigen Bedingungen könnte unser Planet mit Eis bedeckt werden. Das treffend betitelte Budyko-Sellers-Modell ist allerdings etwas komplizierter als das sehr einfache Modell, welches wir zu Beginn des Kapitels kennengelernt haben und das die Erde als einen mathematischen Gegenstand betrachtet. Dieses Modell enthielt weder Breiten- noch Längengrade, nur eine einzige Temperatur, die den gesamten Planeten repräsentierte.

Im Budyko-Sellers-Modell wird der Breitengrad als Variable hinzugefügt. Das macht die Sache komplizierter, aber nicht so komplex, dass ich es nicht als Übung für meine Studierenden im Grundstudium verwenden könnte. Das Modell funktioniert folgendermaßen. Wir teilen die Erde in verschiedene Breitengrade ein. Es gibt ein polares Band (70–90° Breite), ein subpolares Band (50–70°), ein Band mittlerer Breite (30–50°) und ein tropisches Band (10–30°) auf jeder Hemisphäre, sowie ein äquatoriales Band (10° S–10° N). In jedem Band kommt es zu einer bestimmten Aufheizung durch die Sonne. Diese ist am stärksten am Äquator und am geringsten an den Polen. Außerdem geht Wärmeenergie in den Weltraum verloren. Der Haken an der Sache ist, dass es am Äquator einen Energieüberschuss gibt (mehr eintreffende Sonnenenergie als abgehende Wärmeenergie) und an den Polen ein Defizit (mehr abgehende Wärmeenergie als eintreffende Sonnenenergie). Das bedeutet, dass es einen Energiefluss von den niedrigen zu den hohen Breitengraden geben muss, um zu verhindern, dass der Äquator immer heißer und die Pole immer kälter werden. Um dem Rechnung zu tragen, enthält das Modell einen Term, der den Wärmefluss in Richtung der Pole beschreibt. Dieser »Wärmestrom« steht stellvertretend für die Rolle, die Meeresströmungen und atmosphärische Zirkulationen beim Transport von Wärme vom Äquator zum Pol spielen.[16]

Genau hier wird es interessant: Die Albedo (der Reflexionsgrad) kann variieren, je nachdem, ob ein bestimmter Breitengrad kalt genug ist, um Eis zu bilden oder nicht. Eis entsteht also zuerst in hohen Breitengraden, die sich dadurch abkühlen und diese Kälte in niedrige Breitengrade übertragen, die wiederum abkühlen und Eis bilden, und so weiter. Durch diesen Prozess ist es möglich, dass eine große Eisdecke entsteht. Budyko zeigte, dass sich auf diese Weise nicht nur ein einzelnes Stück Eis bilden kann, sondern es auch bis zum Äquator wachsen kann. Und da haben wir die Schneeball-Erde!

Das Budyko-Sellers-Modell zeigt ein ungewöhnliches Verhalten, das manchmal in nichtlinearen Systemen auftritt. Es wird auch als *Hystereseschleife* bezeichnet. Wenn Sie schon einmal die unangenehme Erfahrung gemacht haben, dass Sie den Temperaturregler in der Dusche Ihres Hotels nicht auf eine angenehme Temperatur einstellen konnten, weil sich der Regler beim Hoch- und Runterdrehen unterschiedlich verhält, so dass es schwierig ist, die »richtige« Temperatur zu finden, dann haben Sie eine unangenehme, aber nicht lebensgefährliche Erfahrung mit dem Phänomen der Hysterese gemacht.

Wir haben bereits ein Beispiel für die Hysterese in der Gänseblümchenwelt betrachtet. Stellen Sie sich nun vor, was passiert, wenn die Sonne zu Beginn nur schwach leuchtet, beispielsweise mit 80 Prozent der gegenwärtigen Helligkeit unserer Sonne, aber die Temperatur für Gänseblümchen mit etwa 16 °C ausreichend warm ist. Wenn jetzt die

Intensität der Sonne zunimmt, erreichen wir schließlich einen Punkt mit rund 115 Prozent der aktuellen Helligkeit, an dem es für die Pflanzen zu heiß wird. Nehmen wir weiter an, dass die Helligkeit auf 120 Prozent ansteigt und für Millionen von Jahren so bleibt. Dieses Szenario kann man getrost als das Ende der Gänseblümchenwelt verstehen. Es gibt keine Gänseblümchen mehr, sondern nur noch das Ödland. Wenn nun aus irgendeinem Grund die Sonne immer schwächer wird und die Temperaturen sinken? Das würde passieren, wenn die Sonneneinstrahlung erst 115 Prozent, dann 100 Prozent und schließlich wieder 80 Prozent beträgt. Dann gäbe es jedoch keine Gänseblümchen mehr, so dass wir der heißeren Ödlandkurve aus Abbildung 6 folgen. Die Oberflächentemperatur würde daher keine angenehme 16 °C betragen, sondern sengende 32 °C. Wir hätten den bewohnbaren Gänseblümchen-Planeten in ein heißes, lebloses, unfruchtbares Ödland verwandelt. Es gäbe kein Zurück mehr. Das ist ein weiterer Punkt auf unserer langen Liste von abschreckenden Beispielen.

Das Phänomen der Hysterese ist für das heutige Verhalten des Klimasystems der Erde unmittelbar relevant. Selbst wenn wir den Planeten so stark erwärmen, dass die Eisschilder schmelzen, besteht die Möglichkeit, dass wir das Klima im Laufe des nächsten Jahrhunderts wieder abkühlen. Das könnte beispielsweise durch Verfahren zur technischen Abscheidung von CO_2 geschehen, die in der Zukunft realisierbar sein könnten. Aber es wäre nicht so, dass die Eischilder zurückkehren würden. Sie wären endgültig verschwunden. Es würde Millionen von Jahren dauern, sie wieder aufzubauen. Ähnlich verhält es sich mit dem großen ozeanischen Förderband. Wenn dieses Zirkulationsmuster aufgrund der Erwärmung zusammenbricht und wir das Klima wieder abkühlen, kehrt dieses Strömungsmuster nicht mehr zurück. Diese Systeme sind nichtlinear und zeigen ein Kipppunktverhalten – ein Verhalten, das in menschlichen Zeitspannen unumkehrbar ist. Diese Tatsache sollte uns zu denken geben, wenn wir unseren Planeten weiterhin rücksichtslos mithilfe von CO_2 aufheizen.

Um nun zur eigentlichen Frage zurückzukehren: Das Budyko-Sellers-Modell führt zu einer Hysterese, sobald die Heizleistung erhöht oder verringert wird. Diese Änderung der Erwärmung könnte durch eine Veränderung der Sonneneinstrahlung, der Konzentration von Treibhausgasen oder einer Kombination von beidem verursacht werden. Angenommen, wir beginnen mit einer Erwärmung, die 35 Prozent höher ist als heute und die im Modell zu einem eisfreien Planeten führen würde. Dreht man dann die Heizung langsam herunter, bildet sich so lange kein Eis, bis die Erwärmung um 10 Prozent unter dem heutigen Niveau liegt. An den Polen würde sich daraufhin Eis bilden. Wenn die Erwärmung weiter sinkt, breitet sich das Eis schnell bis in niedrige Breitengrade aus. Wenn 85 Prozent der heutigen Erwärmung erreicht sind, friert der gesamte Planet ein.

Nehmen wir andererseits an, dass wir mit einer Erwärmung beginnen, die 20 Prozent niedriger als heute ist. Dann entspräche dies, unter der Annahme, dass sich die Treibhausgase nicht verändern, dem Rückgang der Sonneneinstrahlung zur Zeit des paläoproterozoischen Schneeball-Ereignisses. In diesem Fall prognostiziert die Simulation einen eisbedeckten Planeten. Bei zunehmender Erwärmung bleibt der Planet gefroren und eisbedeckt, bis die Aufheizung ein Niveau erreicht, das 35 Prozent höher als heute ist. Erst dann taut das Eis am Äquator auf, und die Schmelze breitet sich schnell auf hohe Breitengrade aus. Ist die Erwärmung schließlich 35 Prozent höher als heute, wird der Planet eisfrei.

Ob unser Planet mit Eis bedeckt sein wird oder nicht, hängt also davon ab, von welchem Punkt aus wir starten. Bei der derzeitigen Erwärmung gibt es zwei mögliche Varianten: eisfrei, wie die Erde heute in etwa beschaffen ist, und eisbedeckt. Budyko nannte den letzteren Zustand die »weiße Erde.« Der Geophysiker Joseph Kirschvink vom Caltech gab ihr später den Namen Schneeball-Erde. Bei Systemen, die diese Art von Verhalten zeigen, spricht man von mehreren stationären Stadien. In welchem Zustand sich die Erde angesichts der heutigen Sonnenerwärmung und Treibhausgaskonzentration befindet, ist abhängig von ihrer Geschichte. Begannen wir mit einem gefrorenen Planeten und erwärmten ihn – oder war es ein Treibhausplanet, den wir abkühlten?[17]

Ein großer Schock kann dazu führen, dass das System buchstäblich von seinem aktuellen Zustand in einen anderen »springt«. Im Fall des großen ozeanischen Förderbandes könnte dieser Impuls in Form einer raschen Schmelzwasserfreisetzung erfolgen, wie sie während der Jüngeren Dryas, über die wir bereits gesprochen haben, zum Zusammenbruch des Förderbandes geführt hat. Er könnte aber auch in der Form des heutigen Abschmelzens des Eises durch die vom Menschen verursachte Erwärmung des Treibhauses auftreten. Bei der Schneeball-Erde aus dem Paläoproterozoikum erfolgte der Anstoß wahrscheinlich in Form eines rapide abnehmenden Treibhauseffekts, da der rasch ansteigende Sauerstoff das den Planeten erwärmende Methan verdrängte und die Erde einfrieren ließ.

Es ist sehr schwierig aus dem Zustand einer Schneeball-Erde herauszukommen, wenn sich diese erst einmal gebildet hat. Diese Tatsache verwirrte Budyko und veranlasste ihn, seinen eigenen Erkenntnissen zu misstrauen – zu Unrecht, wie sich herausstellte. Denn es fand sich ein Ausweg. Diesen lieferte die Wissenschaft, einschließlich der späteren Arbeit von Sagan und Mullen über die schwache junge Sonne. Darin wurde nachgewiesen, dass die Sonne zu Beginn ihrer Geschichte wesentlich schwächer und die Erde anfälliger für Vereisung war. Noch viel entscheidender war jedoch, dass Budyko sich auf *die Physik* konzentrierte, aber die *Geologie* vernachlässigte. Beides ist in diesem Fall von Bedeutung.[18]

Aufbauend auf früheren Arbeiten fanden andere Geowissenschaftler in den frühen 1990er Jahren einen möglichen Ausweg aus dem Zustand der gefrorenen Erde. Joseph Kirschvink, der Wissenschaftler, der den Begriff »*Schneeball-Erde*« prägte, erkannte, dass der Kohlenstoffkreislauf der Erde die ausgleichende Kraft war, welche die Erde aus dem Schneeball-Zustand herausgeführt haben könnte. Als Vulkanausbrüche Gas in die Luft spuckten, nahm der CO_2-Gehalt zu. Die kalte, trockene Atmosphäre konnte sich nicht selbst von CO_2 reinigen, da der Wasserkreislauf und die chemische Verwitterung zum Stillstand gekommen waren. Schließlich stieg der CO_2-Gehalt auf enorm hohe Konzentrationen von vielleicht 90.000 ppm – das ist mehr als 200 Mal so viel wie heute. Das führte zu einem Super-Treibhaus-Effekt, der auf einen Schlag die eisige Hülle rund um den Planeten in einem regelrechten Kollaps schmelzen ließ. Die Albedo-Rückkopplung des schwindenden Eises wirkte nun in die entgegengesetzte Richtung wie zur Zeit der Entstehung der Schneeball-Erde. Dies führte zu einem sich verstärkenden Zyklus von schnellem Eisverlust, verstärkter Erwärmung und weiterem Eisverlust.

Als die Ozeanoberfläche wieder unbedeckt war, setzten der Wasserkreislauf und die chemische Verwitterung erneut ein. Dadurch sank die riesige Menge an atmosphärischem CO_2 immer weiter ab, was die Bedeutung stabilisierender Rückkopplungen verdeutlicht. Das CO_2 wurde von Bächen und Flüssen aufgenommen und floss in die Ozeane zurück. Dort wurde es von kalkhaltigem Plankton aufgenommen, das abstarb und absank, wodurch sich am Meeresboden eine Schicht aus Kalziumkarbonat oder Kalkstein bildete. Die daraus resultierende Schichtstruktur, die von Geologen Millionen von Jahren später identifiziert wurde, zeigt eine Schicht eiszeitlicher Sedimente aus der Schneeballzeit, die von einer dicken Schicht von Kappenkarbonaten bedeckt ist.

WAS HABEN WIR GELERNT?

Die Episode der schwachen junge Sonne zeigt, wie widerstandsfähig unser Planet in gewissem Grenzen ist. Die Erde bewahrte sich vor fast vier Milliarden Jahren ein bewohnbares Klima, trotz der Herausforderung einer schwächeren Sonne. Als die Sonne im Laufe der folgenden Milliarden Jahre allmählich stärker wurde, schwächte sich der Treibhauseffekt ab, so dass sich die Temperatur auf der Erde meistens in einem günstigen Bereich bewegte. Und wie wir an der Gänseblümchenwelt gesehen haben, hat das Leben durch seine immer wichtigere Rolle im globalen Kohlenstoffkreislauf dazu beigetragen, dass die Bedingungen für es selbst günstig waren. Hier können wir die »Hand von Gaia« erkennen.

Aber genauso gut können wir die »Hand der Medea« ausmachen, wenn wir darauf achten. Wenigstens einmal, beim Schneeball-Ereignis im Paläoproterozoikum, geriet das Klima der Erde außer Kontrolle. Dabei schien das Leben selbst die entscheidende Rolle zu spielen: Ein Anstieg des Sauerstoffgehalts aufgrund der Zunahme photosynthetisierender Bakterien verminderte das Treibhausgas Methan und kühlte den Planeten ab. Wegen der destabilisierenden Albedo-Rückkopplung des Eises kam das Klima ins Trudeln und geriet in den Schneeball-Zustand.

Dank einer *stabilisierenden* Rückkopplung im geologischen Kohlenstoffkreislauf wurde dieses Ereignis der Schneeball-Erde schließlich Millionen von Jahren später überwunden. Vulkane spuckten wie zuvor CO_2 in die Atmosphäre, aber die gefrorene, trockene Atmosphäre war nicht in der Lage, es mit den normalen Mitteln der chemischen Verwitterung zu binden. In der Folge sammelte sich so viel CO_2 in der Atmosphäre an, dass der Treibhauseffekt das Eis schließlich zum Schmelzen brachte. Damit hatte sich Gaia durchgesetzt und am Ende alles gut überstanden – im Gegensatz zu vielen Organismen, die während dieses katastrophalen Ereignisses ausgelöscht wurden. Die langsamen, stabilisierenden Rückkopplungen des Kohlenstoffkreislaufs waren für diese Lebewesen ein schwacher Trost. Heute haben wir die Rolle der Medea übernommen und trotzen Gaias Anstrengungen, unseren Planeten bewohnbar zu halten. Und wieder einmal könnte es ihr am Ende gut gehen. Aber wird uns das auch gelingen?

Die Zwillingserzählungen von der schwachen jungen Sonne und der Schneeball-Erde stehen exemplarisch für Engel und Teufel, die auf unseren Schultern sitzen und unser Klima abwechselnd in Richtung

Stabilität und Chaos treiben. Wenn wir in dieser bewohnbaren Umgebung bleiben wollen, muss der Engel die *Oberhand gewinnen*. Und damit das geschieht, müssen wir das Beste aus uns herausholen. Ja, wir sind Nutznießer von stabilisierenden Rückkopplungsmechanismen, die dazu beigetragen haben, ein günstiges Klima für uns und unsere Zivilisation aufrechtzuerhalten. Aber wir könnten auch leicht Opfer von sich verschlimmernden Rückkopplungsmechanismen werden, welche die Erderwärmung beschleunigen und unser Klima destabilisieren, wenn wir unseren derzeitigen Kurs der Verbrennung fossiler Brennstoffe beibehalten.

Wir wissen, dass klimatische Rückkopplungsmechanismen – insbesondere die destabilisierende Rückkopplung der Eisalbedo – zu einer unkontrollierten Vergletscherung führen können. Mikhail Budyko erkannte aber auch die umgekehrte Gefahr einer unkontrollierten Eisschmelze, wenn diese Rückkopplung in die entgegengesetzte Richtung wirkt. Führt die Erwärmung zu einer Eisschmelze, so bewirkt dies eine weitere Erwärmung. Er wies sogar nach, dass dieser Rückkopplungsprozess eine Schlüsselrolle bei der vom Menschen verursachten Erwärmung spielt. Zu Budykos Prognosen aus dem Jahr 1972 gehörte auch, dass durch die Verbrennung fossiler Brennstoffe bis 2020 etwa die Hälfte der arktischen Polkappe schmelzen würde. Diese Vorhersage war goldrichtig. Er sagte auch voraus, dass die Albedo-Rückkopplung des Eises bis 2050 zu einer eisfreien Arktis führen würde. Und genau darauf steuern wir derzeit zu, wenn wir nichts unternehmen.[19]

Klimamodelle sagen uns, dass ein solches Szenario noch vermieden werden kann, wenn wir drastische Maßnahmen zur Verringerung der CO_2-Emissionen ergreifen. Aber sie müssen in den nächsten zehn Jahren um die Hälfte und bis Mitte des Jahrhunderts auf Null gesenkt werden, um die Erwärmung unter 1,5 °C zu halten und zumindest einen Teil des arktischen Eises zu erhalten. Wenn wir weit darüber hinausgehen, riskieren wir den Verlust dieser Polkappe – und möglicherweise noch viel mehr: große Teile des Grönländischen und des Westantarktischen

Eisschilds. Dies würde zu einem massiven Anstieg des Meeresspiegels und zur Überflutung der Küsten führen, ganz zu schweigen von verheerenden Hitzewellen, Dürreperioden, noch nie dagewesenen Überschwemmungen und tödlichen Superstürmen. Unserer wohlwollender, aber einzigartige Augenblick könnte in eine bösartige Zukunft übergehen. Erschreckend ist, dass uns die Vergangenheit einen Einblick in diese Zukunft gibt. Sie wird das *Große Sterben* genannt.[20]

KAPITEL 3

Das Große Aussterben war alles andere als großartig

Mit unseren hochentwickelten fleißigen Händen und unseren hochentwickelten fleißigen Gehirnen haben wir es in außergewöhnlich kurzer Zeit geschafft, die Erde so stark zu verändern, dass wir selbst zu Naturgewalten geworden sind. Klimawandel, Versauerung der Ozeane, das sechste Massensterben der Arten.

– KATE BERNHEIMER, *XO Orpheus*

Wir wissen heute, dass sich verstärkende Prozesse den Planeten einfrieren lassen können, wie beispielsweise bei der Schneeball-Erde. Allerdings können die gleichen Mechanismen ebenso zu einem unwirtlich heißen Klima führen, wenn genügend CO_2 in die Atmosphäre gelangt. Eine massive, hitzebedingte Freisetzung von Kohlenstoff in die Atmosphäre vor 250 Millionen Jahren war vermutlich, zumindest teilweise, die Ursache für das wohl größte Artensterben aller Zeiten. Dieses urzeitliche Ereignis wird das Große Sterben genannt. Ist es eine denkbare Analogie für ein heute stattfindendes, sechstes, vom Menschen verursachtes, durch den Klimawandel bedingtes, massenhaftes Artensterben? Bei der Beantwortung dieser Frage müssen wir uns bisweilen mit wissenschaftlichen Details befassen, doch es lohnt sich. Wir werden sehen, dass die Wissenschaft nicht nur in der Lage ist, solche Geheimnisse zu entschlüsseln, sondern auch, wie sie dabei vorgeht.

LIBELLEN UND DINOSAURIER

Bei unserem letzten Aufenthalt befanden wir uns in der Spätphase des Proterozoikums, etwa 550 Millionen Jahre vor unserer Zeitrechnung. Die Erde war nach einer Reihe von großen Vergletscherungen – vielleicht sogar globalen Schneeball-Episoden – wieder aufgetaut. Das Ende des Proterozoikums markierte den Beginn eines völlig neuen Zeitalters, des Paläozoikums, das sich von etwa 540 Millionen bis 251 Millionen Jahre vor Christus erstreckte.

In der ersten Periode des Paläozoikums, dem Kambrium, kam es zu einer beachtlichen explosionsartigen Zunahme der Artenvielfalt, die treffend als »Kambrische Explosion« bezeichnet wird. Die meisten der heute lebenden Organismen entstanden in den ersten zehn Mil-

Äon	Zeitalter	Periode	Vor Millionen von Jahren
Phanerozoikum	Känozoikum	Quartär	1.6
		Tertiär	66
	Mesozoikum	Kreidezeit	138
		Jura	205
		Trias	240
	Paläozoikum	Perm	290
		Pennsylvanium	330
		Mississippium	360
		Devon	410
		Silur	435
		Ordovizium	500
		Kambrium	570
Proterozoikum	Spätes Proterozoikum Mittleres Proterozoikum Frühes Proterozoikum		2500
Archaikum	Spätes Archaikum Mittleres Archaikum Frühes Archaikum		3800?
Präarchaikum			

Abbildung 8: Chronologie des Paläozoikums im Kontext angrenzender Epochen und Äonen

lionen Jahren dieses Zeitraums, einschließlich der ersten komplexen mehrzelligen Lebewesen und uns bekannten Arten wie Weich- und Krebstiere. Einer der Gründe für diese bemerkenswerte Diversifizierung war ein kontinuierlicher Anstieg des Sauerstoffgehalts durch photosynthetische Lebensformen. Höhere Sauerstoffkonzentrationen ermöglichten vielfältigere, mehrzellige Organismen. Diese benötigen Sauerstoff in ausreichend hohen Konzentrationen, damit dieser bis ins Innere ihrer Zellen gelangen kann. Die stratosphärische Ozonschicht, die sich während des Neoproterozoikums entwickelt hatte, schützte die Tiere vor den schädlichen ultravioletten Strahlen der Sonne und trug zur Besiedlung des Festlandes bei. Einige Forscher sprechen sogar von einem »Flaschenhalseffekt«, bei dem die wenigen Lebensformen, die die Eiszeiten des Neoproterozoikums überlebten, Schneeball-Erde hin oder her, die entstehenden Nischen beim Auftauen der Erde schnell besetzen konnten.

Als die nachfolgende Periode des Paläozoikums, das Ordovizium, vor etwa 450 Millionen Jahren endete, folgte eine große Vergletscherung. Die Verwitterung überstieg die vulkanischen Gasfreisetzungen und der CO_2-Gehalt in der Atmosphäre sank. Die daraus resultierende Abkühlung führte zu einer Zunahme der Eismasse auf dem großen, am Südpol gelegenen Superkontinent Gondwana. Der Meeresspiegel sank. Ein Großteil der Küstengebiete, in denen primitive Weich- und Krustentiere gelebt hatten, war verschwunden. Einige der Lebewesen schlugen sich noch durch, aber etwa die Hälfte aller existierenden Gattungen starb aus. So wie wir uns heute schwerlich vorstellen können, welches Wissen bei der Plünderung der Bibliothek von Alexandria verloren ging, können wir hier ebenfalls nur spekulieren, welche großartigen Lebewesen aus der kambrischen Explosion dieser Abkühlung zum Opfer fielen. Dies war das erste der weithin anerkannten globalen großen Massenaussterben. Es wird wohl kaum das letzte sein, dem wir begegnen.[1]

Das bekannteste Artensterben beendete die Herrschaft der Dinosaurier vor etwa 66 Millionen Jahren. Das *tödlichste* Massensterben am

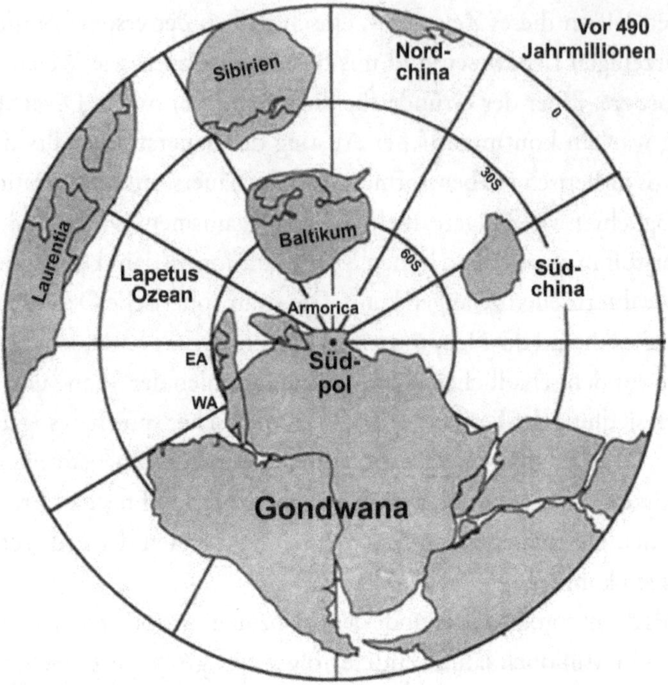

Abbildung 9: Die Position und Gestalt des Kontinents Gondwana während des Ordoviziums

Übergang vom Perm zur Trias statt, vor etwa 250 Millionen Jahren. In der Wissenschaft wird es als Perm-Trias-Ereignis (kurz P-T) bezeichnet. Da jedoch schätzungsweise 90 Prozent aller permischen Arten vom Angesicht der Erde verschwanden, hat es sich einen besonderen Spitznamen verdient: das Große Sterben. Besonders hart traf es die Meeresorganismen, bei denen 96 Prozent aller Arten ausstarben. Verschwunden sind beispielsweise die Trilobiten, die Hobby-Fossiliensammlern so vertraut sind – primitive Gliederfüßer und die entfernten Vorfahren der modernen Hufeisenkrabbe. Nachdem sie das frühere ordovizische Artensterben überlebt hatten, endete ihre fast 300 Millionen Jahre währende Ära.

Nicht nur die große Mehrzahl aller wirbellosen Meerestiere, sondern auch die frühesten Fischarten verschwanden. Auf dem Festland wurden mehr als zwei Drittel der Amphibien- und Reptilienarten und fast ein Drittel aller Insektenarten ausgerottet. Eine weitere legendäre Art, eine Riesenlibelle namens *Meganeuropsis* verschwand. Sie hatte eine Flügelspannweite von fast einem Meter, ist häufig in künstlerischen Darstellungen des Karbons zu sehen – und verfolgt mich bis heute in meinen Albträumen.

Das P-T-Massenaussterben löschte viele der Arten aus, die das Leben an Land dominiert hatten, und schuf so ökologische Nischen, die von neuen Organismen besetzt werden konnten. Darunter waren Reptilien wie Krokodile oder die ersten Dinosaurier. Wieder einmal gab es sowohl Gewinner als auch Verlier. Wer in diesem Fall gewann und wer verlor, hing von der Geologie und den geochemischen Verwitterungszyklen ab.

In der Mitte des Paläozoikums, etwa 420 Millionen Jahre vor unserer Zeitrechnung, entstanden Pflanzen mit Wurzeln, Stängeln und Blättern. Wie wir heute wissen, trugen sie dazu bei, die chemische Verwitterung zu beschleunigen, indem sie Säuren produzierten, welche das Gestein auflösten und dazu beitrugen, Wasser aus dem Boden in die Atmosphäre zurückzuleiten. Dies könnte zu einem langsamen, stetigen Rückgang des atmosphärischen CO_2-Gehalts im späten Paläozoikum geführt haben. Die Ausbreitung dieser Gefäßpflanzen, sogenannter vaskuläre Pflanzen, führte jedoch auch zu einer neuen Art von organischem Material, das unter der Erdoberfläche eingelagert oder mit den Flüssen in die Ozeane transportiert wurde und auf deren Grund sank. Das vermehrte Einbringen von organischem Material ging mit einem Anstieg des Sauerstoffgehalts in der Atmosphäre einher, da es sich dabei um das Ergebnis der Photosynthese handelte, bei der Sauerstoff- und Kohlenstoffatome aufgespalten werden. Nachdem der Kohlenstoff mit dem organischen Material im Boden eingelagert wurde, stand er nicht mehr zur Verfügung, um beim Abbau der organischen Masse mit dem freigesetzten Sauerstoff zu reagieren. Im Paläozoikum stieg die Sauerstoffkonzentration somit auf bis zu 35 Prozent, was fast das Doppelte der heutigen Konzentration von 21 Prozent ist.[2]

Diese hohen Sauerstoffwerte begünstigten Synapsiden, Kreaturen mit einem hohen Stoffwechsel, die ein Loch auf jeder Seite ihres Schädels hatten, was zu einer verbesserten Funktionalität des Kiefers führte. Sie gehörten zu einer Gruppe von vierbeinigen Landtieren. Darunter befanden sich Fleisch-, Insekten- und Pflanzenfresser, die erstmals im späten Karbon auftraten und sich zu der Gattung entwickelten, die wir heute als Säugetiere kennen. Zu Beginn des Perms waren sie die vorherrschende Spezies an Land. In der Mitte des Perm tauchte eine andere Gruppe von Ur-Säugetieren auf, die vermutlich warmblütigen, nagetierähnlichen Therapsiden. Sie wurden zur neuen vorherrschenden Art. Im späten Perm entwickelten sie möglicherweise sogar ein Fell. Eine Gruppe, bekannt als *Theriodontia* (lateinisch für »Tierzahn«), wies eine Reihe von evolutionären Neuerungen auf: Eine Veränderung der Knochen, die den Kiefer stützen, ermöglichte es, den Rachen weiter zu öffnen, was möglicherweise auch das Hören förderte. Der Schädel und die Zähne wurden größer, das Gebiss spezialisierter und der Kiefer kräftiger. Alles schien bereit für die Machtübernahme. Aber es sollte anders kommen.

Am Übergang von Perm zu Trias änderte sich alles. Der CO_2-Gehalt stieg sprunghaft an, aus Gründen, die wir gleich noch behandeln werden. Das führte zu einer massiven Erwärmung. Auch hatte die Plattentektonik unterdessen alle Kontinente zu einem einzigen riesigen Kontinent – Pangea – zusammengeführt, dessen Achse quer über den Äquator verlief. Es war für die maritime Feuchtigkeit bereits schwierig, tief in das Zentrum des Kontinents vorzudringen. Die rasche Erwärmung durch den Treibhauseffekt führte zudem dazu, dass es noch heißer und trockener wurde, wie Klimamodellsimulationen für das Ende des Perm und Analysen der fossilen Flussablagerungen in den Überschwemmungsgebieten Pangäas zeigen. Die plötzliche Austrocknung führte zu einem massiven Absterben der spärlichen, von Feuchtigkeit abhängigen Wälder, die sich im Laufe des Paläozoikums entwickelt hatten. Das bedeutete, dass weniger organisches Material an Land abgelagert wurde, was womöglich von geringeren Ablagerungen in der Tiefsee aufgrund eines kollabierenden marinen Nahrungskreislaufs begleitet wurde. Der atmosphärische Sauerstoffgehalt dürfte infolgedessen rapide gesunken sein und zur Zeit des Übergangs vom Perm zur Trias, Konzentrationen von nur noch 15 Prozent erreicht haben.[3]

Der rückläufige Sauerstoffgehalt war ein weiterer Grund für das Massensterben. Die Kombination aus Treibhauseffekt und Sauerstoffmangel hatte zu einer weit verbreiteten Sauerstoffunterversorgung (Hypoxie) geführt – einem Zustand, in dem Organismen einfach nicht mehr genug Sauerstoff aufnehmen können, um ihren Stoffwechsel zu unterstützen. An dieser Stelle kommen die Dinosaurier ins Spiel. Die Ur-Säugetiere, die während des Perms die Oberhand gewonnen hatten – die Synapsiden und Therapsiden –, benötigten einen hohen Sauerstoffgehalt zum Leben. Doch als die Sauerstoffkonzentration sank, waren sie an ihre Umgebung nicht mehr gut angepasst. Die Diapsiden, eine weit verbreitete Gruppe tetrapoder Wirbeltiere tauchten erstmals im Karbon vor etwa 300 Millionen Jahren auf. Zu diesen Wirbeltieren mit vier Gliedmaßen bzw. Extremitäten gehören die Reptilien, Vögel und die heute ausgestorbenen Dinosaurier. Von ihren Verwandten, den Synapsiden und Therapsiden, unterschieden sie sich durch das Vorhandensein von zwei Löchern (anstelle von einem) auf jeder Seite ihres Schädels. Eine untergeordnete Gattung der Synapsiden, die Archosaurier, zu denen auch die Krokodile und die frühesten Dinosaurier zählen, nutzten diese neue Eigenschaft, um ein effizienteres Atmungssystem zu entwickeln, das den verfügbaren Sauerstoff besser verwerten konnte. Dies verschaffte ihnen einen entscheidenden Vorsprung vor der Konkurrenz, als der Sauerstoffpegel während des Perm-Trias-(P-T)-Übergangs stark absank. Wie sich herausstellte, waren die Dinosaurier direkte Nutznießer des P-T-Massenaussterbens.[4]

Nur eine Handvoll Ursäugetiere überlebte. Eine dieser Arten ist als *Cynodontia* (»Hundezähne«) bekannt. Sie sind unsere Vorfahren und die Vorläufer aller Säugetiere. Anfangs sahen sie wahrscheinlich aus wie eine riesige, schuppige Ratte, die bis zu einem Meter lang wurde. Sollte es jemals Nagetiere von einer solch ungewöhnlichen Größe gegeben haben, dann haben sie ihren Namen mehr als verdient [»Rodents of unusual size«, zu deutsch »Nagetiere von ungewöhnlicher Größe«, ist ein Dokumentarfilm über die Ausbreitung der invasiven Spezies Nutria in den USA, Anm. d. Ü.]. Doch am Ende der Trias waren sie auf die Größe heutiger Feldmäuse geschrumpft und versteckten sich hinter Felsen vor ihren reptilienartigen Fressfeinden.

DIE KOHLENSTOFFKATASTROPHE

Betrachtet man die Kaskade von Ereignissen im Zusammenhang mit dem CO_2-Spitzenwert, die zum größten Massenaussterben seit Beginn der Aufzeichnungen geführt hat, so lässt sich festhalten: Es gibt keine Hinweise darauf, dass die Ursäugetiere und frühen Dinosaurier Kohlekraftwerke bauten oder SUVs fuhren. Vielmehr wissen wir, dass eine Reihe gewaltiger Vulkanausbrüche dafür verantwortlich ist. Sie haben ihren Ursprung in den sogenannten Sibirischen Fallen, einer hügeligen Region in Sibirien, die durch wiederholte Eruptionen von Magma entstanden ist. Diese vulkanische Region ist sicherlich ein guter Anwärter für eine der massivsten CO_2-Freisetzung in der Vergangenheit.

Der Geologe Sam Bowring vom Massachusetts Institute of Technology (MIT) und sein Team sammelten Gesteine aus einer Region in China, die fossile Zeugnisse des P-T-Massenaussterbens enthalten. Sie verwendeten dazu eine Datierungsmethode, die als Uran-Blei-Geochronologie bekannt ist und die sich die radioaktive Natur des Urans zunutze macht. Da die Uranmenge im Laufe der Jahrmillionen abnimmt, kann das Mengenverhältnis von Uran zu Blei, das in Form von Kristallen in altem Gestein eingeschlossen ist, zur Schätzung des Gesteinsalters herangezogen werden. Bowring und sein Team sammelten auch Gesteine aus den Sibirischen Fallen, wendeten dieselbe Datierungsmethode auf die Gesteinsschichten an und schätzten den Beginn und das Ende der Eruptionen. Sowohl die Vulkanausbrüche als auch die Fossilien wurden auf – Sie ahnen es – etwa 250 Millionen Jahre vor unserer Zeitrechnung datiert. Würde die Wissenschaft als Gericht fungieren, so hätte sie den Vulkanismus in den Sibirischen Fallen als Verursacher des P-T-Massenaussterbens schuldig gesprochen.[5]

Wie sich herausstellte, hat der Täter sogar doppelt zugeschlagen. Zunächst wurden durch die Eruptionen große Mengen an Vulkanasche in die Atmosphäre geschleudert. Das blockierte das Sonnenlicht, verringerte die Photosynthese und ließ einen schwefelsauren Niederschlag auf die Erdoberfläche niedergehen. Nach jedem Ausbruch glich der Planet für Jahre einer apokalyptischen Höllenlandschaft. Die nachhaltigere Auswirkung war jedoch die Anhäufung von CO_2 in der Atmosphäre, da die Vulkane ihr Gas über Zehntausende von Jahren weiter in die Atmosphäre ausspuckten.

Wir sind in der Lage, den Anstieg des CO_2-Gehalts auf mehrere Weise abzuschätzen. In jedem Fall werden so genannte Proxydaten (Stellvertreterdaten) als natürliche biologische, chemische oder physikalische Indikatoren für vergangene Umweltveränderungen verwendet [d. h. indirekte Anzeiger, etwa aus Eisbohrkernen, Baumringen, Pollen, Korallen, Sedimenten oder Isotopen, und auch menschliche Aufzeichnungen, Anm. d. Ü.]. Es ist wichtig zu prüfen, was diese Daten genau besagen, denn je mehr sie übereinstimmen, desto fundierter sind die möglichen Schlussfolgerungen. Wenn sie jedoch nicht übereinstimmen, sind wir mit der unvermeidlichen »Unschärfe« konfrontiert, die entsteht, wenn Rückschlüsse auf Dinge gezogen werden, die vor Hunderten von Millionen Jahren passiert sind.

Der erste Indikator basiert auf kleinen Poren oder Spaltöffnungen in konservierten alten Blättern. Pflanzen öffnen ihre Spaltöffnungen, um CO_2 aufzunehmen, das sie für die Photosynthese verwenden. Allerdings gibt es einen Nachteil, denn gleichzeitig entweicht wertvolle Feuchtigkeit in die Atmosphäre. Wenn also viel CO_2 vorhanden ist, können die Pflanzen mit einer geringeren Anzahl von Spaltöffnungen auskommen, wodurch sie weniger Feuchtigkeit verlieren. Durch die Messung dieses Effekts können Wissenschaftler Rückschlüsse auf vergangenen Änderungen des CO_2-Gehalts ziehen, auch wenn dies nicht ganz ohne Unsicherheiten möglich ist.[6]

Eine andere Indikator-Methode misst die relative Häufigkeit der beiden wichtigsten stabilen Kohlenstoffisotope in Karbonaten, die in alten Böden gefunden wurden: Kohlenstoff-12 (^{12}C oder C-12) und Kohlenstoff-13 (^{13}C, C-13). Pflanzen nehmen bei der Photosynthese bevorzugt das leichtere C-12-Isotop auf, so dass der organische Kohlenstoff, der in der Erde abgelagert wird, mehr C-12 und weniger von dem schwereren C-13-Isotop enthält. Fossile Brennstoffe sind abgelagerte organische Kohlenstoffe mit wenig C-13. Da der C-13-Anteil am atmosphärischen CO_2 abnimmt, können wir folgern, dass der Anstieg des CO_2 in den letzten zwei Jahrhunderten unter anderem auf die Verbrennung fossiler Brennstoffe zurückzuführen ist.[7]

Da im atmosphärischen CO_2 das C-13 weniger stark abgebaut ist als in organischem Kohlenstoff, ist es auch im oberflächennahen Boden, der am meisten mit der Atmosphäre in Berührung kommt, verhältnismäßig wenig abgebaut. Dagegen nimmt die Konzentration an C-13 im Boden darunter mit zunehmender Tiefe ab. Der Geochemiker Thure E. Cerling von der University of Utah hat eine Methode entwickelt, mit der sich durch Messung dieses Effekts frühere Veränderungen des atmosphärischen CO_2 abschätzen lassen. Die Methode unterliegt allerdings gewissen Annahmen und Einschränkungen. Sie lässt darauf schließen, dass auch andere Faktoren, wie z. B. Methan, eine Rolle gespielt haben könnten.[8]

Eine dritte und letzte Näherungsmethode nutzt ebenfalls Daten von Kohlenstoffisotopen, befasst sich aber mit den fossilen Überresten von Pflanzen und nicht mit alten Bodenkarbonaten. Jüngste Experimente haben gezeigt, dass das Ausmaß, in dem Pflanzen es vorziehen, C-12 in der Photosynthese aufzunehmen, von der CO_2-Konzentration abhängt.

Ein höherer CO_2-Gehalt in der Luft führt zu einem stärkeren Abbau von C-13. Mit Hilfe der Messung der relativen Häufigkeit von C-12 und C-13 in konservierten Pflanzenresten kann man also ebenso den CO_2-Gehalt in der Atmosphäre abschätzen.[9]

Es wäre wünschenswert, wenn alle diese Methoden genau zu demselben Resultat führen würden. Aber die Wissenschaft ist nicht immer so eindeutig, wie wir es gerne hätten. In diesem Fall ist das leider auch so. Der Vorteil der Berücksichtigung mehrerer Ansätze liegt jedoch darin, dass die verschiedenen Methoden von unterschiedlichen Annahmen ausgehen. Und obwohl einige dieser Annahmen hinterfragt werden könnten, ergänzen sich die Stärken und Schwächen der verschiedenen Ansätze von Natur aus gegenseitig. Durch die gemeinsame Betrachtung aller Erkenntnisse erhalten wir somit ein solideres Gesamtbild.

Und welches Bild ergibt sich nun? Betrachtet man alle Paläodaten zusammen, ergeben sich eine Reihe von unterschiedlichen Annahmen hinsichtlich des Anstiegs des CO_2-Niveaus auf dem Höhepunkt des P-T-Ereignisses. Der CO_2-Gehalt hat sich wahrscheinlich um den Faktor 6 erhöht. Es könnte aber auch nur eine Verdoppelung gewesen sein – oder ein Anstieg um den Faktor 24. Das untere Ende der Spanne entspricht dem, was wir bis zum Ende dieses Jahrhunderts bei einem Szenario mit unveränderter Verbrennung fossiler Brennstoffe erleben könnten, während das obere Ende der Spanne deutlich über dem liegt, was wir wahrscheinlich als Ergebnis menschlicher Aktivitäten erleben werden.

Und wie sieht es mit der daraus resultierenden Erwärmung aus? Auch hier liefern die Paläodaten wichtige Hinweise. Dazu betrachten wir zunächst die relative Häufigkeit der beiden stabilen Sauerstoffisotope – O-16 und O-18 – in Kalziumkarbonatgestein und Muscheln aus alten Meeresböden. Die Menge dieser Isotope hängt von der Temperatur ab, wobei in wärmeren Gewässern Karbonate entstehen, in denen das schwerere O-18 weniger vorkommt. Wir können also das Verhältnis der Sauerstoffatome in alten Karbonatgesteinen oder Kalzitmuscheln aus alten Meeresböden analysieren, um die Temperaturänderungen der

Ozeane abzuschätzen. Der Salzgehalt des Ozeans kann diese Verhältnisse ebenfalls beeinflussen, aber es gibt noch eine andere Methode zur Messung der Kohlenstoff-Sauerstoff-Bindungen, die ebenfalls eine Funktion der Temperatur ist. Exakte Messungen sind schwierig, aber die gesammelten Daten ergeben dennoch ein gutes Gesamtbild.

Daraus geht hervor, dass die Oberflächentemperaturen der tropischen Meere vor dem P-T-Massenaussterben etwa zwischen 22 °C und 25 °C lagen. Während des Höhepunkts des Aussterbens stiegen die tropischen Temperaturen auf etwa 30 °C an. Das ist eine Erwärmung von 5 bis 8 °C. Da sich das Festland tendenziell stärker als die Ozeane und die Gebiete außerhalb der Tropen stärker als die Tropen aufwärmen, könnte die globale Durchschnittstemperatur sogar noch stärker gestiegen sein. Im vergangenen Jahrhundert hat sich die Temperatur beispielsweise um etwa 33 Prozent stärker als die tropische Meeresoberflächentemperatur erhöht. Wenn wir ein ähnliches Verhältnis wie heute annehmen, bedeutet dies eine Erwärmung von 7 bis 11 °C.[10]

Die Erwärmung stand in engem Zusammenhang mit dem Anstieg des CO_2-Gehalts. Das legt die Vermutung nahe, dass es sich um eine treibhausbedingte Erwärmung handelte, ähnlich der, die wir heute erleben. Die Erwärmung dauerte 75.000 Jahre – aus geologischer Sicht eine kurze Zeitspanne, aber im Vergleich zur heutigen Erwärmung durchaus sehr lang. Das entspricht einer Erwärmung von etwa 0,011 °C pro Jahrhundert. Wir erwärmen den Planeten derzeit um etwa 1,1 °C pro Jahrhundert – was einhundertmal schneller ist.[11]

Nun haben wir eine Vorstellung sowohl vom Anstieg des CO_2 als auch vom Ausmaß und der Geschwindigkeit der Erwärmung, die sich offensichtlich daraus ergeben haben. Wir können diese uralte Epoche nutzen, um herauszufinden, wie sich die erwärmende Wirkung von CO_2 auf unsere heutige Zeit übertragen lässt.

KLIMASENSITIVITÄT

Es gibt mehrere wichtige Lehren, die wir aus dieser vergangenen Epoche ziehen können. Eine davon betrifft die so genannte Sensitivität, also die Empfindlichkeit, des Erdklimas gegenüber steigenden Treibhausgaskonzentrationen. Diese Sensitivität bestimmt, wie schnell wir die Grenzen überschreiten, die unseren fragilen, lebensfreundlichen Augenblick ausmachen.

Klimasensitivität wird auf eine ganz bestimmte Weise definiert: Sie gibt an, wie viel Erwärmung sich einstellt, wenn die CO_2-Konzentration in der Atmosphäre verdoppelt wird. Warum ausgerechnet eine Verdopplung? Das liegt daran, dass das atmosphärische »Fenster«, durch das die Wärme ins All entweichen kann, mit zunehmender CO_2-Zugabe immer kleiner wird. Das wiederum bedeutet, dass exponentiell mehr CO_2 erforderlich ist, um die gleiche Erwärmung zu erreichen. Die Erwärmung zwischen der letzten Eiszeit, als der CO_2-Gehalt bei etwa 180 ppm lag, und den 1990er Jahren, als er etwa 360 ppm betrug, ein Nettoanstieg von 180 ppm, entspricht also in etwa der Erwärmung, die wir erwarten, wenn wir den CO_2-Gehalt von derzeit 420 ppm auf 840 ppm erneut verdoppeln – obwohl letzteres einem Nettoanstieg von 420 ppm entspricht. Auf diese Weise können wir die Gleichgewichts-Klimasensitivität (»Equilibrium Climate Sensitivity«, ECS) bestimmen, die als die Erwärmung definiert ist, die erreicht wird, nachdem das Klimasystem vollständig auf eine Verdopplung der CO_2-Konzentration reagiert. Ein solches Niveau wird beispielsweise erreicht, wenn die CO_2-Konzentration von einem vorindustriellen Wert von etwa 280 ppm auf 560 ppm ansteigt. Das ist der Wert, den wir Mitte des Jahrhunderts erreichen werden, wenn die Verbrennung von fossilen Brennstoffen so weitergeht wie bisher. Diese Erwärmung wurde Ende der 1970er Jahre in einer Bewertung der Nationalen Akademie der Wissenschaften unter der Leitung der großen MIT-Atmosphärenforscherin Jule Charney auf 1,5 bis 4,5 °C beziffert. Diese Spanne ist auch heute im Wesentlichen noch gültig.

Am unteren Ende dieses Unsicherheitsbereichs müssten wir mit einem Klimawandel rechnen, der qualitativ mit dem vergleichbar ist, was bereits eingetreten ist. Am oberen Ende drohen katastrophale Folgen: massive Überschwemmungen an den Küsten, vernichtende Sommerhitze, verheerende Dürren und gewaltige Überschwemmungen. Es bestehen Unsicherheiten – doch wie sehr wollen wir auf unser Glück setzen? Welches Risiko wollen wir eingehen, in Bezug auf unser einzigartiges planetarisches Zuhause?[12]

Die Schlüsselrolle, die die Rückkopplungsmechanismen hier spielen, ist von entscheidender Bedeutung. Gäbe es keine sich verstärkenden Rückkopplungen, d. h. wenn der einzige Faktor die Zunahme des atmosphärischen Treibhauseffekts wäre, läge der Wert für die Klimasensitivität bei etwa 1 °C. Bei einer CO_2-Verdopplung würden wir nur eine Erwärmung von 1 °C erhalten. Diese Variante könnte als »*ohne Rückkopplung*« bezeichnet werden. Leider ist es in der Realität so, dass eine sich verstärkende Rückkopplung dann einsetzt, wenn sich der Planet erwärmt. Das Schmelzen des Eises führt dank unserer guten alten Eis-Albedo-Rückkopplung zu einer weiteren Erwärmung. Die Erwärmung der Ozeane führt wiederum zu mehr Verdunstung, so dass die Atmosphäre mehr Wasserdampf, ein sehr starkes Treibhausgas, aufnimmt. Dieser Effekt wird als Wasserdampf-Rückkopplung bezeichnet. Beide Rückkopplungen tragen wesentlich zur Erwärmung bei.

Zudem gibt es noch den Einfluss von Wolken. So verstärken hohe Zirruswolken die Rückkopplung, weil sie wie Treibhausgase die Wärmeabstrahlung blockieren. Dicke, niedrige Stratuswolken sorgen dagegen für eine stabilisierende Rückkopplung, da sie ähnlich wie Eis das Sonnenlicht zurück ins All reflektieren. Es ist jedoch schwierig, genau vorherzusagen, wie sich die einzelnen Wolkentypen in einem wärmeren Klima verändern werden. Dies stellt nach wie vor die größte Unsicherheit in Bezug auf die wichtigsten Rückkopplungsmechanismen dar und ist die Hauptursache für Unsicherheiten bei der Abschätzung der genauen Sensitivität des Klimasystems.

Außerdem gibt es noch andere Unwägbarkeiten. Hierzu gehören vor allem die Rückkopplungen des Kohlenstoffkreislaufs. Eine davon betrifft Methan. Die Erwärmung von Permafrostböden und Kontinentalplatten kann zuvor eingeschlossenes Methan freisetzen. Da Methan ein starkes Treibhausgas ist, kann es zur Erwärmung beitragen, obwohl seine Lebensdauer in der heutigen, stark oxidierenden Atmosphäre relativ kurz ist. Es existiert nur wenige Jahrzehnte lang, nicht Jahrhunderte oder Jahrtausende, und es gibt viel weniger davon als CO_2.

Im Kohlenstoffkreislauf gibt es noch weitere Rückkopplungen. Etwa können Erwärmung und Trockenheit zu ausgedehnteren Waldbränden führen, wie wir sie in den letzten Jahren in Australien, dem westlichen Nordamerika und Eurasien erlebt haben. Dabei wird Kohlenstoff, der in den Wäldern gebunden war, in die Atmosphäre freigesetzt. Den australischen »Black Summer« Anfang 2020 habe ich persönlich miterlebt, während eines Sabbatjahrs in Sydney. Die zahlreichen Buschbrände zerstörten Wälder und setzten mehr Kohlenstoff frei als durch die Verbrennung fossiler Brennstoffe in Australien in einem Jahr emittiert wird.[13]

In jedem Fall zeigen die gesammelten Erkenntnisse aus gegenwärtigen Beobachtungen, paläologischen Erkenntnissen und Klimamodellen, dass destabilisierende Rückkopplungen gegenüber stabilisierenden Rückkopplungen die Oberhand gewinnen. Obwohl die Klimasensitivität ohne Rückkopplungen bei etwa 1,5 °C liegt, bringen sie destabilisierende Rückkopplungen näher an 3 °C heran, vielleicht sogar noch ein bisschen höher. Das ist kein trivialer Unterschied – es ist der Unterschied zwischen »wir können uns problemlos anpassen« und »uns droht eine Welt voller Schmerzen, wenn wir nicht handeln«.

Bislang haben wir nur die *schnellen* Rückkopplungen betrachtet. Es gibt auch langsamere Wechselwirkungen, wie z. B. die stabilisierende Rolle der zunehmenden Verwitterung und des CO_2-Abbaus, die auf geologischen Zeitskalen ablaufen. Hinzu kommen die Rückkopplungen von Eisschildern, die Verlagerung von Waldgebieten und andere

Reaktionen des Erdsystems, die erst nach vielen Jahrhunderten zum Tragen kommen. Diese langsamen Rückkopplungen führen zu einem generelleren Verständnis der Erdsystem-Klimasensitivität (»Earth System Sensitivity«, ESS). Sie beschreibt, wie stark die Erwärmung bei einer Verdopplung des CO_2 letztlich ausfällt, *nachdem* sich diese langsamen Rückkopplungsmechanismen voll entfaltet haben. Das ist die Größe, die wir häufig messen, wenn wir geologische Klimareaktionen betrachten, die sich über Hunderttausende von Jahren erstrecken. Es handelt sich also nicht um kurzfristige Reaktionen aufgrund von Vulkanausbrüchen oder historischen CO_2-Emissionen.

Der Perm-Trias-Übergang war eine derart langsame Reaktion, dass wir daraus etwas über die ESS lernen können. Wie wir gesehen haben, hat sich das CO_2 während dieses Zeitraums wahrscheinlich versechsfacht. Der Planet erwärmte sich wahrscheinlich um knapp 9 °C, was auf eine Erdsystem-Klimasensitivität von etwa 3,5 °C schließen lässt. Das ist etwas mehr als die konventionellen Schätzungen für die Klimasensitivität. Diese liegt, wie wir bereits gesehen haben, eher bei 2,8 °C, was darauf hindeutet, dass sich verstärkende langsame Rückkopplungen auf die Erwärmung ausgewirkt haben könnten. Aber diese ESS-Abschätzung ist zugleich niedriger als frühere, auf Klimamodellen basierende Berechnungen. So wurden etwa 4,3 °C aus dem mittleren Pliozän abgeleitet, einem Zeitabschnitt vor etwa drei Millionen Jahren, als der CO_2-Gehalt zuletzt so hoch gewesen zu sein scheint wie heute. Dieser Zeitraum stellt eine wichtige mögliche Analogie für die gegenwärtige Erwärmung dar, wir werden ihn in einem späteren Kapitel eingehend erörtern.[14]

In Anbetracht der bereits erwähnten Unsicherheiten könnte die durch das P-T-Massenaussterben bedingte ESS tatsächlich bis zu 11,1 °C betragen, oder auch nur 1,7 °C. Ein so großer Unschärfebereich lässt dieses Ereignis als unbrauchbar erscheinen, wenn es darum geht, die Klimasensitivität zu ermitteln. Dem ist jedoch nicht so. Es handelt sich lediglich um einen einzelnen Datenpunkt. Um ein vollständigeres Gesamtbild zu erhalten, müssen weitere Ereignisse aus der Vergangenheit mit einbezogen werden. Die Paläoklimatologin Dana Royer, die als Postdoktorandin in Yale mit Bob Berner und Jeffrey Park zusammenarbeitete, nutzte die weitaus umfangreicheren verfügbaren Informationen, die vom Kambrium vor 540 Millionen Jahren bis in die Gegenwart reichen. Als sie die vergangenen CO_2-Änderungen anhand von Paläodaten untersuchte und die Beziehung zwischen chemischer Verwitterung und den Temperaturen auf diesen längeren Zeitskalen berücksichtigte, konnte sie dieses Fenster ziemlich eingrenzen. Sie fand heraus, dass der wahre Wert der ESS wahrscheinlich im Bereich von 1,7 bis 5,6 °C liegt.[15]

Der ESS-Bereich ist somit eingegrenzt worden. Es wird deutlich, dass es umso mehr Gewissheit gibt, je mehr Daten verwendet werden können. Zwar ist jede Klimaepisode mit Unsicherheiten behaftet, doch wenn mit mehreren unterschiedlichen Klimaepisoden operiert wird, lässt sich ein Teil der Unsicherheiten ausgleichen. Aber bezogen auf die Klimasensitivität, geht es noch genauer. Anhand zahlreicher solcher Beispiele von Klimareaktionen aus der Vergangenheit, die wir später in diesem Buch kennenlernen werden, kann die Klimawissenschaft die Klimasensitivität ständig anpassen und genauer bewerten. Dazu gehören zum Beispiel die Abkühlung während des letzten eiszeitlichen Maximums vor 21.000 Jahren oder das abkühlen des Klimas durch Schwefel und Asche von großen Vulkanausbrüchen in den letzten Jahrhunderten. Aus diesem Grund wird die Klimasensitivität derzeit auf einen Wert zwischen 2,3 °C und 4,5 °C und mit hoher Wahrscheinlichkeit auf einen Wert zwischen 2 °C und 6 °C veranschlagt.[16]

Um den Geist aus der Wunderlampe aus dem Disney-Film *Aladdin* zu zitieren: »Es gibt jede Menge Grauzone.« Eine Erwärmung um 2 °C wäre schlimm, aber eine Erwärmung um 6 °C wäre katastrophal. Anhand von Ereignissen wie dem P-T-Massenaussterben lässt es sich besser nachvollziehen, was genau zu den extremen »Worst-Case-Szenarien« geführt hat und was heute möglicherweise passieren könnte. Hat es

Prozesse gegeben, die derzeit nicht im Spiel sind, oder zumindest noch nicht, welche die Empfindlichkeit des Klimas zu jener Zeit gesteigert haben könnten?

Methan zum Beispiel ist ein Treibhausgas, dessen Beitrag zur derzeitigen Erwärmung viel diskutiert wird. Wir haben gesehen, dass es eine entscheidende Rolle dabei spielte, die frühe, nur schwach besonnte Erde warm zu halten. Könnte eine Erhöhung des Methananteils zur P-T-Erwärmung beigetragen haben? Die Daten zu den Kohlenstoffisotopen deuten darauf hin, dass erhebliche Mengen an Methan, das in seichten Meeresgründen eingeschlossen war, destabilisiert und in die Atmosphäre freigesetzt worden sein könnten. Methan ist ein sehr starkes Treibhausgas, sogar noch stärker als CO_2. Seinetwegen kam es also zu einer weiteren, zusätzlich zur anfänglichen CO_2-bedingten Erwärmung. Und es wurde noch mehr Methan freigesetzt. Mit anderen Worten: Es kam zu einer zusätzlichen destabilisierenden Rückkopplung, einem weiteren Teufelskreis.

Diese destabilisierende Rückkopplung wird jedoch durch die Tatsache begrenzt, dass Methan durch Oxidation leicht aus der Atmosphäre entfernt werden kann. Wie wir im letzten Kapitel erfahren haben, war der Anstieg des Sauerstoffgehalts vor mehr als zwei Milliarden Jahren der Grund dafür, dass sich die Erde zu einem Schneeball abkühlte, da das Methan aus dem urzeitlichen Treibhaus entfernt wurde. Durch diese Abtrennung ist die Verweildauer des Methans in der Atmosphäre heute auf Jahrzehnte begrenzt, im Gegensatz zu CO_2, das Jahrhunderte bis Jahrtausende hält. Während des P-T-Übergangs waren die Sauerstoffkonzentrationen jedoch niedriger, und das Methan könnte etwas länger in der Atmosphäre geblieben sein, wodurch es ein größeres langfristiges Erwärmungspotenzial gehabt hätte. Damit wäre es während des P-T-Massenaussterbens von größerer Bedeutung gewesen, da der Sauerstoffgehalt in der Atmosphäre damals geringer war.

DIE VIER APOKALYPTISCHEN REITER DER STRANGELOVE-OZEANE

In den Ozeanen sind während des P-T-Massenaussterbens wahrscheinlich 96 Prozent aller Lebensformen ausgestorben. Das kommt einem vollständigen Aussterben so nah, wie nur irgendwie möglich. Der Ozean nach dem Perm wird daher gelegentlich auch als Strangelove-Ozean bezeichnet – eine Anspielung auf die ikonische Figur des Peter Sellers in dem dystopischen Film *Dr. Strangelove* (Dr. Seltsam) aus dem Jahr 1964. Der Streifen endet mit einem globalen thermonuklearen Krieg und dem mutmaßlichen Ende der menschlichen Zivilisation. Fast 60 Jahre später wirkt er angesichts der jüngsten geopolitischen Entwicklungen, einschließlich der Drohung Russlands, in dem Krieg gegen die Ukraine taktische Atomwaffen einzusetzen, geradezu prophetisch.

Wenn wir die Gesamtheit dessen, was mit den Ozeanen während des P-T-Übergangs geschah, Revue passieren lassen, also die Tatsache, dass mindestens vier verschiedene grundlegende Störungen des Lebens auftraten (Erwärmung, Versauerung, Sauerstoffmangel und Schwefelwasserstoffvergiftung), wird die Frage, die Ihnen durch den Kopf geht, nicht mehr lauten: »Warum sind 96 Prozent allen Lebens im Meer ausgestorben?« Stattdessen wird sie lauten: »Wie nur konnten vier Prozent überleben?«

Der massive Anstieg des atmosphärischen CO_2 war an sich schon ein zweifaches Übel: Er verursachte nicht nur die Erderwärmung, sondern auch deren unheilvollen Begleiter, der Versauerung der Ozeane. Das in der Atmosphäre zunehmende CO_2 gelangte in den Ozean und bildete Kohlensäure, die Lebewesen mit kalkhaltigen Schalen und Skeletten auflöste. So zerstörte sie Korallenriffe und Krustentiere wie Krebse und Hummer und tötete Weichtiere wie Muscheln und Austern.

Das Aussterben kalkhaltiger Organismen in den fossilen Zeugnissen des P-T-Übergangs liefert zweifellos Indizien für die Annahme, dass eine starke Übersäuerung der Ozeane zu dem Massensterben beigetragen hat. Es gibt allerdings mehr als nur Indizien. Daten von Kohlenstoff- und Kalziumisotopen scheinen einen plötzlichen Anstieg des gelösten

Kohlenstoffs im Meer zu belegen. Obwohl die genauen Interpretationen der geochemischen Daten kompliziert und in der Literatur umstritten sind, bin ich der Meinung, dass die Hinweise dafür eindeutig genug sind, um dieses Geschehnis zu belegen.

Der überzeugendste Nachweis stammt von einer auf den ersten Blick wenig überzeugenden Quelle: dem Bor. Bor verbindet sich mit Natrium und Sauerstoff zu einer weißen, pulverförmigen Substanz, bekannt als Borax. Es wird in großen Mengen in ausgetrockneten See- und Meeresböden gefunden, wie etwa im kalifornischen Death Valley, wo Borax noch heute für Zahnpasta, Kosmetika, Farben und Herbizide abgebaut wird. Es kann aber auch aus alten Karbonatablagerungen des Meeresbodens entnommen werden. Das Verhältnis der beiden wichtigsten stabilen Isotope (Bor-11 zu Bor-10) spiegelt den pH-Wert der alten Meere wider, aus denen sie stammen. Ein Team von Forschenden hat in der Region der heutigen Vereinigten Arabischen Emirate Bor-Isotope in alten Sedimenten gefunden. Sie stammen aus dem späten Perm und der frühen Trias, als die Region mit einem Ozean verbunden war, der an das alte Pangäa angrenzte. Sie konnten die Veränderung des pH-Werts des Ozeans über den P-T-Übergang hinweg rekonstruieren. Dabei stellten sie fest, dass dieser während des frühen Teils des P-T-Übergangs aufgrund des niedrigen atmosphärischen CO_2-Gehalts und der hohen anfänglichen Alkalität des Ozeans stabil blieb. Das ermöglichte es dem Ozean, den noch relativ geringen Eintrag von Kohlenstoff in der Anfangsphase zu puffern. Er war jedoch nicht in der Lage, den größeren und schnelleren Eintrag zu kompensieren, der später während des P-T-Massenaussterbens stattfand. So kam es zu einer starken und abrupten Versauerung – der pH-Wert sank um fast einen Punkt in nur 10.000 Jahren. Es ist vor allem diese schnelle Versauerung, die das Aussterben der kalkhaltigen Lebensformen verursachte. Das schreckliche Beispiel ist eine Warnung. Denn was unsere eigene prekäre Lage angeht, so sind auch wir einer doppelten Gefahr ausgesetzt: der Erwärmung und einer gleichzeitigen Ozeanversauerung. So bedroht das Zusammenspiel von Bleichereignissen aufgrund der Erwärmung des Wassers und der Versauerung der Ozeane eines der größten Naturwunder unserer modernen Welt, das Great Barrier Reef. Aber auch alle anderen Korallenriffe auf der ganzen Welt und das Leben im Meer, auf das wir als Nahrung angewiesen sind, sind gefährdet.[17]

Problematisch ist nicht nur die Menge des CO_2, das in die Atmosphäre gelangt, sondern auch das *Tempo*, mit dem dies geschieht. Denn: Je schneller der Anstieg ist, desto gravierender ist die Versauerung der Meere. Auch wenn die Zufuhr von CO_2 in die Atmosphäre während des Großen Sterbens nach geologischen Maßstäben sehr schnell war, so ist dies nichts im Vergleich zu dem, was wir heute erleben. Während des Großen Sterbens versechsfachte sich die CO_2-Konzentration innerhalb von 75.000 Jahren. Das entspricht einer Verdopplung innerhalb von etwa 30.000 Jahren. Wir hingegen haben die CO_2-Konzentrationen in der Atmosphäre von vorindustriellen Werten um 280 ppm auf die heutigen Werte von etwa 420 ppm innerhalb von etwa zwei Jahrhunderten erhöht: Eine Verdopplung innerhalb von weniger als 300 Jahren. Mit anderen Worten: Wir fügen der Atmosphäre hundertmal schneller Kohlenstoff hinzu als das während des größten Massensterbens in der Geschichte der Erde auf natürliche Weise geschehen ist. Das P-T-Massenaussterben ist ein Hinweis auf eine Reihe möglicher besorgniserregender Folgen.[18]

Die Auswirkungen der Erwärmung und die gleichzeitige Ozeanversauerung aufgrund eines steigenden CO_2-Gehalts sind ein doppeltes Übel. Wird jedoch der Sauerstoffmangel (Hypoxie) in den Ozeanen noch mit einbezogen, verdreifacht sich die Gefahr. Bekanntlich trug der niedrige Sauerstoffgehalt in der Atmosphäre zum Aussterben der terrestrischen Organismen bei. Ein geringer atmosphärischer Sauerstoffgehalt führt jedoch auch zu einem niedrigen ozeanischen Sauerstoffspiegel. Hinzu kommt, dass das warme Oberflächenwasser der Ozeane weniger Sauerstoff aufnehmen und speichern kann. Das ist vergleichbar mit einer Flasche warme Limonade, aus der die darin gelöste Kohlensäure austritt. Sobald der Verschluss geöffnet wird, kommt es zu einer »Dekarbonisierung«. Eine Analyse der Meeresfossilien am

P-T-Übergang zeigt, dass Organismen mit einer geringen Toleranz für Sauerstoffmangel in der Tat die höchste Aussterberate aufwiesen.[19]

Die Erwärmung der Meeresoberfläche führt auch zu einer zunehmenden Schichtung, da sich leichteres, warmes Wasser auf dichteres, kühleres Wasser legt. Das führt zu einer weniger starken Durchmischung in der oberen Meeresschicht. Das hat zur Folge, dass Meeresbewohner weniger Sauerstoff und Nährstoffe zur Verfügung haben, da es zu einem geringeren Austausch durch aufsteigendes, kälteres und sauerstoffreicheres Wasser kommt. Forschungen, an denen ich mitgewirkt habe, zeigen, dass solche Veränderungen in den Ozeanen bereits heute aufgrund der vom Menschen verursachten Erwärmung zu beobachten sind. Leider passiert dies schneller, als es Modelle vorhergesagt haben. Diese Veränderungen haben Auswirkungen auf die gesamte marine Nahrungskette. Durch den Rückgang von Mikroben und Plankton gehen etwa kleinere Fische, die sich davon ernähren, zugrunde. Anschließend verschwinden auch die größeren Fische, die sich von den kleineren ernähren, und so weiter – die ganze Nahrungskette hinauf bis zu den größten Raubfischen. Es ist ein bisschen wie im Strangelove-Ozean.[20]

In einer Studie wurde die These aufgestellt, dass ein Strangelove-Ozean mit einer geringeren Anzahl von Lebewesen in den oberen Meeresschichten, verbunden mit einer geringeren Ablagerung von organischem Kohlenstoff in der Tiefsee, zu einem Anstieg des gelösten Kohlenstoffs in den oberen Bereichen des Ozeans und infolgedessen zu einem Anstieg des CO_2 in der Atmosphäre geführt hätte, was eine weitere Erwärmung zur Folge gehabt hätte. Letztlich führten geringere Temperaturunterschiede zwischen den Polen und dem Äquator, die typisch für relativ eisfreie Treibhausklimata sind, zu einer trägeren Ozeanbewegung und einer geringeren Sauerstoffzufuhr in die Tiefsee, da die Ozeanzirkulation nicht mehr so stark ausgeprägt war. Alle diese Faktoren zusammen begünstigten sauerstoffarme Ozeane während des P-T-Übergangs. Klimamodellsimulationen konnten diese Zustände nachbilden, was diese Theorie glaubwürdig erscheinen lässt.[21]

Als ob das alles noch nicht genug wäre, hat mein ehemaliger Kollege Lee Kump von der Penn State University mit seinen Mitarbeitern noch einen vierten Reiter ins apokalyptische Spiel des P-T-Massenaussterbens gebracht: Eine gewaltige »Stinkbombe« aus Schwefelwasserstoff. Diesen Scherz haben sie Pele zu verdanken, der Göttin der Vulkane in der hawaiischen Mythologie.[22]

Diejenigen von uns, die das Glück hatten, in ihrer Kindheit keinen echten Stinkbomben ausgesetzt gewesen zu sein, werden Schwefelwasserstoffgas trotzdem als den Geruch von faulen Eiern kennen. In der Tat können wir diesen Geruch in kleinsten Mengen wahrnehmen – Anteile von einigen *Billionsteln* genügen. In sauerstoffarmen Zonen wie den Tiefen des Schwarzen Meeres liegt der Schwefelwasserstoff im Bereich von *Millionsteln*. Das Süßwasser im oberen Teil des Schwarzen Meeres, das durch den enormen Zustrom von Flusswasser gespeist wird, hat eine wesentlich geringere Dichte als das salzhaltigere Wasser im unteren Teil. Dies führt zu einer sehr stabilen Schichtung, bei der sich Sauerstoff nur in den oberen Schichten befindet. Jüngste Untersuchungen haben gezeigt, dass sich die Grenze zwischen der sauerstoffreichen oberen Schicht und der sauerstoffarmen tieferen Schicht im letzten halben Jahrhundert von etwa 137 Meter auf etwa 90 Meter verschoben hat, wodurch sich die lebensfreundliche Zone des Schwarzen Meeres um 40 Prozent verringert hat. Das Fischsterben ist dort derart gravierend, dass sich die Fischereiflotten inzwischen weitgehend auf Meeresschnecken und andere Weichtiere spezialisiert haben. Die durch die Erwärmung bedingte Zunahme der Schichtung – eine Aussicht, die sich für alle Weltmeere abzeichnet – ist zumindest teilweise für diesen Trend verantwortlich.[23]

Das Verschwinden von Sauerstoff setzt eine biogeochemische Kettenreaktion in Gang. Die von den Meeresorganismen produzierten organischen Abfälle werden nicht mehr durch aerobe Prozesse verbraucht, so dass Bakterien gedeihen können, die den Sauerstoff nicht aus organischem Material, sondern aus Schwefeloxiden gewinnen. Diese Bakterien produzieren Schwefelwasserstoff, während sie den Sauerstoff

Abbildung 10: Künstlerische Darstellung des Großen Sterbens

abbauen. Schwefelwasserstoff ist für aerobe Organismen giftig, die Ausbreitung von Schwefelwasserstoff führt zu immer größeren toxischen Zonen. Die untersten Regionen des Schwarzen Meeres sind heute das Paradebeispiel für dieses Phänomen. Könnte ein solches Phänomen in der Vergangenheit noch weitaus verbreiteter gewesen sein?

Kump und seine Mitautoren liefern ein überzeugendes Argument für diese Annahme. Sie vermuten, dass sich der zunehmend sauerstofffreie Ozean mit Schwefelwasserstoff füllte, als der Sauerstoffgehalt während des späten Perms sank. Dies würde das Massensterben von Meereslebewesen, aber auch das Absterben der Tier- und Pflanzenwelt auf dem Land erklären, da der Schwefelwasserstoff an die Meeresoberfläche gelangte, aus dem Ozean entwich und die Atmosphäre mit giftigen Gasen überflutete.

Ein verblüffender Hinweis, der diese Hypothese stützt, stammt von fossilen Sporen aus dem Ende des Perms. Die Deformationen dieser Sporen deuten auf eine erhöhte Einwirkung von ultravioletter Strahlung hin. Schwefelwasserstoff zerstört Ozon, und eine mit Schwefelwasserstoff gefüllte Atmosphäre – so die Hypothese von Kump und Kollegen

– würde zu einer Schädigung oder sogar Zerstörung der Ozonschicht führen. Dies wäre ein weiterer möglicher Auslöser für das Absterben und Aussterben von Landlebewesen.[24]

WAS HABEN WIR GELERNT?

Das Große Sterben wird häufig als Analogie zu den Folgen des heutigen, vom Menschen verursachten Klimawandels herangezogen. Aber dieser Vergleich ist nur bedingt zutreffend. Damals gab es eine Kaskade von Umweltveränderungen, die durch die massiven Eruptionen der Sibirischen Fallen ausgelöst wurden. Einige davon scheinen heute noch relevant zu sein, andere weniger. Die Botschaft ist, dass es durchaus Anlass zur Besorgnis wie auch Handlungsbedarf gibt. Aber es besteht sicherlich kein Grund, jegliche Hoffnung für unsere Spezies zu verlieren.

Wenn wir den P-T-Übergang mit der heutigen Zeit vergleichen, können wir erkennen, dass wir heute einer Reihe derjenigen Gefahren gegenübersehen, die auch zu dem großen Aussterben geführt haben. Dazu gehören die Erwärmung und Versauerung der Ozeane. Das Aufkommen eines atmosphärischen Sauerstoffmangels und einer globalen »Stinkbombe« aus Schwefelwasserstoff sind dagegen weniger wahrscheinlich.

Die treibhausbedingte Erwärmung während des P-T-Übergangs war zweifelsohne ein wichtiger Faktor für das Massensterben. Aber wie gezeigt, verlief sie etwa hundertmal langsamer als die aktuelle Temperaturzunahme, so dass das Leben viel mehr Zeit hatte, sich an deren Auswirkungen anzupassen. Könnte diese langsamere Erwärmung allein das Massenaussterben ausgelöst haben? Mein Kollege Lee Kump, der den P-T-Übergang so genau wie kein anderer lebender Forschende untersucht hat, bezweifelt dies und kommt zu dem Schluss, dass sie »nicht ausreichend war, um ein Massenaussterben auszulösen«.[25]

Daraus folgt, dass andere Aspekte dieses Geschehens ebenso stark, wenn nicht sogar in größerem Maße, zum Massensterben beigetragen haben als die Erwärmung dies tat. So ist inzwischen bekannt, dass die Veränderungen im Kohlenstoffzyklus von entscheidender Bedeutung für das Geschehen waren. Das betrifft insbesondere den Rückgang bei der Einlagerung von organischem Kohlenstoff, was zu einem Rückgang der Sauerstoffkonzentration in der Atmosphäre führte. Eine wichtige Entwicklung in diesem Zusammenhang war auch das Verschwinden von Waldgebieten aufgrund der heißeren und trockeneren Bedingungen in Pangea während der P-T-Zeit. Wälder waren eine relativ neue ökologische Erscheinung, was sie vielleicht besonders anfällig für die Auswirkungen einer abrupten Erderwärmung und Trockenheit machte. Die vorherrschende kontinentale Konstellation stellte zudem eine einzigartige Herausforderung dar. Nach den verheerenden australischen Buschbränden im Jahr 2020, die ich aus nächster Nähe miterlebte, sagte ich: »Wenn man sich den schlimmsten Kontinent aussuchen müsste, auf dem man im Zuge des Klimawandels leben müsste, dann wäre es Australien.« Ein großer Kontinent, der in den warmen, trockenen Subtropen liegt. Pangea war jedoch noch viel ungünstiger. Er war viel größer – er nahm satte 30 Prozent der Gesamtoberfläche des Planeten ein. Zum Vergleich: Bei Australien ist es gerade mal ein Prozent. Das Vordringen maritimer Feuchtigkeit in sein riesiges Hinterland war sehr begrenzt. Außerdem befand er sich genau am heißen Äquator.[26]

Die Wälder von heute sind vermutlich nicht mehr so anfällig für den Klimawandel. Aber das heißt noch lange nicht, dass sie dagegen immun sind. Die australischen Buschbrände im Sommer 2020 verbrannten fast 50 Millionen Hektar Wald, was in etwa der Fläche Syriens entspricht. Sie verursachten einen Anstieg der globalen CO_2-Konzentration um etwa zwei Prozent. Waldbrände vom Amazonas bis zur Arktis setzen jedes Jahr Milliarden Tonnen CO_2 frei. Eine Studie aus dem Jahr 2020, die in der Fachzeitschrift *Nature* veröffentlicht wurde, ergab, dass die Kohlenstoffaufnahme der tropischen Wälder in den 1990er Jahren ihren Höhepunkt erreichte und seitdem aufgrund von Abholzung, Landwirtschaft und den Auswirkungen des Klimawandels zurückgegangen ist.

Bei der derzeitigen Abholzungsrate, könnte der größte Regenwald der Welt – der Amazonas, er hat in den letzten vier Jahrzehnten mehr als 600 Millionen Hektar verloren – in den nächsten zehn Jahren von einer Netto-Kohlenstoffsenke zu einer Netto-Kohlenstoffquelle werden. Das ist wieder einmal früher, als es Klimamodelle vorhergesagt haben.[27]

Obwohl die Rodung von Wäldern aus vielerlei Gründen berechtigten Anlass zur Sorge gibt – nicht zuletzt wegen ihrer Fähigkeit, Kohlenstoff zu speichern –, erscheint ein klimabedingter globaler Rückgang der Waldbestände und ein damit einhergehender Rückgang des atmosphärischen Sauerstoffs unwahrscheinlich. Der allmählich abnehmende Sauerstoffgehalt in der Atmosphäre ist vielmehr unmittelbar auf die Verbrennung fossiler Brennstoffe zurückzuführen. Um von der heutigen Sauerstoffkonzentration (21 %) auf das P-T-Niveau (15 %) zu gelangen, würde es Zehntausende von Jahren dauern. Es besteht also keine unmittelbare Bedrohung. Dennoch offenbart diese Entwicklung die potenziellen und längerfristigen Folgen der Verbrennung fossiler Brennstoffe.[28]

Nun, wie verhält es sich mit der Sauerstoffverarmung in den *Ozeanen*? Der Sauerstoffgehalt in den Weltmeeren nimmt mit großer Gewissheit ab, was nicht zuletzt daran liegt, dass wärmere Gewässer weniger gelösten Sauerstoff enthalten. Die Klimamodelle haben den beobachteten Rückgang um etwa 50 Prozent zu niedrig vorhergesagt. Einige meiner eigenen Untersuchungen deuten darauf hin, dass die Modelle die zunehmende Meeresschichtung nicht vollständig erfassen. Die stärkere Schichtung verhindert die Beimischung von Sauerstoff in Regionen, in denen er von atmenden Meerestieren verbraucht wird. Aber sie deuten keineswegs auf Vorgänge hin, wie sie während des P-T-Massenaussterben stattgefunden haben. Der führende Experte Lee Kump weist erneut darauf hin, dass der P-T-Übergang mit der heutigen Zeit nicht vergleichbar ist, weil der atmosphärische Sauerstoff nicht annähernd so niedrig ist und »es heute nicht genug organische Stoffe in den Ozeanen gibt, um einen Sauerstoffmangel zu verursachen«.[29]

Der weit verbreitete Rückgang des atmosphärischen Sauerstoffs, der Sauerstoffmangel in den Ozeanen und eine damit einhergehende globale »Stinkbombe« aus Schwefelwasserstoff stellen heute also eine geringere Bedrohung dar als zur Zeit des P-T-Massenaussterbens. Es ist daher unwahrscheinlich, dass sie für sich genommen ein großes Artensterben auslösen.

Doch wir haben es noch nicht geschafft. Wie steht es heute mit der Versauerung der Ozeane? Auch sie hat eindeutig zu dem weit verbreiteten Artensterben während des P-T-Übergangs beigetragen. Wir wissen, dass der pH-Wert des Ozeans mit einer Rate von etwa 0,1 Punkten pro Jahrhundert abnimmt. Das mag gering erscheinen, ist es aber mitnichten. Da die pH-Skala logarithmisch ist, entspricht das einem Anstieg des Säuregehalts von 30 Prozent. Während des Höhepunkts des P-T-Übergangs könnte der pH-Wert in etwa 10.000 Jahren um 0,7 Punkte gesunken sein. Das ist eine Abnahmerate von etwa 0,007 Punkte pro Jahrhundert, mehr als zehnmal langsamer als heute. Dennoch hatte dies damals eindeutig nachteilige Auswirkungen auf das Leben im Meer.

Schon heute sind die schädlichen Auswirkungen der Ozeanversauerung sichtbar. Phytoplankton, Weich- und Krebstiere bekommen zunehmend Schwierigkeiten, kalkhaltige Gehäuse und Knochen zu bilden, da der pH-Wert der Ozeane sinkt. Auch Korallenriffe auf der ganzen Welt werden angegriffen. Das Aushängeschild ist das Great Barrier Reef vor der Nordostküste Australiens, das bereits zur Hälfte verloren gegangen ist. Ich habe die Verwüstungen selbst gesehen, als ich Ende 2019 mit meiner Familie in der Nähe von Cairns, Australien, schnorchelte. Die Riffe in der nahen Karibik, die ich ebenfalls aus der Nähe gesehen habe, wurden durch die Versauerung der Ozeane ebenso dezimiert.[30]

Wenn die CO_2-Emissionen in Zukunft so ansteigen wie bisher, wird der pH-Wert des Ozeans voraussichtlich innerhalb weniger Jahrzehnte so weit abgesunken sein, dass Korallen keine Skelette aus Aragonit – eine Form von Kalziumkarbonat – mehr bilden können. Kaltwasserriffe in

Regionen wie Schottland, Norwegen, Patagonien und der Antarktis sind in ähnlicher Weise bedroht. All diese Riffe sind eine wichtige Ressource für die biologische Vielfalt der Ozeane, sie bieten einen sicheren Unterschlupf für viele Fischarten. Ihr Verlust bedroht zusammen mit dem Rückgang von Plankton und Schalentieren die globale Nahrungskette.[31]

Nicht nur Krabben und Schweinswale, sondern auch Menschen sind gefährdet. Die Muschelzucht in den Vereinigten Staaten, von Neuengland über den Pazifischen Nordwesten bis hin zum Golf von Mexiko, ist von der Versauerung betroffen. Ausgerechnet die schädlichen Algenarten wie diejenigen, die für die giftigen roten Flutwellen verantwortlich sind, bevorzugen einen niedrigeren pH-Wert. Diese roten Fluten sind eine Bedrohung für die Gesundheit von uns Menschen, da sie die gesamte Nahrungskette im Meer, einschließlich der Meeresfrüchte, die wir verzehren, verseuchen können. Ein Zusammenbruch der Nahrungskette im Meer bedroht die menschliche Zivilisation, da etwa ein Fünftel der Weltbevölkerung hauptsächlich auf Meeresfrüchte als Hauptproteinquelle angewiesen ist. Was die Gefahr der Versauerung der Meere angeht, so ist das P-T-Massenaussterben in der Tat ein abschreckendes Beispiel.

Es gibt aber auch noch die Frage des Ozonabbaus. Wie erläutert, könnte eine »Stinkbombe« aus Schwefelwasserstoff die Ozonschicht während des P-T-Übergangs beschädigt oder sogar zerstört haben. Ein solches Szenario ist heute höchst unwahrscheinlich. Aber das stratosphärische Ozon wurde auf andere Weise abgebaut, nämlich durch die industrielle Produktion von ozonzerstörenden Chemikalien, die als Fluorchlorkohlenwasserstoffe (FCKW) und Freone bekannt sind. In den 1970er Jahren registrierten Atmosphärenforschende einen erheblichen Verlust an stratosphärischem Ozon in der südlichen Hemisphäre. Dort hatte das sehr starke Band stratosphärischer Winde, bekannt als Zirkumpolarwirbel, die schädlichen Chemikalien konzentriert und den Ozonabbau beschleunigt. Auch in der nördlichen Hemisphäre wurde ein Ozonabbau beobachtet, wenn auch in geringerem Ausmaß. Zu den nachteiligen Folgen gehören gesundheitliche Beeinträchtigungen wie Hautkrebs und grauer Star sowie Schäden an terrestrischen und maritimen Ökosystemen und Nahrungsketten. Im Jahr 1987 wurden die umweltschädlichen Chemikalien durch das als Montrealer Protokoll bekannte internationale Abkommen verboten, das der damalige US-Präsident Ronald Reagan unterzeichnete. Obwohl wir noch nicht ganz über den Berg sind, stufen einige Beobachtende das Ozonloch als ein Beispiel dafür ein, »wie die Welt eine Umweltkrise tatsächlich gelöst hat«.[32]

Zu guter Letzt: Was sagt das P-T-Massenaussterben über die Wahrscheinlichkeit einer durch Methan verursachten Erwärmung aus? Das Ereignis wird manchmal als Beleg dafür angeführt, dass so etwas möglich ist. Einige Protagonisten, wie der zum Untergangspropheten gewandelte Wissenschaftler Guy McPherson, beharren darauf, dass ein solches Szenario bereits im Gange ist. Sie vermuten, dass große Reserven von zuvor gefrorenem Methan durch die Erwärmung der Arktis freigesetzt wurden und einen unkontrollierbaren, sich verstärkenden Rückkopplungsprozess in Gang gesetzt haben. Mehr Methan begünstigt eine stärkere Erwärmung und ein stärkeres Abschmelzen und somit noch mehr Methan, bis das gesamte Methan – etwa 50 Milliarden Tonnen – in die Atmosphäre freigesetzt sein wird. Ein solches Szenario, so die Forschenden, könnte das Ausmaß der Erwärmung auf das Doppelte ansteigen lassen. McPherson geht sogar noch weiter und behauptet nicht nur, dass dies bereits geschieht, sondern auch, dass es zum baldigen Aussterben allen Lebens auf der Erde führen *wird*. Die Beweise stützen solche Behauptungen nicht im Entferntesten. Es wird zwar ein Anstieg von Methan beobachtet, aber neuere Studien zeigen, dass dieser mit der Erdgasförderung, der Viehzucht und der Landwirtschaft zusammenhängt. Mit anderen Worten, es handelt sich nicht um eine unkontrollierbare Erwärmung. Er kann eingedämmt werden, wenn entsprechende Maßnahmen ergriffen werden – das ist genau das Gegenteil von dem, was die Schwarzmalenden unterstellen.[33]

Was sagt uns der P-T-Übergang speziell über Methanrückkopplungen? Es gibt einen Hinweis, dass Methan während der P-T-Grenze wahrscheinlich länger in der Atmosphäre verweilt hat als heute, da die Sauerstoffkonzentration damals relativ niedrig war. Dieser Unterschied erschwert es, direkte Rückschlüsse auf die heutige Erwärmung zu ziehen. Das späte Perm vor dem Aussterben scheint ein etwas wärmeres Klima als heute gehabt zu haben, mit leicht höheren CO_2-Konzentrationen. Es gab keine großen Eisschilder und relativ wenig oder gar kein Eis auf dem Planeten. Doch selbst bei diesem wärmeren Ausgangszustand des Klimas kam es als Reaktion auf die erhöhte CO_2-Konzentration während der P-T-Periode nicht zu einer sprunghaften Erwärmung. Die Oberflächentemperaturen der tropischen Meere könnten auf 30 °C gestiegen sein, was etwa 5 °C wärmer als heute ist. Die globalen Durchschnittstemperaturen lagen wahrscheinlich näher bei 25 °C, und die globale Nettoerwärmung betrug etwa 9 °C. Das entspricht, wie wir gesehen haben, den Erwartungen, die sich aus den gängigen Berechnungen zur Empfindlichkeit des Erdsystems ergeben. Zugegebenermaßen gibt es bei diesen Prognosen einen sehr großen Unsicherheitsbereich, aber es gibt auch keine zwingenden Hinweise auf fehlende Wirkmechanismen wie etwa eine durch Methan verursachte Erwärmung oder andere exotische Schlussfolgerungen. Das ist schon schlimm genug.

Der P-T-Übergang steht für das größte Artensterben in der geologischen Geschichte. Aber gibt es vielleicht noch andere große Massenaussterben, aus denen wir wertvolle Lehren für unsere heutige Situation ziehen können? In der Tat, die gibt es. Keines ist berühmter als das, welches die Dinosaurier auslöschte – das so genannte K-Pg-Aussterben, das das Ende der Kreidezeit und den Übergang zum Paläogen markierte. Es ist das Thema des nächsten Kapitels.

KAPITEL 4

Mächtiger Brontosaurus: Hast du keine Lektion für uns?

Hey, Brontosaurus, mächtiger Saurier aus alter Zeit
Hältst Du keinen Ratschlag für uns bereit?
Du dachtest, Ihr Dinosaurier habt auf Erden für immer die Macht.
Lektionen aus der Vergangenheit kamen für Euch nicht in Betracht.
Dein Körper, drei Stockwerke hoch, war riesig groß.
Warst friedlich und arglos.
Und wenn wir die Atombombe hochgehen lassen,
würdest Du Dir dann nicht zurecht an den Schädel fassen?

– GORDON SUMNER (ALIAS STING), *»Walking in Your Footsteps«*

Sollten die Dinosaurier, die Opfer des bekannten Massensterbens vor 66 Millionen Jahren wurden, etwa eine Botschaft für uns haben? Diese rhetorische Frage stellte die Rockband The Police in ihrem Song »Walking in Your Footsteps« im Jahr 1983. Der Song erschien während meinem ersten Highschooljahr. Was ich damals nicht wusste, und vermutlich die meisten Lauschenden auch nicht, dieser stimmungsvolle Song des Albums *Synchronicity* war eine Parabel, in der es um den Kalten Krieg, die Angst vor unabsehbaren Folgen des Wettrüstens zwischen den Vereinigten Staaten und der Sowjetunion und vor einer nuklearen Auslöschung ging. Außerdem war der Song – das haben The Police selbst wohl nicht so beabsichtigt – eine Parabel auf den katastrophalen Klimawandel.

Wie sich zeigen wird, bestehen tatsächlich auffallende Parallelen zwischen dem Asteroideneinschlag, der die Dinosaurier tötete, und dem in den 1980er Jahren befürchteten nuklearen Winter. Es gibt eine direkte wissenschaftliche Verbindung in Form eines Szenarios des globalen Klimawandels, in diesem Fall in Form einer Abkühlung anstelle einer Erwärmung. Und auch daraus können wir noch mehr lernen: über das Wesen des wissenschaftlichen Verstehens und darüber, wie es sich entwickelt. Über die Erfahrung, dass sich die Wissenschaft im Laufe der Zeit selbst korrigiert. Über die Taktiken, die von Interessengruppen eingesetzt werden, um das Vertrauen der Öffentlichkeit in die Wissenschaft zu untergraben – da sie um ihr Geschäftsmodell fürchten – und wie all dies den öffentlichen Diskurs über globale Umweltbedrohungen beeinflusst. Sei es die Aussicht auf einen nuklearen Winter, ein Bangen in den 1980er Jahren, oder, was das Thema dieses Buches angeht, die Klimakrise, der wir heute gegenüberstehen.

VON BOMBEN UND BOLIDEN

Im Herbst 1984, nur ein Jahr nach der Veröffentlichung von »Walking in Your Footsteps«, kam ich an die Universität von Kalifornien in Berkeley, um einen Bachelor-Abschluss in Physik zu machen. Die Aussicht, von den wissenschaftlichen Koryphäen, zu lernen, zu denen ein Dutzend Nobelpreisträger gehörten, hatte mich dorthin gelockt. Einige Jahre zuvor, 1980, hatten einer ihrer Nobelpreisträger, der Physiker Luis Álvarez, und sein Sohn Walter, ein Geologe, eine weltbewegende Entdeckung gemacht. Sie hatten Schichten von Tiefseesedimenten auf der ganzen Welt analysiert, die alle auf den Übergang zwischen der Kreidezeit und dem Paläogen stammen, dem so genannten K-Pg-Übergang (ehemals Kreide-Tertiär-Übergang, kurz K-T-Übergang). Diese Ablagerungen deuten auf einen massiven Einschlag hin. Sie enthalten viel Iridium – ein hartes, sprödes, silbrig-weißes Metall, welches in der Erdkruste extrem selten ist, aber in Asteroiden häufig vorkommt.[1]

Der K-Pg-Übergang war keine gewöhnliche geologische Grenze. Sie fiel mit dem großen Artensterben zusammen, das den Dinosauriern ein Ende bereitete. Nachdem sie vor 250 Millionen Jahren im Zuge des P-T-Massenaussterbens aufgetaucht waren, wurden sie im Verlauf des K-Pg-Aussterbens ausgerottet. Dank eines Massensterbens durften sie leben und mussten durch ein anderes sterben. Wie immer gibt es Gewinner und Verlierer, wobei auch die Gewinner nicht immer erfolgreich sind. In diesem Fall waren die Dinosaurier die Verlierer, und wir, die Säugetiere, die Nutznießer.

Sedimente unterhalb der K-Pg-Schicht enthalten Fossilien des bekannten *Tyrannosaurus rex,* eines fleischfressenden Dinosauriers aus der Gruppe der Theropoda. In den Ablagerungen oberhalb dieser Schicht gab es weder Funde von Dinosauriern noch fossile Überreste großer Landtiere, insbesondere solcher, die mehr als gut 20 Kilogramm wogen. Kleinere Reptilien und frühe Säugetiere konnten sich in Höhlen verstecken, um sich vor dem ökologischen Armageddon zu schützen – die großen Lebewesen jedoch nicht. So starben etwa drei Viertel aller Tierarten aus. Einige große Artensterben sind komplex – wie beim P-T-Übergang im letzten Kapitel –, da dabei vermutlich mehrere Faktoren oder deren Kombination eine Rolle spielten. In diesem Fall ist es jedoch recht simpel. Ein Asteroid löschte die Dinosaurier und alle Amphibien, Reptilien und Säugetiere aus, die größer als eine Bulldogge waren. Um die genauen Einzelheiten zu verstehen und um zu ergründen, was das mit unserer heutigen Zeit zu tun hat, muss man allerdings noch ein wenig tiefer graben.[2]

Würde es sich um einen Mordfall handeln, so wäre der entscheidende Beweis, welcher zum Zeitpunkt der bahnbrechenden Entdeckung durch Álvarez 1980 fehlte, die Waffe. Diese war bereits in den 1970er Jahren gefunden worden, als Geophysiker auf der mexikanischen Halbinsel Yucatán nach Öl suchten, womit wir wieder bei den fossilen Brennstoffen angelangt wären. Sie entdeckten einen riesigen, etwa 180 Kilometer breiten Einschlagkrater, der heute als Chicxulub bekannt ist.

Damals erkannten die Geophysiker nicht, dass der Krater eine Folge des Einschlags eines Boliden – in diesem Fall eines Asteroiden – war. Sie haben ihn keineswegs übersehen, aber Krater können auch von anderen Quellen herrühren, etwa von Vulkanausbrüchen. Den Nachweis für den Einschlag erbrachten andere Wissenschaftler erst 1990, ein ganzes Jahrzehnt nach der Entdeckung von Álvarez. Der Geowissenschaftler Alan Hildebrand und seine Kollegen entdeckten in Chicxulub geologische und geochemische Beweise, etwa geologische Formationen, die auf eine gewaltige Schockwelle hindeuten. Auch fanden sie exotische Mineralien wie geschockten Quarz: Eine Quarzart, die sich nur unter extrem hohem Druck bildet. Ihr Fazit: Der Krater wurde tatsächlich von einem sehr großen Asteroiden mit einer Breite von etwa zehn Kilometer gebildet. Und die Sedimente wurden auf die Zeit des K-Pg-Übergangs datiert. Der Waffenfund überzeugte als Beweisstück.[3]

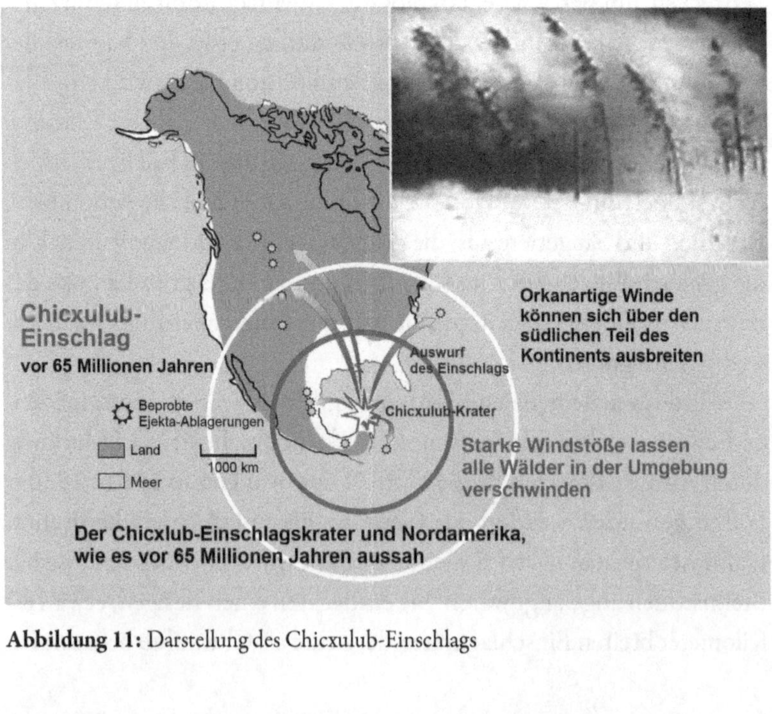

Abbildung 11: Darstellung des Chicxulub-Einschlags

Es ist kaum vorstellbar, wie dieses Geschehnis ausgesehen und sich angefühlt haben mag, denn es gibt einfach keine zeitgenössischen Entsprechungen für ein derartiges katastrophales Ereignis. Der Asteroid schlug auf der Erde mit der fast unvorstellbaren Wucht von rund 100 Millionen bis 10 Milliarden Hiroshima-Bomben ein. Die Wissenschaft hat über Jahrzehnte hinweg Spuren gesammelt, die erstaunliche Einblicke in das Geschehen gewähren. So wurden etwa geologische Strukturen entdeckt, die durch seismische Wellen entstanden sind, die von dem Einschlag ausgingen. Die konzentrischen Wellen bewegten sich durch Boden und Gestein, als wäre es warmer Ahornsirup. Massive Mengen an Staub, Ruß und Schwebstoffen, so genannte Aerosole, wurden in die Atmosphäre geschleudert. Seismologische Aufzeichnungen geben Aufschluss über die kilometerhohen Tsunamis, welche die Golfküste Nordamerikas überrollten. Kürzlich wurden mit Hilfe von Supercomputern gar die physikalischen Bedingungen des Zusammenstoßes simuliert, die darauf hindeuten, dass der Asteroid wahrscheinlich in einem Winkel von etwa 60 Grad anstatt in einem rechten Winkel aufschlug. Wenn das zutrifft, hatte es den Ausstoß von Trümmern in die Atmosphäre maximiert, ein Worst-Case-Szenario für die Dinosaurier.[4]

Der bisher beste Einblick in das Ereignis öffnete sich jedoch erst vor Kurzem. Es handelt sich dabei um sterbliche Überreste, die ein Paläontologenteam an der Fundstelle Tanis in North Dakota entdeckt hat, etwa 3.000 Kilometer vom Asteroideneinschlag entfernt. Normalerweise wird darüber diskutiert, ob Fossilienfunde auf einen Zeitraum vor oder nach einem Ereignis datiert werden können. Doch in diesem sehr seltenen Fall scheinen die Fossilien, die durch Schlamm- und Baumharzschichten hervorragend konserviert wurden, tatsächlich direkt mit dem Ereignis selbst in Verbindung zu stehen. Die durcheinander geworfenen Überbleibsel von Tieren und Pflanzen, sowohl von Land- als auch von Wasserlebewesen, scheinen von den wellenförmigen Wassermassen mitgerissen worden zu sein, die durch die seismischen Erschütterungen des Einschlags ausgelöst wurden. Von einem *Thescelosaurus*, was so viel wie »wunderbare Eidechse« bedeutet, wurde ein Bein gefunden, noch mit Haut bedeckt. Dieser kleine, gut drei Meter lange, pflanzenfressende, zweibeinige Dinosaurier hatte einen kräftigen Körperbau, kleine Unterarme, eine lange spitze Schnauze und große knöcherne Augenbrauen. Auch wurde die Haut eines gehörnten Triceratops mit intakten Schuppen geborgen, und der Embryo eines fliegenden Pterosauriers, der sich noch in seinem Ei befindet. Dazu kommen noch ein Schildkrötenfossil, aufgespießt auf einem Holzpfahl. Einige unserer kleinen Säugetiervorfahren fand man in ihren selbst gegrabenen Höhlen. Am bemerkenswertesten ist jedoch, dass es sich um ein Fragment des Asteroiden selbst zu handeln scheint. Die Forschenden hatten das Glück, an diesem einem Ort Geschehnisse zum Zeitpunkt des K-Pg-Ereignisses aufzudecken. Stellen Sie sich nur einmal vor, dass sich solche Szenen gleichzeitig in ganz Nordamerika, Südamerika, Eurasien, Afrika und Australien ereignet haben. Dann haben wir eine Vorstellung davon, wie dieses Geschehnis abgelaufen sein könnte.[5]

Die Entdeckung von 1980, wonach ein Asteroid die Dinosaurier getötet hatte, kam zu einem denkbar günstigen Zeitpunkt. Es war die Reagan-Ära, der Höhepunkt der Spannungen zwischen den Amerikanern und den Sowjets. Das nukleare Wettrüsten zwischen den beiden Nationen eskalierte, und der Menschheit drohte die Katastrophe eines globalen thermonuklearen Krieges.

Wie der Songtext zu Beginn dieses Kapitels andeutet, gibt es eine schaurige Verbindung zwischen diesen beiden Ereignissen: dem Asteroiden, der die Dinosaurier in den Tod riss, und der existenziellen Bedrohung durch den Atomkrieg. Wir könnten es auch *Synchronizität* nennen. Der von Carl Gustav Jung eingeführte Begriff besagt, dass zwei Ereignisse, die räumlich und zeitlich voneinander getrennt sind, in einem sinnvollen Zusammenhang stehen können, ohne dass ein direkter kausaler Bezug besteht.

NUKLEARER WINTER

Die großen Mengen von Staub und die Trümmer, die durch den Einschlag des K-Pg-Asteroiden in die Atmosphäre geschleudert wurden, überzogen den Planeten. Die brennenden Trümmer setzten auf der Erde riesige Flächen in Brand und erzeugten erhebliche Mengen an Rauch und Ruß. Der Staub, die Trümmer und der Ruß blieben jahrelang in der Atmosphäre und reflektierten einen beträchtlichen Teil des einfallenden Sonnenlichts zurück in den Weltraum. Dadurch geriet der Planet in eine Art ewigen Winter, während gleichzeitig die Photosynthese stark eingeschränkt wurde – ein doppelter Schlag für das Leben auf der Erde. Größere Landtiere, die sich nicht in die Erde eingraben konnten, um nicht den anfänglichen Bränden und schon gar nicht der sich anschließenden Kälte ausgesetzt zu sein, gingen ausnahmslos zugrunde. Zu den Opfern gehörten auch die Dinosaurier.[6]

Abbildung 12: Sir David Attenborough untersucht die konservierten Schuppen eines gehörnten Triceratops, die bei der Ausgrabung in Tanis gefunden wurden

Ironischerweise war es somit nicht die globale Erwärmung, sondern die globale Abkühlung, die ihnen zum Verhängnis wurde. Darin liegt eine wichtige Erkenntnis: Die Anfälligkeit für den Klimawandel hängt nicht so sehr von der genauen Art des Wandels ab, wie etwa Abkühlung oder Erwärmung, sondern von den Bedingungen, an die sich die Arten gewöhnt haben. Pflanzen und Tiere können sich an langsame Veränderungen anpassen. An sehr schnelle Veränderungen hingegen nicht unbedingt. Heute übersteigt die Geschwindigkeit, mit der sich die Klimazonen im Zuge der Erwärmung polwärts verschieben, die Geschwindigkeit, mit der sich viele Pflanzen und Tiere fortbewegen können. Es droht, zusammen mit der Abholzung von Wäldern, der Zerstörung von Lebensräumen, der Luftverschmutzung, der Versauerung der Ozeane und anderen Faktoren, ein vom Menschen verursachtes *Sechstes Artensterben*. Würden sich die Klimazonen aufgrund einer ebenso raschen globalen Abkühlung stattdessen in Richtung Äquator verschieben, wären Tier- und Pflanzenarten auf vergleichbare Weise bedroht. Es geht hier nicht nur um das Ausmaß, sondern auch um die Geschwindigkeit der Veränderung.[7]

Was hat das alles mit einem globalen Atomkrieg zu tun? Ganz offensichtlich würden sowohl der Einschlag eines gewaltigen Meteoriten als auch eine massive Reihe von Nukleardetonationen große physische Zerstörung verursachen. Diese Gemeinsamkeiten sind offenkundig. In den frühen 1980er Jahren waren bildliche Darstellungen der weitreichenden physischen Verwüstungen verbreitet, die eine totale nukleare Auslöschung bedeuten würde. Ganze Städte wären zerstört worden und die Menschen wären in den urbanen Zentren verdampft.

Im Sommer 1983, während einer einwöchigen Fahrradtour nach Cape Cod kurz nach Ende meines zweiten Highschooljahres, sahen meine Freunde und ich den Film *War Games* in einem überfüllten, heißen Kino in Hyannis (Massachusetts). Der Protagonist, gespielt vom jungen Matthew Broderick, ist ein nerdiges und freches Wunderkind im Teenageralter, das versehentlich in das Computersystem des Nordamerikanischen Luftverteidigungskommandos (NORAD) eindringt. Der lernfähige Computer namens »Joshua« steuert das gesamte Atomwaffenarsenal der USA und analysiert die Auswirkungen voraussichtlicher Angriffe auf sowjetische Bevölkerungszentren und die Wahrscheinlichkeit von sowjetischen Gegenangriffen. Brodericks Figur löst eine nukleare Eskalation aus, die auf eine gegenseitige Zerstörung hinauszulaufen scheint. Die Rettung der Situation gelingt dadurch, »Joshua« dazu zu bringen, »Drei gewinnt« (engl.: »Tic-Tac-Toe«) gegen sich selbst zu spielen und dabei zu »lernen«, dass es keinen Gewinner geben kann, weder bei einem einfachen Strategiespiel noch bei einem thermonuklearen Krieg. »Joshua« ruft zur Erleichterung der Anwesenden treffend aus, dass »der einzige Spielzug, der zum Gewinnen führt, darin besteht, nicht zu spielen«.[8]

Kurz vor dem Erntedankfest in dem Jahr wurde der Film *The Day After* als Special des Senders ABC ausgestrahlt. Er ist nicht zu verwechseln mit dem Film *The Day After Tomorrow,* der 2004, also viel später erschien. Mit 100 Millionen Zuschauenden ist *The Day After* der meistgesehene Fernsehfilm aller Zeiten. Er schildert einen umfassenden nuklearen Schlagabtausch zwischen den Vereinigten Staaten und der Sowjetunion. Dabei geht es um die Bevölkerung von Lawrence (Kansas) und den Zusammenbruch der zivilisatorischen Infrastruktur vor und in Folge des Krieges. Ich erinnere mich, dass meine Highschool am Tag nach der Ausstrahlung des Films spezielle Beratungsgespräche für verzweifelte Jugendliche anbot. Die Schule befand sich in der fortschrittlichen Universitätsstadt Amherst (Massachusetts). Meine Frau, die in der eher konservativen Gemeinde Darien (Connecticut), aufgewachsen ist, weiß von nichts dergleichen.

In beiden Filmen ging es um die gravierenden materiellen Zerstörungen und die hohe Zahl von Toten, welche ein umfassender Atomkrieg mit sich bringen würde – allein schon hinreichende Gründe um die Eskalation des Kalten Krieges zu beenden. Ronald Reagan selbst schrieb in seinem Tagebuch, dass er durch *The Day After* dazu inspiriert wurde, sich stärker für ein Rüstungsabkommen mit Russland einzusetzen. Die Auswirkungen schienen jedoch zumeist vorübergehend. Die Filme suggerierten, dass es möglich sei, eine nukleare Auslöschung zu überleben, sofern es gelänge, die direkten Einschläge und die Strahlenbelastung zu meiden. Beide Filme wurden 1982 produziert. Als sie schließlich Mitte bis Ende 1983 erschienen, zeichnete sich bereits ein weitaus düstereres Bild ab.[9]

Hier kommt Carl Sagan ins Spiel. Sollten Sie auf der Suche nach weiteren »bedeutungsvollen Zufällen« sein: Der Name Carl – ob Carl *Jung* oder Carl *Sagan* – wird von Zahlensymbolikern mit »Intellektuellen, tiefgründigen Denkern, Philosophen und Gelehrten« in Verbindung gebracht, deren »Seelen visionär und ihre Denkweise einzigartig sind«.[10]

Sagan und seine Mitarbeiter untersuchten die möglichen Auswirkungen eines globalen Atomkriegs auf das Klima. Sie fanden heraus, dass die großen Staubmengen, der Rauch von Waldbränden und die Aerosole, die als Reaktion auf eine Reihe von Detonationen durch Kernwaffen in den Vereinigten Staaten und Eurasien in die Atmosphäre geschleudert würden, einen nuklearen Winter auslösen könnten. Im Dezember 1983 publizierten sie ihre Ergebnisse in der renommierten Fachzeitschrift *Science*. Der veröffentlichte Artikel wurde als TTAPS bekannt, benannt nach den Autoren Richard Turco, Owen Toon, Thomas Ackerman, James Pollack und Carl Sagan. Das Team schätzte, dass mehrere tausend Megatonnen nuklearer Explosionen innerhalb weniger Wochen das auf die Erdoberfläche treffende Sonnenlicht um 80 Prozent verringern würden. Sie berechneten eine Abkühlung über die Regionen der mittleren Breiten von 15 bis 25 °C, was selbst im Sommer monatelang zu Temperaturen unterhalb des Gefrierpunkts führen würde. Die Kombination aus extremer Kälte, nuklearem Fallout, Strahlenbelastung und Ozonzerstörung, so die Forscher, könnte »eine ernsthafte Bedrohung für die überlebenden Menschen und andere Arten darstellen«. Mit anderen Worten: Selbst diejenigen, die eine unmittelbare physische Zerstörung durch einen globalen thermonuklearen Krieg überleben würden, könnten das gleiche Schicksal erleiden wie die Dinosaurier und an der anhaltenden Kälte zugrunde gehen.[11]

Bereits in den späten 1970er Jahren spekulierten Wissenschaftler über einen atomaren Winter. 1977 erörterten etwa Paul Ehrlich, seine Frau Anne Ehrlich und ihr Kollege John Holdren, der 2009 wissenschaftlicher Berater von Präsident Barack Obama wurde, die Möglichkeit, dass der Staub und Rauch eines Atomkriegs eine ähnliche abkühlende Wirkung wie der Ausbruch des Vulkans Mount Tambora im Jahr 1815 haben könnte. Auch verfasste Paul Crutzen 1982, ein Jahr vor der Veröffentlichung von TTAPS, einen Artikel mit dem Titel »The Atmosphere After a Nuclear War: Twilight at Noon« (»Die Atmosphäre nach einem Atomkrieg: Dämmerlicht zur Mittagszeit«). Hier ging er davon aus, dass der Rauch und die Aerosole von Bränden, die durch einen Atomkrieg verursacht würden, das Sonnenlicht um den Faktor Hundert reduzieren könnten. Dies hätte eine drastische Einschränkung der Photosynthese zur Folge, was sich wiederum negativ auf die Landwirtschaft auswirken würde. Crutzen und Co-Autor John W. Birks kamen zu dem Schluss, dass die durch die massiven Brände freigesetzten Nitrate sowohl den Ozonabbau als auch den sauren Regen verschlimmern würden. Sie zogen eine direkte Analogie zum K-Pg-Aussterben. 1995 erhielt Crutzen gemeinsam mit Sherry Rowland und Mario Molina den Nobelpreis für Chemie, nachdem er bereits in den frühen 1970er Jahren die chemischen Grundlagen für den vom Menschen verursachten Ozonabbau herausgefunden hatte.[12]

Sagan und seine TTAPS-Kollegen waren jedoch die ersten, die eine quantitative Abschätzung der kühlenden Wirkung eines nuklearen Winters vornahmen. Sagan sah darin eine so unmittelbare und existenzielle Bedrohung für die Menschheit, dass er sich entschloss, etwas zu tun, was für einen Wissenschaftler eher ungewöhnlich und daher oft verpönt ist: Er ging mit seinen Ergebnissen an die Öffentlichkeit, noch bevor seine Arbeit von Fachkollegen geprüft wurde und publiziert war. Im

Oktober 1983, einige Monate vor der Veröffentlichung, machte sich Sagan daran, die Öffentlichkeit vor der schrecklichen Bedrohung zu warnen, die das eskalierende Wettrüsten und der nukleare Winter darstellten. Die Kampagne umfasste eine viel beachtete Pressekonferenz. Außerdem wurde am 30. Oktober ein Kommentar veröffentlicht, der als Titelgeschichte in der Sonntagszeitung *Parade* erschien, die eine Auflage von mehr als 30 Millionen Exemplaren hatte. Die Titelseite zeigte das Bild einer verwüsteten Erde, die halb in Schatten gehüllt und mit eisig weißem Schnee bedeckt war. Darauf stand die rhetorische Frage: »Wäre ein Atomkrieg das Ende der Welt?«

Sagans Vorgehen stieß bei einigen seiner wissenschaftlichen Kollegen auf Unverständnis. Sie kritisierten einige der im TTAPS-Artikel gemachten Annahmen und waren der Meinung, dass die Ergebnisse im Rahmen des normalen wissenschaftlichen Prozesses hätten ausgefochten werden müssen, anstatt sie vor der Veröffentlichung in die Öffentlichkeit zu tragen. Was als interne wissenschaftliche Meinungsverschiedenheit begann, sollte sich bald in der Öffentlichkeit ausbreiten. Es sollte auch den »Falken« des Kalten Krieges in die Hände spielen [eine Metapher für Befürworter eines harten politischen Kurses, ohne Kompromissbereitschaft, Anm. d. Ü.], die versuchten, Sagans Aufruf zur nuklearen Deeskalation zu diffamieren. Schließlich sollte es auch die Leugnung des Klimawandels befördern, wie wir später erfahren werden.

Wie sich zeigte, wurde Sagan bei seinen Bemühungen um Aufmerksamkeit – wenn auch eher zufällig – von The Police mit »Walking in Your Footsteps« unterstützt. Der Song wurde Mitte 1983 veröffentlicht, nur wenige Monate vor Sagans Kampagne zum nuklearen Winter. Das Lied wurde von Sting an einem Morgen im Dezember 1982 auf der Karibikinsel Montserrat geschrieben. Damit ist das Stück geradezu prophetisch, denn es erschien noch bevor die Bedrohung durch einen nuklearen Winter ins öffentliche Bewusstsein drang. Obwohl das Lied von einem Atomkrieg handelt, ist die Analogie zwischen den Auswirkungen eines globalen Atomkonflikts und dem Aussterben der

Dinosaurier weitaus passender, als Sting vermutlich bewusst war, als er den Song komponierte.[13]

DER WISSENSCHAFTLER ALS PERSON DES ÖFFENTLICHEN LEBENS

Als ich in den frühen 1970er Jahren aufwuchs, standen in unserem heimischen Bücherregal zwei Bücher nebeneinander, die mich vor der wachsenden Bedrohung unserer Umwelt warnten. Eines davon war Paul Ehrlichs »*The Population Bomb*« (Die Bevölkerungsbombe) – eine weitsichtige, sehr früh ausgesprochene Mahnung bezüglich unseres Kollisionskurses mit der ökologischen Nachhaltigkeit. Das andere war Rachel Carsons »*Silent Spring*« (Der stumme Frühling), das die verheerenden Umweltauswirkungen des Insektizids DDT aufzeigte. Beide Bücher wurden von Kritikern der Umweltbewegung angeprangert. Julian Simon vom ultrakonservativen Cato-Institut nannte Ehrlich einen alarmistischen Schwarzseher, der einen »Moloch von Umwelthysterie« fördere. Jahrzehnte später haben sich Ehrlichs Prognosen dennoch als richtig erwiesen. Eine Gruppe von mehr als 1.500 weltweit führenden WissenschaftlerInnen, darunter die Hälfte der lebenden NobelpreisträgerInnen, hat bestätigt, dass »der Mensch und die natürliche Mitwelt auf Kollisionskurs sind« und dass die menschlichen Aktivitäten »der Natur und kritischen Umweltressourcen schwerwiegende und oft irreversible Schäden zufügen«. Die nationalen Akademien der Welt haben sich in ähnlicher Weise geäußert.[14]

Nach der Veröffentlichung der Hockeyschlägerkurve durch meine Kollegen Raymond Bradley und Malcolm Hughes und mir in den späten 1990er Jahren war ich ähnlichen Angriffen ausgesetzt, die mich und meine Forschung diskreditieren sollten. Die inzwischen berühmte Kurve zeigte die dramatische und beispiellose Entwicklung der vom Menschen verursachten Erwärmung in der heutigen Zeit. Sie war eine Bedrohung für mächtige Interessengruppen, darunter die fossile Brennstoffindustrie und ihre ideologischen Verbündeten in Politik und

Medien. Paul Ehrlich gehörte zu den ersten Kollegen, die sich für uns stark machten.[15]

Carl Sagan war ein Paradebeispiel für einen Wissenschaftler, der im Kreuzfeuer der Kritik stand. Wie schon erwähnt, war er ein bedeutender Planetenforscher, der grundlegende Arbeiten für die Klimawissenschaft leistete. Dazu gehört auch seine bahnbrechende Arbeit über das Paradoxon der schwachen jungen Sonne. Aber er war weit mehr als nur ein Wissenschaftler. Er war der größte wissenschaftliche Kommunikator unserer Zeit. Er hatte eine Bühnenpräsenz, die unter Naturwissenschaftlern unübertroffen war. Außerdem besaß er ein besonderes Talent, die Öffentlichkeit für wissenschaftliche Themen zu begeistern. In der Tat waren es Carl Sagan und seine epische, 13-teilige Serie *Cosmos*, welche zu Beginn meines ersten Jahres an der Highschool erstmals ausgestrahlt wurde, die mich dazu inspirierten, eine wissenschaftliche Laufbahn einzuschlagen. Zu meinem großen Bedauern hatte ich nie die Gelegenheit, Sagan persönlich treffen zu dürfen. Aber ich hatte das Vergnügen, ihn durch seine Schriften kennenzulernen und mit einigen, die ihn gut kannten, in Kontakt zu kommen. Dazu zählt auch seine Tochter Sasha, eine talentierte Schriftstellerin, die das Erbe ihres Vaters fortsetzt, indem sie der Welt die Wunder der Wissenschaft und der Vernunft vermittelt.[16]

Sagan war eine derart charismatische und überzeugende Persönlichkeit, dass er in den späten 1970er und frühen 1980er Jahren in Amerika die Stimme der Wissenschaft wurde. In der Sendung *The Tonight Show* von Johnny Carson erfreute er das Fernsehpublikum regelmäßig mit seinen scharfsinnigen Beobachtungen, Einsichten und oftmals auch amüsanten Anekdoten. Ein früher Auftritt im Jahr 1978 war dabei unvergesslich. Sagan beschwerte sich bei Johnny Carson und einem erstaunten, schweigsamen Publikum über die chauvinistische und rassistisch verklärte Darstellung der interstellaren Wesen im Kino-Kassenschlager *Star Wars*: »Sie sind alle weiß ... Alle, die in der Galaxie etwas zu sagen haben, scheinen wie wir auszusehen. Ich denke, da steckt eine große Portion menschlicher Chauvinismus drin.« Chewbacca wird trotz seiner Heldentaten kein Orden verliehen, was Sagan als »Anti-Wookiee-Diskriminierung« bezeichnete [Wookiees sind fiktive humanoide Außerirdische, die auf dem Waldplaneten Kashyyyk beheimatet sind, Anm. d. Ü.]. Dieser letzte Teil war zwar mit einem Augenzwinkern formuliert, traf aber gleichzeitig voll ins Schwarze. Diese Engstirnigkeit mag uns angesichts unserer wesentlich multikulturelleren Weltanschauung heute offensichtlich erscheinen, aber Sagan war auch hier seiner Zeit voraus, indem er uns eine umfassendere Sicht unseres Platzes in der Welt und im Universum eröffnete.

In den 1980er Jahren wurde Sagan zunehmend politisch, da er die wachsende Bedrohung durch das atomare Wettrüsten erkannte. Er nutzte seine öffentliche Prominenz, sein mediales Gespür und seine unvergleichlichen kommunikativen Fertigkeiten, um das Bewusstsein für die wachsende Bedrohung zu schärfen. Matthew Francis, der für das *Smithsonian Magazine* schrieb, drückte es so aus: »Sagan glaubte wie viele andere zu dieser Zeit, dass der Atomkrieg die größte Bedrohung für die Menschheit darstellte. Andere – einschließlich der Mitarbeitenden mit Entscheidungsbefugnis in der Reagan-Regierung – dagegen dachten, ein Atomkrieg könne gewonnen oder zumindest überlebt werden. Sagan war der Ansicht, dass es mehr als nur die Wissenschaft bräuchte, um ihnen die Gefahr eines nuklearen Winters zu verdeutlichen.« Wie wir gesehen haben, ging Sagan sogar den für Wissenschaftler unkonventionellen Schritt, seine Forschungen über den atomaren Winter öffentlich zu machen, noch bevor die wissenschaftlichen Erkenntnisse, die diesen zugrunde lagen, von Fachleuten begutachtet und veröffentlicht worden waren.[17]

Sicherlich gibt es auch Situationen, in denen sich solche Maßnahmen als kontraproduktiv erwiesen haben. Die Technologie der kalten Fusion ist ein warnendes Beispiel. So gaben die Elektrochemiker Stanley Pons und Martin Fleischmann im März 1989 auf einer Pressekonferenz die bahnbrechende Nachricht bekannt, dass sie mit Hilfe eines einfachen

Tisch-Elektrolysegeräts die Kernfusion bei Raumtemperatur geschafft hätten. Wäre dies tatsächlich gelungen, so hätte dies nicht nur unser Verständnis der Physik revolutioniert, sondern auch eine nahezu unbegrenzte Versorgung mit extrem billiger Energie ermöglicht. Doch dazu sollte es nicht kommen. Innerhalb weniger Wochen nach ihrer Ankündigung hatten zahlreiche andere Forscherteams versucht, die gleichen Erfolge zu erreichen, waren aber allesamt daran gescheitert. Der Artikel, den Poms und Fleischmann bei *Nature* eingereicht hatten, wurde nie veröffentlicht. 30 Jahre später gilt die kalte Fusion als das definitive Musterbeispiel für pathologische Wissenschaft [ein vom Nobelpreisträger für Chemie Irving Langmuir geprägter Begriff, der beschreibt, wie sich Forschende in das Untersuchen nicht existierender Phänomene verrennen und erst spät von den Mechanismen der wissenschaftlichen Selbstkontrolle gebremst werden, Anm. d. Ü.].[18]

Aber erfordern außergewöhnliche – oder gar *existenzielle* – Bedrohungen nicht auch außergewöhnliche Maßnahmen? Ein Beispiel dafür ist Dr. James Hansen, der Nachfolger von Robert Jastrow am Goddard Institute for Space Studies (GISS) der NASA. Er wird manchmal als »Vater der globalen Erwärmung« bezeichnet, weil er in den 1980er Jahren die Öffentlichkeit auf die Gefahr des vom Menschen verursachten Klimawandels aufmerksam gemacht hat. Hansen, der als konservativer, gutmütiger Mann im Mittleren Westen der USA aufgewachsen ist, wandte sich in der zweiten Hälfte seiner beruflichen Laufbahn dem Aktivismus und dem zivilen Ungehorsam zu und beteiligte sich an Protesten gegen den Abbau von Kohle und den Bau von Ölpipelines. Erst kürzlich kettete sich ein anderer NASA-Klimaforscher an ein Gebäude von JPMorgan Chase in Los Angeles, um gegen die seiner Meinung nach unzureichenden Klimaschutzmaßnahmen zu protestieren. Im Vergleich dazu erscheinen Sagans Aktionen recht zahm.[19]

KLIMAKRIEGE – DIE KALTE VARIANTE

Es ist so gut wie sicher, dass Sagans Offenheit, seine Prominenz als öffentliche Person und sein Bekanntheitsgrad einige seiner wissenschaftlichen Kollegen verärgerte. Ebenso scheint es plausibel – wenn auch nicht gänzlich erwiesen – dass er deshalb nicht in die Nationale Akademie der Wissenschaften in den USA aufgenommen wurde, obwohl er wesentliche wissenschaftliche Leistungen erbracht hat, die die der meisten Mitglieder, mich eingeschlossen, übertreffen. Die gleichen Ressentiments innerhalb der wissenschaftlichen Gemeinschaft führten außerdem zu einigen besonders heftigen Anfechtungen seiner wissenschaftlichen Arbeit, die von seinen – eher politisch und ideologisch motivierten – Kritikern als Knüppel gegen ihn eingesetzt wurden.[20]

Das bringt uns zurück zu Sagans Arbeiten über den nuklearen Winter im Rahmen von TTAPS. Sagan und seine Kollegen hatten dafür ein eher simples Klimamodell verwendet, ein so genanntes radiativ-konvektives Modell. Es ähnelt dem elementaren Klimamodell, das wir im zweiten Kapitel kennengelernt haben. Es bildet einen Mittelwert über den gesamten Planeten, indem es die Erdoberfläche als einen einzigen mathematischen Punkt behandelt und die globale Durchschnittstemperatur der Erde auf der Grundlage eines Gleichgewichts zwischen einströmender und abfließender Wärme ermittelt. Es ist allerdings realistischer, da es die vertikale Dimension der Atmosphäre mit einbezieht. Dieselbe Art von Modell wurde zudem 1981 von James Hansen verwendet. Er untersuchte zukünftige Szenarien der globalen Erwärmung und zeigte, dass die historischen globalen Temperaturveränderungen durch eine Kombination von natürlichen Faktoren – wie Vulkanausbrüche – und dem menschlichen Faktor der steigenden Luftverschmutzung durch CO_2 erklärt werden können. Hansen sagte voraus, dass die fortgesetzte Verbrennung fossiler Brennstoffe »potenzielle Auswirkungen auf das Klima im 21. Jahrhundert« haben könnte. Dazu zählten »die Entstehung dürregefährdeter Regionen in Nordamerika und Zentralasien als Teil einer Verschiebung der Klimazonen, die Erosion des Westantarktischen Eisschilds mit einem daraus folgenden weltweiten Anstieg des Meeresspiegels und die Öffnung der legendären Nordwestpassage«. All diese Dinge sind inzwischen eingetreten. Etwa zur gleichen Zeit hatten die Wissenschaftler des fossilen Brennstoffgiganten ExxonMobil insgeheim genau das Gleiche vorausgesagt.[21]

Die vom Menschen herbeigeführte Erderwärmung rückte in den späten 1980er und frühen 1990er Jahren immer weiter in den Mittelpunkt, während der Kalte Krieg an Relevanz einbüßte. Die Bedrohung durch den vom Menschen verursachten Klimawandel nahm zu, auch wenn man sich zunächst auf die Möglichkeit eines nuklearen Winters konzentrierte.

Die TTAPS-Studie verwendete ein Modell mit einem vertikalen Charakter, um eine katastrophale und abrupt auftretende weltweite *Abkühlung* als Folge eines globalen Atomkriegs zu untersuchen. Dieses Modell ermöglichte es Sagan und seinen Kollegen, die Auswirkungen von reflektierendem Staub und Aerosolen in der Atmosphäre zu berücksichtigen, die beim Szenario eines nuklearen Winters eine wichtige Rolle spielen. Aber die nach wie vor noch recht grobe Natur des verwendeten Modells brachte Sagan und seinem Team auch einige Kritik von anderen Forschenden ein. Und zwar nicht nur von Querdenkern und Pedanten.

Kommen wir zu Stephen Schneider. Schneider war ein Stanford-Kollege von Paul Ehrlich. Als Wortführer in der Debatte um den Klimawandel widmete er sich den Bemühungen, die Öffentlichkeit über den vom Menschen verursachten Klimawandel, seine Auswirkungen und Lösungsansätze zu informieren. Schneider – ein Zeitgenosse von Sagan – war, wenn man so will, so etwas wie der Carl Sagan des Klimawandels. Außerdem war er ein hoch angesehener Klimawissenschaftler. Als Mitglied der NAS, leistete er schon früh wichtige Beiträge zur wissenschaftlichen Klimamodellierung und führte einige der bedeutendsten ersten Experimente zum Klimawandel durch. Während seiner späteren

Laufbahn setzte er sich für eine interdisziplinäre Klimawissenschaft ein, einschließlich der so genannten *integrierten Bewertung*, also der Verknüpfung von Projektionen möglicher zukünftiger Klimaänderungen mit Modellen künftiger Auswirkungen der Klimaveränderung, um die Entscheidungsfindung in der Praxis zu erleichtern.

Schneider war für mich auch ein Mentor, der mich mit wichtigen Ratschlägen unterstützte, als ich in den frühen 2000er Jahren zum ersten Mal von Klimawandelkritikern angegangen wurde. Er verstarb tragischerweise im Juli 2010 an einem Herzinfarkt, nur wenige Wochen bevor ich ihn bei einer Konferenz von Google hätte treffen sollen. Zu den persönlichen Anerkennungen, auf die ich am meisten stolz bin, gehören zwei Auszeichnungen, die ich erhalten habe, die Schneiders doppeltes Vermächtnis als Wissenschaftler und Wissenschaftskommunikator würdigen: der Stephen-H.-Schneider-Preis für herausragende Klimawissenschaftskommunikation des Commonwealth Club in Kalifornien und die Stephen-Schneider-Vorlesung. Mit dieser Vorlesung, die ich bei der US-Amerikanischen Geophysikalischen Vereinigung halten durfte, werden das Leben und die Arbeit des Klimatologen Stephen Schneider gewürdigt.

Schneider war wie schon Paul Ehrlich und vor ihm Rachel Carson Gegenstand von Angriffen von Zweiflern, die versuchten, ihn und seine wissenschaftliche Arbeit zu diffamieren. Damals, in den frühen 1970er Jahren, war noch unklar, ob die Erwärmung durch die vom Menschen erzeugten Treibhausgase oder die Abkühlung durch die industrielle Verschmutzung aus Kohlekraftwerken die Oberhand gewinnen würde. Aus schwefelhaltigen Abgasen bilden sich Aerosole, die wie vulkanische Sulfataerosole eine kühlende Wirkung auf den Planeten haben, da sie das Sonnenlicht zurück ins All reflektieren. In einem Artikel, den er zusammen mit dem NASA-Wissenschaftler S. Ichtiaque Rasool verfasst hat, spekulierte Schneider, dass Sulfate und Abkühlung bei gleichzeitig fehlender Umweltgesetzgebung möglicherweise die Oberhand gewinnen könnten.[22]

Allerdings wurden entsprechende Vorschriften erlassen. Schließlich war die Luftverschmutzung durch Schwefeldioxid (SO_2) auch für das zunehmende Problem des sauren Regens im Osten der Vereinigten Staaten verantwortlich. Also verabschiedete der Kongress den »Clean Air Act« [das Gesetz wurde 1963 verabschiedet und 1970 und 1990 erweitert, Anm. d. Ü.], und verpflichtete die Kraftwerksbetreiber, das SO_2 herauszuwaschen, damit es nicht in die Atmosphäre entweichen konnte. Diese Maßnahmen funktionierten. Sie entschärften nicht nur das Problem des sauren Regens, sondern entlarvten gleichzeitig die Erwärmung durch den Treibhauseffekt, die von der industriellen Schwefelbelastung »versteckt« worden war. Bis heute behaupten Klimaskeptiker, Schneider habe in den 1970er Jahren eine Abkühlung vorausgesagt, auch wenn er lediglich eine solche Möglichkeit beschrieben hatte. Auf der Grundlage dieser falschen Annahme stellen Gegner von Klimaschutzmaßnahmen immer wieder die rhetorische Frage, warum wir den Klimawissenschaftlern in Bezug auf die heutige Erwärmung glauben sollten. Das ist einerseits eine zynische Verleumdung, andererseits aber auch ein gefährlicher Schachzug.[23]

Sagan und Schneider waren für mich persönliche Helden und Vorbilder – großartige Wissenschaftler, die hervorragend kommunizieren konnten und sich gegen Angriffe und Verleumdungen zur Wehr setzten. Insofern finde ich es außerordentlich bedauerlich, dass sich die beiden nicht einig waren. Sie haben sogar einen erbitterten Streit über den nuklearen Winter geführt. Und sie taten dies in einer Weise, die denjenigen, die das Vertrauen der Öffentlichkeit in die Klimawissenschaft untergraben wollen, ungewollt in die Hände spielte.

1986 verfasste Schneider zusammen mit Starley Thompson vom National Center for Atmospheric Research einen Artikel in der Zeitschrift *Foreign Affairs*, der in politischen Kreisen große Beachtung fand. Sie widersprachen darin den TTAPS-Ergebnissen. Dabei stützten sie sich zum Teil auf ihre eigenen Forschungsergebnisse, die nur vier Monate später in der konkurrierenden Zeitschrift *Nature* veröffentlicht wurden.

Beide vertraten die Ansicht, dass die in TTAPS untersuchten Szenarien eines nuklearen Schlagabtauschs mit *Tausenden* von Megatonnen zu extrem seien. Schließlich habe die stärkste jemals gezündete Kernwaffe nur *fünfzig* Megatonnen gehabt. Dies habe wahrscheinlich dazu geführt, dass das Potenzial für massive Brände, Rauch und Staub überschätzt worden sei. Sie verwendeten ein etwas ausgefeilteres Modell, das es ihnen ermöglichte, andere wichtige Variablen wie atmosphärische Windverhältnisse und Niederschläge zu berücksichtigen, die einen Einfluss auf die Verteilung von Partikeln in der Atmosphäre haben können. Auf diese Weise kamen sie zu einer etwa 25 Prozent geringeren Einschätzung der gesamten Abkühlung im Vergleich zu TTAPS.[24]

Nur wenige Jahre später sollten Sagan und das TTAPS-Team im Wesentlichen mit den etwas gemäßigteren Prognosen von Thompson und Schneider übereinstimmen. Zwei verschiedene Expertenteams kamen also in ihren Einschätzungen einer potenziell katastrophalen planetarischen Abkühlung als Reaktion auf einen globalen atomaren Konflikt überein. Eigentlich ist der Fall damit abgeschlossen, oder? Weit gefehlt. In einem Artikel der *New York Times* über das neue »TTAPS2«-Papier bat der Autor Stephen Schneider um eine kurze Stellungnahme. Seine Antwort: »Ich würde es eher einen nuklearen Herbst als einen Winter bezeichnen«. Er fügte hinzu: »Auf jeden Fall stimmen die TTAPS-Zahlen jetzt mehr oder weniger mit unseren überein, so dass ich kein großes Problem mehr mit ihnen habe.« In diesem Kontext betrachtet, war das eine vernünftige, wenn nicht sogar versöhnliche Äußerung von Schneider, der damit anerkannte, dass die Grundannahme von TTAPS richtig war, auch wenn man sich über die genauen Werte noch streiten konnte. Als naturwissenschaftlicher Publizist, wie Schneider einer war, suchte er nach einer einfachen Analogie, die die Allgemeinheit nachvollziehen konnte. Der Abkühlungseffekt war real, aber etwas geringer als der ursprüngliche »nukleare Winter« von TTAPS. Der »nukleare Herbst« erschien ihm geeignet, diese Vorstellung zu vermitteln.[25]

Als versierte öffentliche Person hat Schneider möglicherweise vorausgesehen, wie seine Äußerungen von denjenigen ausgelegt werden könnten, die ein gewisses Interesse haben. Wollte er Sagans »nuklearen Winter« in Verruf bringen und steckte dahinter vielleicht eine gewisse Rivalität? Wir werden es wohl nie erfahren, und ich bin mir auch nicht sicher, ob das von Bedeutung ist. Wie Alan Robock, ein Experte für Klimamodelle und den nuklearen Winter, feststellte, »wollten sie die Leute nicht glauben lassen, es ginge nur um Laubharken und Footballspiele, doch viele Bürger und einige Befürworter der Atomenergie zogen es vor, es so verstehen zu wollen«. »Der Disput über die Einzelheiten der Modellierung führte zu einem Riss zwischen Sagan und Schneider, der nie verheilte«, ergänzte er. Außerdem eröffnete er den Falken des Kalten Krieges eine große Angriffsfläche, um das zu diskreditieren, was sie als die wahre Bedrohung ansahen – Sagan und sein offenes Eintreten für die nukleare Abrüstung.[26]

EINE PERSÖNLICHE ANGELEGENHEIT

Sagan war zum Gesicht des nuklearen Winters in der Öffentlichkeit geworden. Sagan war es, der 1984 gebeten wurde, das Thema vor dem Kongress zu diskutieren. Später war es ebenfalls Sagan, der von Papst Johannes Paul II. eingeladen wurde, über dieses Thema zu erörtern. Und schließlich war es auch Sagan, der 1988 vom sowjetischen Generalsekretär Mikhail Gorbatschow bei seinem Treffen mit Ronald Reagan namentlich als Inspiration für die Beendigung der Weiterverbreitung von Atomwaffen genannt wurde. Es drehte sich *alles* um Sagan. Für einen Wissenschaftler ist das eine sehr gefährliche Situation. Die Interessengruppen greifen bevorzugt einzelne Wissenschaftler an, so wie sie es bei mir wegen der Hockeyschlägerkurve getan haben, und statuieren an ihnen ein Exempel. Auf diese Weise schrecken sie andere Wissenschaftler ab, die es in Erwägung ziehen könnten, sich zu Wort zu melden. Ich nenne es die »Serengeti-Strategie« [sie besagt, dass

»spezielle Interessen, die mit negativen wissenschaftlichen Beweisen konfrontiert werden, ... eher einzelne Wissenschaftler ins Visier nehmen, als ein ganzes wissenschaftliches Feld auf einmal zu bekämpfen.«, Anm. d. Ü.]. Sagan hatte es ihnen leider allzu leicht gemacht.[27]

Die persönliche Einstellung der Menschen zu Sagan hatte einen Einfluss darauf, wie sie die Gefahr des nuklearen Winters einschätzten. Er war freimütig – zu jener Zeit eine für Wissenschaftler eher untypische Eigenschaft – und daher leicht angreifbar. Der Kolumnist William F. Buckley Jr. meinte, Sagan wäre »so arrogant, dass man ihn mit, nun ja, mir hätte verwechseln können«.[28]

Jegliche internen wissenschaftlichen Differenzen oder Auseinandersetzungen wurden in der öffentlichen Debatte über die atomare Abrüstung, insbesondere von ultrakonservativen Physikern des Kalten Krieges, erheblich verstärkt. Besonders einflussreich war dabei S. Fred Singer. Singer, ein von der Industrie finanzierter Allrounder, leugnete alles. Im Jahr 1990 kündigte er seine Stelle an der Fakultät für Umweltwissenschaften der Universität von Virginia und gründete seine eigene Organisation. Diese wurde von großen Tabakkonzernen, der fossilen Brennstoffindustrie und anderen Interessengruppen finanziert. Sie trug den orwell'schen Namen »Science and Environmental Policy Project«, abgekürzt: SEPP (auf Deutsch: Politisches Projekt für Wissenschaft und Umwelt). Singer nutzte SEPP als Plattform, um sich gegen die, wie er es nannte, »Ramsch-Wissenschaft« des sauren Regens, des Ozonabbaus, der Gesundheitsgefahren durch Tabak und des Klimawandels einzusetzen. Im Laufe der Jahre wurde ich zum Ziel vieler seiner Anschuldigungen und Angriffe.[29]

Singer war vielleicht der schärfste Kritiker Sagans und des nuklearen Winters. Er bezeichnete die Arbeit als reißerisch und auf einer völlig unzureichenden Simulation basierend. Im Jahr 1983 schrieb er: »Sagans Szenario mag zwar richtig sein, aber die Unsicherheit ist derart groß, dass eine solche Prognose wenig hilfreich ist.« Das Argument der Ungewissheit sollte von anderen, die versuchen, umweltpolitische

Maßnahmen zu hintertreiben, immer wieder aufgegriffen werden, sei es in Bezug auf den sauren Regen, den Abbau der Ozonschicht oder den Klimawandel. Singer kritisierte Sagan und die wissenschaftlichen Erkenntnisse über den nuklearen Winter auf den ultrakonservativen Leitartikelseiten des *Wall Street Journal*. Er erreichte auch, dass Leserbriefe, die sich kritisch über den nuklearen Winter äußerten, in den beiden führenden wissenschaftlichen Zeitschriften *Nature* und *Science* veröffentlicht wurden, wobei letztere die Zeitschrift war, in welcher einst der ursprüngliche TTAPS-Artikel erschien.[30]

Doch Singer war nur die Speerspitze des Ganzen. Betrachten wir die sogenannte Strategic Defense Initiative (Strategische Verteidigungsinitiative, SDI). Im März 1983 verkündete die Reagan-Regierung dieses Programm zum Aufbau eines Abwehrschirms gegen Interkontinentalraketen. Sie hatte dabei die Unterstützung von Befürwortern des Kalten Krieges sowie militärischen Auftragnehmern. SDI war ein hypothetisches weltraumgestütztes Raketenabwehrsystem, das darauf abzielte, sowjetische Raketen mit Weltraumlasern abzufangen. Da die Idee nach Science-Fiction klang, war es kaum verwunderlich, dass sie »Star Wars« genannt wurde, in Anlehnung an die sehr populäre Filmtrilogie. Sagan engagierte sich aktiv gegen die SDI und vertrat die Ansicht, dass sie zu einer weiteren Eskalation der Beziehungen zwischen den Vereinigten Staaten und der Sowjetunion führen würde, inklusive einer gefährlichen Aufrüstung mit Atomwaffen und einer erhöhten Gefahr eines atomaren Winters. Damit nahm er es mit dem gesamten militärisch-industriellen Komplex auf. Und das sollte dort nicht gut ankommen.

Drei Physiker, die sich mit dem Rüstungsprogramm aus dem Kalten Krieg beschäftigt hatten, schlossen sich zusammen, um gegen Sagan und die Theorie des nuklearen Winters vorzugehen. Sie gründeten das George C. Marshall Institute (GMI) – eine konservative Denkfabrik, deren Hauptzweck es war, Sagan und andere, die vor der Gefahr eines nuklearen Winters warnten, zu bekämpfen. Gleichzeitig unterstützten und befürworteten sie die SDI. Der Vorsitzende der Gruppe war der

Festkörperphysiker Frederick Seitz, ehemaliger Leiter der NAS und Träger der Presidential Medal of Science [Auszeichnung, die jährlich vom US-Präsidenten verliehen wird, Anm. d. Ü.]. Zu der Truppe gehörte auch Robert Jastrow, Gründer des NASA-GISS-Labors, das später von James Hansen geleitet wurde. Jastrow – selbst ein begabter Redner – wurde vom charismatischeren Sagan vom Podium der *Tonight Show* verdrängt. Es ist leicht vorstellbar, dass in ihm eine gewisse Verbitterung zurückgeblieben sein könnte. Das dritte Mitglied, Nicolas Nierenberg, war der einstige Direktor der Scripps Institution of Oceanography – einer heute führenden Forschungseinrichtung für Klimawissenschaften.[31]

Das GMI-Trio sah in den legitimen Bedenken gegen das SDI-Programm eine Art von Panikmache, die von sowjetischen Friedensbewegten betrieben wurde. Sie erachteten die Theorie vom nuklearen Winter als Bedrohung der eigenen Sicherheit. Folglich taten sie sich mit konservativen Politikern, speziellen industriellen Interessengruppen und rechtsgerichteten Medien zusammen, um das Vertrauen der Öffentlichkeit hinsichtlich wissenschaftlicher Erkenntnisse zu untergraben. Dazu diskreditierten sie zunächst Sagan persönlich. Ihre Attacken erfolgten in Form von Briefings vor dem Kongress sowie durch das Verfassen und Platzieren von populärwissenschaftlichen Artikeln und Kommentaren, die darauf abzielten, Sagans wissenschaftliche Erkenntnisse zu widerlegen. Sie schüchterten sogar die Fernsehsender ein, als diese eine Dokumentation über den nuklearen Winter in Erwägung zogen.[32]

Während sich all dies abspielte, absolvierte ich gerade mein Grundstudium im Epizentrum der akademischen Debatte über die SDI, der physikalischen Fakultät der Universität Berkeley. Zur Fakultät gehörte auch Edward Teller, der Mitbegründer des Lawrence Livermore Laboratory, eines Kernwaffenlabors, das unter der Schirmherrschaft der Universität betrieben wurde. Wegen seiner zentralen Rolle im Manhattan-Projekt in den 1940er Jahren wird er oft als »Vater der Wasserstoffbombe« bezeichnet. Teller wurde eine Ehre zuteil, die sonst nur Nobelpreisträgern in Berkeley zuteil wurde: ein für ihn vorbehaltener

Parkplatz auf dem Campus, der seinen Namen trägt, direkt neben dem Physikgebäude, der LeConte Hall.

Teller war einer der wichtigsten Befürworter der SDI und, wenig überraschend, auch einer der schärfsten Kritiker von Sagan. Teller schrieb an Sagan: »Meine Bedenken liegen darin, dass viele Ungewissheiten verbleiben und dass diese so groß sind, um Zweifel daran aufkommen zu lassen, ob es wirklich einen nuklearen Winter geben würde.« Er vergriff sich gar im Ton, indem er formulierte: »Ich kann Sie beglückwünschen, Sie sind in der Tat ein exzellenter Propagandist – wobei Propagandisten um so besser sind, um so weniger sie als solche in Erscheinung treten.« Teller griff Sagans Arbeit 1984 in einem Kommentar in der Zeitschrift *Nature* an. Sein Fazit lautete: »Heute wird dem ‚nuklearen Winter' eine apokalyptische Bedeutung zugeschrieben. Unwägbarkeiten bezüglich massiver Rauchentwicklung und meteorologischer Phänomene geben Anlass, an dieser Schlussfolgerung zu zweifeln.« Teller fügte hinzu: »Hochspekulative Theorien über weltweite Zerstörungen – bis hin zum Ende des Lebens auf der Erde – die als Aufforderung für spezielle politische Aktionen eingesetzt werden, dienen weder dem guten Ruf der Wissenschaft noch einem sachlichen politischen Denken.«[33]

Mit Sagans wissenschaftlichen Erkenntnissen nicht übereinzustimmen, ist eine Sache. Aber es ist etwas ganz anderes, seine Beweggründe, Sachlichkeit und Aufrichtigkeit in Frage zu stellen. Ehrlich gesagt bin ich darüber entsetzt, dass die Herausgeber einer der beiden führenden wissenschaftlichen Fachzeitschriften diese verbalen ad hominem-Angriffe [Scheinargumente, um die Position eines Streitgegners anzufechten, durch Angriff auf dessen persönliche Umstände oder Eigenschaften, Anm. d. Ü.] zugelassen haben. In diesem Zusammenhang ist es vielleicht von Bedeutung, dass der damalige Chefredakteur von *Nature*, John Maddox – ein ausgebildeter theoretischer Physiker – selbst zu den Kritikern des nuklearen Winters gehörte. Er veröffentlichte in den zwei Jahren nach der Veröffentlichung von TTAPS in *Science* fast ein Dutzend Artikel, Kommentare und Leitartikel in *Nature*, in denen er

Sagan und dessen Theorien zum nuklearen Winter kritisierte. Auch zwei sehr kritische Leitartikel stammten von ihm selbst. Die Tatsache, dass unsere älteste und wohl angesehenste wissenschaftliche Zeitschrift in dem Bestreben, Sagan persönlich zu diskreditieren, regelrecht gekapert wurde, nährt unweigerlich die Vermutung, dass es sich um eine politisch und ideologisch motivierte Hetzjagd handelte, an der sogar einige unserer renommiertesten wissenschaftlichen Einrichtungen eine gewisse Mitschuld trugen.

Teller war zwar Mitglied der physikalischen Fakultät der Universität Berkeley, aber auch einer der schärfsten Kritiker der SDI. Charles Schwartz wiederum gehörte zu den führenden Vertretern der Anti-SDI-Erklärung, die von fast 7.000 WissenschaftlerInnen und IngenieurInnen unterzeichnet wurde. Darin wurde zum Boykott der SDI-Forschung aufgerufen. Ich erinnere mich, dass ein Freund von mir, der damals bei Schwartz einen Physikkurs belegte, amüsiert und ungläubig erzählte, wie Schwartz eines Tages den Unterricht ausfallen ließ, damit seine Studierenden an einer SDI-Protestkundgebung auf dem Sproul Plaza, dem berühmten Schauplatz der Berkeley-Demonstrationen in den 1960er und 1970er Jahren, teilnehmen konnten. 1986 weigerte sich Schwartz, weitere Kurse für Physikstudierende zu geben. Er protestierte damit gegen die Mitwirkung der physikalischen Gemeinschaft an der Förderung dessen, was er als fehlgeleitetes und riskantes Unterfangen ansah.[34]

Ich muss zugeben, dass ich mich als Student in Berkeley in den 1980ern aus dieser Debatte weitgehend herausgehalten habe. Ich konzentrierte mich auf meine Physik- und Mathematikaufgaben, das Lernen für Prüfungen und auf meine ersten Ausflüge in die physikalische Forschung. Ich war mir der Tatsache nicht bewusst, dass in unserem Fachbereich prominente Anhänger konträrer Standpunkte in dieser entscheidenden gesellschaftspolitischen und wissenschaftlichen Debatte unserer Zeit zu finden waren. Ich blicke mit einigem Erstaunen auf das zurück, aber auch auf die großen politischen wie ideologischen Auseinandersetzungen, die sich dahinter verbargen. Gleichzeitig bin ich von der Tatsache fasziniert, dass in der Abteilung *auch* der Physiker Luis Álvarez tätig war. Schließlich war er es, der als Erster den Asteroideneinschlag identifizierte, der zum Tod der Dinosaurier führte und in vielerlei Hinsicht das Schreckgespenst des nuklearen Winters erst entstehen ließ. Offenbart sich hier erneut die Synchronizität der Ereignisse?

Was diese Episode für das zentrale Thema dieses Buches noch relevanter werden lässt, ist die Tatsache, dass die Simulationen des atomaren Winters durch Sagan und seine Kollegen auf globalen Klimamodellen der ersten Generation beruhten. Dadurch geriet die Modellierung des Klimas fest ins Visier des GMI-Trios. Fred Singer und andere, ähnlich gesonnene Klimawandelleugner, wurden daraufhin aktiv eingebunden in die von der fossilen Brennstoffindustrie finanzierten Angriffe auf die wissenschaftlichen Erkenntnisse zum Klimawandel. Mit dem Ende des Kalten Krieges in den späten 1980er Jahren benötigte die GMI-Clique ein anderes Thema, auf das sie sich konzentrieren konnte. Die Leugnung des sauren Regens und des Ozonabbaus sollte sie bis Anfang der 1990er Jahre beschäftigen. Aber als diese Themen aus dem Fokus verschwanden, zum Teil weil es eine überparteiliche Akzeptanz für politische Maßnahmen zu ihrer Bekämpfung gab, musste das GMI eine andere Rechtfertigung für ihre weitere Existenz finden. Die Leugnung des Klimawandels passte ins Bild, und GMI wurde – um *Newsweek* zu zitieren – zu einem »zentralen Rädchen in der Leugnungsmaschine [des Klimawandels]«.[35]

Auch wenn der Klimawandel den nuklearen Winter als Bedrohung in den Hintergrund gedrängt hat, bedeutet das nicht, dass diese Gefahr nicht mehr besteht. Alan Robock, der bereits erwähnte Experte für den nuklearen Winter an der Rutgers Universität, hat die Untersuchung von Atomkriegsszenarien fortgesetzt, mit weitaus ausgefeilteren Klimamodellen als diejenigen, die Sagan, Schneider und andere in den 1980er Jahren verwendeten. Viele ihrer zentralen Erkenntnisse wurden dabei bestätigt. Die Modelle, die Robock und seine Mitarbeiter heute verwenden, erfassen etwa die vertikalen Bewegungen in der Atmosphäre viel genauer und zeigen, dass Rauchpartikel in die obere Stratosphäre aufsteigen können, wo sie dann viele Jahre lang bleiben. Dadurch wird die Dauer der von ihnen hervorgerufenen Abkühlung verlängert. Die erneute russische Aggression sollte uns daran erinnern, dass der Kalte Krieg noch nicht vorbei ist, und wie Robock anmerkt, es inzwischen neun Länder mit Atomwaffen gibt. Auch ein atomarer Konflikt zwischen Indien und Pakistan würde immer noch katastrophale Folgen haben.[36]

STRANGELOVE KEHRT ZURÜCK

Nochmals zurück zur Diskussion über das K-Pg-Aussterben, mit dem dieses Kapitel begann: Trotz der überwältigenden Beweise dafür, dass das Massensterben durch eine starke Abkühlung verursacht wurde, ausgelöst durch die Kollision der Erde mit einem riesigen Asteroiden, äußern manche Menschen seit Jahrzehnten Zweifel an dieser Interpretation. Das sind merkwürdigerweise oft diejenigen, die den Klimawandel abstreiten. Aufschlussreich ist in diesem Zusammenhang ein Wortwechsel, der vor einigen Jahren zwischen dem Klimawandelleugner Fred Singer und dem etablierten Klimawissenschaftler Alan Robock stattfand, die beide bereits in diesem Kapitel erwähnt wurden. 1997, während einer Debatte über den vom Menschen verursachten Klimawandel, kam auch die Ursache des K-Pg-Übergangs zur Sprache. Singer bestand darauf, dass es den Dinosauriern »eigentlich sehr gut ging, bis sie von einem Asteroiden getroffen wurden«. Robock korrigierte ihn behutsam in dem er sagte: »Es waren die durch den Asteroiden ausgelösten Klimaveränderungen, die ihren Lebensraum so stark verändert haben.« Robock hat natürlich recht, aber es ist durchaus verständlich, dass das Eingeständnis einer solchen Tatsache für einen Klimawandelleugner wie Singer unbequem ist.[37]

Ein gewisser Teil des Widerspruches ist jedoch lediglich wissenschaftlicher Skeptizismus, wie er nun einmal sein soll. Echte wissenschaftliche Skepsis – im Gegensatz zu politisch motiviertem Leugnen – ist schließlich Teil dessen, was Carl Sagan die »selbstkorrigierende Maschinerie« der Wissenschaft nannte. Einige im Bereich der Geologie Forschende haben beispielsweise vulkanische Aktivitäten in der indischen Region Dekkan-Trapp vermutet [eine durch Vulkanismus geprägte Region, die aus einer treppenartigen Flutbasaltformation, Trapp, besteht, Anm. d. Ü.]. Die Annahme, dass sie in relativ kurzer Zeit beträchtliche Mengen CO_2 in die Atmosphäre geblasen haben könnten, scheint durch neuere Arbeiten widerlegt. In einer anderen Studie wurden sowohl diese Ausbrüche als auch die durch den Asteroideneinschlag von Chicxulub verursachte Abkühlung untersucht. Die Forscher kamen dabei zu dem Schluss, dass nur das letztere Ereignis in das Muster des Artensterbens passt. Weitere Arbeiten wiederum kommen zu der Erkenntnis, dass der Asteroideneinschlag selbst die Eruptionen in Dekkan-Trapp ausgelöst haben könnte, was möglicherweise sogar einen *abschwächenden* Faktor darstellte, der einen Teil der Abkühlung kompensierte und einigen Arten half, dem Aussterben zu entrinnen.[38]

Ebenso wie die überwältigende Mehrheit der Wissenschaftler heute die Erkenntnis akzeptiert, dass der Klimawandel durch den Menschen verursacht wird, so akzeptieren sie auch, dass das K-Pg-Aussterben durch einen massiven Einschlag ausgelöst wurde. Das war sogar schon der Fall, bevor der letzte Nagel in den Sarg der Leugnung der Einschlagshypothese geschlagen wurde: Direkte Beweise für eine durch den Einschlag verursachte Überschwemmung in Verbindung mit den konservierten Überresten von Dinosauriern, die mit Teilen des Asteroiden selbst vermengt sind, wie bereits weiter vorne in diesem Kapitel erwähnt.

Das heißt aber keineswegs, dass nicht auch andere Faktoren eine Rolle gespielt haben können. Walter Álvarez, Mitverfasser der Ausgangsstudie zum Asteroideneinschlag von 1980, hat dies bereits vor Jahren eingeräumt. Bei einer neueren Studie wurde ein sorgfältiger statistischer Ansatz verwendet, um sowohl die Entstehung neuer Arten als auch das Aussterben bestehender Arten im Laufe der Zeit zu bewerten. Die Studienergebnisse zeigen, dass die Dinosaurier als biologische Gruppe in den vorangegangenen zehn Millionen Jahren immer weniger in der Lage waren, ausgestorbene Arten durch neue zu ersetzen. Das deutet auf eine erhöhte Verwundbarkeit hin, die sie beim Einschlag des Asteroiden besonders anfällig für das Aussterben gemacht haben könnte.[39]

Das Muster beim Artensterben im Ozean und die Gründe für dessen Regeneration nach dem Aufprall sind nach wie vor ein Rätsel und werden von den Wissenschaftlern noch immer diskutiert. Das bringt uns zurück zum Begriff des »Strangelove-Ozeans«. Der Ausdruck wurde ursprünglich verwendet, um einen Ozean zu beschreiben, in dem am Ende des Perm, also dem P-T-Übergang, bei einer Aussterberate von 96 Prozent nahezu kein Leben mehr existierte. Der Grund dafür war eine mehrfache Belastung durch eine dramatische Erwärmung, Sauerstoffentzug, Versauerung und eine giftige »Stinkbombe« aus SO_2, als Zugabe.

In der wissenschaftlichen Literatur tauchte der Begriff allerdings erstmals 1982 in einem Artikel des renommierten Geologen Wallace Broecker von der Columbia Universität auf. Er beschrieb darin das Ozeansterben im Zuge des K-Pg-Einschlags, welches dem am Ende des Perm ähnelte. Der Verweis auf Strangelove ist im Zusammenhang mit der K-Pg-Grenze jedoch wesentlich sinnvoller. Der Film *»Dr. Strangelove«* persiflierte den nuklearen Konflikt zwischen der Sowjetunion und den Vereinigten Staaten. Die thematische Verbindung zwischen dem K-Pg-Asteroideneinschlag und dem Kalten Krieg muss für jeden Geowissenschaftler offensichtlich gewesen, der sich 1982 mit dem K-Pg-Ereignis befasste, auch wenn Jahrzehnte später der Bezug zum Film für viele nicht mehr ersichtlich sein mag.[40]

In gewisser Weise erscheint das K-Pg-Ereignis als ein weniger dramatisches Beispiel für das Aussterben in den Ozeanen als der P-T-Übergang. Die Aussterberate der Meeresorganismen war mit etwa 75 Prozent wesentlich geringer. Gleichwohl scheint es zu einem bemerkenswerten Rückgang der biologischen Aktivität in den Ozeanen gekommen zu sein. Um zu verstehen, was genau passiert ist, müssen wir, ich bitte um Entschuldigung, noch einmal die Kohlenstoffisotope betrachten.

Anhand von Kohlenstoffisotopen in Tiefseesedimenten können wir die Geschichte der ozeanischen Aktivität ermitteln. Foraminiferen sind mikroskopisch kleine Meeresorganismen, die eine kalkhaltige Hülle bilden. Wenn sie sterben, sinken ihre Gehäuse auf den Meeresboden und werden zu einem Bestandteil der Sedimentablagerungen. Durch eine Kernbohrung in das Sediment am Meeresboden können Forscher eine zeitliche Abfolge der Entstehung dieser Organismen bestimmen. Es ist erwiesen, dass verschiedene Arten von Foraminiferen auf unterschiedlichen Ebenen im Ozean leben. Diejenigen, die sich innerhalb der Wassersäule befinden, werden als Plankton bezeichnet, und jene, die auf dem Meeresboden leben, als Benthos. Wie im vorigen Kapitel erläutert, nehmen photosynthetisierende Organismen bei der Photosynthese bevorzugt C-12 auf. Dadurch verbleibt im Wasser ein relativ großer Anteil an C-13. Mit diesem bauen dann die kalkhaltigen Meeresorganismen ihre Gehäuse auf. Die Differenz zwischen der Menge an C-13 und C-12 in den foramischen Muscheln, das so genannte Delta C-13, ist ein Maß für die biologische Aktivität des Ozeans. Zusätzlich unterscheidet sich das Delta C-13 von planktischen Muscheln von dem von benthischen Arten. Dieser Unterschied ist Maß für die Ablagerung von organischem Kohlenstoff in der Tiefsee.

Sedimentkerne aus der Tiefsee, die aus der Zeit um den K-Pg-Übergang stammen, zeigen einen deutlichen Rückgang dieser Differenz unmittelbar nach der Übergangsphase von K zu Pg. Das deutet auf einen starken Abfall der Einlagerung von organischem Kohlenstoff hin. Diese Erkenntnis bildet die Basis des ursprünglichen Strangelove-Ozean-Modells, eines im Wesentlichen leblosen Ozeans. Dieses Modell weist jedoch eine Reihe von Schwachstellen auf. Zum einen hat der Rückgang des organischen Kohlenstoffs etwa drei Millionen Jahre angehalten, was den Zeitraum der direkten Auswirkungen des Einschlags auf das Sonnenlicht oder das Klima bei weitem übersteigt. Zweitens zeigen zwar die Planktonarten einen starken Rückgang des Delta C-13, die benthischen Arten jedoch nicht. Beides steht im Widerspruch zu einem »toten Ozean«.[41]

Diese Beobachtungen haben zu dem alternativen Modell eines lebendigen Ozeans geführt. Demnach hat das K-Pg-Ereignis die Ökologie des Ozeans verändert, indem es die größeren und empfindlicheren Meeresbewohner auslöschte und so das Absinken organischer Stoffe auf den Meeresboden reduzierte. Der Grund dafür ist, dass kleinere Partikel leichter in der obersten Wassersäule schweben können, während größere Partikel absinken. Dies hat wiederum dazu geführt, dass weniger Kohlenstoff eingelagert wurde. In diesem Modell war der Ozean weiterhin biologisch produktiv, jedoch mit einem deutlich geringeren Eintrag von Kohlenstoff in die Tiefsee. Der erste Verfechter dieser These war mein Kollege, der Ozeanograph Steven D'Hondt, von der Universität von Rhode Island.[42]

Im Jahr 2004 analysierte mein ehemaliger Doktorand Brad Adams zusammen mit D'Hondt und mir Daten von Kohlenstoffisotopen aus Tiefsee-Sedimenten. Diese stammten sowohl aus dem Atlantik als auch aus dem Pazifik, um statistisch zu erfassen, was sich an der K-Pg-Grenze abspielte. Unsere Ergebnisse deuten auf eine zweistufige Regeneration hin. In den ersten drei Millionen Jahren kam es zunächst zu einer langsamen Erholung bis zu einer mittelstarken Ablagerung von Kohlenstoff, gefolgt von einer schrittartigen Annäherung an den Zustand vor dem Einschlag, der nach vier Millionen Jahren beinahe erreicht war. Das Muster und der zeitliche Ablauf der Wiederherstellung des Kohlenstoffkreislaufs scheinen darauf hinzudeuten, dass es biologische Schlüsselereignisse gab. Denn obwohl die direkten Klimaauswirkungen des Asteroideneinschlags innerhalb weniger Jahrzehnte abgeklungen sein mussten, dauerte es mehrere Millionen Jahre, bis entscheidende biologische Innovationen, wie die Entstehung größerer, kalkreicher Meereslebewesen, die Nischen jener Arten ausfüllten, die ausgestorben waren. Der Ozean musste seine gesamte trophische Struktur

[Nahrungsbeziehungen im Ökosystem, Anm. d. Ü.] und die Ökologie des Nahrungsnetzes neu bilden. Und das erfordert Zeit – nicht Jahre, sondern Millionen von Jahre.[43]

Acht Jahre nach unseren Untersuchungen durfte ich einen der Sedimentkerne, den wir analysiert hatten, in Augenschein nehmen. Das war im Oktober 2012, als ich auf der Southby Southwest-Konferenz in Austin (Texas) über mein neuestes Buch »*The Hockey Stick and the Climate Wars*« sprach. Im Anschluss an die Konferenz fuhr ich 100 Meilen bis nach College Station (Texas), um einen Vortrag zu halten. Dort besuchte ich die Texas A&M Universität, wo ich an einer Führung durch das dortige Depot des internationalen Meeresbohrprogramms teilnahm. Die Fahrt führte mich direkt vorbei an den verkohlten Überresten des Bastrop County Complex Feuers, dem verheerendsten Flächenbrand in der Geschichte von Texas. Die Brände brachen am 4. September 2011 nach einem Sommer mit bis dahin nie gekannter Hitze und Trockenheit aus. Das Feuer wütete 55 Tage lang und verschlang 32.000 Hektar Land. Der zerstörte Loblolly-Kiefernwald gehörte zu den so genannten Reliktwäldern – Wälder, die im heutigen wärmeren und trockeneren Klima nicht mehr nachwachsen. Ein ernüchterndes Beispiel für Kipppunkte und das Phänomen der Hysterese – und eine Erinnerung daran, dass manche Dinge für immer verloren sind. Dort gibt es kein Zurück mehr. Ich malte mir aus, wie es war, als dieser uralte Wald in Flammen aufging. Flammen, die denen vielleicht nicht unähnlich waren, welche die Urwälder im Gefolge des K-Pg-Einschlags verbrannten, oder Flammen, die im Falle eines globalen Atomkriegs ganze Städte einäschern könnten.

Neuere Untersuchungen scheinen unsere Erkenntnisse über eine stufenweise Erholung zu bestätigen. Die Ergebnisse einer Studie aus dem Jahr 2019 von Michael Henehan vom Fachbereich Geologie und Geophysik in Yale zeigen, dass die biologische Produktivität der Ozeane unmittelbar nach dem Einschlag um bis zu 50 Prozent zurückging. Im Anschluss daran folgte eine Übergangsphase, in der sich die marine

Aktivität erholte. Henehan meinte dazu: »In gewisser Weise haben wir die beiden Szenarien ‚Strangelove' und ‚Lebendiger Ozean' unter einen Hut gebracht. Beide Male lagen wir halbwegs richtig, es geschah einfach nur nacheinander.«[44]

Wir wissen, dass der Asteroid in ein Gebiet mit schwefelhaltigem Karbonatgestein einschlug. Dieses verdampfte beim Aufprall in Form von Schwefeldioxid, wodurch reflektierende Sulfataerosole entstanden sein müssen. Diese Aerosole hätten die kühlende Wirkung anderer Partikel verstärkt, die durch den Einschlag in die Atmosphäre geschleudert wurden. Auch müssen sie zu einem großflächigen sauren Regen und einer Versauerung der Ozeane geführt haben. Henehan und seine Kollegen nutzten daher Bor-Isotope, um den Rückgang des pH-Werts der Ozeane nach dem K-Pg-Einschlag zu messen. Dabei fanden sie Hinweise auf einen beträchtlichen Anstieg des Säuregehalts der Ozeane. Dies würde das selektive Aussterben von kalkhaltigen Meeresbewohnern und den Rückgang des in der Tiefsee eingelagerten Kohlenstoffs in Folge des Asteroideneinschlags erklären.[45]

Damit das Ganze nicht wie eine rein akademische Debatte erscheint, sei darauf hingewiesen, dass sich aus dieser wissenschaftlichen Erzählung einige wichtige Lehren für unser heutiges Dilemma ziehen lassen. Zwar dürfte sich die Erderwärmung relativ schnell stabilisieren, sobald die vom Menschen verursachten CO_2-Emissionen auf Null gesunken sind. Jedoch dürfte die Versauerung der Ozeane noch jahrhundertelang andauern und auch weiterhin eine Gefahr darstellen. Was wir aus der Zeit nach dem K-Pg-Aussterben lernen können, ist, dass ein massives Artensterben zum Zusammenbruch von Nahrungsketten und zu einer Störung der trophischen Struktur der Ozeane führen kann. Eine solche biologische Erholung dauert nicht nur Jahre, Jahrzehnte, Jahrhunderte oder Jahrtausende, sondern Millionen von Jahren. Wobei der Begriff einer vollständigen Erholung natürlich fragwürdig erscheint, da viele der wichtigsten Arten für immer verloren gehen würden. Auch wenn ihre Nischen wieder besetzt werden können, würden sie nie wieder zurückkehren. Das ist etwas, worüber wir nachdenken sollten, während wir weiterhin an der beispiellosen Zerstörung unserer planetarischen Umwelt arbeiten.

LEHREN IN UNSERER VERGANGENHEIT

Falls Sie auf der Suche nach einem Hoffnungsschimmer sind, können Sie sich vielleicht mit der Tatsache trösten, dass die Dinosaurier doch nicht *vollständig* ausgestorben sind. Während ich diesen Absatz schrieb, beobachtete ich ein Paar von ihnen durch das Fenster mit Blick auf unseren Garten: Dort naschten zwei Blauhäher an den Knospen und Früchten unseres Holzapfelbaums. Die heute lebenden Vögel sind Nachfahren einer Familie von zweibeinigen Dinosauriern mit drei Zehen und hohlen Knochen, die als Theropoden bekannt sind. Zu ihnen gehörte der imposante *Tyrannosaurus rex,* aber auch sehr viel kleinere Arten. Wie kleine Säugetiere waren sie besser gegen den plötzlichen Frost gewappnet. Aus ihnen gingen die Vögel hervor.

Das ist allerdings eine Spitzfindigkeit. Einen triftigeren Grund für Optimismus liefert diese wesentliche Unterscheidung: Die Dinosaurier konnten ihre Notlage nicht abwenden. Sie hatten keine Möglichkeit, den Asteroiden abzulenken. Ihnen fehlte jeglicher *Handlungsspielraum.* Wir hingegen sind von einer Katastrophe bedroht, die wir selbst verursacht haben. Und die größte Herausforderung, vor der wir stehen, sind nicht die unveränderlichen Gesetze der Astrophysik. Es ist der politische Wille.

Als die Bedrohung durch einen Atomkonflikt in den 1980er Jahren immer akuter wurde, taten sich zwei führende Wissenschaftler der beiden verfeindeten Nationen zusammen – Carl Sagan in den Vereinigten Staaten und Andrej Sacharow in der Sowjetunion. Sie bemühten sich gemeinsam darum, ihren jeweiligen Landsleuten die existenzielle Bedrohung durch einen Atomkonflikt zu verdeutlichen. Ihr Bestreben war es, die Staatsoberhäupter davon zu überzeugen, dass ein globaler

Atomkrieg nicht zu gewinnen und das weltweite Wettrüsten gefährlich und fehlgeleitet war. Diese Bemühungen erwiesen sich als erfolgreich. Im Dezember 1987 unterzeichneten Ronald Reagan und Michail Gorbatschow den INF-Vertrag (»Intermediate Range Nuclear Forces Treaty«), der alle ballistischen Kurz- und Mittelstreckenraketen verbot und damit das vermeintliche Ende des Kalten Krieges einläutete. Beide begründeten diese Entscheidung mit ihrer Sorge vor einem nuklearen Winter.[46]

In den letzten zwei Jahren kam es leider zu einem Wiederaufleben der Spannungen aus der Zeit des Kalten Krieges im Zuge des russischen Krieges gegen die Ukraine. Der russische Präsident Wladimir Putin hat in dem eskalierenden Konflikt den Einsatz taktischer Atomwaffen angedeutet. Außerdem hat sich Russland zu einem Petrostaat entwickelt, der immer mehr auf die Monetarisierung seiner fossilen Brennstoffe angewiesen ist. Putin unternimmt immer dreistere Versuche, globale Klimaschutzmaßnahmen zu blockieren. Es ist daher wohl wichtiger denn je, dass Wissenschaftler dem Beispiel von Sagan und Sacharow folgen und sich über nationale Grenzen hinweg gemeinsam für eine wissenschaftsbasierte Politik einsetzen. So lautete auch der Appell in einem kürzlich erschienenen Kommentar mehrerer meiner Kollegen in der Online-Zeitung *The Hill*. Darin wird davor gewarnt, dass die »gestörten Beziehungen zwischen den Großmächten es noch schwieriger machen, die internationale Zusammenarbeit aufrechtzuerhalten, die zur Bekämpfung des menschengemachten Klimawandels erforderlich ist. Die Auswirkungen dieser Zerrüttung erstrecken sich nicht nur auf die gemeinsamen Bemühungen, die globalen Emissionsziele zu erreichen, sondern auch auf die Forschung und die politischen Studien, die als Richtschnur für globale Maßnahmen erforderlich sind«.[47]

Und da gibt es noch eine weitere Lektion, die der mächtige *Brontosaurus* für uns bereithält: Es gibt immer eine Gewinner- und eine Verliererseite. Obwohl die nicht-vogelartigen Dinosaurier ausstarben, waren kleine, spitzmausgroße Säugetiere die großen Gewinner. Sie sind unsere Vorfahren unter den Säugetieren. Weil es keine Raubtiere mehr gab, konnten die kleinen Säugetiere gefahrlos aus ihren Löchern und Ritzen hervorkommen. Sie entwickelten sich schließlich prächtig und besetzten die verschiedenen neu entstandenen Nischen. Sollten wir uns selbst auslöschen, werden zweifellos andere Lebewesen die Nische nutzen, die wir eingenommen haben. Sie werden die Gewinner und wir die Verlierer sein. Ja, der Planet selbst wird weiterbestehen. Aber ohne uns. *Unser* einzigartiger Augenblick wird zu Ende sein.

Droht *uns* durch den Klimawandel tatsächlich das Aussterben? Auf der Suche nach einer Antwort auf diese Frage werden wir uns ein weiteres Ereignis in unserer tiefen Vergangenheit ansehen. Dieses Ereignis kommt einer möglichen Analogie für eine katastrophale, vom Menschen verursachten Erwärmung am nächsten: das sogenannte PETM. Damals erreichten globale Durchschnittstemperaturen womöglich saunaähnliche 32 °C. Eine solche extreme Erwärmung könnte eine erhebliche Menge von Methan freigesetzt und vielleicht zu anderen Rückkopplungsmechanismen geführt haben, die das Treibhausklima auf der Erde verstärkten. Könnte das auch auf uns zukommen, wenn wir die fossilen Brennstoffe weiterhin so hemmungslos verbrennen? Dieser Frage gehen wir als nächstes nach.[48]

KAPITEL 5

Treibhaus Erde

Wie kann man in einem solchen Klima überleben?
Eine Hitzewelle das ganze Jahr über.

– *Jahr 2022 ... die überleben wollen (engl.: »Soylent Green«)*

Das entgegengesetzte Extrem der Schneeball-Erde ist die Treibhaus-Erde. Wie bereits gezeigt, können, bei ausreichender anfänglicher Abkühlung, sich gegenseitig verstärkende Rückkopplungsprozesse zu einer unkontrollierten Abkühlung der Erde führen, wie in einem Teufelskreis. Die gleichen Prozesse in umgekehrter Richtung, wie etwa das schnelle Abschmelzen von Eis, können eine Erwärmung intensivieren, sobald sie einmal begonnen hat. Es gibt weitere sich verstärkende Rückkopplungsprozesse, die in Gang kommen, wenn es einmal *richtig* warm geworden ist. Könnten also Rückkopplungsprozesse die Erwärmung bei hohen Treibhausgaskonzentrationen noch verstärken und dazu führen, dass die Erde den Menschen nicht mehr freundlich gesonnen ist? Prozesse, die etwa mit der Freisetzung von Methan oder dem Verhalten von Wasserdampf oder Wolken zu tun haben? Geologische Beweise aus vergangenen Treibhausklimata, wie sie in diesem Kapitel untersucht werden, liefern möglicherweise die Antworten, die wir suchen.

DAS PETM

Das Paradebeispiel für eine Treibhaus-Erde ist das PETM, da Paläozän-Eozän-Wärmemaximum. Dieses war geologisch betrachtet eine Episode schneller Erwärmung, die vor 55 Millionen Jahren stattfand, nur zehn Millionen Jahre nach dem Aussterben der Dinosaurier. Das Einzigartige am PETM im Vergleich zu anderen Episoden rascher planetarer Erwärmung in unserer geologischen Vergangenheit ist die Menge an CO_2, die binnen kurzer Zeit in die Atmosphäre gelangte, und die Geschwindigkeit der daraus resultierenden Erwärmung. Es ist sicherlich die denkbar beste natürliche Analogie für den vom Menschen heute verursachten Anstieg des CO_2-Anteils und der globalen Erwärmung.

Die beschleunigte Erwärmung folgte auf einen allmählichen Erwärmungstrend, der zu Beginn des Paläozäns eingesetzt hatte – der Epoche, die mit dem K-Pg-Einschlag begann – und sich bis zum Beginn des nachfolgenden Eozäns fortgesetzt hatte. Während des PETM stiegen die globalen Durchschnittstemperaturen um etwa 5° C, ausgehend von einer Basislinie, die bereits etwa 10 °C wärmer war als heute. Der Großteil der Erwärmung vollzog sich in einem Zeitraum von knapp 10.000 Jahren. Das entspricht etwa 0,05 °C pro Jahrhundert. Im Vergleich zur heutigen Erwärmung von etwa 1 °C pro Jahrhundert ist das verschwindend gering, nach geologischen Maßstäben jedoch extrem schnell. Und obwohl der CO_2-Eintrag, der das PETM auslöste, nur wenige tausend Jahre lang erfolgte, blieb es noch 200.000 Jahre lang sehr warm. Das ist für uns eine wichtige Erkenntnis in Bezug auf unsere schädlichen Hinterlassenschaften, zumal wir der Atmosphäre durch die Verbrennung fossiler Brennstoffe heute sogar noch schneller CO_2 zuführen.[1]

Wie lässt sich bestimmen, wie sehr und wie rasch sich der Planet erwärmt hat? Wie im dritten Kapitel am Beispiel des Massenaussterbens im Perm-Trias (P-T) gezeigt wurde, ist es möglich, anhand des Verhältnisses der Isotope des stabilen Sauerstoffs (O-16 und O-18) in den erhaltenen Gehäusen von kalkhaltigen Organismen die damaligen

Temperaturen abzuschätzen. Allerdings wird dieses Verhältnis *auch* von der Masse des globalen Eises beeinflusst. Das leichtere Sauerstoffisotop O-16 wird nämlich im Festlandeis eingeschlossen, während das schwerere O-18-Isotop im Meer verbleibt. Da es während dieser Periode keine Eisbildung gab, können wir diesen Faktor ausschließen. Allerdings können auch Veränderungen des *Salzgehalts* die Isotopenverhältnisse beeinflussen. Darüber hinaus gibt es noch andere Komplikationen, da sich die Karbonatchemie im Laufe der Zeit verändern kann. Trotzdem gibt es noch eine Reihe andere Möglichkeiten, die Temperaturveränderungen im Ozean abzuschätzen. Dazu zählen »verklumpte« Isotope, mit denen Kohlenstoff-Sauerstoff-Bindungen untersucht werden. Auch das Verhältnis von Magnesium und Kalzium im Meerwasser, das in die Kalzitschalen eingelagert wird, hängt von der Temperatur des umgebenden Meerwassers ab. Es gibt ferner noch das kompliziertere Paläothermometer, das auf Lipiden (Fettschichten) von Mikroben in Sedimenten basiert. Obwohl jede dieser Datenquellen mit Einschränkungen und Vorbehalten behaftet ist, deuten sie insgesamt darauf hin, dass die Temperaturen in den oberen Meeresschichten, in der Tiefsee und an der Erdoberfläche im Laufe des PETM, zwischen 4 °C und 6 °C stiegen.[2]

Ferner ist bekannt, dass es zu einer massiven Anreicherung des Ozean-Atmosphären-Systems mit anorganischem Kohlenstoff gekommen ist. Das wissen wir dank der stabilen Kohlenstoffisotope C-12 und C-13. Das »Delta C-13« zeigt in dieser Zeit nämlich großen einen Zacken nach unten. Der exakte Umfang ist jedoch noch unklar. So könnte der Kohlenstoff sowohl aus Kohlenstoffdioxid (CO_2) als auch aus Methan (CH_4) stammen, die beide ein sehr unterschiedliches Erwärmungspotenzial haben. Zudem gibt es zahlreiche unterschiedliche Quellen, die alle eine andere Delta-C-13-Signatur aufweisen.

Bei einer Untersuchung aus dem Jahr 2011 verwendeten Forschende ein simples Modell, das so genannte Box-Modell, um zwischen den verschiedenen Quellen von CO_2 und Methan zu unterscheiden. Sie kamen zu dem Ergebnis, dass der CO_2-Eintrag höchstwahrscheinlich in zwei getrennten Stufen erfolgte. Die erste Freisetzung umfasste etwa 1.000 Gigatonnen Kohlenstoff (GtC) und fand in den ersten 3.000 Jahren der PETM-Erwärmung statt. Die Ursache für die erste Stufe der Kohlenstoff-Freisetzung konnten sie nicht genau bestimmen. Darauf folgte eine zweite Stufe mit der schnellen Freisetzung von etwa 1.200 GtC und eine weitere, 1.000 Jahre andauernde, Erwärmung. Das Forscherteam kam zu dem Schluss, dass in dieser zweiten Stufe der Kohlenstoff in einem Zeitraum von weniger als 500 Jahren emittiert wurde. In dieser Stufe zeigte sich erneut ein negativer Zacken im Isotopenverhältnis Delta C13, der quasi den Fingerabdruck von Methan trug. Die Forschenden kamen zu dem Schluss, dass es sich bei diesem zweiten Kohlenstoffeintrag wahrscheinlich um Methanhydrat handelte, eine kristalline Form von Methan, das in einer Käfigstruktur aus Wassermolekülen eingeschlossen ist. Es findet sich in Ablagerungen an den Abhängen, an die Kontinente in die Ozeane abfallen (sog. Kontinentalränder) wie auch im Permafrost. Methanhydrat kann durch die Erwärmung der Ozeane destabilisiert werden und stellt eine potenzielle Verstärkung der Kohlenstoffkreislauf-Rückkopplung dar.[3]

Eine neuere Studie aus dem Jahr 2016 versuchte – anhand von Daten von Sauerstoff- und Kohlenstoffisotopen, die Mengen an CO_2 und CH_4 genauer zu bestimmen, die während des PETM freigesetzt wurden. Obwohl sich die Isotopenanalysen, die wir bisher betrachtet haben, auf die beiden wichtigsten stabilen Isotope O-16 und O-18 beziehen, stellte sich heraus, dass man noch mehr Informationen entschlüsseln kann, wenn man auch O-17 einbezieht. Zu diesem Zweck haben sich die Autoren einer ungewöhnlichen Ressource zugewandt: dem Zahnschmelz alter, konservierter Säugetiere. Tatsächlich könnten Forschende sich eines Tages Ihre Zähne ansehen, um das Rätsel der Erwärmung unseres Planeten zu lösen. Der Gehalt der drei Sauerstoffisotope im Wasser, aus dem die Körper der Säugetiere zu einem großen Teil bestehen, hängt von vielen Faktoren ab. Aber der Gehalt von O-17 steht in besonders engem Verhältnis zum CO_2 in der Atmosphäre. Mit anderen Worten, es ist möglich daraus den früheren CO_2-Gehalt zu erkennen. Ist etwas über diese Konzentrationen bekannt, lassen sich die gegensätzlichen Einflüsse von CO_2 und CH_4 auf die Kohlenstoffisotopenverhältnisse leichter auseinanderhalten. Die Wissenschaftler kamen zu dem Schluss, dass der CO_2-Gehalt in der Atmosphäre zwar anstieg, aber nicht mehr als rund 2.500 ppm betrug. Das bedeutet, dass eine beträchtliche Freisetzung von Methan erforderlich war, um den Spitzenwert des C-13-Deltas im PETM zu erklären.[4]

Weshalb sollte uns der enorme Anstieg von Methan so große Sorgen bereiten? Wie wir wissen, ist die Lebensdauer von Methan in der Atmosphäre im Vergleich zu CO_2 sehr kurz. Sie beläuft sich dank der Oxidation in der sauerstoffreichen Atmosphäre der Erde eher auf Jahrzehnte als auf Jahrtausende. Das gilt im Wesentlichen seit dem Aufkommen der sauerstofferzeugenden, photosynthetisierenden Lebewesen vor mehr als zwei Milliarden Jahren. Doch das heißt nicht, dass das Methan keine lang anhaltende Auswirkungen hat. Wenn es oxidiert, verwandelt es sich in CO_2. Für jedes freigesetzte Methanmolekül (CH_4) erhalten wir ein CO_2-Molekül, [da der Kohlenstoff in der Atmosphäre verbleibt, wird in der Wissenschaft oft statt der Gesamtmenge an CO_2 der darin enthaltene konstante Kohlenstoff angegeben, denn dieser bleibt konstant, Anm. d. Ü.]. Eine große Menge Methan – zum Beispiel 1.000 GtC– wird zu einer großen Menge CO_2 – mit weiterhin 1.000 GtC. Das bedeutet wiederum, dass die Gesamtmenge der freigesetzten Kohlenstoff-Emissionen direkt beeinflusst, wie sich diese langfristig auf die Erwärmung auswirken. Das gilt unabhängig davon, wie der ursprünglich freigesetzte Kohlenstoff aus CO_2 und Methan aufgeteilt war.

Nun ist es möglich, das Ausmaß der Erwärmung zu bestimmen und zumindest eine vage Vorstellung davon zu bekommen, wie viel Kohlenstoff freigesetzt worden sein könnte. Wie lässt sich aber der Zeitpunkt genau bestimmen? Im Gegensatz zu anderen geologischen »Archiven« wie Korallen, Eisbohrkernen oder Baumringen, die uns für spätere Zeiträume zur Verfügung stehen, gibt es hier keine verlässliche Datierung von Jahr zu Jahr. Die Altersbestimmung (engl.: dating) alter Sedimente gleicht einem, Achtung Wortwitz, »Flaking«, einer besonderen Art der Verabredung (abgeleitet vom engl.: dating) bei der man ohne Absage versetzt wird – ergo: sie ist mit erheblichen Unsicherheiten verbunden. Die Altersschätzungen können um viele tausend Jahre daneben liegen. Um dies zu umgehen, haben Richard Zeebe von der Universität von Hawaii und seine Kollegen einen neuen Modellierungsansatz gewählt. Sie nutzten die *relative* Verzögerung zwischen den Isotopenverhältnissen des Kohlenstoffs, welche die Freisetzung von Kohlenstoff dokumentieren, und den Isotopenverhältnissen des Sauerstoffs, welche die klimatischen Veränderungen aufzeichnen. Sie kamen zu dem Schluss, dass die maximale Menge der CO_2-Emissionen zu Beginn des PETM etwas mehr als eine Milliarde Tonnen CO_2 pro Jahr betrug, also eine Gigatonne, und der Zeitraum mehr als 4.000 Jahre andauerte.[5]

Im Rahmen der großen Unsicherheiten und manchmal widersprüchlichen Schätzungen, die sich aus verschiedenen Datenquellen und unterschiedlichen Modellierungsansätzen ergeben, lässt sich die folgende Schlussfolgerung ziehen: Die Erwärmung der Erde lag während des PETM zwischen 4 und 6 °C. Sie ist auf eine große Freisetzung von Kohlenstoff zurückzuführen, die irgendwo zwischen 2.000 und 15.000 GtC liegt. Das CO_2 wurde in einem Zeitraum freigesetzt, der zwischen 2.000 bis 50.000 Jahre dauerte. Das ist natürlich ein großer Unsicherheitsbereich, aber so ist es nun einmal, wenn man versucht, ein Geschehen zu rekonstruieren, das mehr als 50 Millionen Jahre zurückliegt.

Aktuelle Berechnungen gehen davon aus, dass die Reserven an fossilen Brennstoffen zwischen 1.000 und 2.000 GtC, möglicherweise sogar bis zu 13.000 GtC enthalten, wenn sämtliche zugänglichen Öl-, Gas- und Kohlevorkommen abgebaut und verbrannt werden würden. Das entspricht in etwa der Menge an Kohlenstoff, die während des PETM freigesetzt wurde. Das Ganze erstreckt sich jedoch über einen Zeitraum von Jahrhunderten und nicht von Jahrtausenden. Die Luftverschmutzung durch Kohlenstoff – hauptsächlich durch CO_2 – würde wohl ausreichen, um den gesamten Antarktischen Eisschild zu schmelzen und den Meeresspiegel weltweit um rund 50 bis 60 Meter anzuheben. Dadurch würden stark besiedelte Gebiete wie New York City und Washington DC überflutet werden, in denen heute mehr als eine Milliarde Menschen leben.[6]

HINEIN INS INFERNO

Wie war das PETM eigentlich? Wir haben selbstverständlich weder Fotos noch dokumentierte Nachweise. Dennoch ergibt sich aus den fossilen Pflanzen- und Tierfunden ein eindrucksvolles Bild: Die Mangroven und Regenwälder reichten bis in arktische Breitengrade. Nilpferde, Alligatoren und Palmen zierten die Ellesmere-Insel vor der nordwestlichen Küste Grönlands [im kanadischen Territorium Nunavut, Anm. d. Ü.], was auf eine fruchtbare, gemäßigte Klimazone in der Nähe des Nordpols schließen lässt. Es gibt Hinweise darauf, dass einige tropische Ozeanregionen so heiß wurden, dass sie von vielen Organismen wieder verlassen werden mussten.[7]

Mein ehemaliger Kollege und Freund Timothy Bralower von der Pennsylvania State Universität ist einer der weltweit führenden Experten auf dem Gebiet des PETM. Er weist darauf hin, dass die Wassertemperaturen vor der Küste der Antarktis, wo heute fast der Gefrierpunkt erreicht ist, bei milden 20 °C lagen. Vor der Küste Westafrikas herrschten glühende 36 °C. Er ergänzt: »Ich war im August in Miami schwimmen, was sich bei 31 °C schon wie in einer Badewanne anfühlt – 36 °C bedeuten praktisch Unbewohnbarkeit!«[8]

Im Bighorn Basin in Wyoming liegen die heutigen Badlands, eine staubige, nördliche, aride Landschaft aus Buschwerk und Wüstenbeifuß. Im späten Paläozän, kurz vor dem PETM, gab es hier subtropische Wälder, ähnlich wie im heutigen Nordflorida, mit Sümpfen aus Sumpfzypressen, Palmen und Krokodilen. Während des PETM erreichten die Jahresdurchschnittstemperaturen vermutlich 26 °C und ähnelten damit eher dem heutigen südlichen Florida. Die Sümpfe verschwanden, und die Niederschläge wurden immer unregelmäßiger. Es wurde heißer, aber auch trockener.[9]

War die Trockenheit ein weit verbreiteter Trend? Vermutlich nicht. Fossile Pollen deuten darauf hin, dass tropische Wälder zu dieser Zeit aufblühten und sich ausbreiteten. Klimamodell-Simulationen des PETM mit erhöhten CO_2-Werten, die mit den Paläodaten übereinstimmen, legen nahe, dass das westliche Nordamerika wohl eine der Ausnahmen von der Regel war. Es gehörte zu den wenigen kontinentalen Regionen in den mittleren Breiten, in denen es vor allem im Sommer trocken war. Die Gründe waren der hohe Luftdruck und die polwärts gerichteten Verlagerung des Jetstreams. In vielen anderen Regionen – vor allem in den Tropen und in den subpolaren Breiten – dürfte es mehr Niederschläge gegeben haben. Da wärmere Luft mehr Feuchtigkeit speichern kann, regnete es auf den vermutlich weiten Teilen der Erde, in denen die Bedingungen günstig für Niederschlag waren, besonders reichlich.[10]

Auf einem Großteil des Planeten war es vermutlich sowohl sehr heiß als auch extrem feucht gewesen. Eine ungünstige Kombination. »Es ist nicht die Hitze, sondern die Luftfeuchtigkeit«, heißt eine alte Floskel. Aber jeder, der schon einmal im August in Las Vegas war, wird bestätigen, dass das so nicht stimmt. Die Kombination ist entscheidend. Das wirksamste Verfahren zur Bestimmung der Anfälligkeit für Hitzestress ist die Verknüpfung von Temperatur und Luftfeuchtigkeit in einer einzigen Variablen. Sie wird Kühlgrenztemperatur genannt [die tiefste Temperatur, die sich durch direkte Verdunstungskühlung in einer bestimmten Umgebung erreichen lässt, Anm. d. Ü.].

Während meines Studiums in Yale war ich Lehrbeauftragter für einen sehr beliebten Kurs über Ozeane und Atmosphären, der von Ronald Smith geleitet wurde, einem ehemaligen Mitglied meines Promotionsausschusses. Eine meiner liebsten Veranstaltung war das Wetterlabor.

Dazu nahmen wir die Studierenden mit auf das Dach des geologischen Labors von Kline und machten sie mit einer meteorologischen Station vertraut, die in einem kleinen weißen Schuppen, der einige Meter über dem Boden stand, verschiedene Arten von Wetterinstrumenten enthielt. Zu den interessantesten Messgeräten gehörte das Schleuderpsychrometer. Es besteht aus zwei Thermometern, die nebeneinander angebracht waren. Eines davon ist mit einem Gewebedocht überzogen, den man mit Wasser tränkte. An dem Instrument ist außerdem eine Schnur befestigt, mit der es in der Luft »herumgeschleudert« werden kann, um die Verdunstung des Wassers aus dem nassen Docht um das Thermometer zu beschleunigen. Weil die Verdunstung Wärme benötigt, kühlt das Thermometer dabei ab. Schließlich erreicht es eine niedrigere, neu eingestellte Gleichgewichtstemperatur.

Der Unterschied zwischen der trockenen gemessenen Temperatur (ohne Stoffbezug) und der feucht gemessenen Temperatur ist ein Maß für die relative Luftfeuchtigkeit an dem jeweiligen Tag. Und die mit Hilfe der sogenannten Feuchtkugel gemessene Kühlgrenztemperatur zeigt die niedrigste Temperatur an, die ein Objekt – z. B. ein Mensch wie Sie oder ich – bei der vorherrschenden Temperatur und Luftfeuchtigkeit durch Verdunstungskälte erreichen kann.

Unsere Körperkerntemperatur, die Temperatur des Körperinneren, liegt normalerweise bei etwa 37 °C. Meine ist etwas niedriger, etwa 36 °C. Damit bin ich verglichen mit meiner Frau und meiner Tochter ein kaltblütiges Reptil – ein Anlass für endlose Kämpfe um die Einstellung des Thermostats. Die Temperatur der Haut ist in der Regel um 2 bis 5 °C niedriger, je nach Grad der körperlichen Aktivität. Überschüssige Wärme wird so vom Körperkern an die Haut und dann an die Umgebungsluft abgegeben. Das Schwitzen trägt dazu bei, dass die Kerntemperatur nicht ansteigt. Dieser Kühlmechanismus wird jedoch mit zunehmender Luftfeuchtigkeit unwirksam. Ein Feuchtkugelwert von 30 °C überschreitet die Grenzwerte für ungefährliche körperliche Aktivität. Eine Kühlgrenztemperatur von 32 °C, die sich genauso heiß anfühlt wie eine Trockentemperatur von 55 °C, ist auch ohne körperliche Aktivität gefährlich. Kühlgrenztemperaturen von 35 °C sind mit einer Trockentemperatur von 71 °C vergleichbar. An diesem Punkt kann Ihre Haut keine überschüssige Wärme mehr an die Luft abgeben. Selbst im Schatten werden Sie innerhalb weniger Stunden sterben.[11]

An den meisten Orten übersteigt die Kühlgrenztemperatur heute niemals 30 °C. An einigen Orten in Südasien, in den Küstenregionen des Nahen Ostens und des Südwestens Nordamerikas wurde die Grenztemperatur der Überlebensfähigkeit von 35 °C allerdings zumindest kurzzeitig überschritten. Dort gibt es in direkter räumlicher Nähe sowohl sehr hohe Meerestemperaturen als auch extreme Sommerhitze. Diese Umstände begünstigen außergewöhnlich hohe Kühlgrenztemperaturen. In *The Ministry for the Future* beginnt der Science-Fiction-Autor Kim Stanley Robinson seine spannende fiktive Erzählung unserer nahen Zukunft in der Klimakrise mit einer Hitzewelle in Indien. Tagelang liegen die Kühlgrenztemperaturen über 35 °C, was 20 Millionen Menschen das Leben kostet. Bedauerlicherweise holt die Realität mittlerweile die Fiktion ein. So erreichten die Temperaturen während einer historischen Hitzewelle im Frühjahr 2022 im indischen Chennai gute 34 °C bei einer relativen Luftfeuchtigkeit von 73 Prozent. Das entspricht einer Kühlgrenztemperatur von 30 °C – und das bereits Anfang Mai.[12]

Schon bei einer globalen Erderwärmung von nur 2,5 °C, die wir in wenigen Jahrzehnten erleben könnten, wenn keine nennenswerten Klimaschutzmaßnahmen ergriffen werden, könnte diese Schwelle in Teilen Südasiens und des Nahen Ostens, wo bis zu drei Milliarden Menschen leben, regelmäßig überschritten werden. Eine Erderwärmung um 10 °C könnte gar möglich sein, sollte der gesamte heute vermutete Vorrat an fossilen Brennstoffen verbrannt werden. Bereits bei einer geringeren Menge könnte es aber schon zu gefährlichen destabilisierenden Rückkopplungen kommen. Bei diesem Niveau der Erderwärmung wäre ein Großteil der Weltbevölkerung zumindest zeitweise von diesem tödlichen Hitze-Grenzwert betroffen. »Eine ganzjährige Hitzewelle« wäre gewiss.[13]

Ein Teil meiner eigenen Forschung befasst sich mit Projektionen von Klimamodellen, um das Gefahrenpotenzial von extremer Hitze in den Vereinigten Staaten zu ermitteln. Meine Mitarbeitenden und ich haben vor kurzem Simulationsmodelle untersucht, die vom Intergovernmental Panel on Climate Change (Weltklimarat, IPCC) verwendet wurden, um Projektionen [d. h. Berechnungen möglicher Entwicklungen, im Sinne von Szenarien, Anm. d. Ü.] darüber zu erstellen wie sich die Hitzebelastung unter Berücksichtigung von Hitze und Feuchtigkeit künftig verändern kann. Wir fanden heraus, dass kurz- bis mittelfristige Phasen extremer Hitzebelastung in dicht besiedelten Regionen der Vereinigten Staaten im Nordosten, Südosten, Mittleren Westen und Wüstenbereichen im Südwesten bis zum Ende dieses Jahrhunderts bei einem Szenario mit hohen CO_2-Emissionen voraussichtlich um mehr als das Dreifache zunehmen werden. Andere Untersuchungen, die ich durchgeführt habe, deuten auf eine Unterschätzung des tatsächlichen Hitzestressrisikos hin. Denn die Modelle tendieren dazu, den schwankenden sommerlichen Jetstream unterzubewerten, der mit den hartnäckigsten Hitzeextremen verbunden sind. In Las Vegas, Los Angeles und Phoenix sind hitzebedingte Gesundheitsbeeinträchtigungen bei Arbeitern im Freien bereits zu beobachten.[14]

In diesem Kontext ist es hilfreich, sich die Bedingungen während des PETM einmal vor Augen zu führen, als die globale Durchschnittstemperatur kaum vorstellbare 32 °C betrug. Das ist rund 16 °C wärmer als heute. Erschwerend kommt hinzu, dass es im Allgemeinen auch noch sehr schwül war. Wie es wohl wäre, plötzlich in die Zeit des PETM zurückversetzt zu werden? Die Chancen stünden gut, dass dort tagsüber Temperaturen von fast 38 °C und eine relative Luftfeuchtigkeit von 82 Prozent herrschten. Diese Kombination aus Saunahitze und Dampfbad ist etwas, dem sich Menschen in der realen Welt aus gutem Grund niemals aussetzen würden, denn sie ist tödlich. 82 Prozent relative Luftfeuchtigkeit und 38 °C ergeben eine Kühlgrenztemperatur von 35 °C. Wäre man diesen Bedingungen ausgesetzt und könnte nicht kühlen, klimatisieren oder in einen kalten Pool tauchen, würde man schon bald an den Folgen sterben.

Fazit: Der *Homo sapiens* – zumindest in seiner heutigen Ausprägung und ohne den Luxus moderner Technologie – hätte während des PETM nicht leben können, höchstens vielleicht in der Nähe der Pole. Viele andere Säugetiere scheinen jedoch gut zurechtgekommen zu sein. Zwar kam es zu einem Artensterben in der Tiefsee, was dort wahrscheinlich mit den durch die Erwärmung verursachten sauerstoffarmen Bedingungen zusammenhing. Ein Massensterben von Säugetieren fand jedoch nicht statt. Stattdessen ist eine Kombination aus Migration und Evolution zu verzeichnen. Denn die Evolution funktioniert, wenn ihr Tausende von Jahren zur Verfügung stehen. Diese Fülle an Zeit steht uns heute nicht zur Verfügung. Die Lebensformen des PETM hatten sie. Ihre wesentlichste Anpassung, abgesehen von einer polwärts gerichteten Migration, um der Hitze zu entkommen, bestand im *Schrumpfen*.[15]

In der Regel kann man sich dadurch abkühlen, indem man sich kleiner macht. Ein abgedroschener Witz über Wissenschaft-Nerds macht sich über die manchmal lächerlich unrealistischen Vereinfachungen lustig, die Physiker bei der Modellierung der realen Welt vornehmen: Man stelle sich, kein Scherz, eine kugelförmige Kuh vor. Das Volumen einer Kugel ist, in Erinnerung an den Geometrieunterricht in der Schule, $4\pi r^3/3$, wobei r der Radius ist.

Die Oberfläche der gleichen Kugel beträgt, wie Sie sich vielleicht noch erinnern, $4\pi r^2$. Das Verhältnis von Oberfläche zu Volumen ist somit $3/r$ und nimmt mit dem Radius ab. Je größer die kugelförmige Kuh also ist, desto kleiner ist ihr Oberflächen-Volumen-Verhältnis. Wenn sich die Kuh nun erwärmt, sich also der gesamte Körper, der das kugelförmige »Volumen« darstellt, aufheizt, kann sie sich nur über ihre Haut, sprich über ihre »Oberfläche«, abkühlen. Je größer sie ist, desto kleiner ist ihr Verhältnis von Oberfläche zu Volumen und desto schwieriger ist es für die Kuh, sich abzukühlen – und eine kleinere Kuh wird sich umgekehrt besser kühlen können.

Abbildung 13: Eine kugelförmige Kuh

Natürlich weiß ich, was Sie jetzt denken: Kühe sind nicht kugelförmig, sondern schon eher *würfelförmig*! Dennoch gilt das gleiche Grundprinzip. Wenn *a* die Seitenlänge der Würfel-Kuh ist, beträgt die Oberfläche $6a^2$, da sie die Summe der Flächen aller sechs quadratischen Seiten ist, von denen jede die Fläche a^2 hat. Das Volumen hingegen beträgt nur a^3. Das Verhältnis von Oberfläche zu Volumen ist also $6/a$. Je größer die Kuh, desto kleiner das Verhältnis von Oberfläche zu Volumen. Zufälligerweise gilt diese Regel auch für jede beliebige Kuh oder jedes x-beliebige Tier. Es gibt sogar einen Namen für diese Gesetzmäßigkeit: Die Bergmannsche Regel. Sie besagt, kurz ausgedrückt, dass die beste Art, sich abzukühlen, darin besteht, kleiner zu werden. Und genau das geschah während des PETM – im evolutionären Sinne. Die größeren Vertreter der jeweiligen Säugetiergattung konnten die Wärme nicht so gut abführen. Sie starben selektiv aus und konnten sich nicht fortpflanzen. Die kleineren Artgenossen überlebten dagegen eher und konnten ihre genetischen Eigenschaften besser weitergeben. Und so weiter. So funktioniert der Prozess des Schrumpfens.

Während des PETM gab es einige besonders drastische Fälle. So schrumpfte beispielsweise das Pferd, welches gerade erst auf der Bildfläche erschienen war, um 30 Prozent. Anschließend, als der PETM zu Ende ging, vergrößerte es sein Volumen wieder um 76 Prozent. Man ist versucht, daraus zu schlussfolgern, dass eine Erderwärmung eigentlich gar keine große Sache sei. Schließlich haben sich die Tiere ja nur angepasst. Genauso wie einige Kritiker von Klimaschutzmaßnahmen gerne behaupten, dass *wir* uns lediglich an die Folgen des Klimawandels »anpassen« müssten. Ein solch großer Selektionsdruck, der Tiere in nur 10.000 Jahren um 30 Prozent schrumpfen ließ, führte allerdings zu einer erheblichen Sterblichkeit derjenigen, die nicht anpassungsfähig waren, da sie beispielsweise zu groß waren. Das nächste Mal, wenn Sie einen Klimaskeptiker hören, der behauptet, wir könnten uns einfach an den Klimawandel »anpassen«, sollten Sie diese Erkenntnis im Hinterkopf behalten. Denn auch wenn unsere *Spezies* eine Erderwärmung von 5 °C überstehen sollte, würden dennoch Hunderte von Millionen Menschen den Klimawandel nicht überleben.[16]

Wie üblich gab es auch im PETM Gewinner und Verlierer. Unsere Vorfahren, die Primaten, gehörten zu den Gewinnern. Obgleich das PETM für uns zu heiß gewesen wäre, bot es unseren weitaus kleineren Vorfahren, den ersten Primaten, einen selektiven Vorteil. Unter ihnen befand sich der primitive, Lemuren ähnliche, mausgroße, baumbewohnende, vegetarische *Dryomomys*, der bereits im ersten Kapitel vorgestellt wurde.

Die Bewohner des Meeresbodens waren hingegen die Leidtragenden. Während Foraminiferen an der Wasseroberfläche und die Bewohner in den höheren Meeresschichten im Allgemeinen gut davonkamen, waren die benthischen Foraminiferen in der Tiefsee von der Übersäuerung stark betroffen. Möglicherweise starben bis zu 50 Prozent aller benthischen Foraminiferenarten aus. Die starke Versauerung der Tiefsee hat sogar dazu geführt, dass in Sedimentkernen kaum noch Kalzitschalen zu finden sind, viele von ihnen wurden im wahrsten Sinne des Wortes aufgelöst. Wir gehen davon aus, dass die Ozeane im oberen Bereich weniger stark, aber immer noch deutlich übersäuert waren.[17]

Möglicherweise spielte auch eine sich ändernde Meeresströmung für das PETM eine wichtige Rolle. So entsteht bei der Silikatverwitterung ein Tonmineral namens Kaolinit, das über Flüsse und Bäche in den Ozean transportiert wird. In Meeressedimenten aus der Zeit des PETM wurden ungewöhnlich hohe Kaolinitwerte gefunden. Das deutet darauf hin, dass die allgemeine Zunahme der Niederschläge während des PETM wahrscheinlich zu einem verstärkten kontinentalen Abfluss führte. Große Mengen an Süßwasser gelangten so in den Ozean. Ein solch großer Zufluss von Frischwasser in den Ozean kann, wie bereits erwähnt, das sogenannte Förderband der Ozeanzirkulation stören. Eine Verknüpfung von Klimamodell-Simulationen mit Daten von Kohlenstoffisotopen aus Foraminiferen zeigt, dass diese Unterbrechung nicht nur stattgefunden hat, sondern auch dazu führte, dass sich warmes, sauerstoffarmes Wasser am Meeresboden ablagerte. Die Versauerung, die Erwärmung und der Sauerstoffentzug in der Tiefsee stellten für das Leben in der Tiefsee eine dreifache Katastrophe dar.[18]

Die Erwärmung der Tiefsee, die auf bis zu 3 bis 4 °C geschätzt wird, könnte Methanhydrat am Meeresboden destabilisiert haben und damit ein möglicher Auslöser für den großen pulsartigen Methanausstoß gewesen sein, der zur Erwärmung des PETM beigetragen haben soll. Möglicherweise hat er auch noch andere Veränderungen im Ozean bewirkt. Obwohl sich das Massensterben auf die Tiefsee zu beschränken scheint, hat das PETM einige bemerkenswerte Auswirkungen auf den oberen Meeresbereich gehabt. In den Küstenregionen des Ozeans kam es etwa zu einer großflächigen Algenblüte mit Dinoflagellaten. Diese urzeitliche Version der Roten Flut wurde wahrscheinlich durch eine sogenannte Eutrophierung begünstigt: Durch den erhöhten kontinentalen Zustrom gelangten vermehrt Nährstoffe wie Stickstoff in die

Küstenregionen, was zu einem starken Auftreten von Dinoflagellaten führte. Wie bei den aktuellen Algenblüten durchliefen die Dinoflagellatenblüten alsbald ihre Krisen- und Boomzeiten, starben und zersetzten sich. Sie verbrauchten dabei sehr viel Meeressauerstoff und bedrohten so andere maritime Lebewesen einschließlich der Fischpopulationen. Auch heute würde die Erwärmung der Ozeane diese gefährlichen und todbringenden Vorgänge noch verschlimmern.[19]

DIE SILUR-HYPOTHESE

Im Gegensatz zur gegenwärtigen Erderwärmung war die abrupte Erwärmung während des PETM natürlichen Ursprungs, wie wir zu glauben wissen. Eine der bereits erwähnten Studien deutet darauf hin, dass es vermutlich zwei separate Schübe eines Kohlenstoffeintrags in das System gab. Der zweite war mit einem massiven Eintrag von Methan verbunden, das als Reaktion auf die Erwärmung freigesetzt wurde. Aber woher kam der Kohlenstoff, der die erste Klimaerwärmung auslöste? Das konnte die Studie nicht herausfinden. Deshalb lassen Sie uns einen kurzen Moment lang ein bisschen Spaß haben. Dabei sollten wir im Hinterkopf behalten, dass die Wissenschaft oft Erkenntnisse gewinnt, indem sie ausschließt, was nicht wahr und was sich nicht ereignet haben kann – in diesem Sinne betrachten wir die Silur-Hypothese. Dazu möchte ich eine Geschichte aus meiner Kindheit erzählen. Als US-Amerikaner, der in den 1970er Jahren aufwuchs, schaute ich regelmäßig eine Fernsehserie für Kinder namens *Land of the Lost.* Als sie im Herbst 1974 zum ersten Mal ausgestrahlt wurde, war sie sofort ein großer Erfolg. Für einen achtjährigen Jungen, der von Dinosauriern, Zeit- und Weltraumreisen besessen war, schien die Serie wie geschaffen zu sein. Ich war absolut begeistert.

Die Serie drehte sich um eine Familie, die in einer bizarren Unterwelt festsitzt, in der Dinosaurier, Ewok-ähnliche Affenmenschen namens Pakuni [Ewoks sind eine fiktionale Spezies aus Star Wars vom Waldmond Endor, Anm. d. Ü.] und bösartige Echsenmenschen namens Sleestak leben. Die Sleestak stammten von einer einst friedlichen und hochentwickelten Rasse reptilienartiger, zweibeiniger Humanoiden ab, den so genannten Altrusiern. Sie entwickelten sich jedoch im Laufe der Zeit zu primitiven, barbarischen Individuen, die in den Ruinen ihrer einst großen Zivilisation lebten.[20]

Die Handlung der ersten Staffel stammt von dem Science-Fiction-Autor David Gerrold, der unter anderem auch die bekannte Episode »Kennen Sie Tribbles?« für die original *Star-Trek*-Serie geschrieben hat. Ebenso waren auch einige andere bekannte Science-Fiction-Autoren wie Ben Bova, Theodore Sturgeon, Norman Spinrad und Larry Niven an der Serie beteiligt.

Ein Zeitgenosse von mir, Gavin Schmidt, leitet derzeit das Klimamodellierungslabor GISS der NASA. Er hat es vor einigen Jahren vom früheren Leiter James Hansen übernommen. Als Schmidt in den 1970er Jahren jenseits des großen Teichs im Vereinigten Königreich aufwuchs, schaute er ebenfalls Science-Fiction-Sendungen – genauer gesagt, die BBC-Fernsehserie *Doctor Who*. Eine Folge handelte von Echsenmenschen, die nach 400 Millionen Jahren Winterschlaf durch Kernwaffentests zum Leben erweckt wurden. Diese intelligenten, zweibeinigen Reptilien beherrschten einst die Dinosaurier, waren aber gezwungen, tief in der Erdkruste zu überwintern, wodurch sie einer globalen Katastrophe entgehen konnten. Man nennt sie die Silurier. Da es hier nur um einen kleinen Spaß geht, lassen wir die Tatsache außer Acht, dass die Silurier in Wirklichkeit 100 Millionen Jahre vor den Reptilien und fast 200 Millionen Jahre vor den Dinosauriern lebten.

Zu Beginn der 1970er Jahre gab es im Fernsehen und im Kino viele Geschichten, die von untergegangenen alten Echsenzivilisationen handelten. Ich habe mir einige Gedanken gemacht, warum das so war: Die in den frühen bis späten 1970er Jahren entstanden Filme wie *Lautlos im Weltraum (»Silent Running«)* und *Flucht ins 23. Jahrhundert (»Logan's Run«)*, gehen auf Szenarien eines umweltbedingten gesellschaftlichen Zusammenbruchs zurück. Dabei war der Film *»... Jahr 2022 ... die überleben wollen« (»Soylent Green«)* von 1973, mit Charlton Heston in der Hauptrolle, wohl seiner Zeit voraus. Er wurde Jahrzehnte vor einem weit reichenden Bewusstsein für die Klimakrise uraufgeführt und thematisierte die verheerenden gesellschaftlichen Folgen der globalen Erderwärmung. Die Geschichte spielt zufälligerweise im Jahr 2022.

Dann gibt es schließlich noch den dystopischen Film *Planet der Affen* aus dem Jahr 1968, in dem Charlton Heston ebenso die Hauptrolle spielt. Er spielt dabei einen Astronauten, der auf einem Planeten gestrandet ist, welcher von intelligenten, affenähnlichen Hominiden beherrscht wird. Gegen Ende des Films erkennt er, dass er eine Zeitreise gemacht hat, als er zufällig auf die archäologischen Überreste seiner eigenen Zivilisation stößt. Sie hatte sich selbst in einer nuklearen Katastrophe vernichtet. Die affenähnlichen Hominiden entwickelten sich in der Lücke, die entstanden war.

Vielleicht hat die Vorstellung von einer intelligenten Zivilisation, die unter rätselhaften Umständen ausgelöscht wurde, auch etwas Archetypisches. Vielleicht lösen solche Geschichten etwas aus, das tief in unseren primitiven Echsengehirnen verankert ist. Ein instinktives Gefühl für unsere Zerbrechlichkeit auf diesem blassblauen Flecken, den wir Heimat nennen. Möglicherweise fanden solche Geschichten im dystopischen Umweltethos der 1970er Jahre Anklang. Denn damals erkannten wir immer mehr die Bedrohung unseres Planeten durch die wachsende Verschmutzung von Luft und Wasser, dem Verschwinden von Wäldern und Lebensräumen und einem schwelenden, nuklear betriebenen Kalten Krieg. Vermutlich fragen Sie sich gerade, was das alles mit dem PETM zu tun hat.

Wenn nun eine intelligente vormenschliche Zivilisation wie die Altrusier oder Silurier vor zig Millionen Jahren auf der Erde existiert hätte und durch eine katastrophale Erwärmung des Planeten, ausgelöst durch die Verbrennung fossiler Brennstoffe, ausgelöscht worden wäre, wüssten wir das? Genau dieses Gedankenexperiment – die Silur-Hypothese – haben mein Freund und Kollege Gavin Schmidt zusammen mit dem Astrobiologen Adam Frank 2018 in einem Artikel verfolgt.[21]

Das Projekt entstand eher zufällig – wie es bei innovativen wissenschaftlichen Vorhaben oft der Fall ist. Adam Frank ist ein zutiefst wissbegieriger Astrophysiker mit einer Leidenschaft für die wirklich großen Fragen. Das erfuhr ich in einem faszinierenden Gespräch bei einer Tasse Kaffee an einem kühlen Februartag im Jahr 2019, als er am State College im US-Bundesstaat Pennsylvania zu Besuch war, das auch unter dem Spitznamen »Happy Valley« bekannt ist. Zudem ist er ein bedeutender Fürsprecher der Suche nach außerirdischer Intelligenz (»Search vor Extraterrestrial Intelligence«, kurz SETI). Damit führt er das Vermächtnis von Carl Sagan fort, der 1980 die Nichtregierungsorganisation Planetary Society mitbegründete, um sich für eine kontinuierliche Suche nach Leben im Kosmos einzusetzen.[22]

Bereits 1961, auf der allerersten wissenschaftlichen SETI-Tagung, formulierte der Astrophysiker Frank Drake eine mathematische Formel zur Bestimmung der Anzahl aktiver, kommunizierender außerirdischer Zivilisationen in der Milchstraßengalaxie. Die Drake-Gleichung besagt, dass diese Zahl das Produkt mehrerer Faktoren ist: der durchschnittlichen Sternentstehungsrate in der Galaxie; der Anzahl an Planeten der entstandenen Sterne; des Anteils an potentiell bewohnbaren Planeten; des Anteils der Planeten, auf denen tatsächlich Leben entsteht; des Anteils dieser Planeten, die eine intelligente Zivilisation hervorbringen; des Anteils dieser Zivilisationen, die Funkkommunikation entwickeln; und schließlich der typischen Lebensdauer solcher Zivilisationen. Carl Sagan war einer der zehn Wissenschaftler, die an diesem Treffen teilnahmen. Er war der Meinung, dass der letztgenannte Faktor wahrscheinlich der begrenzende sein würde. Mit anderen Worten: Die Schlüsselfrage lautete für Sagan, ob technologische Zivilisationen die Selbstzerstörung vermeiden können oder nicht. Es ist nicht abwegig zu vermuten, dass diese frühen Überlegungen Sagans ihn auf seine spätere Rolle in der

Debatte über das atomare Wettrüsten in den 1980er Jahren vorbereitet haben könnten.[23]

2017 stattete Adam Frank dem Klimaforscher Gavin Schmidt einen Besuch ab. Dabei zeigte er Interesse an der astrobiologischen Frage, ob potenzielle industrielle Zivilisationen, die auf anderen Planeten entstehen, durch eine von fossilen Brennstoffen verursachte Erwärmung aussterben könnten. In zahlreichen Gesprächen und Kooperationen habe ich über die Jahre gelernt, wie weit Schmidt über den Tellerrand hinausblickt. Er ist aber auch des Teufels Advokat. So wandte er sich dem verblüfften Frank zu und stellte ihm eine persönliche Frage: »Woher wissen wir, dass dies nicht schon von einer früheren Zivilisation auf der Erde getan wurde?« Damit kommen wir zur so genannten Silur-Hypothese: Woher wissen wir, dass der rasche Anstieg des CO_2-Ausstoßes nach dem PETM nicht von einer früheren, nach fossilen Brennstoffen gierenden Zivilisation verschuldet wurde? Welche Hinweise könnte eine spätere Zivilisation wie wir 50 oder 60 Millionen Jahre später noch finden?[24]

Diese grundsätzliche Frage wurde schon oft gestellt. Der 1941 von Isaac Asimov geschriebene Roman *Nightfall* erzählt die Geschichte einer antiken Zivilisation, die bei einer Sedimentanalyse entdeckt wird. Der Clou daran ist jedoch, dass es sich um *ein und dieselbe* Spezies handelt, die sich in einem ständigen Kreislauf von Wachstum und Zusammenbruch befindet, ausgelöst von katastrophalen Waldbränden. Lediglich dünne Ascheschichten in den Sedimenten und durch mündliche Überlieferung weitergegebene Mythen belegen frühere Zusammenbrüche. Eine später entstandene Kurzgeschichte von Asimov aus dem Jahr 1950 mit dem Titel »Day of the Hunters« erzählt von einer uralten, irdischen, nichtmenschlichen Zivilisation.

Der Science-Fiction-Autor Larry Niven, der, wie bereits erwähnt, an *Land of the Lost* mitgewirkt hat, schrieb 1979 eine Kurzgeschichte mit dem Titel »The green Marauder« (Der grüne Marodeur). Darin wird eine intelligente, anaerobe Spezies beschrieben, die vor Hunderten von Millionen Jahren auf der Erde lebte, aber offenbar ausstarb, als die Erdatmosphäre mit Sauerstoff »verunreinigt« wurde. Die Handlung ist in Form eines Gesprächs in der Draco-Taverne angelegt [»Draco Tavern« ist eine Sammlung von Science-Fiction-Kurzgeschichten des US-amerikanischen Schriftstellers Larry Niven, Anm. d. Ü.], bei dem sich einer der Gesprächspartner, vorgeblich ein Außerirdischer von einem anderen Planeten, als überlebender Angehöriger dieser alten Spezies entpuppt. Gavin Schmidt hat selbst eine Kurzgeschichte geschrieben, die auf der Silur-Hypothese basiert (»Under the Sun«).[25]

Obwohl Forschende und Romanschreibende gleichermaßen seit Jahrzehnten über solche Dinge spekulieren, haben Schmidt und Frank den Stein ins Rollen gebracht. Sie beleuchten detailliert, wie geologische und archäologische Funde aussehen würden, die eine intelligente, zivilisationsbildende Spezies, welche sich selbst durch Umweltzerstörung in einer fernen geologischen Vergangenheit ausgelöscht hat, hinterlassen würde und welche nicht. Dabei stellen sie beispielsweise fest, dass die klassischen Belege, wie wir sie uns vorstellen – etwa kontinentale Gräber mit menschlichen Skeletten, eingestürzte Gebäude, Fahrzeuge, Fundamente von Häusern – schlichtweg nicht erhalten bleiben würden. Geologische Verwitterung und Erosion in Verbindung mit der Plattentektonik hätten alle künstlichen Strukturen und Objekte zerstört, die älter als etwa zehn Millionen Jahre sind.

Es gäbe also keine direkten Beweise im Sinne von archäologischen Stätten oder erhaltenen Artefakten für eine industrielle Zivilisation, die für einen wahrhaft flüchtigen geologischer Moment von wenigen Jahrhunderten existierte. Nur ein Bruchteil der Lebewesen versteinert. Selbst wenn also eine Reptilienrasse oder ein frühes Säugetier im späten Paläozän eine Zivilisation entwickelt hätte, die nur 100.000 Jahre überdauert hätte, wäre sie im Fossilienarchiv leicht zu übersehen gewesen, von ein paar Jahrhunderten gar nicht zu reden.

Welche Hinweise könnten wir erwarten zu finden? Wir könnten in den erhaltenen Sedimenten deutliche Ausschläge bei den Sauerstoff-

und Kohlenstoffisotopen erkennen, die wiederum auf einen raschen Anstieg der Treibhausgase und Temperaturen hindeuten. Genau diese Art von Belegen sehen wir im PETM!

Außerdem wäre mit einem sprunghaften Anstieg der Stickstoff-Isotopenverhältnisse zu rechnen, der auf den großflächigen Einsatz von Düngemitteln schließen ließe. Zudem kann eine Zunahme der sauerstoffarmen Zonen in den Ozeanen infolge der Eutrophierung, der Versauerung der Ozeane und das Aussterben der in den Sedimenten erhaltenen kalkhaltigen Biota zurückzuführen, erwartet werden. Auch ließen sich in den Sedimenten wohl ungewöhnliche Konzentrationen von Blei, Chrom, Antimon, Rhenium und anderen abgebauten Metallen nachweisen. Interessanterweise konnten derartige Veränderungen während des PETM und auch bei anderen Episoden mit raschen Klima- und Umweltveränderungen in der Vergangenheit festgestellt werden. Diese waren beispielsweise auf eine verstärkte Erosion und kontinentale Abschwemmung zurückzuführen.

Natürlich wollen Schmidt und Frank nicht andeuten, dass intelligente Echsen vor 56 Millionen Jahren einen Temperaturschub ausgelöst haben. Tatsächlich gibt es für das Geschehen eine ausgezeichnete, leider weitaus banalere, Erklärung. »Ockham's Rasiermesser« [auch Sparsamkeitsprinzip genannt, Anm. d. Ü.] setzt sich letztendlich durch. Denn die Verfasser der Studie räumen ein, dass ihre Hypothese mit ziemlicher Sicherheit falsch ist. Auf meine Frage nach dem schlagkräftigsten Gegenbeweis, den seine Kritiker anführen, antwortete Schmidt: »Unsere Erfahrungen mit dem Untertagebau. Die metallischen Lagerstätten sind zum Teil Milliarden von Jahren alt, und soweit ich weiß, gibt es keine Hinweise darauf, dass sie schon jemals erschlossen worden sind. Dennoch ist die Hypothese nicht *offensichtlich* abwegig. Sie muss jedoch sorgfältig geprüft und bewertet werden.

Schmidt und Frank haben lediglich die Frage aufgeworfen, woher zukünftige Lebewesen – darunter vielleicht auch die Bevölkerung der Erde in Millionen von Jahren – wissen könnten, ob eine Zivilisation wie die unsere aufgrund von Umweltzerstörung und insbesondere wegen einer durch fossile Brennstoffe verursachten abrupten Erderwärmung ausgelöscht wurde. Die Silur-Hypothese hatte ihren Ursprung in der grundlegenden Frage, über die Wissenschaftler wie Adam Frank, David Grinspoon, Carl Sagan und sogar der große Physiker Enrico Fermi schon lange nachgedacht haben: Gibt es irgendwo da draußen anderes Leben? Falls ja, wieso haben wir dann noch nichts davon mitbekommen? Manche vermuten, dass intelligente Zivilisationen möglicherweise dazu neigen, durch Umweltzerstörung und Kriege selbst die Saat für ihre Vernichtung zu legen. Eine Frage, die sich durchaus stellt: Neigen wir dazu? Und falls ja, können wir uns diesem Drang widersetzen?

RÜCKKOPPLUNGEN DES TREIBHAUSES

Wenn wir zweibeinige Reptilien, die nach fossilen Brennstoffen lechzen, als Ursache für das PETM ausschließen können, wem sollten wir dann die Schuld geben? Wie wäre es dann mit Island, einen immerhin heißen Ort. Auch wenn es verwirrend erscheint, möchte ich es versuchen zu erklären. Die Insel Island entstand vor etwa 60 Millionen Jahren aus einem Schwall heißem, geschmolzenen Magma, das aus einem »Hot Spot« im Erdmantel durch den Ozean aufstieg. Die basalthaltige Lava kühlte schließlich zu einer felsigen Kruste ab und bildete eine Insel in der Mitte des Nordatlantiks knapp unterhalb des Polarkreises.

Island befindet sich weiterhin oberhalb des Plumes [d. h. Magmasäulen mit heißem Gesteinsmaterial aus dem tieferen Erdmantel, Anm. d. Ü.] und des Hot Spots. Gleichzeitig liegt es auf dem Mittelatlantischen Rücken, einer unterhalb des Meeresspiegels verlaufenden Gebirgskette. Dort driften zwei tektonische Platten – die eurasische und die nordamerikanische – mit einer Geschwindigkeit auseinander, die in etwa dem Wachstum unserer Fingernägel entspricht, also etwa 2,5 Zentimeter pro Jahr. Die Folgen davon sind jede Menge geothermische Wärme und viel Vulkanismus.[26]

Abbildung 14: Mein Besuch auf dem Mittelatlantischen Rücken in Island im Oktober 2013

Ich habe beides bei meinen Besuchen in Island in den vergangenen Jahren gesehen und erlebt. Ich konnte nicht nur die geothermisch aufgeheizten Geysire beobachten, sondern auch, im Südwesten Islands, den Großen Geysir selbst – er gab dieser Art von heißen, Wasser ausstoßenden Quellen ihren Namen. Ich habe mir die großartigen Vulkane angesehen, darunter den Laki, dessen Ausbruch im Sommer 1783 zu trockenem Nebel und eisiger Kälte in Europa führte, aber auch den Eyjafjallajökull, einen der aktivsten Vulkane der Welt. Er ist auch der weltweit *aktivste* Vulkan, dessen Name nur schwer aussprechbar ist. Ich schwamm in der so genannten Blauen Lagune, einem künstlich angelegten Becken, das mit den Rückläufen eines geothermischen Kraftwerks gespeist wird und das angeblich heilende Wirkung hat. Und ich habe den Thingvellir-Nationalpark im Südwesten Islands besuchen dürfen, wo ich auf dem Mittelatlantischen Rücken stand und in die Schlucht hinunterblickte, die zwischen den sich auseinander bewegenden Platten liegt.

Die Nordatlantische Igneous-Provinz (»North Atlantic Igneous Province«, NAIP) ist ein Gebiet der Erdkruste, das sehr große Mengen magmatischer Gesteine enthält. Dazu gehört auch ein äußerst mächtiges Kohlenstoffreservoir, das sich über dem Magma-Plume unter Island befindet. Dieser scheint sich während zweier intensiver vulkanischer Phasen vor 62 bis 55 Millionen Jahren gebildet zu haben, die mit der Entstehung des Meeresbodens und der Öffnung des nordöstlichen Atlantiks zusammenfielen. Jüngste Studien haben gezeigt, dass eine längere Episode vulkanischer Ausgasung, die sich aus diesem riesigen Kohlenstoffvorkommen speiste, das PETM angeheizt haben könnte.[27]

Eine Studie aus dem Jahr 2017, die in der Fachzeitschrift *Nature* veröffentlicht wurde, kommt zu dem Schluss, dass die Freisetzung von 10.000 bis zu 12.000 GtC atmosphärischen Kohlenstoffs durch anhaltende Eruptionen in dieser Region über einen Zeitraum von 50.000 Jahren die Hauptursache für die Erwärmung des PETM war. Die Autoren verwendeten dazu den innovativen Ansatz der Datenassimilation. Ich selbst habe dieses Verfahren in meiner eigenen Paläoklimaforschung eingesetzt. Bei dieser Methode werden Messwerte mit einem numerischen Modell kombiniert, um ein möglichst realistisches Szenario zu erstellen.[28]

Die Verfasser schätzten, dass wohl etwa 11.200 GtC freigesetzt wurden und dass 90 Prozent des Kohlenstoffs auf langsam entweichende Vulkangase mit einer Ausstoßrate von etwa 0,6 GtC pro Jahr zurückzuführen sind. Das ist weniger als ein Zehntel des derzeitigen CO_2-Eintrags infolge der Verbrennung fossiler Brennstoffe. Dies bestätigt, dass die Freisetzung von CO_2 durch das PETM aus geologischer Sicht zwar »schnell« vonstatten ging, jedoch langsam im Vergleich zur heutigen Luftverschmutzung mit CO_2 durch den Menschen.

Die Autoren der *Nature*-Studie vermuten, dass die restlichen 10 Prozent des während des PETM freigesetzten CO_2 aus Methanhydraten stammen könnten. Somit könnten methanbedingte positive Rückkopplungseffekte in geringem Maße zur Erwärmung während des PETM beigetragen haben, spielten aber nicht die Hauptrolle.[29]

Gab es noch andere Rückkopplungen, die in Gang kamen, als sich die Erde der geradezu höllischen PETM-Durchschnittstemperatur von 32 °C näherte? Vielleicht. Die Musikerin Joni Mitchell möge das Zitat aus ihrem Lied verzeihen: Lasst uns die Wolken von beiden Seiten ansehen. Und mit beiden Seiten sind natürlich die CO_2-Werte sowohl über als auch unter 1.200 ppm gemeint. Eine im Jahr 2019 in der Zeitschrift *Nature Geoscience* veröffentlichte Studie unter Leitung des Caltech-Forschers Tapio Schneider lässt vermuten, dass sich die Wolken beim Überschreiten dieser besonderen CO_2-Schwelle auf sehr ungewöhnliche Weise verhalten.[30]

Schneider und sein Team befassten sich speziell mit Stratocumulus-Wolken, also riesigen Schichten tiefhängender, reflektierender Wolken. Diese finden sich häufig über den tropischen und subtropischen Ozeanen. Dort bedecken sie rund 20 Prozent der Fläche zwischen 30° südlicher und 30° nördlicher Breite, was immerhin die Hälfte der Oberfläche unseres Planeten ausmacht. Zu diesen Regionen gehören große Teile des östlichen Pazifiks vor der kalifornischen, mexikanischen, peruanischen und chilenischen Küste sowie große Teile des östlichen Atlantiks vor der nord- und südafrikanischen Küste. Unter Verwendung eines hochauflösenden Atmosphärenmodells, das im Gegensatz zu herkömmlichen Klimamodellen einzelne Wolken auf einer Größenordnung von bis zu 45 Meter auflösen kann, stellten sie erstaunlicherweise fest, dass sich die Wolkenschichten bei einer Erwärmung des Klimas über den Schwellenwert von 1.200 ppm CO_2 hinaus praktisch auflösten. Das Verschwinden der Wolken und der dramatische Anstieg des absorbierten Sonnenlichts führten zu einem enormen Temperatursprung von 8 °C.

Die Stratocumulus-Wolken werden also mit zunehmender Erwärmung dünner, was eine verstärkende Rückkopplung mit weniger Reflexion, stärkerer Erwärmung der Oberfläche und weiterer Ausdünnung der Wolken zur Folge hat. Schließlich wird ein Kipppunkt erreicht, an dem die Wolken ganz verschwinden. Dies ähnelt der Eis-Albedo-Rückkopplung, auf die wir bereits im zweiten Kapitel gestoßen sind, wobei jedoch die Wolken und nicht das Eis die entscheidende Rolle spielen. Es gibt auch eine Art Hysterese, wie sie bereits in der Gänseblümchenwelt aufgetreten ist. Die Wolken lösen sich in ihrem Modell auf, sobald der CO_2-Wert 1.200 ppm übersteigt. Nachdem sie verschwunden sind, tauchen sie jedoch erst wieder auf, nachdem der CO_2-Gehalt deutlich unter diesen Wert gefallen ist.

Diese destabilisierende Rückkopplung hat möglicherweise in der Vergangenheit zu einem Treibhausklima beigetragen. Ein naheliegender Kandidat dafür ist das PETM, als das CO_2-Niveau einen Wert von bis zu 2.500 ppm erreicht haben könnte. Die Autoren warnen deshalb, dass eine solche positive Wolkenrückkopplung zu einer unliebsamen Überraschung werden könnte, sollten wir den CO_2-Gehalt durch die Verbrennung fossiler Brennstoffe weiter erhöhen.

Bemerkenswert ist jedoch, dass selbst die neuesten Klimamodelle bei einem CO_2-Wert von 9.000 ppm keine Anzeichen für ein solches schwellenartiges Wolkenverhalten zeigen. Nach Ansicht von Schneider und seinem Forscherteam ist dies auf Unzulänglichkeiten bei der Parametrisierung des Wolkenverhaltens in den Klimamodellen zurückzuführen, was andere Forschende jedoch nicht überzeugen konnte. Sie kritisieren vielmehr die stark idealisierte Struktur der Experimente. Chris Bretherton von der Universität Washington vertritt beispielsweise die Ansicht, dass die Veränderungen des Wolkenverhaltens »an unterschiedlichen Orten und unterschiedlichen Zeiten bei unterschiedlichen CO_2-Konzentrationen stattfinden. Das würde das Ganze glätten«. Mit anderen Worten, es gäbe keinen einzelnen Kipppunkt oder ein abruptes, schrittweises Verschwinden der Wolken und ebenso wenig einen darauffolgenden Anstieg der globalen Durchschnittstemperatur. Stattdessen würde es wahrscheinlich zu einer moderateren und allmählichen Veränderung kommen. Obwohl diese Kritik durchaus berechtigt ist, widerspricht sie nicht wirklich Schneiders Grundhypothese. Sie modifiziert sie lediglich. In der realen Welt könnte sich die Auswirkung vor allem in einer höheren Klimasensitivität bei sehr warmen Treibhausklimata wie dem PETM zeigen. Und dafür gibt es tatsächlich einige Belege, wie wir noch sehen werden.[31]

KLIMASENSITIVITÄT – NEU BETRACHTET

Die Klimasensitivität ist, wie bereits erwähnt, der Grad der Erwärmung, der sich einstellt, nachdem wir die CO_2-Konzentration in der Atmosphäre verdoppelt haben. In den nachfolgenden Kapiteln betrachten wir dazu Belege aus der jüngeren Vergangenheit, wie dem letzten eiszeitlichen Maximum (»Last Glacial Maximum«, LGM) oder der letzten zwei Jahrtausende, dem sogenannten gemeinsame Zeitalter, um Erkenntnisse über die Klimasensitivität zu gewinnen. Diese Untersuchungen sind unter anderem deshalb nützlich, weil wir über genauere Daten sowohl zu den Temperaturen als auch zu den klimatischen Einflussfaktoren aus dieser jüngeren Zeit verfügen. Doch auch die Schlussfolgerungen, welche wir aus diesen Epochen ableiten, stehen unter einem gewissen Vorbehalt. Denn die Klimasensitivität ist keine universelle Größe. Sie beinhaltet Rückkopplungsprozesse, die im Allgemeinen für kalte und warme globale Klimazonen nicht identisch sind. So werden kalte Klimazonen eher von Albedoveränderungen beeinflusst, die mit der Eisbedeckung zusammenhängen, während warme Klimazonen eher von den Rückkopplungen des Kohlenstoffkreislaufs, einschließlich der Permafrostschmelze und Methanfreisetzung beeinflusst sind sowie – wie wir gesehen haben – von möglichen Wolkenveränderungen.

Diese Art von Asymmetrie könnte bedeuten, dass Berechnungen der Klimasensitivität, wie sie von vergangenen und jüngsten *kalten* Klimata abgeleitet wurden, nicht besonders aussagekräftig sind, wenn es um die zukünftige potenzielle Erderwärmung im Zuge des Treibhauseffekts geht. Um eine Analogie für ein Treibhausklima mit einem CO_2-Gehalt von

1.200 ppm oder mehr zu finden, das wir im ungünstigsten Szenario bis zum Ende des Jahrhunderts erreichen könnten, müssen wir zumindest bis zum frühen Eozän vor etwa 50 Millionen Jahren und möglicherweise auch zur bestmöglichen Treibhaus-Analogie, dem PETM, zurückgehen.

Wir sollten uns das PETM also noch einmal genauer ansehen und herausfinden, was es uns über die Klimasensitivität des Treibhausklimas sagen kann. Unmittelbar vor dem PETM, in der Spätphase des Paläozäns, lag der atmosphärische CO_2-Gehalt bei etwa 870 ppm. Auf dem Höhepunkt des PETM betrug er ungefähr 2.200 ppm. Das ist ein Anstieg um den Faktor 2,5. Also eine etwa eineinhalbfache Verdoppelung. Da die Temperaturerhöhung im Bereich von 5 bis 6 °C lag, lässt sich eine Gleichgewichts-Klimasensitivität von 3,7 bis 4,5 °C bestimmen. Man könnte zu Recht fragen: Messen wir hier nicht die Erdsystemklimasensitivität, welche die Bedeutung langsamerer Veränderungen wie der Eisschilder mit einbezieht? Da der wesentliche Temperaturanstieg relativ schnell war und sich über Tausende anstatt Hunderttausende von Jahren erstreckte, spielten die langsameren Faktoren des Erdsystems praktisch keine Rolle. Und da es auf der Erde kein ewiges Eis gab, spielten Veränderungen in der Ausdehnung der Eisschilder damals auch keine Rolle. Vergleicht man die Schätzung zur Gleichgewichts-Klimasensitivität des PETM mit dem heute zu erwartenden Wert von 2,8 °C, so deutet dies auf eine größere Klimasensibilität während dieser Treibhausperiode hin.[32]

Jüngste Studien belegen diese These ebenfalls. Eine Untersuchung aus dem Jahr 2016 ergab beispielsweise, dass die Gleichgewichts-Klimasensitivität von 4,5 °C vor dem PETM, als die globale Durchschnittstemperatur bei etwa 26 °C lag, auf 5,0 °C während des PETM anstieg, als die Temperaturen bei etwa 32 °C lagen. Im Gegensatz zu den Berechnungen der großen Kälte des letzten eiszeitlichen Maximums und der Neuzeit vermuten die Autoren einen systematischen Anstieg der ECS im Zuge der allgemeinen Erwärmung. Auch eine kürzlich durchgeführte Studie ergab leicht abweichende Werte, wobei jedoch die Treibhausklimata immer noch eine wesentlich höhere Sensitivität aufweisen als die kühleren Klimata. Weitere aktuelle Studien bestätigen die Tendenz, dass die Gleichgewichts-Klimasensitivität mit der Erwärmung zunimmt, auch wenn die genauen Details in der Fachliteratur nach wie vor umstritten sind.[33]

WAS HABEN WIR GELERNT?

Was verrät uns das PETM über die heutige Klimakrise? Obwohl der wesentliche CO_2-Anstieg, der zum PETM führte, weniger als 20.000 Jahre dauerte, blieben die CO_2-Konzentrationen und die globale Durchschnittstemperatur mindestens 100.000 Jahre lang auf Treibhausniveau- also fünfmal so lange. Das verdeutlicht, dass CO_2, wenn es erst einmal in die Atmosphäre gelangt ist, tendenziell sehr lange dort verbleibt. Und genau dieser Koeffizient, Faktor fünf, ist auch heute gültig: Die Luftverschmutzung durch CO_2, das wir bereits in die Atmosphäre eingebracht haben, wird den CO_2-Gehalt und die Temperaturen noch mehr als 1.000 Jahre lang hoch halten, wenn das atmosphärische CO_2 nicht in erheblichem Maße entfernt wird. Das bedeutet, dass unser einzigartiger Augenblick *selbst dann* bedroht sein dürfte, wenn wir sofort mit der Verbrennung fossiler Brennstoffe aufhören und unsere CO_2-Emissionen rasch auf Null senken.

Daher werden wir möglicherweise auf Methoden zurückgreifen, die dazu beitragen können, den Planeten wieder abzukühlen. In Frage kommen hierbei sowohl natürliche Methoden, wie eine massive Wiederaufforstung und Bewaldung, als auch künstliche, wie die erstaunliche Technologie zur Abscheidung und Bindung von CO_2 (»Carbon Capture and Storage«, kurz CCS). Die Technologie für Letzteres befindet sich derzeit bestenfalls in der Phase des Nachweises der Machbarkeit. Noch ist sie nicht in großem Maßstab umsetzbar, aber in einigen Jahrzehnten könnte sie sich durchaus zu einem wichtigen Werkzeug entwickeln. Wie ich bereits in meinem Buch *The New Climate War (Propagandaschlacht ums Klima)* dargelegt habe, dürfen die Versprechungen zur CO_2-Abscheidung und -Speicherung, sowie andere Lösungsvorschläge, von den Verursachern nicht als Ausrede für Verzögerungen und die Fortsetzung des »business as usual« benutzt werden. Die Dekarbonisierung unserer Zivilisation ist nach wie vor die wichtigste Aufgabe. Sie lässt sich mit den bereits verfügbaren Erneuerbaren Energien und Speichertechnologien, Effizienzmaßnahmen und intelligenten Stromnetzen erreichen. Derzeit fehlt uns nur der politische Wille, nicht aber das Know-how, um diese Aufgabe zu bewältigen.[34]

Wie verhält es sich nun mit der Gefahr von »Methanbomben«, die so häufig von denen ins Feld geführt wird, die behaupten, dass eine unkontrollierte Erderwärmung unausweichlich sei und Klimaschutzmaßnahmen im Grunde sinnlos wären? Das PETM widerspricht einem solchen Szenario. Obwohl das PETM keine perfekte Entsprechung der heutigen Klimaerwärmung darstellt, sollten die Ereignisse während des PETM die Befürchtungen hinsichtlich unkontrollierbarer Methanrückkopplungen zerstreuen. Denn die Ausgangstemperaturen vor dem PETM waren um mehr als 10 °C höher als die gegenwärtigen. Zudem begünstigte eine Verschiebung des Förderbands der Ozeanzirkulation die Anreicherung von warmem Wasser. Würde das Förderband heute kollabieren, so hätte dies nicht dieselbe Wirkung. Die Tiefsee bewegte sich damals folglich deutlich näher an der Grenztemperatur, bei der Methanhydrat destabilisiert wird. Dennoch kam es zu keiner katastrophalen Freisetzung von Methanhydraten. Trotz ständiger Berichte, die das Gegenteil behaupten, selbst in den meistzitierten Medien, gab es keine PETM-»Methanbombe«. Die Rückkopplung von Methanhydraten während des PETM scheint höchstens 10 Prozent der gesamten CO_2-Freisetzung ausgemacht zu haben.[35]

Selbstverständlich gibt es auch Vorbehalte. Schließlich ist das *Tempo* der heutigen Erderwärmung mehr als zehnmal so hoch wie beim PETM. Zudem gibt es Hinweise darauf, dass die Destabilisierung von Methanhydraten in einem Szenario mit einer schnelleren Erwärmung größer sein könnte. Ein Großteil des Methans, das heute potenziell eine Rolle spielt, befindet sich entlang der zirkumarktischen Kontinentalplatten in Form von Permafrost unterhalb der Meeresoberfläche. Diese zusätzliche Methanquelle existierte während des PETM nicht, da das arktische Meereis erst vor etwa 47 Millionen Jahren entstand. Die Erderwärmung sowie die Überschwemmung von Küstengebieten aufgrund des steigenden Meeresspiegels seit Ende der letzten Eiszeit haben das Auftauen des unterseeischen Permafrosts und die Zersetzung von Methanhydrat begünstigt. Es ist daher durchaus möglich, dass durch eine fortgesetzte, vom Menschen verursachte Erwärmung noch mehr freigesetzt wird. Es gibt jedoch keine Anzeichen dafür, dass dies derzeit der Fall ist.[36]

Das heißt aber nicht, dass Methan heute kein Problem darstellt. Es ist durchaus eins, nur nicht in Form einer Klima-Rückkopplung. Vielmehr stellt es einen vom Menschen verursachten Klimatreiber dar. Methan ist beides: ein fossiler Brennstoff, der bei der Verbrennung CO_2 freisetzt, und auch ein Treibhausgas. Wie bereits erwähnt, erleben wir derzeit einen Anstieg der Methankonzentration aufgrund von Erdgasförderung, Viehzucht und Landwirtschaft. Diese Methanemissionen stammen offensichtlich von *uns Menschen* und nicht aus irgendeinem Rückkopplungszyklus. Da der Anstieg von Methan für etwa 25 Prozent der Erwärmung in den letzten Jahrzehnten verantwortlich ist, muss die Verringerung der vom Menschen verursachten Methanemissionen Teil eines umfassenden Aktionsplans zur Bewältigung der Klimakrise sein.[37]

Kann der heutige Mensch den Planeten durch das Verbrennen fossiler Brennstoffe so stark erwärmen, dass dadurch andere klimatische Rückkopplungen ausgelöst werden? Könnte es, wie beim PETM, zu einem Punkt kommen, an dem es buchstäblich zu heiß für die Menschen wird? Solche Szenarien erscheinen wenig wahrscheinlich, wenn auch nicht unmöglich. Die globale Durchschnittstemperatur beträgt heute etwa 15 °C. Bereits mit den derzeitigen politischen Entscheidungen, ohne weitere Klimaschutzmaßnahmen, wird sich der Planet voraussichtlich um höchstens 3 °C erwärmen. Damit liegen die globalen Durchschnittstemperaturen immer noch unter 18 °C. Das ist 14 °C kühler als während des PETM und weit unter den Werten, bei denen die Rückkopplungseffekte, über die bereits spekuliert wurde, Veränderungen der Wolkendecke herbeiführen könnten. Das heißt aber keineswegs, dass die Folgen nicht katastrophal sein werden. Es ist bereits warm genug, dass gewisse Regionen auf der Erde unbewohnbar werden könnten. Und schon jetzt ist ein deutlicher Anstieg der klimabedingten Todesfälle zu verzeichnen. 2003 starben bei einer Rekordhitzewelle in Europa 30.000 Menschen. Ein solches Ereignis ist durch die vom Menschen verursachte Erwärmung mindestens zehnmal wahrscheinlicher geworden. Auch die Hitzewelle im pazifischen Nordwesten der Vereinigten Staaten und Kanadas im Juni 2021 führte zu mehr als tausend Todesopfern. Wie meine Kollegin Susan Joy Hassol und ich es in einem Artikel in der *New York Times* beschrieben haben: »Es [wurde] als ein Ereignis bezeichnet, das nur einmal in einem Jahrtausend stattfindet, was soviel bedeutet, dass man damit rechnen kann, es einmal in seinem Leben zu erleiden – sofern man zufällig der biblisch bekannte Methusalem ist.« Für unseren Kommentar wählten wir als Überschrift »Diese Hitzeglocke? Ja, das ist der Klimawandel«.[38]

Es ist auch möglich, dass die aktuellen Projektionen der Modelle die potenzielle Erwärmung unterschätzen, etwa weil die Rückkopplungen des Kohlenstoffkreislaufs nur unzureichend berücksichtigt werden. Wie bereits erwähnt, scheint es unwahrscheinlich, dass Methan-Rückkopplungen eine große Rolle spielen werden, zumindest angesichts bereits bestehender klimapolitischer Maßnahmen. Aber ich mache mir Sorgen über andere Unwägbarkeiten wie durch Dürre ausgelöste Waldbrände, die CO_2 freisetzen, wie wir sie in den letzten Sommern von den Vereinigten Staaten bis Australien erlebt haben, und andere potenzielle Rückkopplungen des Kohlenstoffkreislaufs, die in den Klimamodellen der aktuellen Generation möglicherweise nicht vollständig erfasst werden. Einige Klimawissenschaftler argumentieren aus diesen und anderen Gründen, dass wir selbst mit den derzeitigen Maßnahmen ein Worst-Case-Szenario mit CO_2-Werten von etwa 1.200 ppm bis zum Ende des Jahrhunderts noch nicht ausschließen können. Andere Experten bestreiten diese Behauptung und argumentieren, dass die glaubwürdigsten politischen Projektionen den CO_2-Gehalt auf etwa die Hälfte dieses Wertes begrenzen. Ich neige dazu, mich dieser letzteren Ansicht anzuschließen, aber in jedem Fall ist das immer noch zu viel.[39]

Der Umstand, dass die heutige Erderwärmung die des PETM bei weitem übersteigt, stellt uns vor ganz eigene Herausforderungen. Wie sich gezeigt hat, sind Säugetiere und andere Spezies aus Regionen abgewandert, in denen es zu warm wurde, oder haben sich regelrecht – wie im kuriosen Fall der geschrumpften Pferde – an die Temperaturen angepasst. Doch das Tempo der heutigen Erwärmung ist, wie sich herausgestellt hat, mehr als zehnmal so schnell. Es übersteigt die Geschwindigkeit, mit der Pflanzen und Tiere migrieren oder sich anpassen können. Und was die Sache noch schlimmer macht: Wir haben alle möglichen Hindernisse in Gestalt von Städten, Autobahnen und anderer Infrastruktur errichtet, die den potenziellen Migrationsrouten im Weg stehen.

Wie sieht es im *schlimmsten Fall* aus, wenn wir tatsächlich einen Rückzieher machen und alle bereits ergriffenen klimapolitischen Maßnahmen rückgängig machen und stattdessen alle halbwegs zugänglichen Reserven fossiler Brennstoffe verbrennen? Die neuesten Klimamodell-Projektionen, die in den jüngsten IPCC-Berichten zugrunde gelegt wurden, deuten in diesem Fall auf eine Erderwärmung von höchstwahrscheinlich rund 4 °C bis zum Jahr 2100 hin, die dann im Jahr 2300 auf etwa 8 °C ansteigen würde. Das wäre eine enorme, verheerende Erhitzung, aber es handelt sich weder um ein unkontrollierbares Treibhausszenario noch um ein PETM-Treibhausszenario. Verglichen mit den IPCC-Simulationen, bei denen die Erwärmung am deutlichsten ausfallen würde, wäre das Szenario gar nicht so extrem. Denn in dem Worst-Case-Szenario des IPCC ist bis zum Jahr 2100 mit einem Temperaturanstieg von bis zu

6 °C zu rechnen, der sich im Jahr 2300 auf etwa 13 °C steigern wird. Das würde bedeuten, dass die globalen Durchschnittstemperaturen in zwei Jahrhunderten bei etwa 28 °C lägen. Dieses Szenario kann als äußerst unwahrscheinlich angesehen werden, da es von einer Umkehrung der bereits erzielten klimapolitischen Entwicklungen ausgeht und auf dem *extremsten* der mehr als 50 vom IPCC ausgewerteten Klimamodelle basiert. Zwar würde es immer noch einige Grad unter dem PETM liegen, aber es wäre unangenehm nahe dran. Es wäre dann möglicherweise so heiß, dass große Teile des Planeten für uns Menschen und andere große Säugetiere unbewohnbar wären. Wenn wir uns also wirklich anstrengen, könnten wir zumindest den größten Teil des Planeten für den Menschen unbewohnbar machen.[40]

Mein Freund und Kollege Matt Huber, ein führender Klimawissenschaftler an der Universität Purdue, der wegweisende Arbeiten veröffentlicht hat, sowohl zum PETM als auch zum heutigen Hitzestress, drückte es so aus: »Den Eidechsen wird es gut gehen, den Vögeln wird es gut gehen.« Aber uns? Nicht unbedingt. Huber und sein Co-Autor Steve Sherwood von der Universität von New South Wales in Australien weisen darauf hin, dass wir in einem solchen Szenario mit ernsthaften Schwierigkeiten aufgrund von Hitzestress und anderen Klimaauswirkungen konfrontiert wären. Hinzu kommt eine nicht für dieses Szenario ausgelegte Infrastruktur, einschließlich ausfallender Stromversorgung, die uns möglicherweise nicht mehr vor einer tödlichen Hitze schützt. Sie stellen fest: »Der Strombedarf für Klimaanlagen würde in die Höhe schießen; er wäre für Milliarden von Menschen im Globalen Süden unerschwinglich, auch für den Schutz der meisten Nutztiere ... die Menschen wären dann regelmäßig in ihren Häusern gefangen und Stromausfälle könnten lebensgefährlich werden.«[41]

Die *New York Times* schilderte einen konkreten Stromausfall in New York City im Juli 1977 so: »In einer dunstigen Julinacht im Jahr 1977... versank New York City in Dunkelheit und war 25

Stunden lang ohne Strom. Es wurde ein einschneidendes Ereignis. Plünderungen und Brandstiftung breiteten sich in den Straßen aus, es kam zu 3.800 Verhaftungen und Schäden in Millionenhöhe.« Solche Ereignisse könnten in den Großstädten der Welt alltäglich werden. Es ist nicht schwer, sich ein Szenario eines gesellschaftlichen Zusammenbruchs vorzustellen. Wenn das alles ein bisschen nach dem bereits erwähnten Film »*Jahr 2022 … die überleben wollen.*« klingt, dann liegt das daran, dass unsere Welt dem in einem Worst-Case-Szenario tatsächlich etwas ähneln würde.[42]

Gibt es eine gute Nachricht? Ja. Selbst bei einem Szenario, bei dem die bisherigen klimapolitischen Maßnahmen lediglich fortgeführt werden und darüber hinaus nur wenig oder gar nichts unternommen wird, ist es äußerst unwahrscheinlich, dass es zu einer PETM-ähnlichen Dystopie kommt. Die schlechte Nachricht: Ohne verstärkte Bemühungen der Regierungen zur Abschwächung des Klimawandels könnten wir – wenn sich die Prognosen der Klimamodelle am oberen Ende des Spektrums als richtig erweisen – bis zum Ende des Jahrhunderts eine Erwärmung um bis zu 4 °C erleben: Das wäre in jeglicher Hinsicht ein großes Problem. Wenn das PETM kein gutes Beispiel dafür ist, wie so etwas aussehen könnte, dann sind es vielleicht andere, weniger heiße, frühere Klimata, bei denen der CO_2-Gehalt mit dem vergleichbar ist, den wir in einem solchen klimapolitischen Szenario erreichen könnten. Davon handelt das nächste Kapitel.

KAPITEL 6

Eine Botschaft aus dem Eis

> Die Zivilisation ist wie eine dünne Eisschicht auf einem tiefen Ozean voller Chaos und Dunkelheit.
>
> – WERNER HERZOG, *Herzog on Herzog*

Die Dinosaurier mussten vor 66 Millionen Jahren mit dem Einschlag des Asteroiden Chicxulub ihr eigenes Ende erfahren. Das darauffolgende weithin bekannte geologische Zeitalter, also das Känozoikum, wird mitunter auch als das Zeitalter der Säugetiere bezeichnet. Denn jetzt, wo die lästigen Dinosaurier nicht mehr da waren, hatten wir endlich das Sagen. Das PETM und seine durch CO_2 verursachte Erwärmungsspitze standen am Anfang dieser Ära. Es folgte vor 45 bis 46 Millionen Jahren mit dem frühen Eozän ein längeres Intervall mit erhöhten Temperaturen. Im Anschluss an diese gelegentlich als Eozän-Klimaoptimum bezeichnete Periode begann sich die Erde wieder abzukühlen.

Wie im ersten Kapitel erläutert, war die Abkühlung die Folge eines allmählichen Rückgangs des CO_2-Niveaus in der Atmosphäre. Dieser Vorgang geschah in einem Zeitraum von Millionen von Jahren und ist auf die Plattentektonik zurückzuführen, insbesondere auf die Kollision des indischen Subkontinents mit Eurasien. Dieser Zusammenstoß führte zu der Ausbildung des gewaltigen Himalaya-Reliefs und einer Zunahme des asiatischen Monsuns mit erhöhten Niederschlagsmengen. Das wiederum bewirkte eine beschleunigte Verwitterung von Silikatgestein sowie einen stetigen Rückgang des atmosphärischen CO_2-Gehalts. Der Hauptprofiteur dieser Entwicklung war das Eis, das sich nach einer recht langen Pause wieder ausbreiten konnte. Somit begann die Erde allmählich zu dem Planeten zu werden, den wir heute bewohnen. Daraus lassen sich wertvolle Rückschlüsse auf das Klima ziehen, auf das wir uns in naher Zukunft zubewegen könnten. Eine der wichtigsten Lehren, die wir daraus ziehen können, ist die, mit welchem Rückgang an Eismassen zu rechnen ist und wie hoch der dadurch bedingte Anstieg des Meeresspiegels sein wird.

DIE EISZEIT NAHT

Im ersten Kapitel wurde ebenfalls darauf hingewiesen, dass das feuchtwarme Treibhausklima des frühen und mittleren Eozäns in der gesamten nördlichen Hemisphäre arktische Alligatoren, Polarpalmen und Waldlandschaften hervorbrachte, in denen auch Primaten, unsere frühen Vorfahren, auf Bäumen lebten. Das Klima war damals etwa 5 bis 15 °C wärmer als heute. Die beiden Pole waren eisfrei, der Meeresspiegel rund 80 Meter höher als heute. Jedoch hatten die Kontinente und Ozeanbecken geografisch noch eine etwas andere Beschaffenheit als heute, so dass eine genaue Zuordnung nicht immer möglich ist. Dennoch können wir von einem ähnlichen Anstieg des Meeresspiegels ausgehen, sollten die beiden verbleibenden kontinentalen Eismassen schmelzen: Die Eisschilder Grönlands und der Antarktis. Dieses Szenario ist durchaus realistisch, je nachdem, welchen Weg wir hinsichtlich der Emissionen durch die Nutzung fossiler Brennstoffe einschlagen.[1]

In der Spätphase des Eozäns, vor etwa 45 Millionen Jahren, kehrte das Eis schließlich auf die Erde zurück. Nachdem es mehr als 200 Millionen Jahre lang verschwunden war, bildete es sich zunächst in den kältesten Regionen der Antarktis. »Nur« 11 Millionen Jahre später erstreckte es sich bereits über große Teile des antarktischen Kontinents. Die Erde erlebte somit einen recht abrupten Übergang von der Treibhauswelt des Eozäns zu der eisigen Welt des Oligozäns. Bei diesem so genannten Eozän-Oligozän-Übergang vor 34 Millionen Jahren sank die globale

Abbildung 15: Szenerie aus dem Oligozän mit dem *Mesohippus bairdi*, einem kurzhalsigen, weidenden Dreizehenpferd der Gattung Perissodactyla, aus der Familie der Pferde (*Equidae*)

Durchschnittstemperatur innerhalb von gerade einmal 400.000 Jahren um etwa 4,5 °C. Als daraufhin der Meeresspiegel abfiel, trockneten die Kontinente langsam aus. War das PETM ein schneller natürlicher *Erwärmungsprozess*, so handelte es sich in diesem Fall um einen ebenso raschen wie natürlichen *Abkühlungsprozess*.[2]

Auch hier folgte, wie schon bei anderen abrupten klimatischen Umwälzungen, ein großes Artensterben. So verschwand ein breites Spektrum an Lebewesen, von Pflanzen bis hin zu wirbellosen Meerestieren wie Foraminiferen, Schnecken und Muscheln, aber auch Säugetiere wie Nagetiere. Der Artenschwund lag bei über 50 Prozent. Auch wenn es mittlerweile vielleicht ein wenig abgedroschen klingen mag: *Es gibt immer Gewinner und Verlierer*. Während viele Arten mit Klauen, die wir als Huftiere (Ungulata) kennen, untergingen, konnten die größeren Arten unter ihnen – wie Pferde, Nashörner, Rinder, Schweine, Giraffen, Kamele, Schafe und Hirsche – das sich rasch ausbreitende Grasland und die Verdrängung dichter Wälder durch offenere Waldgebiete besser nutzen und überlebten bis in unsere heutige Zeit. Viele der ausgelöschten Populationen hatten in warmen, höher gelegenen Regionen Eurasiens gelebt, die sich dann rasch abkühlten. Aber auch in den tropischen und subtropischen Gefilden Afrikas verschwanden zahlreiche Arten, unter ihnen verschiedene Lemuren- und Affenarten. Unsere eigenen Vorfahren – Arten der Unterklasse der Menschenaffen – haben offensichtlich überlebt. Vermutlich profitierten sie von ihrer wachsenden Intelligenz und ihrer Verhaltensplastizität, aber auch davon, dass sie weniger Konkurrenz hatten, da frühere Artgenossen ausstarben.[3]

Was verursachte die dramatische Klimaänderung im Eozän-Oligozän? Wie schon bei anderen vergleichbaren Episoden beobachtet, gab es einerseits ein tektonisch bedingtes Ansteigen der CO_2-Konzentration und andererseits eine verstärkende Wirkung durch Rückkopplungseffekte. Die Kollision der Indischen mit der Eurasischen Platte an der Grenze zwischen Eozän und Oligozän bewirkte eine erste Anhebung des Himalayas. Wie bereits festgestellt, hat das erhöhte Relief und der dadurch bedingte verstärkte Auftrieb von Luftmassen zur Entstehung des südasiatischen Sommermonsuns beigetragen. Dies wiederum führte zu einer Zunahme kontinentaler Niederschläge, einer verstärkten Silikatverwitterung und einem Rückgang des CO_2-Gehalts über Jahrmillionen hinweg. Dadurch allein lässt sich jedoch die sprunghafte Abkühlung nicht erklären, die innerhalb weniger 100.000 Jahren eingetreten ist. Vermutlich spielten dabei mehrere nichtlineare, auch heute noch relevante, Klima-Rückkopplungsmechanismen eine Rolle. Sie könnten den schnellen Übergang zur Vergletscherung und Abkühlung ausgelöst haben.

Die grundlegendsten Rückkopplungen, die mit einer Abkühlung in Zusammenhang stehen, sind die Eis-Albedo-Rückkopplungen, die im zweiten Kapitel behandelt wurden. Die Proxydaten aus konservierten Karbonaten jener Zeit lassen darauf schließen, dass der CO_2-Gehalt zu Beginn des Oligozäns vermutlich auf etwa 750 ppm gefallen war.

Das entspricht etwa dem 2,7-fachen des vorindustriellen Wertes von 280 ppm. Der Faktor 2,7 stellte offenbar den entscheidenden Wendepunkt für die Vergletscherung des antarktischen Kontinents dar – er war der Kipppunkt.[4]

Eine 2003 in der Zeitschrift *Nature* vorgestellte Studie zweier führender Paläoklima-Modellierer, die beiden ehemaligen Kollegen, Robert DeConto (Universität von Massachusetts Amherst) und David Pollard (Penn State), untersuchte den Übergang zur Vergletscherung. Dabei nutzten sie ein detailliertes Simulationsmodell für das Verhalten antarktischer Eisschilder in Verbindung mit einem globalen Klimamodell. Ihr Ergebnis: Ein Eisschild könnte sich innerhalb kürzester Zeit über einem Großteil der Antarktis ausbilden, sobald der CO_2-Wert auf das Niveau der Übergangsphase vom Eozän zum Oligozän sinkt. Sie fanden außerdem heraus, dass eine weitere Rückkopplung in Form von *erhöhtem Eis* eine wichtige Rolle bei der Erklärung des abrupten, kipppunktartigen Wachstums des Eisschilds spielt. Das funktioniert folgendermaßen: Nimmt ein Eisschild an Ausdehnung zu, wächst es zugleich auch in die Höhe. Da die atmosphärische Temperatur mit der Höhe abnimmt, ist die Oberseite des Eises kälter als die Unterseite. Anstelle von Niederschlägen in Form von Regen schneit es, was die Anhäufung von Schnee und Eis weiter verstärkt.[5]

Bei diesen Simulationsmodellen setzte die großflächige Vergletscherung genau dann ein, als das CO_2-Niveau auf etwa das Dreifache des vorindustriellen Niveaus sank. Das ist ein klein wenig höher als der Wert von 2,7, der sich aus den paläoklimatischen Daten ergibt. Dies deutet darauf hin, dass die Vergletscherung offenbar später stattfand, als es das Modell vorhersagte. Eine mögliche Erklärung für diese Diskrepanz könnte lauten, dass etwa zur gleichen Zeit in der Indien auf der Nordhalbkugel mit Südasien kollidierte sich die Drake-Passage zu öffnen begann. Diese geografische Landzunge zwischen Kap Horn in Südamerika und der Nordspitze der Antarktis verband den Südatlantik mit dem Südpazifik. So konnte die größte Meeresströmung im südlichen

Ozean problemlos dem Band der Westwinde folgen und um die Antarktis herum fließen, anstatt mit ihr zu kollidieren. Das reduzierte die Erwärmung des Kontinents durch den Ozean um rund 20 Prozent, was die Abkühlung und Vergletscherung verstärkte. Als die Forscher diesen Aspekt in ihre Berechnungen mit einbezogen, sank der CO_2-Faktor von 3,0 auf 2,5. Anders ausgedrückt: Die zwei Simulationen stimmen gut mit den Proxybeobachtungen überein, was darauf hindeutet, dass das betreffende Modell zumindest annähernd das wiedergibt, was in Wirklichkeit passiert ist.

Trotzdem könnten natürlich auch andere Rückkopplungsmechanismen im Spiel sein, die in den Modellsystemen dieser Studien noch nicht enthalten sind. Solche Mechanismen würden die heutige Klimasensitivität womöglich noch verstärken. Ein Blick zurück in das frühe Eozän, vor etwa 50 Millionen Jahren, zu Beginn des Übergangs vom Eozän zum Oligozän, offenbart folgendes Bild. Die Arktis war frostfrei, während der CO_2-Gehalt mit etwa 2.000 ppm sehr hoch gewesen sein dürfte. Aktuelle Klimamodelle deuten auf eine frostfreie Arktis erst bei viel höheren Werten, von etwa 4.000 ppm, hin. Denkbar wäre daher, dass der von Tapio Schneider und Kollegen im letzten Kapitel beschriebene Treibhauseffekt durch die Verdunstung reflektierender Stratocumulus-Wolkendecken bei ausreichend hohen CO_2-Werten in den bestehenden Klimamodellen nicht berücksichtigt wird. Dies würde erklären, weshalb die gegenwärtigen Klimamodelle die Temperaturen im Treibhausklima unterschätzen. Es könnte auch eine Erklärung für die *abrupten* Klimaübergänge sein, wie etwa den Übergang von der Eozän- zur Oligozän-Eiszeit vor 34 Millionen Jahren.[6]

Zum Verständnis dieses Phänomens ist es ratsam, noch einmal kurz das nichtlineare Phänomen der Hysterese zu reflektieren. Ich hatte den Effekt im zweiten Kapitel mithilfe eines defekten Duschknopfes erklärt. Und solche Hysteresen finden sich auch in den unterschiedlichsten Facetten unseres Klimas, darunter auch in unserer Biosphäre. Denken Sie nur an die verkohlten Überreste des verbliebenen Kiefernwaldes, auf den ich im September 2012 auf einer Fahrt von Austin nach College Station (Texas) gestoßen bin – ein Jahr, nachdem er durch verheerende Waldbrände zerstört worden war. Er ist nur ein Beispiel für eine Vielzahl von Reliktarealen auf der ganzen Welt, Wälder und Ökosysteme, die mit dem heutigen Klima nicht mehr im Gleichgewicht sind. Sie bestehen noch, können sich aber nur mit Mühe den Herausforderungen des Klimawandels widersetzen. Zerstört man sie jedoch, kehren sie nicht wieder zurück – andere Waldökosysteme, die unter den heutigen klimatischen Bedingungen konkurrenzfähiger sind, nehmen ihren Platz ein, selbst wenn sich die klimatischen Bedingungen nach einer Hystereseschleife wieder an die angleichen, die vor der Zerstörung herrschten.

Mit Hilfe der Hysterese lässt sich auch das asymmetrische Verhalten des Klimasystems erklären, wenn es eine Erwärmungsphase im Unterschied zu einer Abkühlungsphase durchläuft. Tapio Schneider und seine Kollegen entdeckten in ihren zugegebenermaßen idealisierten Simulationen, dass der Wolkeneffekt bei steigendem CO_2-Niveau bei etwa 1.200 ppm einsetzt, jedoch erst bei einem deutlich niedrigeren Pegel – vermutlich bei 750 ppm – wieder verschwindet. Wie schon an der Grenze zwischen Eozän und Oligozän, ist es also möglich, dass dieser Effekt zu der raschen Abkühlung beigetragen hat, die eintrat, als der CO_2-Gehalt am Übergang vom Eozän zum Oligozän auf etwa 750 ppm fiel.

Eine Hysterese kann also auch bei anderen Eis-Rückkopplungsmechanismen eine Rolle spielen. Dazu wurde im zweiten Kapitel ein vergleichsweise einfaches Klimamodell – das Budyko-Sellers-Modell – herangezogen. Mit ihm konnte der Übergang des Klimas auf der Erde in die Eiszeiten hinein und wieder hinaus analysiert werden. Mit diesem Modell konnten Erkenntnisse hinsichtlich des Schneeball-Erde-Phänomens gewonnen werden, doch seine Anwendbarkeit ist weitaus vielfältiger. So kann es auch hinsichtlich einer Tendenz zu Vergletscherungen angewendet werden. Indem es erlaubt, die Erwärmung zu variieren, welche sowohl von der Sonne, als auch vom CO_2-Gehalt herrühren kann, zeigt das Modell, dass der Wechsel von einem eisfreien zu einem eisbedeckten Planeten bei einer geringeren Temperatur stattfindet als der umgekehrte Übergang von einem eisbedeckten zu einem eisfreien Planeten.

Die Albedo-Rückkopplung des Eises hat auf einer von Eis bedeckten Erde eine wesentlich ausgeprägtere Wirkung. Schließlich ist es deutlich schwieriger, Eis zu schmelzen, wenn es reichlich davon gibt. Eine eisige Erde ist bestrebt, kalt und vereist zu bleiben und auch eine eisfreie Erde hält an ihrem Zustand fest. Es ist also wieder einmal ein Wettkampf zwischen Gaia und Medea entbrannt.

Pollard und DeConto konnten dieses Phänomen der Vergletscherung der Antarktis in einer Studie im Jahr 2005 quantifizieren. Dazu haben sie die kürzeren Zyklen der Erdumlaufbahn, wie bereits im ersten Kapitel diskutiert, in ihre Simulationen einbezogen. Sie beeinflussen maßgeblich, wie die solare Erwärmung auf der Erdoberfläche verteilt ist, auch in den sensiblen Polarregionen, die für die Entstehung von Eisschildern verantwortlich sind. Es ist daher entscheidend, diese kurzfristigen Zyklen von Eiszeiten und Warmzeiten zusätzlich zu den längerfristigen Einflüssen sinkender CO_2-Konzentrationen zu berücksichtigen. Schließlich hängt das Eiswachstum von bestimmten Grenzwerten ab. Denn eine »eiszeitliche« Ausrichtung der Erdumlaufbahn, die im Sommer eine geringere Erwärmung durch die Sonneneinstrahlung in hohen Breitengraden begünstigt, kann die kühlende Wirkung eines rückläufigen CO_2-Niveaus verstärken und das Klima unter den kritischen Schwellenwert für das Wachstum des Polareises drücken. Die Forscher gelangten zu dem Ergebnis, dass die Einbeziehung dieses Effekts zu einer genaueren Vorhersage der Entstehung von Polareis führt, wobei der CO_2-Gehalt für die Entstehung der antarktischen Eisschilder um etwa 15 Prozent höher liegt als der CO_2-Wert für sein Abschmelzen.[7]

Wenn das gesamte antarktische Eis schmelzen würde, stiege der Meeresspiegel weltweit um etwa 60 Meter an. Alle Küstenstädte und mit ihnen 40 Prozent der Weltbevölkerung wären davon betroffen. Die positive Nachricht ist, dass die CO_2-Konzentration, welche benötigt wird, um den Antarktischen Eisschild zum Schmelzen zu bringen, höher als der angenommene Wert von 750 ppm ist, der für seine Bildung vor 34 Millionen Jahren erforderlich war. Die weniger gute Nachricht ist, dass sie jedoch nicht allzu viel höher sein dürfte und wahrscheinlich bei 850 ppm liegt. Das entspricht in etwa dem Niveau, das im frühen Paläozän, kurz vor dem PETM, herrschte – ein Level, das wir leicht erreichen dürften, sollten wir uns dazu entschließen, alle bisher bekannten fossilen Brennstoffreserven auszubeuten und zu verfeuern.

DAS OMEN DES PLIOZÄNS

Der CO_2-Rückgang und die Abkühlung setzten sich über das Oligozän hinaus bis in das nachfolgende Miozän fort, das vor 24 Millionen Jahren begann. Die kühleren, trockeneren Bedingungen führten zu einem weiteren Rückgang der subtropischen Wälder und der Entstehung von Waldgebieten mit geringerem Wasserbedarf. Das begünstigte die Entwicklung von Menschenaffen wie den Orang-Utans, den Gorillas, den Schimpansen und unseren eigenen, mit ihnen eng verwandten Affenvorfahren. Als der CO_2-Spiegel weiter sank und die Abkühlung und Austrocknung voranschritten, verschwanden die Wälder und wichen dem Grasland. Dadurch entstand in den weiten afrikanischen Savannen eine Nische für die zweibeinigen Jäger und Sammler mit ihren großen Gehirnen. Vor etwas mehr als fünf Millionen Jahren traten wir in das Pliozän ein. Man könnte auch sagen, »das Zeitalter der Hominini«, der Urmenschen, begann.

Eine ganze Palette an Anhaltspunkten – von Kohlenstoffisotopen bis hin zu Spaltöffnungen in Blättern – deutet darauf hin, dass der CO_2-Gehalt im Pliozän ähnlich hoch war wie heute, wenn auch vielleicht geringfügig niedriger. Er lag irgendwo zwischen 380 ppm und dem heutigen Wert von 420 ppm. Damit könnte man meinen, dass das Pliozän eine recht gute Entsprechung der heutigen Situation darstellt.

Doch das stimmt leider nicht so ganz. Denn die Erde war damals wärmer, wahrscheinlich lag die mittlere globale Durchschnittstemperatur 1 bis 2 °C über der heutigen. In den polaren Breiten war es sogar bis zu 10 bis 20 °C wärmer, während die Oberflächentemperaturen in den Tropen im Allgemeinen ähnlich hoch waren wie heutzutage.[8]

Die Gleichzeitigkeit einer starken Erwärmung in hohen Breiten und einer geringen Erwärmung in niederen Breiten lässt sich mit Klimamodellen nur schlecht simulieren. Eine solche Kombination ist im Grunde symptomatisch für das seit langem bestehende Phänomen eines »ausgeglichenen Klimas«, wie es auch in anderen, vergangenen Warmzeiten, wie etwa dem Eozän und der Kreidezeit, zu beobachten war. Dazu gibt es eine Reihe von Hypothesen, etwa über mögliche Arten des Wärmetransports in hohen Breiten durch Ozeane oder der Atmosphäre, die von den Klimamodellen möglicherweise unterbewertet oder die schlichtweg gar nicht erfasst werden, etwa über mögliche Arten des Wärmetransports in hohen Breiten durch Ozeane oder der Atmosphäre. Eine spannende These dazu wurde vor einigen Jahren von dem Hurrikanforscher Kerry Emanuel und seinen Kollegen vom MIT formuliert. Sie gingen in ihrer Hypothese davon aus, dass ein wärmeres Klima zu einer verstärkten Intensität von tropischen Wirbelstürmen führen könnte. Das würde wiederum die vom Wind hervorgerufene Durchmischung des Ozeans verstärken und den Wärmetransport von niederen zu hohen Breiten erhöhen. Auf jeden Fall sollte man das Beispiel als Mahnung verstehen: In dem Maße, in dem Modelle ein solches Verhalten der Vergangenheit nicht ausreichend abbilden, könnten sie ähnliche Aspekte einer künftigen Erderwärmung ebenso übersehen. Das gleiche gilt für die verstärkte Erwärmung in hohen Breiten, die für den Kollaps von Eisschildern und die Überschwemmung von Küstengebieten so entscheidend sind.[9]

Da die Polargebiete derart warm waren, war die Ausdehnung des Eises im Pliozän dort im Vergleich zu heute deutlich geringer. Wie im ersten Kapitel beschrieben, hat sich der Antarktische Eisschild (»Antarctic

Ice Sheet«, AIS) im Oligozän gebildet. Dabei ist es jedoch wichtig, zwischen dem hoch liegenden Teil des Eises – dem Ostantarktischen Eisschild (»East Antarctic Ice Sheet«, EAIS) – und dem niedrig liegenden Teil – dem Westantarktischen Eisschild (»West Antarctic Ice Sheet«, WAIS) – zu unterscheiden. Die beiden Eisschilder sind durch das transantarktische Gebirge getrennt und liegen größtenteils in der östlichen bzw. westlichen Hemisphäre, woher auch ihre Namen herrühren. Steht man näher am Pol, verlieren die Begriffe »Osten« und »Westen« allerdings ihre Bedeutung.

Die Auswertung von Eisbohrkernen lässt darauf schließen, dass sich der WAIS später als der EAIS bildete, und zwar im mittleren bis späten Miozän und zunächst nur in Form eines Inlandeisschilds. Als sich das darunter liegende Festland infolge einer Kombination aus Plattentektonik und glazialen Erosionsprozessen abzusenken begann, wandelte sich der Eisschild im Pliozän in ein dynamischeres maritimes Eisschild um. Einem Eisschild, der sich auf einem unter dem Meeresspiegel liegenden Gelände befindet und somit besonders anfällig ist, durch den Zustrom von Meerwasser zu schmelzen. So zog sich das Eis im Laufe der warmen Zwischeneiszeiten zurück und dehnte sich während der Eiszeiten erneut aus. Das wirkt sich bis heute auf die Fragilität des Polareises aus. Im sehr späten Pliozän oder frühen Pleistozän, vor zwei bis drei Millionen Jahren, bildete sich schließlich der GIS, und die abwechselnden Vorstöße und Rückzüge des WAIS wurden immer häufiger.[10]

Im arktischen Eisschild ist heute so viel Wasser gebunden, dass es einem Meeresspiegelanstieg um 60 Metern entspricht. Etwa 50 Meter davon schlummern im EAIS, dem wesentlich größeren der beiden Eisschilder. Nur etwa sechs Meter sind im WAIS enthalten. Weitere sechs Meter sind im GIS eingefroren. Daher könnte man annehmen, dass es vor allem der EAIS ist, um das wir uns Sorgen machen sollten. Aber in Wirklichkeit stellt ein mögliches Abschmelzen des WAIS eine viel größere Gefahr für den Anstieg des Meeresspiegels dar – zumindest in absehbarer Zukunft.

Es ist nicht zu erwarten, dass wir das CO_2-Niveau von annähernd 850 ppm überschreiten, welches zum Abschmelzen des EAIS erforderlich ist, *sofern* wir signifikante Schritte und Anstrengungen zur Reduzierung der CO_2-Emissionen unternehmen. Denn der EAIS ist vergleichsweise robust, da er größtenteils auf Felsgestein ruht, welches deutlich oberhalb des derzeitigen Meeresspiegels liegt. Der WAIS hingegen ist weit weniger stabil. Das hängt mit der Auflagelinie zusammen [engl.: »grounding line«, Anm. d. Ü.] – der Grenzbereich, an dem sich der Teil des marines Eisschilds, der über Wasser liegt, und der Teil, der unter Wasser liegt, die Waage halten. Jenseits dieser Auflagelinie befindet sich das Schelfeis, schwimmendes Eis, von dem Eisberge in den Ozean »kalben«. Da der WAIS größtenteils auf Gestein unterhalb des Meeresspiegels ruht, kann das Meerwasser das Eis durch Erosion destabilisieren, so dass dieses bis auf die Auflagelinie abschmilzt. Zieht sich diese Linie weiter zurück, so wird immer mehr Schelfeis dem Wasser ausgesetzt, was zu seiner Erwärmung, Ausdünnung und zum Brechen führt. Dieser Prozess destabilisiert die Inlandgletscher weiter, da sie ihren stützenden Halt verlieren. Dieser Rückkopplungsprozess wird als Marine Eisschild-Instabilität (»Marine Ice Sheet Instability«, MISI) bezeichnet. Er kann zu einem raschen Zusammenbruch des Eisschilds führen.

Es wird angenommen, dass der Meeresspiegel während der Hochphase des mittleren Pliozäns schätzungsweise 10 bis 40 Meter höher lag, wobei der mittlere Wert auf 25 Meter geschätzt wird. In dieser Zeit überlagerten sich die orbitalen Zyklen der Erde mit dem längerfristigen Abkühlungstrend und begünstigten so ein Maximum an polarer Erwärmung. Betrachtet man die Zahlen genau, so fällt möglicherweise eine Diskrepanz auf. Denn wenn die Wassersäulen von GIS und WAIS von jeweils etwa 6 Metern addiert werden, ergibt sich ein Meeresspiegelanstieg von 12 Metern. Damit fehlen mehr als 12 Meter, um den Meeresspiegel aus dem mittleren Pliozän zu erklären. Das ist schon eine ziemlich heftige Abweichung, wenn man sich vor Augen hält, dass es sich dabei um den Unterschied zwischen einem leicht überfluteten und einem vollständig überschwemmten Manhattan handeln würde.

Wie lässt sich diese Diskrepanz auflösen? Ein wenig stammt von den Gebirgsgletschern weltweit sowie von der thermischen Ausdehnung der Ozeane bei Erwärmung. Aber das bringt höchstens ein bis zwei Meter. Der Großteil der Abweichung lässt sich vermutlich auf etwas anderes, einer Art Fehler, zurückführen. Er rührt von etwas her, das als *Eustase* (»Eustasy«) bezeichnet wird. Um den so genannten *eustatischen* Anstieg des Meeresspiegels – also die Erhöhung der Meereshöhe infolge von Schwankungen der Wassermenge im Ozean – abschätzen zu können, rekonstruieren Forschende historische Meeresspiegeldaten. Gleichzeitig messen sie an konkreten Stellen aber auch einen Beitrag der so genannten eiszeitlichen isostatischen Anpassung. Der Hintergrund: Kontinente verformen sich, wenn eine große Menge Eis, wie etwa ein kontinentaler Eisschild, auf ihnen lastet. Sie erholen sich nur langsam, wenn die Belastung durch das Abschmelzen verschwindet, was häufig Tausende von Jahren in Anspruch nimmt. So gab es während des letzten glazialen Maximums vor etwa 21.000 Jahren einen großen Eisschild, den Laurentidischen Eisschild (»Laurentide Ice Sheet«) in Nordamerika. Würde ich von meinem Wohnort, zentral in Pennsylvania gelegen, etwa eine Stunde in nordöstliche Richtung fahren, so träfe ich auf dessen südliche Begrenzung.

Nachdem sich also das Eis zurückzog und am Ende des Pleistozäns vor etwa 12.000 Jahren verschwand, erholte sich die Lithosphäre – die Erdkruste und der obere Erdmantel – allmählich, und sie tut es immer noch. Dieser Vorgang wird als Postglaziale Landhebung (»Post-Glacial Rebound«) bezeichnet. Teile des nördlichen Ontario und Québec, die in der Nähe der Stelle liegen, an der die größte Eislast auftrat, heben sich zum Beispiel immer noch um etwa einen Millimeter pro Jahr. Die Küste von New Jersey hingegen sinkt um gut einen Millimeter pro Jahr, da sich die Lithosphäre in die entgegengesetzte Richtung biegt. Es wird angenommen, dass die Diskrepanz beim Anstieg des Meeresspiegels in der Mitte des Pliozäns nahezu vollständig auf diesen Effekt zurückzuführen ist. Dieser wurde bei den Schätzungen des Meeresspiegelanstiegs in der Vergangenheit in den Sedimenten nicht richtig berücksichtigt. In der Regel sagen die Klimamodelle einen Anstieg des Meeresspiegels von knapp zehn Metern gegenüber dem heutigen Stand voraus, was etwa dem Wegfallen des GIS und WAIS entsprechen würde. Alternativ kann man auch das Schmelzen des GIS, die maritimen Anteile des WAIS mit etwa drei Metern und die weniger beständigen Meeresabschnitte des EAIS mit etwas mehr als einem Meter annehmen.[11]

Ein vollständig überflutetes Manhattan lässt sich also mit hoher Wahrscheinlichkeit ausschließen. Andererseits könnte der Meeresspiegel in der Mitte des Pliozäns durchaus auch neun Meter höher als heute gewesen sein. Das ist genug, um eine halbe Milliarde Menschen zu vertreiben. Die globalen Durchschnittstemperaturen waren um 2 bis 3 °C wärmer, obwohl der CO_2-Gehalt wahrscheinlich sogar etwas niedriger war als heute. Deutet das darauf hin, dass wir nur noch auf Pump leben? Ist eine ähnliche Erderwärmung, der Rückgang der Eisschilder und der Anstieg des Meeresspiegels bereits im wahrsten Sinne »in der Pipeline«, und es nur eine Frage der Zeit, bis wir das erleben? Dieses Argument hört man immer häufiger. Aber es ist vermutlich unzutreffend.[12]

Um das zu verstehen, ist es notwendig, sich die Prinzipien der Gleichgewichts-Klimasensitivität (ECS) und der Sensitivität des Erdsystems (ESS) noch einmal vor Augen zu führen: die beiden unterschiedlichen Kennzahlen, die im dritten Kapitel beschrieben wurden und die angeben, wie viel Erderwärmung bei einer Verdopplung der CO_2-Konzentration zu erwarten ist. Heute beträgt der CO_2-Gehalt in der Atmosphäre 420 ppm. Er liegt damit knapp auf halber Strecke zwischen dem vorindustriellen (280 ppm) und einem doppelt so hohen Wert (560 ppm). Das bedeutet, dass sich der globale Temperaturanstieg höchstwahrscheinlich bei etwa 1,5 °C stabilisieren dürfte, würde die CO_2-Konzentration mehrere Jahrzehnte lang auf dem derzeitigen Niveau gehalten werden. Das Klima würde sich dann in einem neuen Gleichgewichtszustand einpendeln.

Allerdings werden dabei die langsamen Klima-Rückkopplungen nicht mit einbezogen, wie etwa die sich verändernde Vegetation und die Ausdehnung der Eisschilder, die einsetzen, wenn der CO_2-Gehalt über Jahrtausende hinweg auf einem solchen Pegel gelegen hat, wie es im Pliozän der Fall war. Gerade das soll die ESS aber messen. Diese Einschätzung stützt sich auf die Unterschiede der Modellsimulationen und der paläoklimatischen Rekonstruktionen für die Mitte des Pliozäns, die Daniel Lunt von der Universität Bristol erstellt hat. Sie impliziert eine Erwärmung von etwa 2,1 °C, bei einer CO_2-Konzentration von 420 ppm, also dem heutigen Wert, über Jahrtausende hinweg. Das ist insofern besorgniserregend, als die verheerenden Auswirkungen einer Erwärmung von nur 2 °C, wie sie in einem kürzlich erschienenen IPCC-Bericht dokumentiert wurden, noch nicht einmal absehbar sind. Die 2,1 °C bewegen sich jedoch noch am unteren Ende des Bereichs der mittleren pliozänen Klimaerwärmung von 2 bis 3 °C. Aber warum war es im mittleren Pliozän dann bei ähnlichen CO_2-Werten so viel wärmer? Könnte es ein grundsätzliches Verständnisproblem bei diesem Vergleich geben?[13]

Einmal mehr könnte die Lösung in der Hysterese zu finden sein. Sie ist nötig, um das Verhalten der Eisschilder in der Vergangenheit zu verstehen und folglich auch für ihr voraussichtliches Verhalten in Zukunft essenziell. Die Schätzung der ESS aus den eiszeitlichen Klimata des späten Känozoikums ist angesichts der Hysterese problematisch, weil es nicht mehr nur eine einzige Sensitivität gibt, die das System bei einem bestimmten CO_2-Niveau beschreibt. Als der CO_2-Gehalt im Laufe des Oligozäns, Miozäns und Pliozäns abnahm, wurde schließlich ein Wert erreicht, der unserem heutigen Niveau von etwa 420 ppm entspricht. Aufgrund der außergewöhnlichen Erwärmung in den hohen Breiten gab es jedoch im mittleren Pliozän praktisch kein GIS oder WAIS. Das führt zu einer Art Henne-Ei-Problematik, da die Erwärmung in den höheren geographischen Breiten zumindest teilweise auf die geringere Ausdehnung des Eises und eine verringerte Albedo zurückzuführen ist.[14]

In der Studie von Lunt und Co. wurde die ESS anhand eines Modells des mittleren Pliozäns berechnet, indem die damalige Verteilung der Eisschilder und Landmassen sowie der CO_2-Gehalt von etwa 400 ppm zugrunde gelegt wurden. Anschließend ermittelten sie die Netto-Veränderungen im Vergleich zu einem modernen vorindustriellen Ausgangszustand mit einem CO_2-Wert von etwa 280 ppm. Leider lässt sich damit wahrscheinlich nicht das wiedergeben, was wir beobachten würden, sollten wir den CO_2-Gehalt auf dem heutigen Niveau fixieren und dem Klima erlauben, sich über Jahrhunderte oder sogar Jahrtausende hinweg auszubalancieren. Die auf diese Weise für das mittlere Pliozän berechnete ESS ist wahrscheinlich größer als die ESS, die heute gilt, auch wenn der CO_2-Gehalt nahezu identisch ist. Es ist also gut möglich, dass der GIS nicht verschwindet und dass sich die hohen nördlichen Breiten nicht so stark erwärmen wie im mittleren Pliozän, so lange der CO_2-Gehalt bei etwa 420 ppm bleibt.

Eine 2012 in der Fachzeitschrift *Nature Climate Change* veröffentlichte Arbeit, die von dem Paläoklimamodellierer Alexander Robinson vom Potsdam-Institut für Klimafolgenforschung (PIK) geleitet wurde, schätzt den Schwellenwert der Sommertemperatur für das Abschmelzen des Grönländischen Eisschilds um etwa 1,4 °C höher als den Schwellenwert für die Bildung des Eisschilds ein. Erschreckenderweise ist dieser Wert nur ein klein wenig höher als die heutige Erderwärmung. Und eine Studie aus dem Jahr 2008 legt nahe, dass sich der GIS im späten Pliozän bildete, also vor 2,6 bis 3 Millionen Jahren. Damals fiel die CO_2-Konzentration auf ein Niveau vor der heutigen Zeit. Auf Grundlage dieser Erkenntnisse können wir davon ausgehen, dass wir die Schwelle zum Zusammenbruch des GIS wahrscheinlich noch nicht überschritten haben, obgleich wir ihr sehr nahe sein könnten. Bereits ein paar Zehntel Grad Erderwärmung könnten ausreichen, um diese Schwelle zu überschreiten. Der WAIS ist eine große Unbekannte. Es liegen keine eindeutigen Belege für eine Hysterese vor, doch es gibt Anzeichen dafür, dass wir uns auch hier sehr nahe an der Schwelle eines Kollapses befinden könnten.[15]

Um zu prüfen, ob mein eigenes Verständnis dieser kritischen Frage richtig ist, habe ich mich an die führenden Experten Robert DeConto und David Pollard gewandt. Dabei wies mich Pollard darauf hin, dass der genaue CO_2-Bereich für die Hysterese des GIS angesichts der teils widersprüchlichen Studien nur schwer zu bestimmen ist. Und DeConto fügte hinzu, dass es zu keinem grundlegenden Umdenken gekommen sei – der GIS zeige in der Tat eine Hysterese. Damit niemand denkt, es handele sich hier lediglich um eine rein technische Fragestellung: Es geht hier konkret um den Unterschied, ob New York City und dicht besiedelte Küstenregionen auf der ganzen Welt in naher Zukunft unvermeidlich überschwemmt werden oder nicht.[16]

Alles deutet darauf hin, dass wir den Punkt, an dem es kein Zurück mehr gibt, was den Zusammenbruch des GIS betrifft, noch nicht überschritten haben. Aber wir sind vermutlich schon gefährlich nahe dran, zumindest was die maritimen Teile des WAIS betrifft. Insgesamt ist der Eisverlust groß genug, um den Meeresspiegel um einen Meter oder mehr ansteigen zu lassen – genug, um Hunderte von Millionen Menschen aus ihrer Heimat zu vertreiben. Wie schnell dies geschehen könnte, ist noch ungewiss. Aber wie später noch zu erfahren sein wird, haben jüngste Forschungsergebnisse gezeigt, dass die Wahrscheinlichkeit eines katastrophalen Anstiegs des Meeresspiegels *in diesem Jahrhundert* erheblich größer ist als gedacht, sollten keine nennenswerten Klimaschutzmaßnahmen ergriffen werden.

DIE VERGLETSCHERUNG IM PLEISTOZÄN

Beim Übergang vom Pliozän zum Pleistozän, vor etwas mehr als 2,5 Millionen Jahren, sanken der CO_2-Gehalt als auch die globale Durchschnittstemperatur kontinuierlich. Die Entstehung der Landenge vor mehr als drei Millionen Jahren hat den Zufluss von relativ frischem Meerwasser aus dem Pazifik in den Atlantik blockiert, so vermuten Paläozeanographen [sie untersuchen die Geschichte der Ozeane in Bezug auf Zirkulation, Chemie, Biologie, Geologie, Sedimentationsmuster und biologische Produktivität, Anm. d. Ü.]. Das führte zu einer stärkeren

Versalzung des Atlantiks, einer stärkeren Ozeanzirkulation und einem stärkeren Transport von Feuchtigkeit in die hohen Breiten des Nordatlantiks, die dort für Schneefälle sorgte. Entscheidend war jedoch, wie sich zeigen wird, der anhaltende Rückgang des atmosphärischen CO_2, die daraus resultierende Abkühlung und deren Auswirkung auf das Verhalten der immer größer werdenden kontinentalen Eisschilder.[17]

Nachdem sich auf Grönland bereits ein Eisschild etabliert hatte, drang das Eis auch allmählich in den Süden Nordamerikas und den Nordosten Europas vor, wodurch sowohl der Laurentidische Eisschild (LIS) als auch der Fennoskandische Eisschild (FIS) entstanden. Auf seinem Höhepunkt bedeckte der LIS das ganze heutige Kanada und Teile Nordamerikas bis in den Süden Illinois und Indiana, ebenso wie New York City und die Nordhälfte meines Bundesstaates Pennsylvania. Der FIS überzog das heutige Skandinavien und benachbarte Regionen in Nordeuropa.

Mit der zyklisch schwankenden Erdumlaufbahn nahmen diese Eisschilder über Zehntausende von Jahren zu und auch wieder ab. Diese Veränderungen des Eisvolumens lassen sich anhand von Sauerstoffisotopen aus Tiefsee-Sedimentkernen belegen. In früheren Kapiteln wurde bereits beschrieben, wie das Verhältnis der stabilen Sauerstoffisotope (O-16 zu O-18) in den Muschelschalen kalkhaltiger Organismen in Abhängigkeit von der Meerestemperatur variiert. Bei wärmeren Meerestemperaturen ist etwa der O-16-Gehalt relativ gering. Allerdings, wie bereits erwähnt, gibt es eine gewisse Komplikation: Das Sauerstoffverhältnis ist zugleich von der globalen Eismasse abhängig. Für Treibhausklimata ist dieser Faktor unerheblich, aber für Eishausklimata wie dem Pleistozän kann er durchaus ausschlaggebend sein. Doch das ist kein Problem, sondern eher ein Vorteil, denn so ist es möglich, die Veränderungen der globalen Eismasse im Laufe der Zeit zu erfassen.

Wie bereits erwähnt, wird O-18 im Meerwasser, und damit in Kalzitschalen angereichert, sobald Eisschilder entstehen und wachsen. Da kalte Ozeane und große Eisschilder klimatisch miteinander korrespondieren und beide durch eine erhöhte Anreicherung von O-18 gekennzeichnet sind, liefern die Daten zu den Sauerstoffisotopen ein sehr klares und eindeutiges Indiz für eiszeitliche Zyklen.

Die Sauerstoffisotopen-Daten zeigen einen langfristigen wie auch konstanten Trend hin zu kühleren und frostigeren Bedingungen über das gesamte Pleistozän hinweg. Ungefähr während der ersten Million Jahre schwankte das Klima zwischen kälteren, eisigeren (glazialen) und wärmeren, weniger eisigen (interglazialen) Zuständen. Dieser Wechsel erfolgte in einem Rhythmus von etwa 40.000 Jahren, was bekanntlich mit dem Neigungswinkel der Erde gegenüber ihrer Orbitalebene zusammenhängt. Der Neigungswinkel beträgt heute, wie bereits im ersten Kapitel erläutert, etwa 23,5 Grad gegenüber der Senkrechten. Dieser Winkel variiert jedoch im Laufe der Zeit, er pendelt zwischen etwa 22 und 24,5 Grad. Am unteren Wendepunkt führt dies zu kühleren Sommern und wärmeren Wintern in den hohen Breiten. Diese Konstellation ist ideal für die Bildung von Eisschildern, da wärmere Winter die Schneeansammlung verstärken können, während kühlere Sommer die Sommerschmelze verringern.

Vor 1,25 bis 0,75 Millionen Jahren geschah etwas Erstaunliches. Während dieses Zeitraums, den Mittelpleistozän-Übergang bezeichnet (engl.: »Mid-Pleistocene Transition«, kurz MPT), , wurde das Erdklima kälter und eisreicher, der Laurentidische und der Fennoskandische Eisschild wuchsen an. Das veränderte grundlegend den Charakter des irdischen Klimasystems. Es vollzog sich ein Übergang bei den Schwankungen. Sie gingen von einer relativ kleinen Amplitude mit einer Periodendauer von etwa 40.000 Jahren und einer glatten, sinusförmigen Form in drastische, sägezahnförmige Zyklen mit einer Periodizität von etwa 100.000 Jahren über. Die *Eiszeitintervalle* waren geprägt von sehr niedrigen CO_2-Konzentrationen (etwa 180 bis 190 ppm), ausgedehnten Eisschildern auf der nördlichen Hemisphäre und weltweit kalten Bedingungen. Die Zwischeneiszeiten gingen mit höheren CO_2-Niveaus (etwa 280 bis 300 ppm), kleinen nordamerikanischen und europäischen

Eisschildern und relativ warmen Bedingungen einher. Die Schwankung der globalen Durchschnittstemperatur betrug von einem Extrem zum anderen etwa 4 °C.

Lassen Sie mich eine kurze Anmerkung dazu machen, wie wir die Veränderungen des CO_2-Gehalts in der Vergangenheit so präzise dokumentieren können. Wie schon erwähnt, lassen sie sich anhand von Bor- und Kohlenstoffisotopen in Karbonaten aus Meeresablagerungen ermitteln, auch wenn diese Messmethoden äußerst grob und unpräzise sind. Da CO_2 ein Gas ist, das sich in der Atmosphäre leicht vermischt, kann eine zuverlässige Bestimmung des CO_2-Gehalts über die Zeit nur an einem ganz besonderen Ort repräsentativ für den globalen Durchschnitt sein. Dass wir heute über einen umfangreichen Datenbestand verfügen, ist dem Atmosphärenchemiker Charles Keeling zu verdanken, der 1958 auf Veranlassung des berühmten Klimaforschers Roger Revelle mit der Messung von CO_2 auf dem Gipfel des Mauna Loa in Hawaii begann. Noch viel weiter zurückliegende Veränderungen des atmosphärischen CO_2 können anhand von Gasblasen, die im Eis des kalten, trockenen östlichen Teils der Antarktis eingeschlossen sind, recht genau bestimmt werden. Die Forschungsstation Wostok (russ.: »Osten«) liegt in der Nähe des Südpols und ist einer der kältesten Orte der Erde. Zudm ist es der kälteste Ort von dem verlässliche Thermometermessungen vorliegen. Dort wurde am 21. Juli 1983, mitten im Winter, eine Temperatur von nahezu -90 °C gemessen. Aufgrund der Kälte ist die Luftfeuchtigkeit dort äußerst gering, und es fällt relativ wenig Schnee im Jahr. Bohrungen durch das Eis liefern daher eine extrem lange Messreihe über die Zeit.[18]

Ein russisches Team von Forschenden entdeckte 2012 einen Süßwassersee auf der Unterseite des EAIS, nachdem sie in Wostok einen Bohrkern in eine Tiefe von 3.660 Meter getrieben hatten, der 800.000 Jahre in die Vergangenheit zurückreichte. Der daraus gewonnene Wostok-Eiskern dokumentiert nicht nur Veränderungen des CO_2-Gehalts, sondern enthielt auch – in Form von Sauerstoffisotopen – ein kontinuierliches Archiv der Temperaturen auf dem antarktischen Kontinent.

Daraus geht hervor, dass die regionalen Temperaturschwankungen während der glazialen und interglazialen Zyklen mit etwa 10 °C mehr als doppelt so hoch waren wie im globalen Durchschnitt. Das belegt die bereits erwähnte polare Verstärkung der Erwärmung. Die sägezahnförmigen Temperatur- und CO_2-Kurven verlaufen im Gleichschritt, was kein Zufall ist.[19]

Erreicht die Erdumlaufbahn ihre maximale Exzentrizität (Elliptizität), so wie vor 125.000 Jahren, dann erreicht die Differenz zwischen der größten und der kleinsten Entfernung der Erde von der Sonne im Laufe des Jahres ihr Maximum. Das verstärkt die jahreszeitlichen Schwankungen und sorgt für wärmere Sommer, die den im Winter gefallenen Schnee in der Regel vollständig schmelzen lassen, so dass sich auf Dauer kein Eis bilden kann. Nimmt die Exzentrizität der Erdbahn ab, wie es in den darauffolgenden Zehntausenden von Jahren der Fall war, verbessern sich die Bedingungen für eine Eisbildung: Der CO_2-Gehalt nimmt ab, die Temperaturen sinken, und der Planet verfällt allmählich in eine Eiszeit. Die letzte Eiszeit, bekannt als das letzte eiszeitliche Maximum, erreichte ihren Höhepunkt vor 21.000 Jahren. Das Eis begann vor etwa 17.000 Jahren zu schmelzen, als die Exzentrizität erneut in hinreichendem Maße angestiegen war. Damit endete ein etwa 100.000-jähriger Exzentrizitätszyklus, der vor 12.000 Jahren in die gegenwärtige Zwischeneiszeit mündete, die als Holozän bekannt ist. Sie ist das Thema des nächsten Kapitels.

Es ist daher verlockend, die Sägezahnzyklen schlicht der Exzentrizität in die Schuhe zu schieben. Doch was soll dann die Ursache für den *Wechsel* von den gleichmäßigen Eiszeiten (40.000-jähriger Zyklus) mit geringer Amplitude sein, die eng mit den Schwankungen der Erdneigung übereinstimmen, zu den asymmetrischen, sägezahnförmigen Schwankungen (100.000-jähriger Zyklus), die stattdessen mit der Exzentrizität übereinstimmen? Letztere Perioden sind durch eine langsame Abkühlung mit Eiswachstum gekennzeichnet, gefolgt von einem raschen Abschmelzen während der warmen Zwischeneiszeit. Diese Frage stellt sich in der Paläoklimatologie schon länger. So scheinen Klimakritiker, die in der Regel weit daneben liegen, in diesem Fall womöglich sogar Recht zu haben: Warum sollten wir den Klimamodellen vertrauen, mit denen die vom Menschen verursachten Klimaveränderungen vorhergesagt werden, wenn sie das prominenteste Ereignis aus dem Paläoklima nicht reproduzieren können? Es lohnt sich daher, sich ein wenig Zeit zu nehmen, um die historische Entwicklung unseres wissenschaftlichen Verständnisses der pleistozänen Eiszeiten nachzuvollziehen. Zur Belohnung können dabei auch einige wichtige Erkenntnisse darüber gewonnen werden, wie Wissenschaft funktioniert.

Den Anfang machte der serbische Mathematiker und Astronom Milutin Milankovitch in den 1920er Jahren. Seine These lautete: Eiszeitzyklen können als Reaktion auf die orbitalen Zyklen verstanden werden. Der Effekt der Richtungsänderung der Erdrotationsachse (Präzession), im ersten Kapitel als »taumelnder Kreisel« beschrieben, dauert von Scheitelpunkt zu Scheitelpunkt etwa 23.000 bis 26.000 Jahre; der Neigungswinkel schwankt mit einer Periodizität von etwa 41.000 Jahren, die Exzentrizität mit einer Periodizität von etwa 100.000 Jahren. Diese Einflüsse wirken sich auf die Verteilung der sommerlichen Sonneneinstrahlung in hohen Breiten aus. Diese wiederum bestimmt, ob Schnee und Eis den Sommer überdauern und sich somit im Laufe der Zeit auftürmen können. Die Theorie eignet sich sehr gut zur Beschreibung von Gletscherzyklen auf Zeitskalen von Zehntausenden von Jahren.[20]

Bei der astronomischen Milankovitch-Theorie ergeben sich jedoch Probleme, was den 100.000-jährigen Eiszeitzyklus angeht. Denn die Exzentrizität der Erdumlaufbahn ist sehr gering. Sie verläuft *nahezu* kreisrund, sodass die Schwankungen bei der Sonneneinstrahlung, welche die Erdoberfläche erreicht, unter einem Prozent liegen. Der Einfluss der Neigung der Erde ist deutlich höher: Während des arktischen Hochsommers ergibt sich bei der Sonneneinstrahlung eine mehr als zehnmal so große Abweichung. Zum anderen ist die Übereinstimmung der Eiszeiten mit den Exzentrizitätsdaten nicht besonders ausgeprägt.

Und zu guter Letzt, was wohl am problematischsten ist, lässt sich mit der üblichen Astronomie der Übergang zum mittleren Pleistozän nicht erklären. So hat sich zwar die Periodizität der Klimaschwankungen von 40.000 auf 100.000 Jahre verschoben, die grundlegenden astronomischen Kräfte blieben jedoch unverändert – die Zyklen der Exzentrizität und der Schieflage waren vor und nach diesem Übergang völlig identisch.

Daraus sollte jedoch keinesfalls gefolgert werden, dass die Milankovitch-Theorie zu den Eiszeiten völlig falsch ist. Vielmehr sei daran erinnert, dass selbst die Newtonsche Gravitationstheorie, die alles – vom fallenden Apfel bis hin zu den Planetenbahnen – verblüffend genau beschreibt, technisch gesehen aus demselben Grund »fehlerhaft« ist. Denn sie funktioniert weder in sehr kleinen Maßstäben, wofür die Quantenmechanik herangezogen werden muss, noch bei massiven Objekten wie schwarzen Löchern, für die die allgemeine Relativitätstheorie gilt. Daraus wird deutlich, dass wissenschaftliche Erkenntnisse aufeinander aufbauen, wobei eher vorsichtige, beschränkte Modelle den Weg zu robusteren, umfassenderen Theorien weisen. Die Milankovitch-Theorie bräuchte ebenfalls Änderungen, um die MPT und die Dominanz der 100.000-jährigen Sägezahnzyklen zu erklären.

Manche, wie etwa der Klimatologe John Imbrie von der Brown University (Rhode Island), haben erkannt, dass die Wirkung von astronomischen Kräften nicht linear ist. Die Beziehung ist viel komplexer und wird durch nichtlineare Verstärkungsmechanismen bestimmt, unter Einbeziehung des Verhaltens der Eisschilder und des CO_2-Zyklus der Ozeane.[21]

Andere plädierten gar für eine völlige Abkehr von der Milankovitch-Theorie. Ein solcher Querdenker ist der Physiker und Astronom Richard Muller. Jahrelang mimte er den Klimaskeptiker, indem er etablierte Klimawissenschaftler öffentlich anprangerte, weil sie einen Zusammenhang zwischen dem Klimawandel und der Verbrennung fossiler Brennstoffe herstellten. 2012 behauptete er dann mit großem Tamtam, er könne den Beweis für diesen Zusammenhang selbst liefern.

Gemeinsam mit seiner Tochter Elizabeth gründete er 2016 ein privatwirtschaftliches Unternehmen namens Deep Isolation, dass die sichere Entsorgung von Atommüll in Erdlöchern verspricht. Auf der Website des Unternehmens ist ein Bild von Muller und seinen Mitarbeitenden zu sehen, wie sie in der Wüste Yoga praktizieren.[22]

Zu der Zeit, als ich in den 1980er Jahren mein Physikstudium an der Universität Berkeley absolviert habe, war Muller Mitglied des Lehrkörpers dieser Fakultät. Obwohl ich keinen seiner Kurse besuchte, war ich mit seinen Arbeiten vertraut. Er war der Zögling von Luis Alvarez, dem Physik-Nobelpreisträger, der den K-Pg-Asteroideneinschlag entdeckte, der zum Aussterben der Dinosaurier führte. Womöglich durch die Arbeit seines Mentors inspiriert, suchte Muller nach außerirdischen Erklärungen für weitere entscheidende Geschehnisse der Erdgeschichte.

1984, das Jahr, in dem ich an die Berkeley Universität kam, entwickelte Muller gerade seine »Todesstern-Hypothese«. Darin geht es um einen vermeintlichen, 27 Millionen Jahre andauernden Zyklus, der das geologische Massenaussterben erklärt. Die Hypothese lautete, dass ein roter Zwergstern namens Nemesis alle 27 Millionen Jahre durch die Oortsche Wolke wandert [eine nicht nachgewiesene Ansammlung astronomischer Objekte im äußersten Bereich des Sonnensystems, Anm. d. Ü.]. Dabei, so die Annahme, werden Kometen in Richtung des inneren Sonnensystems abgelenkt, wo sie auf die Erde treffen und analog zum K-Pg-Einschlag ein Massenaussterben verursachen könnten. Außerdem sei Nemesis mit unserer Sonne verwandt und anderthalb Lichtjahre von der Erde entfernt. Mullers These hat sich nicht bestätigt. Es ist fraglich, ob eine solche Periodizität in der Historie der Massenaussterben überhaupt existiert. Dazu kommt, dass es auch keinerlei Anhaltspunkte für die Existenz eines solchen vermuteten Begleitsterns gibt.[23]

Mitte der 1990er Jahre, als ich gerade dabei war, meinen Doktortitel an der Universität Yale zu erlangen, wandte sich Muller einem anderen Zyklus zu, dem 100.000-jährigen Eiszeitzyklus. Muller arbeitete dabei mit dem bekannten Geophysiker Gordon MacDonald zusammen, der für seine Skepsis gegenüber der Plattentektonik weithin berüchtigt war. Gemäß dieser Hypothese hat das 100.000-jährige Intervall überhaupt nichts mit der Exzentrizität zu tun. Die gemeinsame Zeitspanne sei reiner Zufall. Stattdessen vertraten die beiden Wissenschaftler die Auffassung, dass der Eiszeitzyklus von einer 100.000-jährigen Periodizität beeinflusst wird, der durch die Neigung der Bahnebene bestimmt wird, die den Umlauf der Erde relativ zur Sonne bestimmt. Sie vermuteten, dass die Umlaufbahn im Laufe dieses Zyklus in eine interstellare Staubwolke gerät, die dann einen Teil des Sonnenlichts von der Erde fernhält, wodurch sich der Planet ein wenig abkühlt. Sollte ihnen diese Idee ähnlich vorkommen wie Mullers »Todesstern-Hypothese«, so liegt das daran, dass sie es ist. Folglich ereilte auch diese Hypothese ein ähnliches Schicksal.[24]

Die Ausführungen waren weder überzeugend noch stützten sie sich auf gründliche und objektive Methoden der Zeitreihenanalyse. Jedoch erfordern außergewöhnliche Behauptungen auch außergewöhnliche Beweise. Meiner Einschätzung nach genügen Mullers Argumente nicht annähernd diesen Anforderungen. Aber lassen Sie sich von mir nicht beeinflussen.

Schließlich schaltete sich 1996 der prominente Geochemiker und Paläoklimatologe Wallace (Wally) Broecker von der Columbia University in die Diskussion ein. Als eifriger Bekämpfer althergebrachter Anschauungen veröffentlichte er unter anderem ein Buch mit dem Titel »*The Glacial World According to Wally*«. Auch wenn Broecker im Wesentlichen an der Milankovitch-Theorie festhielt, liebte er leidenschaftliche wissenschaftliche Debatten. Er verschaffte Muller Aufmerksamkeit und veranstaltete einen Workshop am Lamont-Doherty Earth Observatory, einem malerischen Forschungscampus der Columbia Universität, der auf den Klippen der Hudson River Palisades thront. Broecker lud die führenden Experten auf diesem Gebiet zu einer lebhaften Debatte ein. Diese lief nicht gut für Muller. Richard Kerr vom Magazin *Science* zitierte in seinem Bericht unter anderem renommierte

Experten wie Dick Peltier. Dieser sagte, dass »seine Argumente einfach nicht glaubwürdig sind«. Auch der Guru der Zeitreihenanalyse, David Thomson von den Bell Labs, zeigte sich »von dieser ganzen Argumentation wenig beeindruckt«. Die Paläoklimaforscherin Maureen Raymo brachte es auf den Punkt: »Die Neigung der Umlaufbahn hat damit gar nichts zu tun.« Broecker, der den Workshop organisierte, war in seiner Beurteilung ziemlich kompromisslos: »Auch wenn man nicht genau sagen kann, warum das Klima der Erde den Milankovitch-Zyklen folgt, so besteht doch zumindest ein physikalischer Zusammenhang, während Rich Muller diesen nicht erkennt.«[25]

Auch mein Doktorvater Barry Saltzman nahm an dem Workshop teil. Saltzman, ein ruhiger, sanftmütiger und bescheidener Wissenschaftler, war in vielerlei Hinsicht das genaue Gegenteil von Broecker. Seine Beiträge zur Atmosphärenforschung waren jedoch beachtlich. Es waren seine Forschungen, die dazu führten, dass der MIT-Atmosphärenforscher Ed Lorenz den so genannten Schmetterlingseffekt, also die nichtlineare Dynamik hinter dem Wetter, entdecken konnte.[26]

Saltzmans besonderes Interesse an nichtlinearen dynamischen Systemen führte ihn letztendlich zu der Frage der eiszeitlichen Perioden im Pleistozän. In den späten 1980er und frühen 1990er Jahren veröffentlichte er gemeinsam mit anderen Forschenden eine Reihe von Artikeln. Unter den Mitautoren waren sein ehemaliger Doktorand und Postdoktorand Kirk Maasch, der heute an der Universität von Maine lehrt, und sein ehemaliger Forschungspartner Mikhail Verbitsky. Darin wies er nach, dass die 100.000-jährige Periode als eine natürliche Schwankung betrachtet werden kann, die aus nichtlinearen Prozessen herrührt. Dazu zählen das Ab- und Wiederauftauchen von Eisschollen, das Kalben von Eisbergen, die Meereszirkulation und die Dynamik des CO_2-Zyklus. Alle diese Prozesse werden durch die Erdumlaufbahn gesteuert. Er zeigte, dass der Übergang von einem 40.000-jährigen zu einem 10.000-jährigen Zyklus dem MPT sehr ähnlich sein kann. Dies sei auf den langfristigen tektonisch bedingten Rückgang der CO_2-Konzentration und einer veränderten Dynamik des globalen Klimasystems zurückzuführen, sobald sich in Nordamerika ein sehr großer Eisschild gebildet hatte.[27]

Von verschiedenen namhaften Akteuren, darunter Broecker, erfuhren Saltzmans Forschungsergebnisse erheblichen Widerspruch. Als er jedoch von dem 1996 abgehaltenen Workshop zurückkehrte berichtete er uns zugleich amüsiert und verwundert, dass Broecker, der seine Arbeit jahrelang kritisiert hatte, diese nun zu billigen schien und ihm zum Abschluss des Workshops sogar Anerkennung zollte: »Wie ich schon die ganze Zeit vermutet habe, scheint die beste Erklärung für die [100.000-jährige] Schwenkung darin zu bestehen, dass es sich um eine interne durch Exzentrizität angetriebene Oszillation handelt.«

Und das ist auch heute noch unser Wissensstand. Erst kürzlich konnten Matteo Willeit, Andrey Ganopolski und PIK-Mitarbeitende die Klimaaufzeichnungen der letzten drei Millionen Jahre genau reproduzieren. Dazu gehört neben dem MPT auch der Beginn der sägezahnförmigen, 100.000-jährigen Zyklen vor etwa einer Million Jahren. Sie verwendeten dafür ein Klimamodell, das einerseits so effizient ist, dass es Millionen von Jahren abbilden kann, aber zugleich so umfassend, dass es die wesentlichen Bestandteile der Eisschilder und des CO_2-Kreislaufs berücksichtigt. In einer bahnbrechenden Studie aus dem Jahr 2019 simulierten die Forschenden die Entwicklung des Klimas, der Eisschilder und des CO_2-Gehalts des späten Pliozäns bis hin zum Pleistozän. Auch wiesen sie nach, dass eine allmähliche Senkung des atmosphärischen CO_2-Niveaus und das Einbeziehen der so genannten Regolith-Entfernung für die Reproduktion der Klimageschichte unerlässlich sind. Als Regolith bezeichnet man die Schicht aus Erde, Staub und losem Gestein, die sich über dem Muttergestein befindet. Mit jeder Eiszeit wurde mehr und mehr Regolith abgetragen, wodurch das Grundgestein immer mehr freigelegt wurde. Das ist essenziell, da es für die Eisschilder einfacher ist, über solch loses Material zu gleiten als über das eigentliche

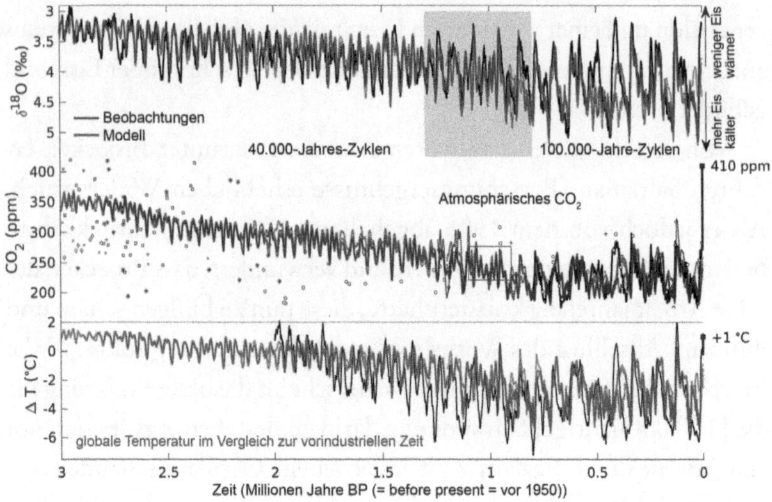

Abbildung 16: Simulierte und beobachtete Schwankungen der Sauerstoffisotope, des CO_2 und der globalen Durchschnittstemperaturen vom späten Pliozän bis zur Gegenwart; der mittelpleistozäne Übergang ist grau unterlegt

Felsgestein selbst. Bei jeder weiteren Vergletscherung kommt es also zu einer verstärkten Reibung an der Erdoberfläche. Da die Gletscher an Ort und Stelle festsitzen und nicht abrutschen können, bildet sich ein ständig wachsender Eisschild.[28]

Die Forschenden zeigten, dass der langfristige, tektonisch bedingte Rückgang des CO_2 sowohl die Vergletscherung der nördlichen Hemisphäre im späten Pliozän einleitete als auch zu einer Erhöhung der Intensität der eiszeitlichen und zwischeneiszeitlichen Zyklen während des Pleistozäns führte. Die Kombination aus dem CO_2-Rückgang und der allmählichen Abtragung des Regoliths führte zum Übergang von einem gleichmäßigen 40-000-jährigen Zyklus mit kleinen Eisschildern zu einem sägezahnförmigen 100.000-jährigen Zyklus mit großen Eisschildern etwa zum Zeitpunkt des eigentlichen MPT. In einer gesonderten Untersuchung demonstrierte die Gruppe, dass die sägezahnförmigen 100.000-jährigen Zyklen aus »stark nichtlinearen«

Reaktionen auf orbitale Einflüsse herrührten, die mit der Exzentrizität einhergingen. Die »Glaziale Welt nach *Barry*«, so die Erkenntnis, gab es also tatsächlich.[29]

Wir können nun getrost behaupten, dass dieselben Modelle, welche die vom Menschen verursachte Erwärmung des letzten Jahrhunderts nachbilden und eine beträchtliche Erwärmung und katastrophale Folgen voraussagen, wenn es nicht zu einer drastischen Verringerung der CO_2-Emissionen kommt, auch eines der markantesten Phänomene in den paläoklimatischen Aufzeichnungen abbilden können – die Eiszeiten des Pleistozäns, einschließlich der einst rätselhaften MPT.

DIE EEM-WARMZEIT UND DAS LGM

Der jüngste Eiszeitzyklus begann mit einer Zwischeneiszeit, der sogenannten Eem-Warmzeit, die vor etwa 130.000 bis 115.000 Jahren stattfand. Es folgte ein allmählicher Abstieg in die nachfolgende Eiszeit, in der die Vereisungen vor etwa 21.000 Jahren ihre maximale Ausdehnung erreichte, im Letzteiszeitlichen Maximum (LGM). Dieser klimageschichtliche Zeitraum war für die menschliche Zivilisation bekanntlich von besonderer Bedeutung. Während dieser Zeit lernte der *Homo sapiens*, Muscheln zu sammeln und zu kochen, Fischfanggeräte herzustellen, eine Sprache zu verwenden und schließlich menschlich zu werden. Anthropologen gehen davon aus, dass die enorme Veränderung des Klimas in dieser Epoche – wie wir heute wissen, eine Folge des sinkenden CO_2-Gehalts und der zunehmend größeren Eisschilder – einen Selektionsdruck auf die Art von Intelligenz ausübte, die unsere Spezies heute kennzeichnet. Aber auch aus klimatischer Sicht war diese Veränderung von Bedeutung. Es gibt mehrere wichtige Erkenntnisse, die wir aus der letzten Zwischeneiszeit (dem Eem) ziehen können. So war in dem Zeitraum die Erderwärmung möglicherweise noch höher als heute, außerdem gab es das LGM, in dem ein Eisschild das Gebiet des heutigen New York City bedeckte.

Beginnen wir mit der Eem-Warmzeit. Von allen früheren Zwischeneiszeiten ist sie die bedeutendste, da sie als die jüngste und am besten untersuchte gilt. Sie ermöglicht es uns, einen Zeitraum zu untersuchen, in dem der CO_2-Spiegel mit etwa 280 ppm ähnlich hoch war wie in der vorindustriellen Zeit, die globalen Durchschnittstemperaturen jedoch mit den heutigen vergleichbar waren. Die geologischen Belege deuten auch darauf hin, dass der Meeresspiegel global 6 bis 9 Meter höher war als heute, was auf erhebliche Mengen an Schmelzwasser sowohl aus der Antarktis (etwa 3 bis 7 Meter) als auch aus Grönland (1,5 bis 2,1 Meter) zurückzuführen sein dürfte.[30]

Fossile Funde weisen darauf hin, dass tropische Tiere in Europa bis hinauf zu den britischen Inseln vorkamen – etwa Flusspferde oder Elefanten mit geraden Stoßzähnen. Auch gelangten Braunbären bis in die Arktis Alaskas, wo sie sich mit Eisbären kreuzten. Wälder dehnten sich in Nordamerika und Eurasien wesentlich weiter nach Norden aus. So wurden Bäume sogar auf der südlichen Baffininsel in der kanadischen Arktis gefunden. Regionen in Alaska, die heute Tundra sind, waren einst boreale Wälder. Das wirft die Frage auf: Wie konnte es zu dieser außergewöhnlichen Wärme kommen, wo doch das CO_2-Niveau nicht höher als während der nahen vorindustriellen Zeit war?[31]

Offenbar waren mehrere natürliche Faktoren im Spiel. Wie die meisten Zwischeneiszeiten fiel auch die Eem-Periode mit einer hohen Exzentrizität der Erdumlaufbahn zusammen. Gleichzeitig gab es aber auch eine starke Neigung der Erdachse und eine größere Präzession, was dazu führte, dass die erdnächste Position relativ zur Sonne mit dem borealen Sommer zusammenfiel. Diese Kombination von Faktoren begünstigte besonders warme Sommer in der Arktis, aber auch warme Sommer in der Antarktis. Unter diesen Bedingungen schmolzen wohl die Eisschilder Grönlands und der Westantarktis in erheblichem Maße. Obwohl die globale Durchschnittstemperatur ähnlich wie heute gewesen sein dürften, waren die Sommer in hohen nördlichen Breitengraden möglicherweise 2 bis 4 °C wärmer.[32]

Es gibt hier also auch ein paar gute Nachrichten. Das massive Abschmelzen des Eises und der Anstieg des Meeresspiegels während der Eem-Zeit war eine Folge einer einzigartigen Erdbahnkonfiguration, die eine außergewöhnliche Erwärmung in den Sommermonaten in den hohen Breiten begünstigte. Ein vergleichbares Ausmaß an Erderwärmung lässt sich heute wahrscheinlich durch wirksame Anstrengungen zur Reduzierung der CO_2-Emissionen abwenden. Eine weitere gute Nachricht: Sowohl das arktische Meereis als auch die Eisbären haben offenbar die Erwärmung der Eem-Warmzeit überlebt. Das deutet darauf hin, dass sie auch den vom Menschen verursachten Klimawandel überleben können, wenn es uns denn gelingt, eine erhebliche Erwärmung des Planeten zu verhindern. Es gibt keine Anzeichen, dass der arktische Permafrost eine »Methanbombe« gezündet hat, obwohl die arktischen Sommer deutlich wärmer waren als heute.[33]

Nachdem die Gegebenheiten der Erdumlaufbahn eine geringere jahreszeitliche Abhängigkeit, kühlere Sommer und größere Eisflächen begünstigten, kühlte sich das Klima in den folgenden 100.000 Jahren allmählich in Richtung des LGM ab. Es war die bisher größte Schwankung innerhalb des 100.000-jährigen Sägezahnmusters. Das führte zur bislang stärksten Vereisung, deren größte Ausdehnung vor etwa 18.000 bis 20.000 Jahren erreicht war. Der CO_2-Gehalt ging bis auf etwa 180 ppm zurück. Die bisher genaueste Schätzung geht davon aus, dass der LGM etwa 6 °C kühler als die vorindustrielle Zeit und etwa 7 °C kühler als heute war. In Punkto Temperatur besagen die heutigen Berechnungen: Die Abkühlung fiel in den vergletscherten Landregionen der hohen Breiten deutlich stärker aus (etwa 20 °C) als in den tropischen Meeresregionen (gut 2 °C).[34]

Im LGM sah die Welt noch ganz anders aus. In der nördlichen Hemisphäre Nordamerikas und Europas befand sich ein bis zu drei Kilometer dicker Eisschild. Diese Eiskuppel drängte den Jetstream nach Süden, und in Regionen der mittleren Breiten, die heute trocken oder halbtrocken sind, befanden sich riesige Binnenseen. Die Salzebenen von Utah sind die Überreste des einstigen gut 50.000 Quadratkilometer großen Lake Bonneville. Ich konnte die alte Uferlinie besichtigen, die von Salt Lake City aus über dem Talboden zu erkennen ist. Da so viel Wasser in den Eisschildern gebunden war, war der globale Meeresspiegel mehr als 120 Meter niedriger als heute.

Prächtige Wollhaarmammuts und Mastodonten, riesige Faultiere und Säbelzahnkatzen durchstreiften Nordamerika und Europa. Wenn Sie eine Vorstellung davon bekommen wollen, wie diese Welt ausgesehen haben könnte, müssen Sie Ihre Phantasie gar nicht bemühen. Das La Brea Tar Pits Museum in Los Angeles hat diese Welt für uns wiedererschaffen. Exemplare jeder der heute ausgestorbenen Megafauna wurden irgendwann während der letzten Eiszeit in Asphaltgruben, klebrigen Tümpeln aus Teer, eingeschlossen. Dadurch wurden sie für ihre spätere Ausgrabung und Präsentation konserviert. Im Herbst 2017 nahm ich an

Abbildung 17: Nachbildung einer Szene aus dem Pleistozän, Rekonstruktion von Kaisermammuts (*Mammuthus imperator*) am Rande der gefluteten größten Grube des Geländes im La Brea Tar Pits-Museum in Los Angeles

einem Forum zum Klimawandel in dem Museum teil, das sich inmitten dieser alten Asphaltbecken befindet. Die Becken enthalten zähflüssige Überreste von Erdöl, das aus der Tiefe an die Oberfläche gestiegen und verdunstet ist. Es fiel schwer, keine ironische Assoziation zwischen dem Veranstaltungsort und dem Klimathema der Veranstaltung zu entwickeln. Das Erdöl aus der Tiefe bedroht uns auch heute noch, wenngleich wir weniger physisch als vielmehr politisch darin gefangen sind.[35]

Das Absinken des Meeresspiegels um Hunderte von Fuß während des LGM hat bekanntlich die Landbrücke geschaffen, über die der Homo sapiens aus Asien nach Nordamerika einwandern konnte. Wann genau dies geschah, ist nach wie vor umstritten. Es könnte auf dem Höhepunkt des LGM vor 21.000 Jahren oder erst einige tausend Jahre später geschehen sein. Warum starben die oben erwähnten Giganten der Megafauna, die irgendwie alle vorangegangenen Eiszeiten und Zwischeneiszeiten überlebt hatten (selbst die Teergruben!), zu diesem Zeitpunkt aus? Das ist nach wie vor heiß umstritten. War es der »Jagd-Overkill« durch uns, die neuen Raubtiere? Oder waren es die Herausforderungen eines ungewöhnlich dramatischen Klimawandels?[36]

Das LGM ist ganz gewiss ein sehr attraktiver Bezugspunkt für Klimamodelle. Zunächst gibt es uns mit seiner Abkühlung um 6 °C gegenüber dem heutigen vorindustriellen Niveau einen deutlichen Fingerzeig. Diese ist dank der relativ weit zurückreichenden Proxydaten, die zur Verfügung stehen, ziemlich genau bekannt. Das Klima blieb mehrere tausend Jahre lang so kalt, was auf einen Quasi-Gleichgewichtszustand hindeutet. Darüber hinaus verfügen wir über einigermaßen zuverlässige Einschätzungen hinsichtlich der Klimatreiber, einschließlich der CO_2-Konzentrationen aus Eisbohrkernen. Auch gibt es geologische Beweise für die Verbreitung der Eisschilder. Der ausgeprägte Unterschied zwischen den ungewöhnlich kalten Polarregionen und den warmen Tropen während des LGM führte zu einem verstärkten Jetstream. Dieser brachte reichlich reflektierenden, durch Winde aufgewirbelten Staub in die Atmosphäre. Auch dafür gibt es gute Belege in den Eisbohrkernen. Es sollte also ein Kinderspiel sein, eine zuverlässige Schätzung der Klimasensitivität aus dem LGM oder den pleistozänen Gletscherzyklen im Allgemeinen abzuleiten. Aber so einfach ist es nicht, wie schon mehrfach in diesem Buch beschrieben.

Zuallererst muss ein Henne-Ei-Problem behandelt werden. Dies lässt sich vielleicht am besten anhand des Streits über den Film *An Inconvenient Truth* (*Eine unbequeme Wahrheit*) mit dem ehemaligen US-Vizepräsidenten Al Gore aus dem Jahr 2006 veranschaulichen. Der Film ist, nach dem Leonardo-DiCaprio-Film *Before The Flood*, der meistgesehene Klimadokumentarfilm aller Zeiten und hat das Bewusstsein der internationalen Öffentlichkeit für die Klimakrise geschärft. Natürlich war es auch vorhersehbar, dass die Leugner des Klimawandels versuchen würden, den Film, seine Botschaft und seinen Überbringer zu diskreditieren.[37]

Zu den Kritikpunkten gehörte eine im Film gezeigte Animation, in der die Wostok-Aufzeichnungen von CO_2 und Temperatur über die letzten 650.000 Jahre verglichen werden, die, wie wir bereits gesehen haben, im gleichen Takt schwanken. Gore bezeichnet diese Beziehung im Film als »passgenau«. Wir haben diese und andere Einwände gegen den Film in dem von Klimawissenschaftlern geführten Blog *RealClimate*, den ich 2005 zusammen mit Gavin Schmidt gegründet habe, diskutiert. Wir kamen zu dem Schluss, dass »Gore erklärte, dass die Treibhausgaskonzentrationen und die Temperaturveränderungen während der Eiszeiten eine komplexe Beziehung aufweisen, aber dass sie ‚zusammenpassen'« und dass »beide Aussagen richtig sind«. Gores knappe Erklärung lässt einen Teil dieser Vielschichtigkeit außer Acht.[38]

Wie wir im genannten Beitrag festgestellt haben, erfordert ein vollständiges Verständnis der CO_2-Veränderungen die Berücksichtigung des zusätzlichen so genannten Colaflaschen-Effekts: Wenn eine Veränderung der Erdumlaufbahn eine Erwärmung über dem südlichen Ozean begünstigt, verliert der warme Ozean CO_2 an die Atmosphäre, so wie eine Flasche warmer Cola, die an einem Sommertag geöffnet wird, schnell ihr CO_2 frei gibt und alsbald schal schmeckt. Der höhere CO_2-Gehalt führt dann über den Treibhauseffekt zu einer weiteren Erwärmung. Die bereits erwähnte Modellierungsarbeit des PIK-Teams zeigt, wie wichtig diese Mechanismen für die Nachbildung der Details der beobachteten Beziehung zwischen der CO_2- und der Temperaturkurve sind. Aber der Kernpunkt von Gores Aussage – dass die beobachtete langfristige Beziehung zwischen CO_2 und Temperatur in der Antarktis unser Verständnis der erwärmenden Auswirkungen erhöhter CO_2-Konzentrationen stützt – ist richtig.

Es ist bereits geklärt, dass sich die Klimasensitivität nicht anhand der Wostok-Temperaturkurve abschätzen lässt. Sie zeigt eine doppelt so starke Erwärmung wie die von den Sedimenten abzuleitenden Einschätzungen der globalen Durchschnittstemperaturen aufgrund der polaren Verstärkung der Erwärmung. Diese Schwierigkeit bedeutet aber auch, dass wir die Klimasensitivität nicht einfach durch einen Vergleich der globalen CO_2- und Temperaturkurven ableiten können. Auf dieser Zeitskala gibt es keine einfache Kausalität von Ursache und Wirkung. Der CO_2-Gehalt ist kein simpler Hebel, der das Klimasystem reguliert. Vielmehr ist er eine der wechselwirkenden Variablen, die sowohl als *Reaktion* auf, als auch als *Ursache* für die Erwärmung und Abkühlung wirken.

Dieser Aspekt bildet den Kern der aktuellen Auseinandersetzungen darüber, was die Eiszeiten des Pleistozäns über die Empfindlichkeit des Erdklimas aussagen. In einer Studie, die 2016 in *Nature* erschienen ist, wurde genau ein solcher Vergleich der globalen Durchschnittstemperaturen mit CO_2-Änderungen während des Pleistozäns herangezogen, um einen satten ESS-Wert von rund 9 °C abzuleiten, der für eine mögliche Erwärmung von 1,6 bis 3,9 °C spräche, selbst wenn das CO_2-Niveau auf dem heutigen Stand gehalten würde. Die Studie löste überreizte Medienberichte aus: Der *Pacific Standard* berichtete, dass »eine Verdopplung der Treibhausgasemissionen den Planeten um etwa 9 °C erwärmen würde«, und das *Cosmos Magazine* warnte vor

»einem düsteren globalen Temperaturanstieg von ... bis zu 7 °C, wenn die Treibhausgasemissionen nicht reduziert werden«.[39]

Leider ist dies schlichtweg nicht richtig. Deshalb haben zwölf führende Paläoklimatologen, darunter mehrere, deren Arbeiten in diesem Kapitel vorgestellt wurden, in *Nature* eine Antwort veröffentlicht, in der sie darauf hinweisen, dass die Klimasensitivität nicht durch einen einfachen Vergleich der beiden Kurven ermittelt werden könne. Sie zeigten, dass die Methode versagt, indem sie in einem Fall angewendet wurde, bei dem die wahre ESS im Voraus genau bekannt war. Sie bekräftigten, dass »es keinen Grund gibt, die jüngste Einschätzung der gegenwärtigen Erwärmung zu ändern«. Dem jüngsten IPCC-Bericht zufolge liegt diese bei etwa 1,7 °C in einem Szenario mit rascher Dekarbonisierung.[40]

In einer kürzlich durchgeführten umfassenden Bewertung des LGM wurde versucht, ein Klimamodell, das auf den neuesten Erkenntnissen über die treibenden Kräfte, einschließlich CO_2 und Staub, beruht, mit den Beobachtungen aus dem LGM abzugleichen, um die Klimasensitivität abzuschätzen. Dabei wurde die Rückstrahlung (Albedo) von Eisschildern als Strahlungstreiber und nicht als langsame Reaktion des Klimasystems betrachtet. Das ermöglichte es, einen Wert für die ECS zu ermitteln, der im Bereich von 2,4 bis 4,5 °C, mit einem mittlerer Erwartungswert von 3,4 °C, liegt. In dieser Größenordnung bewegt sich der wissenschaftliche Konsens und widerlegt die Annahme, dass die Eiszeiten des Pleistozäns auf einen ungewöhnlich hohen Wert der Klimasensitivität hindeuten. Eine weitere gute Nachricht. Wir können heute nicht nur die pleistozänen Eiszeiten erklären, sondern auch zeigen, dass sie mit anderen Erkenntnissen übereinstimmen, die auf einen mittelhohen Wert der Klimasensitivität hindeuten. Mit anderen Worten: Der Klimawandel ist eine Bedrohung, aber immer noch eine beherrschbare Bedrohung.[41]

WAS HABEN WIR GELERNT?

Einige der wichtigsten Lektionen, die wir aus dem späten Känozoikum ziehen können, betreffen die potenzielle Bedrohung, die heute durch den Schwund der Eisschilder und dem damit verbundenen Anstieg des Meeresspiegels besteht. Wir wissen, dass der Grönländische Eisschild erst am Ende des Pliozäns bzw. zu Beginn des Pleistozäns entstanden ist, also vor etwas weniger als drei Millionen Jahren. Der CO_2-Gehalt war damals wahrscheinlich niedriger als heute. Aufgrund des Phänomens der Hysterese ist der CO_2-Gehalt, der für den Verlust des Eises maßgeblich ist, wahrscheinlich höher als derjenige, der für die Entstehung des Eisschilds notwendig war, er liegt zumindest leicht über dem heutigen Wert. Das sollte uns jedoch nicht allzu sehr beruhigen. Denn in Anbetracht aller Unwägbarkeiten könnten wir schon bald die Schwelle der Erderwärmung erreichen, die zum Verlust des GIS führen würde. Zudem könnten wir auch die marinen Teile des WAIS und vielleicht auch einen Teil des EAIS verlieren. Alles in allem sind das etwa elf Meter Meeresspiegelanstieg, auf die wir uns in sehr naher Zukunft einstellen müssten, sollten wir keine konzertierten Klimaschutzmaßnahmen ergreifen. Das Gebiet, in dem ein Viertel der heutigen US-Bevölkerung und mehr als eine Milliarde Menschen weltweit leben, würde überflutet werden.[42]

Diese Zahlen sind ernüchternd. Und sie verraten uns nicht, wie schnell all das eintreten könnte. Sind es Jahrhunderte oder Jahrzehnte? Die Aufzeichnungen über das Paleo-Klima allein liefern uns diese Antworten nicht unbedingt. Allerdings befinden sich diese Aufzeichnungen nicht im luftleeren Raum: Neueste Modelle von Eisschildern und Klimamodellen liefern wichtige Hinweise. Kombiniert mit den Schlussfolgerungen aus den paläoklimatischen Aufzeichnungen ergibt sich daraus, wie wir gleich sehen werden, ein ziemlich eindeutiges Bild.

Doch zunächst nochmals ein wichtiger Hinweis zur Arbeitsweise innerhalb der Wissenschaft: Die überwiegende Mehrheit wissenschaftlicher Studien – einschließlich der meisten, die in diesem Buch diskutiert werden – tragen schrittweise zu unserem Verständnis bei. Nur sehr wenige davon bewirken einen Paradigmenwechsel im Sinne einer grundlegenden Änderung unserer Denkweise über ein bestimmtes Problem. Und selbstverständlich gibt es Ausnahmen. Dazu gehören zum Beispiel der Artikel von Álvarez und Álvarez aus dem Jahr 1980, in dem der Chicxulub-Einschlag, der die Dinosaurier auslöschte, nachgewiesen wurde, sowie der Lorenz-Artikel aus dem Jahr 1963, der den sogenannten Schmetterlingseffekt beschreibt.

Ein weiteres Beispiel ist, wie ich finde, der *Nature*-Artikel von Rob DeConto und Dave Pollard aus dem Jahr 2016. Er war so bedeutsam, dass Pollard, ein damaliger Kollege an der Penn-State-Universität, darum bat, die Videoübertragung eines Seminars, das er an unserem Institut gab, zu stoppen. Er wollte zuerst seine neuesten Erkenntnisse erläutern, die von der Zeitschrift noch streng unter Verschluss gehalten wurden.[43]

Vor dieser Studie herrschte die Meinung vor, dass der Meeresspiegel im schlimmsten Fall bis zum Ende des Jahrhunderts um etwa einen Meter ansteigen würde, wie es beispielsweise auch der IPCC in seinem Vierten Sachstandsbericht beschreibt. Die Studie von DeConto und Pollard verdoppelte diesen Wert im Handumdrehen auf etwa zwei Meter. Ein solcher Anstieg des Meeresspiegels würde weltweit mehr als 600 Millionen Menschen aus ihrer Heimat vertreiben. Mein Freund Jeff Goodell, ein Journalist des *Rolling Stone*, der sich mit dem Klimawandel auseinandersetzt, formulierte es so: »Der Unterschied zwischen einem Meter und zwei Meter ist der Unterschied zwischen einer kontrollierbaren Evakuierung der Küsten und einer jahrzehntelangen Flüchtlingskatastrophe. Für viele pazifische Inselstaaten ist es der Unterschied zwischen Überleben und Auslöschung.«[44]

Doch bevor wir uns mit der Studie von DeConto und Pollard näher beschäftigen, sollten wir noch einmal auf die Marine Eisschild-Instabilität (MISI) zurückkommen. Sie beschreibt ein Phänomen, bei dem sich Gletscher bis an die Auflagelinie zurückziehen, das Schelfeis dünner wird und die Verankerung verloren geht, was zu einem unkontrollierten

Zusammenbruch von Gletschern und möglicherweise eines ganzen Eisschilds führen kann.

Die MISI war bereits seit Ende der 1970er Jahre ein Thema. Mittlerweile wurde diese Theorie von der Realität eingeholt. Die dünne marine Gletscherlandschaft des WAIS enthält genug Eis, um einen Anstieg des Meeresspiegels um drei Meter zu verursachen. Insbesondere der Thwaites- und der Pine-Island-Gletscher werden oft als »schwacher Unterbau« des WAIS bezeichnet, da ihr Zusammenbruch den Verlust eines großen Teils des WAIS bedeuten würde. Der Thwaites-Gletscher wird daher auch Weltuntergangsgletscher (»Doomsday-Glacier«) genannt, da allein sein Zusammenbruch zu einem Anstieg des Meeresspiegels um mehr als einem halben Meter führen würde.[45]

Mit Hilfe einer Kombination aus Modellrechnungen, satellitengestützten Kartierungen und gravimetrischen Messungen dokumentierten der NASA Gletscherforscher Eric Rignot und sein Team den Rückzug der Auflagelinien und den Verlust an Eismassen bei diesen wichtigen Gletschern. So zog sich der Thwaites-Gletscher über einen Zeitraum von gerade mal 20 Jahren um 14 Kilometer zurück. Die Autoren zogen daraus eine düstere Schlussfolgerung: »Wir haben kein größeres Geländehindernis gefunden, das die Gletscher davon abhalten würde, sich weiter zurückzuziehen und das gesamte Becken mitzureißen.« Ian Joughin von der Washingtoner Universität untersuchte mit einem numerischen Modell der Schelfeisdynamik, wie empfindlich der Thwaites-Gletscher auf das unterirdische Schmelzen des Ozeans reagiert. Joughin erklärte Jeff Goodell, dass »der Prozess der Destabilisierung des marinen Eisschilds auf dem Thwaites-Gletscher bereits im Gange ist«. Er und seine Kollegen sind zu dem Schluss gekommen, dass ein ähnliches Verhalten auch beim Pine-Island-Gletscher im Gange sein könnte. Andererseits sagten sie, etwas beruhigend, voraus, dass die Verluste im 21. Jahrhundert »moderat, mit weniger als 0,3 mm pro Jahr« sein werden, und kamen zu dem Schluss, dass ein irreversibler Zusammenbruch erst in Jahrhunderten eintreten könnte.[46]

DeConto und Pollard haben somit eine neue Größe in die Berechnungen eingeführt, die als Instabilität der Meereseisklippen (»Marine Ice Cliff Instability«, MICI) bezeichnet wird. Sie hat das Gesamtbild erheblich verändert. Denn der sogenannte MICI-Mechanismus fügt einen *weiteren* verstärkenden Rückkopplungsprozess hinzu, der den Zusammenbruch der Eisschilder erheblich beschleunigen kann. Da das unter Wasser befindliche Gestein unter dem WAIS durch die darüber liegende massive Eislast nach unten gedrückt wird, neigt es sich, je weiter man sich von der Küste in Richtung des Eisschilds bewegt, umso mehr nach unten. Das hat zur Folge, dass, sobald eine Eisklippe am Rande eines Gletschers ins Meer stürzt, eine noch höhere Felswand zurückbleibt. Da das Eis immer weiter erodiert, überschreiten die Eisklippen bald die kritische Höhe von etwa 100 Meter, bei der sie durch ihr eigenes Gewicht instabil werden und spontan zusammenbrechen. An diesem Punkt kann es zu einem unkontrollierten Zerfall des Gletschers kommen.

An dieser Stelle wird das Eishausklima des späten Känozoikums, Gegenstand dieses Kapitels, wichtig für unsere Geschichte: DeConto und Pollard stellten fest, dass ihr Modell den geschätzten Eisverlust während des mittleren Pliozäns und der Eem-Warmzeit nicht reproduzieren konnte, solange sie den MICI-Mechanismus, oder auch den »strukturellen Zusammenbruch der maritimen Eisklippen«, wie sie es in ihrem Artikel formulierten, nicht berücksichtigten. Also rekalibrierten sie das Modell anhand von Schätzwerten für den Meeresspiegel im Pliozän und in der Eem-Ära und projizierten es dann von heute aus unter verschiedenen Szenarien für künftige Treibhausgasemissionen in die Zukunft. Wenn man so will, eine quantitative Umsetzung des Grundsatzes »das Vergangene ist die Vorgeschichte«. Dabei stellte sich heraus, dass die Antarktis bei unveränderten CO_2-Emissionen bis zum Jahr 2100 zu einem Anstieg des Meeresspiegels um mehr als einen Meter beitragen könnte. Addiert man dies zu dem einen Meter, der bereits aufgrund der thermischen Ausdehnung, des Abschmelzens kleinerer

Gletscher auf der ganzen Welt und eines Teils des Grönländischen Eisschildes prognostiziert wurde, ergibt sich ein Meeresspiegelanstieg von etwa zwei Meter bis zum Jahr 2100. Bei anhaltenden Emissionen über das Jahr 2100 hinaus stellen DeConto und Pollard fest, dass die Oberflächenschmelze aufgrund der atmosphärischen Erwärmung eine immer größere Rolle spielt, ebenso wie der teilweise Zusammenbruch des EAIS.[47]

Natürlich ist das Ganze besorgniserregend. Die wissenschaftlichen Erkenntnisse liefern genügend Gründe für eine rasche Dekarbonisierung der Gesellschaft. Aber das ist nicht gleichbedeutend mit dem Untergang. In unserem öffentlichen Diskurs über den Klimawandel gibt es heutzutage eine Überempfindlichkeit gegenüber scheinbar jeder Studie, die über die Dynamik der Eisschilder und den Anstieg des Meeresspiegels veröffentlicht wird. Das Muster ist uns, die wir im Bereich der Klimakommunikation unterwegs sind, nur allzu vertraut. Die Erkenntnisse der neuesten Studien werden hochgejubelt, sodass die Propheten des Weltuntergangs sie umgehend als vermeintliche Bestätigung unseres unvermeidlichen Niedergangs heranziehen. Schuldzuweisungen gibt es zuhauf. Den Thwaites-Gletscher als Weltuntergangsgletscher zu bezeichnen, hilft dabei genauso wenig wie die beunruhigenden Pressemitteilungen von Institutionen, die die Bedeutung jedes *Science*- oder *Nature*-Artikels zu diesem Thema überbewerten und darauf beharren, dass die neuesten Forschungsergebnisse ihrer Institution ein revolutionäres Umdenken einläuten. Einige Studien sind revolutionär. Die Studie von Pollard und DeConto ist ein Beispiel dafür. Aber wie bereits erwähnt, sind nur sehr wenige Studien mehr als inkrementeller Natur. Die nach Zugriffen lechzenden Schlagzeilen werden den differenzierteren Artikeln, die sie vorgeben zusammenzufassen, oft nicht gerecht.

Als ich dieses Kapitel schrieb, wurde gerade eine Studie in der Zeitschrift *Science* publiziert. Dort wurde der Nachweis von Grundwasservorkommen in den Sedimenten unter dem WAIS beschrieben. Daraufhin warnte ein Artikel auf der CNN-Website: »Tief unter dem

Eisschild, das die Antarktis bedeckt, haben Wissenschaftler eine riesige Menge Wasser entdeckt.« Er zitiert den Hauptautor: »Die Antarktis birgt ein Potenzial für einen Meeresspiegelanstieg von 57 Metern. Das Grundwasser ist in unseren Modellen des Eisflusses derzeit nicht enthalten.« Es ist leicht nachvollziehbar, dass man aus diesem Bericht die Schlussfolgerung ziehen könnte, dass in den Modellen eine gewaltige physikalische Komponente fehlt und dass uns möglicherweise viel mehr Eisschmelze und ein höherer Meeresspiegelanstieg bevorstehen, als wir dachten.

Wie in solchen Fällen üblich, bitten mich besorgte Menschen um eine Antwort. In diesem Beispiel hat mich eine in Boulder ansässige Organisation, die sich für Klimalösungen einsetzt, über Twitter angefragt: »Hat die neue Kartierung einer riesigen Menge Grundwasser unter dem Antarktischen Eisschild Auswirkungen auf den Klimawandel ...? Könnte ein dünner werdender Eisschild die Eisschmelze und den Anstieg des Meeresspiegels beschleunigen?« Mein Ansprechpartner auf diesem Gebiet ist mein ehemaliger Kollege Richard Alley von der Penn-State-Universität, einer der führenden Experten auf diesem Gebiet und Mitautor mehrerer Studien, die ich in diesem Kapitel erwähnt habe. Alley, der sich stets äußerst großzügig Zeit nimmt, schickte mir eine lange E-Mail, in der er beschrieb, warum diese Studie für solide Wissenschaft steht und einen wichtigen Beitrag darstellt. Aber sein Resümee lautete dennoch: »Ich glaube nicht, dass [es] für die Stabilität des Eisschilds sehr wichtig ist.« Im Grunde bewerten die Experten für das Verhalten großer Eisschilder den Grundwasserdurchsatz für keinen wichtigen Faktor. Genau das habe ich meinem Gesprächspartner dann auch mitgeteilt.[48]

Der derzeitige wissenschaftliche Konsens besteht darin, dass sich das Abschmelzen der Grönländischen und Antarktischen Eisschilder für den Rest dieses Jahrhunderts mit der derzeitigen Geschwindigkeit fortsetzt, selbst wenn wir die Erwärmung unter 2 °C halten. Wie ein kürzlich erschienener Übersichtsartikel in der renommierten Fachzeitschrift *Nature Climate Change* feststellt, können natürlich auch Nichtlinearitäten nicht ausgeschlossen werden, so dass »große Unsicherheiten in den Zukunftsprojektionen bestehen bleiben«. Die Analyse kommt zu dem Schluss, dass selbst bei einer über Jahrhunderte hinweg stabilen Erderwärmung auf ein Niveau von 1,7 bis 2,2 °C mehr als heute, wie bereits angedeutet, wichtige Kipppunkte überschritten werden könnten. Diese wären mit dem unkontrollierten Zusammenbruch des WAIS, der durch die Instabilitäten des marinen Eisschilds und der Eisklippen verursacht wird, und des GIS, der durch die bereits erwähnte Rückkopplung der Höhe des Eises verursacht wird, verbunden.[49]

Dennoch könnte es viele Jahrhunderte dauern, bis sich diese Prozesse entfalten. Das belegen auch zwei Studien, die beide zeitgleich im Mai 2021 in *Nature* veröffentlicht wurden und von sehr unterschiedlichen Annahmen ausgehen. Die vorsichtigere der beiden Studien unter der Leitung der Professorin Tamsin Edwards vom King's College in London, die MICI eher kritisch gegenübersteht, hat diesen Mechanismus nicht berücksichtigt. Die andere Studie, die von Robert DeConto, David Pollard und Mitarbeitern durchgeführt wurde, tat dies.[50]

Es erscheint wichtig, die Sensitivität solcher Annahmen zu ergründen. Mein Kollege Richard Alley hat mir einmal gesagt, dass »einige Mitglieder der Community der Meinung sind, dass die Wahrscheinlichkeit eines schnellen Zusammenbruchs gering sei, während andere ... der Meinung sind, dass die Aussicht auf einen schnellen Kollaps bei einer stärkeren und schnelleren Erwärmung größer wird ... Diese Unsicherheit beruht auf physikalischen Faktoren und hat gute Gründe. Ein Teil der Ungewissheit könnte verringert werden wogegen das bei einem anderen Teil sehr schwierig sein könnte.« Die Tatsache, dass beide Studien darauf hindeuten, dass der Anstieg des Meeresspiegels bis zum Ende des Jahrhunderts wahrscheinlich auf einen überschaubaren Wert von etwa einem Meter begrenzt werden kann, sofern die CO_2-Emissionen rasch gesenkt werden und die Erwärmung der planetaren Landflächen unter 1,7 °C gehalten wird, ist daher von großer Tragweite. Es deutet darauf hin, dass selbst angesichts der Unwägbarkeiten gute Chancen bestehen, eine katastrophale Überflutung der Küsten in diesem Jahrhundert zu vermeiden, wenn wir konzertierte Maßnahmen ergreifen.[51]

Eine weitere gute Nachricht: DeConto und Pollard haben ihr Modell kürzlich verfeinert, um eine neu entdeckte stabilisierende Rückkopplung zu berücksichtigen. Dabei haben sie festgestellt, dass der Abfluss von Schmelzwasser aus den Gletschern ins Meer zu einer Ausdehnung des Meereises an der Peripherie der Antarktis führt. Dies wiederum führt zu einer Abkühlung der Luft und einem Rückgang der Oberflächenschmelze, wodurch sich die Geschwindigkeit des Rückzugs des Eises bis zum Ende dieses Jahrhunderts verringert.[52]

Als Ergebnis dieser Präzisierung prognostizieren DeConto und sein Team einen minimalen Beitrag der antarktischen Schmelze zum Meeresspiegelanstieg in diesem Jahrhundert. Die Auswirkungen der negativen Rückkopplung des Schmelzwasserabflusses klingen jedoch danach ab, sodass der Beitrag der Antarktis zum Meeresspiegelanstieg im folgenden Jahrhundert deutlich vom Szenario der CO_2-Emissionen abhängt. Wird die Erderwärmung unter 2,2 °C gehalten, bleibt der Beitrag der Antarktis zum Meeresspiegelanstieg bis 2300 unter einem Meter. Das bedeutet in Summe zwar immer noch einen Anstieg des Meeresspiegels um etwa zwei Meter. Da aber bis dahin noch fast zwei Jahrhunderte vergehen, bleibt deutlich mehr Zeit, um sich vor den steigenden Fluten zurückzuziehen.

Bei gleichbleibenden Emissionen und einer Erderwärmung von etwa 4 bis 5 °C in diesem Jahrhundert steigt der Beitrag [der Antarktis] auf gewaltige zehn Meter. Die Autoren warnen, dass diese Erkenntnisse »die Gefahr eines schnellen und unaufhaltsamen von der Antarktis ausgehenden Anstiegs des Meeresspiegels vor Augen führen, sollten die Ziele des Pariser Abkommens verfehlt werden«. Die Folge wäre unter anderem die Vertreibung von fast einer Milliarde Menschen.[53]

Im Eis stecken zwei Botschaften: Einerseits *Dringlichkeit* und *Handlungsfähigkeit*, aber auch eine gewisse Beruhigung im Hinblick auf unsere prekäre Lage. Wir haben gesehen, dass eine rasche Reduzierung der CO_2-Emissionen das Kollabieren der Eismassen und einen massiven Anstieg des Meeresspiegels vermutlich verhindern kann. Wir haben auch erkannt, dass wir die Entstehung von Rückkopplungseffekten im Treibhaus und eine erhöhte Klimasensitivität vermeiden können, indem wir wirksame Klimaschutzmaßnahmen ergreifen. Wenn wir dies jedoch nicht tun, könnte dies verheerende, vielleicht sogar die Zivilisation zerstörende, langfristige Auswirkungen haben. Es liegt also in der Tat an uns.

Damit verlassen wir die Epoche des Pleistozäns. Aber das ist nicht das Ende unserer Klimareise. Seit dem Ende des letzten Eiszeitzyklus vor 12.000 Jahren hat sich klimatisch gesehen einiges getan. Unter anderem ist unsere eigene Zeit angebrochen. Unser letzter Streifzug durch die paläoklimatischen Aufzeichnungen wird sich mit diesem Moment befassen, indem wir die letzten 2.000 Jahre in den Blick nehmen: – das gemeinsame Zeitalter (engl.: »*Common Era*«*)*. Diese Zeitspanne umfasst sowohl das Ausgangsklima, das vor der industriellen Revolution herrschte, als auch die letzten beiden Jahrhunderte, in denen der Mensch zum Hauptverursacher des Klimawandels wurde. Welche Lehren können wir aus dieser Übergangszeit ziehen?

KAPITEL 7

Jenseits des Hockeyschlägers

Der »Hockeystick« ist heute nur noch ein Teil eines viel umfassenderen Bildes des Klimawandels ... Vom raschen Abschmelzen der Polkappen bis zur Verlangsamung der globalen Ozeanzirkulation ist es ziemlich klar, dass wir in eine neue Umweltepoche eintreten.

– OLIVE HEFFERNAN, *The New Scientist*

Vor mehr als zwei Jahrzehnten forschte ich als Postdoktorand an der Universität von Massachusetts (UMass) in Amherst. Damals veröffentlichte ich zusammen mit meinen Co-Autoren Raymond Bradley von der UMass und Malcolm Hughes von der Universität von Arizona die inzwischen berühmte Hockeyschlägerkurve (»Hockey Stick Curve«). Dabei handelte es sich um ein einfaches Diagramm. Es wurde aus einem globalen Netzwerk verschiedener paläoklimatischer Vergleichsdaten wie Baumringen, Eiskernen, Korallen und Seesedimenten abgeleitet und stellte die Durchschnittstemperatur der nördlichen Hemisphäre während des letzten Jahrtausends dar. Das Diagramm machte die beispiellose Art der heutigen Erderwärmung deutlich und wurde so zu einem zentralen Punkt in der Debatte über den vom Menschen verursachten Klimawandel und die Maßnahmen, die dagegen zu ergreifen sind.[1]

Doch die scheinbare Schlichtheit der Hockeyschlägerkurve täuscht über die Dynamik und Komplexität des Klimas in den vergangenen Jahrhunderten hinweg. Sie verrät uns auch wenig darüber, wie wir den vom Menschen verursachten Klimawandel und seine Auswirkungen besser begreifen können. In diesem Kapitel werden wir sehen, welche weiteren Erkenntnisse wir aus der Untersuchung paläoklimatischer Daten und Klimamodellrechnungen des gemeinsamen Zeitalters gewinnen können, dem Zeitraum der letzten zwei Jahrtausende, in dem der Ausschlag der vom Menschen verursachten Erderwärmung dramatisch aus dem Rauschen der natürlichen Klimaschwankungen hinausstach.

Die Hockeyschlägerkurve, welche die von uns verursachte beispiellose Erderwärmung widerspiegelt, ist zweifellos ein abschreckendes Beispiel. Die Erkenntnisse aus den paläoklimatischen Aufzeichnungen des Erdzeitalters reichen jedoch weit darüber hinaus. Dazu gehören beispielsweise die Reaktionen von zentralen Bestandteilen des Klimasystems wie dem El-Niño-Phänomen und dem asiatischen Sommermonsun auf natürliche Faktoren wie Schwankungen der Sonneneinstrahlung oder vulkanische Eruptionen. Stehen wir kurz vor einem möglichen Kipppunkt des Förderbandes der nordatlantischen Ozeanzirkulation? Wie haben sich der Meeresspiegel und das Verhalten tropischer Wirbelstürme in den letzten zwei Jahrtausenden verändert, und was könnte uns das über künftige Gefahren für Küstenregionen erzählen? Gibt es natürliche, langfristige Schwankungen, die sich im Verlauf des Paläoklimas zeigen und die eine mögliche alternative Erklärung für einige der jüngsten Trends bieten? Können wir die Klimasensitivität besser zu fassen bekommen, wenn wir uns anschauen, wie das Klima in der Vergangenheit auf natürliche Einflüsse reagiert hat? Und können wir anhand genauerer Bewertungen vergangener Klimatrends abschätzen, wie nahe wir an kritischen Schwellenwerten für eine »gefährliche« Erderwärmung sind? In diesem Kapitel werden wir versuchen, Antworten auf diese Fragen zu finden, indem wir die Epoche unserer Zeitrechnung untersuchen.[2]

HINEIN IN DAS HOLOZÄN

Bevor wir zur Diskussion über das gemeinsame Zeitalter kommen, ist eine Zusammenfassung angebracht. Zum Schluss des vorigen Kapitels waren wir am Ende des Pleistozäns angelangt. Die Eisschmelze begann vor etwa 17.000 Jahren, dank einer günstigen Ausrichtung der Erdumlaufbahn, die zu wärmeren Sommern in den hohen Breiten führte. Aber wir haben im ersten Kapitel gelernt, dass es auf dem Weg zum Holozän den einen oder anderen Fehlstart gab – dank eines stotternden Förderbandes. Und es gab noch einige andere interessante Reaktionen des Klimasystems, als die Eiszeit ihre letzten Atemzüge nahm.

In meiner Jugendzeit in Amherst, fuhr ich im Sommer gelegentlich mit dem Kanu den Connecticut River hinunter und genoss die idyllische Landschaft, während sich der Fluss durch die fruchtbare Aue des Connecticut River Valley schlängelte. Kühe weideten auf den üppigen Grasfeldern der typischen New-England-Farmen, vor dem Hintergrund der unvorstellbar grünen Bergkette der Sieben Schwestern (»Seven Sisters«), die ich häufig erwanderte. Die Talaue war einst von einem alten See gefüllt, der als »Glacial Lake Hitchcock« bekannt ist, benannt nach dem frühen amerikanischen Geologen Edward Hitchcock, dem dritten Präsidenten des Amherst College 1818. Er berichtete erstmals über Hinweise auf alte Seeablagerungen in dieser Region. In seiner größten Ausdehnung erstreckte sich der See vom nördlichen Vermont und New Hampshire bis hinunter zum südlichen Connecticut. Der Lake Hitchcock bestand ursprünglich aus einer Reihe miteinander verbundener proglazialer Seen. Solche Gewässer entstanden durch die Aufstauung einer Endmoräne oder eines Restgletschers, die sich vor 18.000 bis 13.000 Jahren bildeten, beim langsamen Rückzug des Laurentidischen Eisschilds in Richtung Norden. Das wandernde Ende des Eisschilds führte zu mit Gletschersedimenten überschwemmten Schmelzwasserströmen, die in den sich immer weiter nach Norden ausdehnenden See gespült wurden. Wie viel Sediment sich in einem bestimmten Jahr anhäufte, hing davon ab, wie warm die Sommer waren und wie viel Schmelzwasser sich bildete. Der jahreszeitliche Wechsel zwischen sommerlicher Schmelze und winterlicher Eisbedeckung ist in den vertikalen Sedimentschichten sichtbar, den so genannten Warven. Mittels Bohrungen in das Sediment können diese Jahresschichten wie die Ringe eines Baumes zurückverfolgt werden.

Anfang der 1920er Jahre sammelte der schwedisch-amerikanische Geologe Ernst Antevs Sedimentkerne von mehreren historischen Stätten am Lake Hitchcock in Vermont und Connecticut und fügte sie zusammen. Damit wollte er eine Zeitreihe von ungefähr 4.000 Jahren abdecken, die den Zeitraum von 17.500 bis 13.500 Jahren vor unserer Zeitrechnung umfasst. Seine ursprüngliche Warven-Chronologie wies jedoch einige Lücken auf, die unausgefüllt blieben. Sie wurden schließlich in den späten 1990er Jahren geschlossen. Damals war ich Postdoktorand in der Abteilung für Geowissenschaften an der UMass und führte die Forschungen durch, die zur Hockeyschlägerkurve führten. Julie Brigham-Grette, Doktorandin bei der führenden Glazialgeologin und Fakultätsmitglied Tammy Rittenour, arbeitete damals daran, die letzte verbleibende Lücke zu schließen. Die beiden fanden heraus, dass das fehlende Segment dem Zeitraum entsprach, in dem das Ende des Eisschilds durch den Westen des heutigen Massachusetts verlief. Sie hatten sogar die optimale Stelle im Überschwemmungsgebiet für die Bohrung eines Kerns ausfindig gemacht: sie lag ausgerechnet am Fußballfeld der UMass! Ich stelle mir vor, dass der Fußballtrainer ein wenig dagegen protestierte, aber schließlich erhielten sie die Erlaubnis, den Kern zu bohren. Das Ergebnis war, das letzte Puzzleteil und somit eine kontinuierliche 4.000-jährige Aufzeichnung der Sommertemperaturen in Neuengland während der letzten Eiszeit.

Zu dieser Zeit galt ich im Fachbereich als eine Art Statistik-Guru, weshalb sich Rittenour und Brigham-Grette an mich wandten, um Unterstützung bei der Analyse dieser einzigartigen Zeitreihe zu erhalten. Mit Hilfe eines statistischen Instruments, der so genannten Spektralanalyse, stellten wir fest, dass die Reihe mit einer Periodizität von drei bis fünf Jahren schwankte, was mit der bekannten Zeitskala des El-Niño-Phänomens übereinstimmte. El Niño hat seinen Ursprung im tropischen Pazifischen Ozean. Heute hat das Phänomen einen relativ geringen Einfluss auf die stromabwärts gelegenen Gebiete, die bis nach Neuengland reichen. Während der Eiszeit, als die Temperaturkontraste zwischen Äquator und Pol wesentlich größer waren, war der Jetstream viel stärker. Der Einfluss von El Niño auf weit entfernte Regionen war daher größer und reichte wahrscheinlich bis hierher. Wir fanden heraus, dass die Amplitude dieser Oszillationen im Laufe der Zeit stetig abnahm, was auf eine Abschwächung von El Niño beim Übergang des Klimas vom letzten glazialen Maximum zum Ende der Eiszeit hinweist. Die Tatsache, dass der Klimawandel, ob natürlich oder vom Menschen verursacht, die interne Dynamik des Klimasystems auf diese Weise beeinflussen kann, ist ein zentrales Thema, auf das wir schon früher gestoßen sind und das wir später in diesem Kapitel wieder aufgreifen werden.[3]

Vor etwa 12.000 Jahren haben wir die Eiszeit endgültig hinter uns gelassen und das Holozän betreten – die aktuelle Zwischeneiszeit, die als Ausgangspunkt für die Ermittlung des vom Menschen verursachten Klimawandels dient. Die neuesten Rekonstruktionen der globalen Durchschnittstemperaturen zeigen, wie in der Einleitung beschrieben, eine mäßige Erwärmung während der ersten paar Jahrtausende. Danach folgt ein im Wesentlichen gleichmäßiger globaler Temperaturtrend, bis wir das mittlere Holozän vor 6.000 Jahren erreichten. Das soll nicht heißen, dass es keine größeren regionalen Klimaveränderungen gegeben hat. Wie im ersten Kapitel dargestellt, führte der etwa 26.000 Jahre dauernde Zyklus der orbitalen Präzession zu einer Abnahme der jahreszeitlichen Schwankungen und einer Abschwächung der Monsune vom frühen bis zum mittleren Holozän. Dies brachte trockenere Sommer in den subtropischen Regionen und ein Wiederaufleben von El Niño mit sich, das von der späten Eiszeit bis zum frühen Holozän inaktiv gewesen war. Die paläoklimatischen Daten deuten auf eine allmähliche Abkühlung der nordischen Sommer hin. Im Durchschnitt über das Jahr und den gesamten Globus hinweg blieben die Temperaturschwankungen in den letzten 6.000 Jahren jedoch gering. So entstand ein außergewöhnlich stabiles globales Klima, das zum heutigen bewohnbaren und zugleich fragilen Zustand der Erde führte.[4]

Inzwischen vertreten einige Wissenschaftler, wie mein ehemaliger Kollege William Ruddiman von der Universität von Virginia, die Ansicht, dass der Einfluss des Menschen auf unser Klima schon lange vor der industriellen Revolution begonnen haben könnte. Denn der Mensch hat vor mehr als 6.000 Jahren mit der Landwirtschaft, dem Reisanbau, der Abholzung von Wäldern und anderen Aktivitäten, damit angefangen, Treibhausgase freizusetzen. Diese frühe treibhausbedingte Erwärmung, so die These, hätte einen langsamen, natürlichen Temperaturrückgang ausgeglichen, der sonst zu einer Eiszeit geführt hätte.

Ruddimans These des frühen Anthropozäns ist nicht unumstritten. Doch ganz gleich, was man davon hält, steht fest: Erst mit Beginn der industriellen Revolution vor zwei Jahrhunderten haben wir *wirklich* mit dem Hebel in der Hand die Kontrolle über das Klima übernommen haben. Damals begannen wir, durch die Verbrennung von Kohle, Öl und fossilem Gas zur Energiegewinnung und für den Transport Millionen und später Milliarden Tonnen Kohlenstoff in die Atmosphäre zu blasen. Das erwärmte den Planeten und löste eine Vielzahl von Veränderungen am Erdklima aus.[5]

Ungeachtet dessen, ob das Anthropozän vor zwei Jahrhunderten mit der industriellen Revolution oder vor fünf Jahrtausenden mit der weiten Verbreitung von Ackerbau und Bodenbearbeitung begann, ist es hilfreich, sich auf das gemeinsame Zeitalter konzentrieren, den Zeitraum der letzten zwei Jahrtausende, in dem sich die moderne menschliche Zivilisation entwickelte. Der vorindustrielle Teil dieses Zeitabschnitts liegt zeitlich vor den Auswirkungen der Verbrennung fossiler Brennstoffe auf unser Klima. Auch die grundlegenden »Randbedingungen« des Klimas – die Ausrichtung der Erdumlaufbahn um die Sonne, die Ausdehnung der Eisschilder und die Verteilung der Vegetation – sind im Vergleich zu heute weitgehend unverändert. Dieses Zeitintervall ermöglicht ein natürliches Kontrollexperiment – eine Gelegenheit, zu untersuchen, wie unser Klima aussehen *würde*, hätten wir unsere planetarische Umwelt nicht so massiv verändert.

DER HOCKEYSCHLÄGER

Es gibt keine bessere *Darstellung* des gewaltigen Einflusses, den wir heute auf unser Klima haben, als die Hockeyschlägerkurve. Anlässlich ihres 20-jährigen Bestehens am 22. April 2018 erklärte die Zeitschrift *New Scientist*, dass »die Hockeyschlägerkurve für immer die Ikone der Klimawissenschaft sein wird«. Sie taucht in zahlreichen Büchern und Dokumentationen sowie in Filmen wie *Eine unbequeme Wahrheit* auf. Es gibt sie auf Plakatwänden und Wandmalereien und sogar in der Musik. Gleichzeitig wurde sie von rechtslastigen Medien wie *Fox News* und dem *Wall Street Journal* attackiert. Sie war Anlass für Anhörungen im Kongress und für Untersuchungen in den USA und in Großbritannien durch konservative Politiker, die versuchten, das Diagramm zu diskreditieren. Warum wurde einem einzelnen Schaubild, das vor mehr als zwei Jahrzehnten veröffentlicht wurde, so viel Aufmerksamkeit geschenkt?[6]

Die Hockeyschlägerkurve erzählt eine einfache Geschichte. Es bedarf keines Verständnisses der Komplexität und der Feinheiten des Klimasystems der Erde, um zu verstehen, was diese Grafik aussagt: Wir stören das Klima unseres Planeten auf gravierende Art und Weise. Wir wissen, dass es Zeiten gegeben hat, in denen der Planet wärmer war. Wir müssen nur etwa 125.000 Jahre bis zur vorletzten Zwischeneiszeit – der Eem-Warmzeit – zurückgehen, um eine Erwärmung zu sehen, die wahrscheinlich die heutige übertrifft. Aber diese Erwärmung zog sich über Tausende von Jahren hin, nicht nur über hundert Jahre. Außerdem gab es damals keine Zivilisation mit fast acht Milliarden Menschen, deren Existenz vollständig von der Stabilität des Klimas abhängig gewesen wäre. Der Erwärmungsschub, den wir derzeit erleben, ist in der Geschichte der menschlichen Zivilisation beispiellos. Der Hockeyschläger vermittelt diese einfache Wahrheit auf unmissverständliche und unerbittliche Weise.

Carl Sagan schrieb einst eloquent und treffend über die »selbstkorrigierende Maschinerie« der Wissenschaft – die anonyme Begutachtung mittels Peer-Review-Verfahren durch Fachkollegen, wissenschaftliche Bewertungen und andere Kontrollmechanismen, die dafür sorgen, die Wissenschaft in der Spur zu halten und zu einem vollständigeren und besseren Verständnis der natürlichen Welt zu kommen. Erkenntnisse, die sich als falsch erweisen, werden von anderen Forschern widerlegt. Ein klassisches Beispiel dafür haben wir im vierten Kapitel bei unserer Diskussion über die »pathologische Wissenschaft« von der kalten Fusion kennengelernt. Sind die Erkenntnisse hingegen zutreffend, werden andere Forscher sie reproduzieren können, [d. h. unabhängig voneinander wiederholen, Anm. d. Ü.]. Werden sie immer und immer wieder bestätigt, werden sie zum anerkannten Stand der Wissenschaft. Denken Sie nur an die Plattentektonik, die Gesetze der Thermodynamik oder die speziellen und allgemeinen Relativitätstheorien.[7]

Die Hockeyschlägerkurve wurde in zwei aufeinander folgenden Artikeln veröffentlicht. Der erste, erschienen 1998 in der Zeitschrift *Nature*, reicht 600 Jahre zurück. Der zweite, ein Jahr später in den *Geophysical Research Letters* veröffentlicht, verlängerte die Kurve um 1.000 Jahre. Seitdem sind weitaus mehr Paläoklimadaten verfügbar und ausgefeiltere Methoden entwickelt und mit diesen Daten verknüpft. Das ermöglichte das Erstellen umfassenderer Temperaturrekonstruktionen. Das Ergebnis bezeichne ich gerne als »Hockey-Liga« – Dutzende unabhängige Studien, die zu ähnlichen Schlussfolgerungen kommen, was zu einem noch längeren und solideren Hockeyschläger geführt hat.[8]

Bereits 2001 fand die Hockeyschlägerkurve Eingang in die weithin beachtete »Zusammenfassung für politische Entscheidungsträger« (»Summary for Policymakers«) des Dritten Sachstandsberichts des IPCC. Zusammen mit mehreren anderen paläoklimatischen Rekonstruktionen von Proxydaten bildete sie die Grundlage für die

Das „Hockeyschläger"-Diagramm, wie es 2001 erschien, zeigte bereits eine deutliche Erwärmung

Veränderung der globalen Oberflächentemperatur im Vergleich zum Durchschnitt 1961-1990

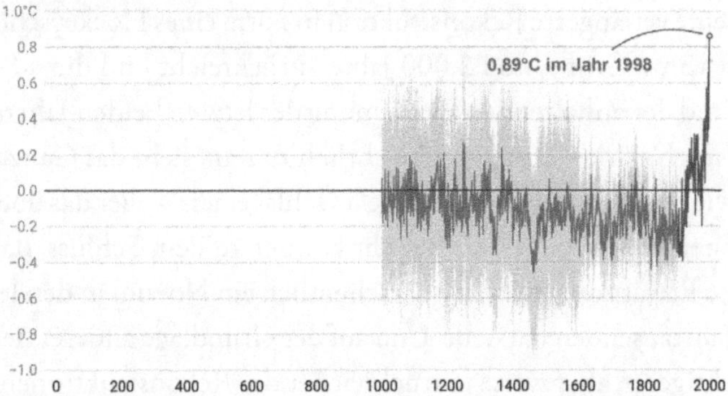

Die Werte sind Beobachtungen aus den Jahren 1902-1998; für die Jahre davor wurden sie anhand von Ersatzdaten wie Baumringen, Korallen und Eisbohrkernen rekonstruiert.

Chart: Elijah Wolfson for TIME • Source: IPCC, 2001: Summary for Policymakers. Recreated from the original: Mann, et al, 1999

TIME

Die neueste Version des „Hockeyschlägers" zeigt eine noch nie dagewesene Erwärmung in den letzten Jahren.

Veränderung der globalen Oberflächentemperatur im Vergleich zum Durchschnitt von 1850-1900

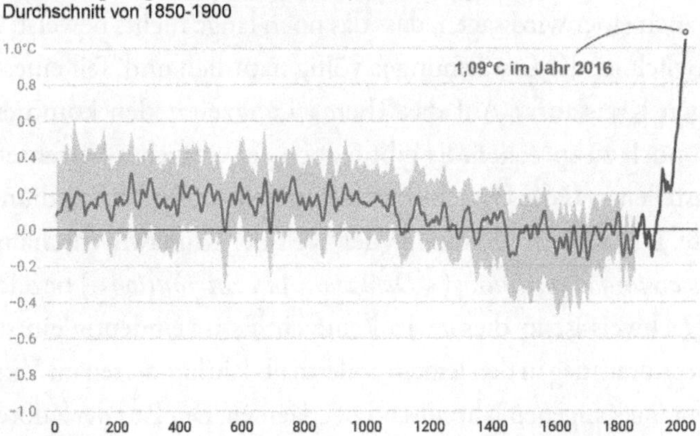

Die Werte sind Beobachtungen aus den Jahren 1850-2016; für die Jahre davor wurden sie anhand von Ersatzdaten wie Baumringen, Korallen und Eisbohrkernen rekonstruiert.

Chart: Elijah Wolfson for TIME • Source: IPCC, 2021: Summary for Policymakers

TIME

Abbildung 18: Vergleich der hockeyschlägerähnlichen historischen Temperaturrekonstruktionen im Dritten und im Sechsten IPCC-Sachstandsbericht (2001 und 2021)

vorläufige Schlussfolgerung, dass die jüngste Erderwärmung – zumindest während der letzten 1.000 Jahre – beispiellos ist. Zwanzig Jahre später enthielt der Sechste Sachstandsbericht des IPCC von 2021 eine verlängerte Rekonstruktion in Form eines Hockeyschlägers, wobei sein »Griff« nun 2.000 Jahre zurückreicht und die »Kelle« aufgrund der anhaltenden Erwärmung der letzten beiden Jahrzehnte sogar noch stärker ansteigt. Um ehrlich zu sein, sieht das Ganze jetzt eher wie eine Sense als wie ein Hockeyschläger aus – aber das überlasse ich Ihnen. Besagter IPCC-Bericht kommt zu dem Schluss, dass die jüngste Erwärmung höchstwahrscheinlich ein Novum in den letzten zwei Jahrtausenden darstellt. Und auf der Grundlage anderer neuerer, vorsichtigerer, aber weiter zurückreichender Rekonstruktionen – bis zum LGM und darüber hinaus (siehe etwa die Kurve in Abbildung 1 in der Einleitung) – folgerten sie, dass die derzeitige Erwärmung vermutlich alles übertrifft, was seit der Eem-Warmzeit zu beobachten ist. Das sind mehr als *einhundert* Jahrtausende. Das muss man erst einmal sacken lassen![9]

Manch einer wird sagen, dass das noch lange nichts beweist. Denn womöglich ist die Erwärmung ja völlig natürlich und Teil eines langfristigen Kreislaufs? Auf das Thema Langzeitzyklen kommen wir gleich noch zu sprechen. Es gibt jedoch ein einfaches Verfahren, um festzustellen, was die Ursache der außergewöhnlichen Erwärmung sein könnte. Diese Methode wird in der Welt der Klimawissenschaften als *Nachweis und Zuordnung* (»*Detection And Attribution*«) bezeichnet. Der Nachweis ist in diesem Fall einfach. Es ist eindeutig ein starker Temperaturanstieg in den letzten anderthalb Jahrhunderten im Vergleich zum vorangegangenen Jahrtausend zu erkennen. Der Part der Zuordnung ist schon etwas komplizierter. Dazu müssen Klimamodelle mit zwei verschiedenen Szenarien durchgespielt werden: ein kontrafaktisches Szenario, in dem die industrielle Revolution nie stattgefunden hat und kein Anstieg der Luftverschmutzung durch CO_2 zu verzeichnen ist, und ein Szenario, das die reale Geschichte der Verbrennung fossiler Brennstoffe widerspiegelt. Tritt nun im zweiten Fall ein mit dem Klimawandel zusammenhängendes Ereignis ein, im ersten jedoch nicht, können wir es menschlichen Aktivitäten *zuordnen* [man spricht auch bei diesem Zweig der Klimawissenschaften von der »Zuordnungsforschung« oder »Attributionsforschung«, Anm. d. Ü.].

Studien, in denen man mit Klimamodellen zwei alternative Szenarien simuliert, zeigen: Natürliche Faktoren, wie häufigere oder stärkere Vulkanausbrüche oder Schwankungen der Sonneneinstrahlung, können den dramatischen Erwärmungstrend des vergangenen Jahrhunderts nicht reproduzieren. Tatsächlich hätte sich der Planet sogar leicht abkühlen müssen, wären ausschließlich natürliche Faktoren im Spiel gewesen. Erst wenn die menschlichen Einflüsse – in erster Linie der Anstieg der CO_2-Konzentration durch die Verbrennung fossiler Brennstoffe, in zweiter Linie aber auch die Auswirkungen des Schwefeldioxidausstoßes – einbezogen werden, lässt sich der Erwärmungstrend des letzten Jahrhunderts reproduzieren. Es ist eine einfache Tatsache: Der Planet erwärmt sich, und wir sind der Grund dafür.[10]

Die Hockeyschlägerkurve ist ein mahnendes Bild für eine noch nie zuvor gekannte Erderwärmung, die wir selbst durch das Verbrennen fossiler Brennstoffe und andere kohlenstofferzeugende Aktivitäten verursachen. Aber die Erkenntnisse aus den paläoklimatischen Aufzeichnungen dem gemeinsamen Zeitalter gehen noch darüber hinaus. So können wir etwa die Klimasensitivität in Bezug auf den kontinuierlichen vom Menschen verursachten Anstieg der Treibhausgaskonzentrationen neu bewerten. Durch die Analyse der Reaktion des Klimas auf natürliche Faktoren wie Vulkanausbrüche und kleine, aber messbare, Veränderungen der Sonneneinstrahlung in den vergangenen Jahrhunderten, können wir die Sensitivität des Klimagleichgewichts besser einschätzen. Wir können auch Einblicke in das Verhalten verschiedener natürlicher Formen der Klimavariabilität gewinnen und erfahren, was sie uns über die Dynamik des Klimasystems und die mögliche Reaktion auf den vom Menschen verursachten Treibhauseffekt verraten.

THOMAS JEFFERSON, DER KLIMAAKTIVIST

Viele der zentralen Folgen für das Klima hängen mit den Schwankungen des Klimasystems zusammen – den so genannten Variabilitätsmodi. Am bekanntesten ist die »El Niño-Southern Oscillation« (kurz: ENSO). Dieses gekoppelte Zirkulationssystem von Erdatmosphäre und Meeresströmung im äquatorialen Pazifik beeinflusst das Wettergeschehen auf der ganzen Welt. Es wirkt sich unter anderem auf die Dürre im Westen der USA, die Hurrikanaktivität im atlantischen und pazifischen Becken sowie auf Überschwemmungen in Ostafrika und Australien aus. Sie erinnern sich sicher noch an die katastrophalen Überschwemmungen und Schlammlawinen in Kalifornien im Winter 2016. Das war El Niño. Oder an die rekordverdächtigen 31 namentlich benannten Stürme der atlantischen Hurrikansaison 2020? Das war La Niña, das Gegenstück zu El Niño.

Außerdem ist da noch die NAO, welche bereits im ersten Kapitel beschrieben wurde. Diese Schwankung des Druckverhältnisses zwischen dem Islandtief im Norden und dem Azorenhoch im Süden über dem Nordatlantik beeinflusst das Winterklima in Nordamerika und Eurasien. Und schließlich gibt es da noch den asiatischen Sommermonsun, von dem die Trinkwasserversorgung von mehr als einer Milliarde Menschen in China, Indien und anderen asiatischen Regionen heute abhängt. Wir können diese zentralen Arten von Schwankungen im Klimasystem und ihre mögliche Rolle darin besser verstehen, indem wir deren Verhalten in der Vergangenheit genauer analysieren.

Ohne Zweifel ist ENSO jedoch der wichtigste Faktor im Klimageschehen. Es konkurriert sogar mit dem Klimawandel selbst um den Status des stärksten Indikators in den Klimaaufzeichnungen. Seine bedeutende Rolle für Niederschläge und Dürren im Westen der Vereinigten Staaten wurde ja bereits angesprochen. Daneben hat er aber auch einen großen Einfluss auf die Niederschlagsmengen im Spätfrühling und Frühsommer sowie auf die Trockenheit im Osten der Vereinigten Staaten, wobei die Wasserarmut in der Regel auf einen starken El Niño folgt. Tatsächlich scheint ein historisch belegter »Super-El Niño« in den frühen 1790er Jahren zu einer massiven Dürre in Virginia im Frühjahr 1792 geführt zu haben, die von James Madison in einem Brief an seinen Freund Thomas Jefferson beschrieben wurde:

> Ich musste mit ansehen, wie dieses Land unter einer schweren Dürre litt. Seit dem 18. oder 20. April hatte es überhaupt nicht geregnet. Der Flachs und der Hafer sind im Großen und Ganzen vernichtet, der Mais in den Hügeln verdorrt, es wurde kein Tabak angepflanzt, und der Weizen darbt auf den kargen Böden.[11]

Als ich Anfang der 2000er Jahre Dozent an der Universität von Virginia (UVA) in Charlottesville war, nahm ich zusammen mit dem Dendroklimatologen Edward Cook von der Columbia Universität und dem Lamont-Doherty Earth Observatory (LDEO) und seiner Familie an einer Baumkernexpedition teil. Wir machten uns auf den Weg, um bei alten Bäumen auf dem Gelände von Monticello, dem einstigen Wohnsitz des UVA-Gründers Thomas Jefferson, in Charlottesville Kernbohrungen vorzunehmen. Wir waren schon mitten in der Arbeit, als der leitende Parkwächter recht forsch und aggressiv auf uns zukam. Vielleicht geht meine Phantasie mit mir durch, aber ich glaube mich zu erinnern, dass er eine Axt schwang, als er auf uns zusteuerte.

Die rechte Hand, in dem Fall die historische Dienststelle, die die Entkernung genehmigt hatte, hatte offensichtlich nicht mit der linken Hand, der Grünflächenabteilung, gesprochen, so dass der Leiter des Grünflächenamtes nichts von einer Genehmigung für dieses Projekt wusste. Er war, um es vorsichtig auszudrücken, ziemlich verärgert. Ed klärte ihn darüber auf, dass ordnungsgemäß beschaffte Bohrkerne für gesunde Bäume keine Gefahr darstellen und dass wir alles mit dem Segen der Denkmalschutzbehörde taten. Der Zweck der Entkernung war in diesem Fall ohnehin mehr historisch als paläoklimatisch. Der Hintergrund war, dass Historiker aus Monticello hofften, einige historische Holzkonstruktionen aus dem frühen 19. Jahrhundert, die sie ausgegraben hatten, datieren zu können, indem sie die Ringe des alten Holzes mit der an den Baumkernen ermittelten Datierung (Chronologie) abglichen. Wir hatten Glück und konnten unbeschadet und mit unversehrten Baumkernen entkommen.

Später nahm ich an einer ähnlichen Baumbohrungsexpedition teil, deren Anlass tatsächlich ein paläoklimatischer war. Sie fand ein paar Jahre später in Montpelier statt, dem Wohnsitz von James Madison, etwa 20 Meilen nordöstlich von Charlottesville. Der UVA-Absolvent Daniel Druckenbrod, inzwischen Vorsitzender der Abteilung für Geologie, Umwelt- und Meereswissenschaften an der Rider Universität in New Jersey, hatte im Rahmen seines Promotionsprojekts Kernproben aus Bäumen genommen, und zwar zusammen mit meinem UVA-Kollegen Hank Shugart, einem Experten für die Modellierung von Waldökosystemen. Sie interessierten sich für die Alters- und Größenverteilung der Bäume in diesem relativ unberührten, alten Baumbestand, um ihre Modellierung der Waldentwicklung zu verbessern. Druckenbrod und ich kamen dabei ins Gespräch und stellten fest, dass es bei den längeren Baumkernen noch mehr zu sehen gab. Es gibt ein Sprichwort, das sinngemäß lautet: »Das Signal des einen ist das Rauschen des Anderen« (»One Person's Signal Is Another Person's Noise«), und das traf in dem Moment zu. Denn die Klimaschwankungen, die in den Bäumen archiviert waren, überdeckten zum Teil die normalen altersbedingten Wachstumstrends, die Druckenbrod und sein Team zu modellieren versuchten. Diese Wachstumstrends waren ihr »Signal«, während die klimabedingte Variabilität um den Trend herum ihr »Rauschen« war. Ihr Rauschen war also *mein* Signal.

Wie der Zufall es will, hatte ich ein paar Studenten der UVA damit beauftragt, Jeffersons Wettertagebücher aus Monticello abzuschreiben. Er führte akribische Aufzeichnungen über Temperatur, Niederschlag, Windrichtung und andere meteorologische Größen sowie ein »Gartenbuch«, in dem er den Zeitpunkt phänologischer Indikatoren festhielt – die Ankunft von Vogelarten im Frühjahr, den Zeitpunkt der Blüte von Pflanzen und so weiter. Leider nahm Jefferson seine meteorologischen Instrumente auf seinen Reisen häufig mit. Infolgedessen verlagerten sich seine Beobachtungen von Monticello hin zu anderen Orten, die er besuchte, wie Philadelphia, Annapolis und Paris. Sein Schützling Madison führte jedoch auf Geheiß Jeffersons fleißig seine eigenen Wettertagebücher am Standort Montpelier fort, so dass eine lückenlose historische Wetteraufzeichnung von 1784 bis 1802 entstand. Praktischerweise bezogen sich diese Aufzeichnungen genau auf die uralten Bäume, die Druckenbrod untersucht hatte.

Letztendlich taten wir uns mit dem Baumringexperten David Stahle von der Universität Arkansas und seinem Team zusammen, um anhand der Baumringdaten eine dendroklimatische Rekonstruktion zu entwickeln [Dendrochronologie ist die Lehre vom Baumalter, Anm. d. Ü.], die wir mit den historischen Aufzeichnungen vergleichen konnten. Auf der Grundlage von Korrelationen mit modernen instrumentellen Daten fanden wir heraus, dass die Dicke der Ringe in der zweiten Hälfte der Wachstumsphase eng mit den Niederschlägen im späten Frühjahr und frühen Sommer in Zentralvirginia zusammenhängt. Die baumringbasierte Niederschlagsrekonstruktion wies auf eine ungewöhnlich ausgeprägte Dürre im Jahr 1792 hin, die auf das massive El-Niño-Ereignis von 1791 folgte, das in historischen Aufzeichnungen über frühere El-Niño-Ereignisse dokumentiert ist. Das ist genau jene Dürre, die Madison in seinem Brief an Jefferson erwähnte. Sie zeigte sich auch in der sehr geringen Niederschlagssumme im Mai jenes Jahres, die aus Madisons Wettertagebüchern hervorgeht.[12]

Ein Vergleich der Wetteraufzeichnungen von Madison aus dem 18. und frühen 19. Jahrhundert mit den Daten moderner Regenschreiber lieferte ein weiteres spannendes Detail: Der jahreszeitliche Zyklus der Niederschläge in der Region hat sich verschoben, wobei die sommerliche Niederschlagsspitze heute mehr als einen Monat später auftritt als zur Zeit von Jefferson und Madison. Auch hier zeigt sich der Klimawandel, der sich offenbar in einer Verschiebung der Jahreszeiten bemerkbar macht. Jefferson selbst war ein brillanter Amateurwissenschaftler seiner Zeit, der sich durchaus darüber im Klaren war, dass menschliche Aktivitäten das Klima beeinflussen können. Vom Treibhauseffekt wusste er nichts. Er starb 1826, gerade einmal zwei Jahre nachdem Joseph Fourier diesen Begriff erstmals postuliert hatte. Folglich hatte er diese wissenschaftliche Entwicklung wohl nicht weiterverfolgt. Stattdessen ging er davon aus, dass die Abholzung und Rodung von Wäldern das Klima beeinflussen würde:

> Es bedarf dazu jahrelanger Beobachtung des Thermometers, der dort wachsenden Pflanzen, der Zeiten ihrer Belaubung und Blüte, der tierischen Bewohner, der Wildtiere, Vögel, Reptilien und Insekten, der herrschenden Winde, der Regen- und Schneemengen, der Temperaturen der Brunnen und anderer Klimaindizes. Wir brauchen dies in der Tat für alle Staaten, und die Arbeit sollte ein- oder zweimal in einem Jahrhundert wiederholt werden, um die Auswirkungen von Rodung und Kultivierung auf die Veränderungen des Klimas zu erkennen.

Das steht hier wirklich in der letzten Zeile: Thomas Jefferson berichtet über »Klimaveränderungen« im frühen 19. Jahrhundert.[13]

Doch zurück zu El Niño, dem Klimawandel und der Frage, inwieweit die paläoklimatischen Aufzeichnungen aus dem Erdzeitalter unser Verständnis dafür verbessern können. Die Frage, ob die vom Menschen verursachte Treibhauserwärmung zu einer El-Niño-ähnlichen Welt oder zu einer La-Niña-Welt mit relativ kühlen Bedingungen im östlichen äquatorialen Pazifik führen wird, ist immer noch ungeklärt. Die Frage ist nicht nur akademisch. Der Einfluss von ENSO auf die Entstehung von Dürre im wüstenhaften Südwesten ist erheblich. Große Bevölkerungszentren in Kalifornien, Nevada und Arizona sind davon betroffen. Obwohl der Einfluss von einem Ereignis zum nächsten variiert, sind El-Niño-Jahre tendenziell feuchter als normal und La-Niña-Jahre tendenziell trockener als gewöhnlich. ENSO wirkt sich auch auf die Aktivität der atlantischen Hurrikane aus, wobei El-Niño-Jahre weniger aktiv und La-Niña-Jahre aktiver sind. Jegliche Veränderungen bei ENSO, einschließlich des durchschnittlichen Klimazustands und des Ausmaßes einzelner El-Niño- und La-Niña-Ereignisse, könnten tiefgreifende Auswirkungen auf den gesamten Erdball haben, einschließlich Nord- und Südamerika, Afrika, Australien und Indonesien.

Selbst modernste Klimamodelle können hierzu jedoch nur bedingt Auskunft geben. Sie liefern eine große Bandbreite hinsichtlich der Auswirkungen der vom Menschen eingebrachten Treibhausgase auf die Erwärmung des tropischen Pazifikklimas. Zudem stimmen die Modelle nicht vollständig mit den Beobachtungen überein. Sie deuten auf einen El-Niño-ähnlichen Zustand hin. Dabei verringert sich der Unterschied zwischen der warmen Wasserschicht des westlichen tropischen Pazifiks und der »kalten Zunge« des östlichen tropischen Pazifiks, also einer Region mit relativ kühlem Wasser. Die Beobachtungen hingegen zeigen einen neutralen oder sogar gegenteiligen, La-Niña-ähnlichen Trend für das letzte halbe Jahrhundert. Der führende LDEO-Ozeanograph Richard Seager und sein Team vermuten, dass die Tatsache, dass viele Modelle den beobachteten Trend nicht wiedergeben können, darauf zurückzuführen ist, dass der Anstieg von kaltem Tiefenwasser im östlichen Äquatorialpazifik zu ausgeprägt ist, als dass die ENSO-Mechanismen ihn ausgleichen könnten.[14]

Mark Cane, ein Kollege von Seager beim LDEO, entwickelte in den späten 1980er Jahren ein Modell, mit dem sich El-Niño-Ereignisse reproduzieren und vorhersagen ließen. Er verfasste 1997 einen Artikel. Darin vertrat er die These, dass der durch die Passatwinde verursachte Auftrieb kalter Gewässer im östlichen Äquatorialpazifik dem erwärmenden Einfluss der Treibhausgase entgegenwirkt, während sich der westliche Äquatorialpazifik weiterhin erwärmen kann. Die so genannten Bjerknes-Rückkopplungen, so Cane, seien für die Wechselwirkung zwischen den Passatwinden und den Ost-West-Schwankungen der

Meeresoberflächentemperaturen (»Sea Surface Temperatures«, SSTs) und damit für ENSO ursächlich. Diese Rückkopplungen verstärken die ursprüngliche Reaktion und führen zu noch stärkeren Passatwinden und einer stärkeren Ost-West-Abweichung der SST, mit einem wärmeren westlichen äquatorialen Pazifik und einem kälteren östlichen äquatorialen Pazifik. Also insgesamt zu einem La-Niña-ähnlichen Muster![15]

Einige neuere Arbeiten bestätigen diesen Zusammenhang, zeichnen aber ein differenzierteres Bild, das auf ein vorübergehendes Tauziehen zwischen der direkten Erwärmung durch Treibhausgase (die ein El-Niño-ähnliches Muster begünstigt) und der dynamischen Reaktion der Bjerknes-Rückkopplungen auf diese Erwärmung (die ein La-Niña-ähnliches Muster begünstigt) hinweist. Welcher dieser konkurrierenden Effekte sich am ehesten durchsetzt, hängt möglicherweise davon ab, wie lang der von uns betrachtete Zeitrahmen ist. Der letztgenannte, dynamische Mechanismus scheint auf einer Zeitskala von mehreren Dekaden bis zu mehreren hundert Jahren von größerer Bedeutung zu sein. Und genau hier bringen die paläoklimatischen Belege viel Licht ins Dunkel.[16]

Einen Eindruck von möglichen Auswirkungen dieses Mechanismus auf den Treibhauseffekt erhalten wir, indem wir uns ansehen, wie ENSO in der Vergangenheit auf natürliche Treiber wie Veränderungen der Sonnenleistung und Vulkanausbrüche reagiert hat. Die Daten aus dem vergangenen Jahrtausend, die aus Baumringen, Korallen, Seesedimenten und Eiskernen gewonnen wurden, scheinen mit einer La-Niña-ähnlichen Abkühlung im östlichen äquatorialen Pazifik übereinzustimmen. Sie zeigen die Kombination aus einem trockenen wüstenartigen Südwesten und einem feuchten pazifischen Nordwesten in den USA zu Beginn des vergangenen Jahrtausends, um 1000 bis 1400 n. Chr., das mit einem La-Niña-artigen Zustand übereinstimmt. In Einklang mit dem von Cane beschriebenen Mechanismus fällt dieser Zustand mit einer Periode externer Erwärmung mit hoher Sonnenleistung und wenigen explosiven tropischen Vulkanausbrüchen zusammen. In einer Reihe von

Studien wurde eine Tendenz zu einer El-Niño-artigen Lage als Reaktion auf vulkanische Abkühlungsereignisse festgestellt, was wiederum mit dem Mechanismus von Cane übereinstimmt. Dieses Phänomen wird in der Literatur nach wie vor viel diskutiert.[17]

Das mittelalterliche La-Niña-Verhalten wird nicht immer von den Simulationen der globalen Klimamodelle wiedergegeben, was auf Ungenauigkeiten in den Modellen zurückzuführen sein könnte. Dazu gehören der bereits erwähnte übermäßig starke Auftrieb sowie mögliche Schwächen hinsichtlich der Reaktion mariner Stratocumulus-Wolken auf die Erwärmung – auf dieses Problem wurde in der Diskussion über vergangene Treibhausklimata bereits hingewiesen. Die Tatsache, dass Modelle diese paläoklimatische Reaktion auf natürliche Faktoren nicht erfassen, stützt die Hypothese, dass sie eine La-Niña-ähnliche Reaktion auf die Erwärmung im Treibhaus nicht abbilden können. In diesem Fall werden zentrale Auswirkungen des Klimawandels *unterschätzt*, wie z. B. die verstärkte Hurrikanaktivität im tropischen Atlantik und die zunehmende Aridifizierung (Wüstenbildung) im Westen der USA. Der trockene Südwesten der USA erlebt derzeit eine seit mehr als einem Jahrzehnt andauernde Dürre, wie sie seit mindestens 1.200 Jahren und vielleicht noch länger nicht mehr aufgetreten ist. Das zeigen auch die Baumringanalysen, die mein ehemaliger Student, der LDEO-Wissenschaftler Benjamin Cook und sein Team durchgeführt haben. Das unterstreicht, wie unerlässlich es ist, diese Dinge richtig zu verstehen, wenn wir uns mit Hilfe von Klimamodellen auf die bevorstehenden Herausforderungen vorbereiten wollen.[18]

Eine ebenfalls sehr wichtige dynamische Auswirkung der Erwärmung ist die NAO wie auch die eng mit ihr verwandte Arktische Oszillation (AO), wie bereits im ersten Kapitel dargestellt. Diese beiden Schwankungen beschreiben Veränderungen der Routen der Winterstürme von Jahr zu Jahr. Sie sind besonders ausgeprägt über dem Nordatlantik zu beobachten und wirken sich auf die Wintertemperaturen und Niederschläge in weiten Teilen Nordamerikas und Eurasiens aus, indem sie die Stürme umlenken. Der bitterkalten und schneereichen Winter 2009/2010 in Europa und im Osten Nordamerikas waren mit einem außergewöhnlich starken negativen NAO-Einfluss verbunden. Während einer negativen Phase der AO/NAO schwächt ein geringerer Luftdruckgegensatz die Westwinddrift, also den Jetstream, so dass dieser direkt über den Nordatlantik zieht und nicht wie üblich nach Norden in Richtung Europa abdreht. Dadurch wird arktische Kaltluft in Europa, im Osten Nordamerikas und in Teilen Asiens eingeschlossen.

Meine eigenen Analysen von Klimamodellrechnungen und Paläoklimadaten deuten darauf hin, dass die besonders kalten Winter in Europa in der Mitte des 17. Jahrhunderts mit einer starken negativen NAO-Phase zu dieser Zeit in Verbindung standen. Die vergleichsweise warme Witterung dieser Regionen während des Mittelalters war, wie wir herausgefunden haben, mit einem gegenteiligen Muster verbunden – nämlich einer positiven AO/NAO-Phase. Da die Kleine Eiszeit eine Periode relativ niedriger globaler Durchschnittstemperaturen und das Mittelalter eine Periode relativ warmer Temperaturen war, könnten wir versucht sein, diese Korrelation auf die aktuelle, vom Menschen verursachte Erwärmung zu übertragen. Aber das wäre falsch.[19]

Diese Veränderungen der NAO in der Vergangenheit wurden offenbar durch Schwankungen der Sonneneinstrahlung und der ultravioletten Strahlung verursacht. Diese beeinflussen den Ozongehalt und die Absorption der Sonnenwärme durch die Stratosphäre, wodurch sich die senkrechten (vertikalen) Temperaturunterschiede in der Atmosphäre verändern, die den Jetstream antreiben. Daraus folgen zwei Schlüsse. Erstens: Die wenigen Klimamodelle, in denen die für diesen Mechanismus entscheidende Ozonphotochemie simuliert wird, reproduzieren die Oberflächentemperaturen, die wir in unseren Daten sehen. Diejenigen Modelle, in denen diese Prozesse fehlen, tun dies nicht. Dies unterstreicht eine weitere potenzielle Einschränkung der aktuellen Klimamodelle, die man im Auge behalten sollte. Denn, wie schon mehrfach festgestellt, ist die Ungewissheit oft nicht unser

Freund, wenn es um Klimavorhersagen geht. Zweitens: Die Ergebnisse gaben die Reaktion auf den Faktor wieder, der zu jener Zeit die maßgebliche Rolle spielte – die Veränderung der Sonnenleistung. Das ist etwas anderes als die Ursache der derzeitigen Erwärmung, nämlich die Zunahme der Treibhausgase. Dies führt zu einem wichtigen Punkt bei der Betrachtung paläoklimatischer Episoden: Sie sind nicht immer ein geeigneter Vergleich für das, was heute geschieht. Es ist daher wichtig zu erkennen, wann sie sich eignen und wann nicht. Das versuche ich in diesem Buch immer wieder zu betonen.

Nicht zuletzt ist da der südasiatische Sommermonsun (SASM). Monsunregen liefert Süßwasser für mehr als eine Milliarde Menschen in Südasien, so dass sein künftiges Verhalten im Zuge des Klimawandels von besonderer Bedeutung ist. Auch über diesen wichtigen Bestandteil des Klimasystems können wir etwas lernen, indem wir dessen Verhalten auf die natürlichen Triebkräfte der Vergangenheit untersuchen.

Der SASM wird von einer aufsteigenden Strömung über dem indischen Subkontinent bestimmt. Diese wird durch die unterschiedlich starke solare Erwärmung angetrieben, die im Sommer zwischen den sich schnell erwärmenden Landregionen und dem thermisch trägeren Indischen Ozean entsteht. Das ist in gewisser Weise mit einer Meeresbrise vergleichbar, ein Phänomen, das Strandurlaubern überall bekannt ist: Am späten Nachmittag türmen sich dabei am blauen Himmel bedrohlich dunkle Wolken auf, einhergehend mit Gewittern und sintflutartigen Regenfällen. Es ist ein derart regelmäßiges Muster, dass man seinen Tagesablauf danach ausrichten kann. Die Sonne heizt das Land tagsüber viel schneller auf als das träge Meerwasser, wodurch ein Temperaturunterschied aufgebaut wird, der eine küstennahe Luftzirkulation in Gang setzt. Die feuchte Luft, die vom Meer kommt, steigt über dem aufgeheizten Land auf, kühlt sich ab, kondensiert zu Regentropfen, die herabfallen, und sinkt dann wieder über dem Meer ab, um die Zirkulation zu vollenden. Nachdem die Sonne untergegangen ist und der Unterschied der Temperaturen verschwunden ist, schwächt sich die

Zirkulation ab. Ein Sommermonsun ist im Grunde das gleiche Prinzip, allerdings spielt der Winter-Sommer-Kontrast bei der Erwärmung die Rolle des Tag-Nacht-Zyklus, und die Zirkulation hat kontinentale Ausmaße, so dass der atmosphärische Corioliseffekt wichtig wird. Ohne in die grausame Atmosphärenphysik einzusteigen: Der Coriolis-Effekt, der auf die Erdrotation zurückzuführen ist, bewirkt dass die Winde spiralförmig aufsteigen, z. B. über dem aufgeheizten tibetischen Plateau, und spiralförmig abfallen, z. B. über dem Indischen Ozean.

Die Luft steigt spiralförmig landeinwärts an den Hängen des Himalayas auf. Es entstehen gewaltige Kumulonimbuswolken [Gewitterwolken, die sich von oben her nach allen Seiten ausbreiten, Anm. d. Ü.]. Sie sind durch die frei werdende Kondensationswärme der aufsteigenden Feuchtigkeit so energiegeladen, dass sie die Tropopause durchbrechen können, die Grenze zwischen der relativ instabilen Troposphäre – die ersten 9 bis 15 Kilometer der Atmosphäre, in denen das Wetter stattfindet – und der sehr stabilen Stratosphäre – die darüber liegende Schicht der Atmosphäre, in der Flugzeuge fliegen. Der SASM umfasst also diese ganze atmosphärische Zirkulation, während er manchmal lediglich mit den daraus resultierenden Niederschlägen gleichgesetzt wird – das ist so nicht korrekt.

Zum Verständnis, warum das so ist, betrachten wir das so genannte Wind-Niederschlags-Paradoxon. Es erklärt, wie die Zunahme der Feuchtigkeit in der Atmosphäre durch den Treibhauseffekt zu vermehrten Niederschlägen führt, ohne dass sich die Monsunzirkulation verstärkt. Die durch die Kondensation dieser zusätzlichen Feuchtigkeit freigesetzte Wärme erwärmt die mittleren Schichten der Troposphäre, wodurch eine stabilere Atmosphäre entsteht. Da warme Luft oberhalb von kalter Luft eine stabile Konfiguration ergibt, wird der Aufstieg von feuchter Luft verhindert, die für eine monsunale Zirkulation erforderlich wäre. Es ist also sowohl möglich, eine starke Monsunzirkulation ohne gewöhnlichen Regen oder auch Monsunregen trotz schwacher Zirkulation zu haben. Das zeigt sich sowohl in vergangenen Simulationen als auch in den Prognosen der Klimamodelle, in denen die Monsunregen mit der Erwärmung zunehmen, während die Zirkulation selbst schwächer wird. Aus Sicht der Wasserressourcen ist das eine gute Nachricht, unter dem Gesichtspunkt möglicher Überschwemmungen jedoch eine schlechte.[20]

Was können wir also aus dem Verhalten des SASM der vergangenen Jahrhunderte schließen? In einer von meinem ehemaligen Doktoranden Fangxing Fan geleiteten Analyse einer Klimamodell-Simulation des vergangenen Jahrtausends fanden wir eine weitgehende Übereinstimmung zwischen den Schwankungen der SASM-Zirkulation und den SASM-Niederschlägen während der vorindustriellen Zeit. Wir konnten jedoch feststellen, dass sich die beiden Phänomene in der Neuzeit deutlich voneinander entkoppeln, da sich die SASM-Zirkulation abschwächt, der SASM-Niederschlag jedoch nicht. Dieser Umstand unterstreicht erneut einen wichtigen Punkt: Zusammenhänge, die in der Vergangenheit gegolten haben mögen, müssen nicht zwangsläufig heute zutreffen und werden auch in Zukunft nicht zwangsläufig Bestand haben. Wir müssen die naturwissenschaftlichen Phänomene gut genug verstehen, um zu erkennen, wann die Zusammenhänge gelten und wann nicht.[21]

ZUSAMMENBRUCH DER OZEANZIRKULATION

Wenden wir uns noch einmal dem ozeanischen Förderband zu. Es wird in der Fachsprache als atlantische (meridionale) Umwälzbewegung (»Atlantic Meridional Overturning Circulation«, AMOC) bezeichnet, nicht zu verwechseln mit dem Golfstrom. Dieses bandförmige Strömungssystem wird durch das Absinken von kaltem, salzhaltigem Wasser in den Meeresgebieten zwischen Kanada und Norwegen angetrieben. In Nordkanada liegt das Gebiet in der Baffin-Bucht und der Labradorsee, in Nordeuropa ist es die Grönlandsee und das europäische Nordmeer. Es sorgt dafür, dass warmes subtropisches Wasser in die hohen Breiten des Nordatlantiks gelangt, wodurch der Nordatlantik und die angrenzenden Regionen in Nordamerika und Europa wärmer bleiben, als sie es sonst wären. Die AMOC ist mit einer konvektiven Umwälzung verbunden, bei der sich kaltes, nährstoff- und sauerstoffreiches Wasser von unten in den oberen Ozean mischt, wo es sonst von der marinen Flora und Fauna verbraucht werden würde.

Beispiele für Kipppunkte, insbesondere der Kollaps der Eisschilder, wurden bereits angesprochen. Aber auch der mögliche Zusammenbruch der der Ozeanzirkulation ist ein Beispiel für ein Kipppunktelement im Klimasystem. Ist es erst einmal an einem solchen Wendepunkt angelangt, gibt es möglicherweise kein Zurück mehr, zumindest nicht innerhalb eines gesellschaftlichen Zeithorizonts. Kipppunkte zwingen dazu, sich mit den Unsicherheiten klimatischer Stabilität auseinanderzusetzen, denn wir wissen nicht genau, wo sie liegen. Sie sind wie Minen. Wurden sie erst einmal ausgelöst, ist es zu spät, den Schaden ungeschehen zu machen. Könnte der Zusammenbruch der Ozeanzirkulation zu den Kipppunkten gehören, die unseren einzigartigen Augenblick bedrohen?

Ein solches Szenario wurde, wie bereits erwähnt, in dem Film *The Day After Tomorrow* überzogen dargestellt. Obwohl die in dem Film dargestellten und vermeintlich wissenschaftlich erklärten Phänomene – Tornados, die Los Angeles zerstören, und ein Eisschild, der sich innerhalb weniger Tage über Nordamerika ausbildet – furchtbar weit hergeholt sind, würde der Zusammenbruch der Ozeanzirkulation in der Tat weitreichende Folgen haben. Zu den Auswirkungen gehören ein Rückgang der Fischpopulationen im Nordatlantik, dem ergiebigsten natürlichen Fischfanggebiet der Welt, heftigere Winterstürme in Europa, ein beschleunigter Anstieg des Meeresspiegels an Teilen der US-Ostküste – ein Nebeneffekt der physikalischen Gesetzmäßigkeiten, die die Meeresströmungen bestimmen – und das Risiko verstärkter atlantischer Wirbelstürme, da sich im tropischen Nordatlantik Wärme aufstaut.[22]

Die Aufzeichnungen des Paläoklimas können unser Verständnis hinsichtlich der Aussichten auf einen Zusammenbruch der AMOC verbessern. Im ersten Kapitel wurde die Rolle des Süßwassereintrags und der Abschwächung der AMOC während der jüngeren Dryaszeit erörtert, als die letzte Eiszeit zu Ende ging, und ebenso für das vergleichbare, wenn auch schwächer ausgeprägte Ereignis, das während des frühen Holozäns 8.200 Jahre vor unserer Zeitrechnung stattfand. Könnte uns das gemeinsame Zeitalter etwas über den heutigen Zusammenbruch der AMOC verraten?

Die Klimamodelle sagen für *dieses Jahrhundert* bereits eine Abschwächung der AMOC voraus, sollten wir weiterhin Kohlenstoff verbrennen und den Planeten erwärmen. Ursache dafür ist in erster Linie das Schmelzwasser des Grönländischen Eisschilds, der sich aufzulösen beginnt. Die Beobachtungen aus der Paläozeit der letzten zwei Jahrtausende deuten jedoch darauf hin, dass eine erhebliche Abschwächung *bereits eingetreten* ist.

Stefan Rahmstorf vom PIK und sein Team, darunter auch ich, haben in einem in der Zeitschrift *Nature Climate Change* im Jahr 2015 veröffentlichten Artikel die Veränderungen der AMOC im Laufe des Erdzeitalters ermittelt. Dazu nutzten wir zwei sich einander ergänzende Quellen von Proxydaten, die bis ins Jahr 500 unserer Zeitrechnung zurückreichen. Die erste war eine Rekonstruktion der Oberflächentemperaturen des Nordatlantiks in einer Region südlich von Grönland, die [aufgrund der sehr kalten Temperaturen, Anm. d. Ü.] »Cold Blob« genannt wird, und am stärksten von einer Verlangsamung der AMOC beeinflusst werden würde. Die zweite Quelle waren Proxydaten aus Stickstoffisotopen von Tiefseekorallen im Nordwestatlantik vor der Küste von Neuschottland [im Osten Kanadas, Anm. d. Ü.], die Veränderungen aufzeichnen vom unterirdischen Wasser , das sich hangabwärts über schwer durchlässige Boden- oder Substratschichten bewegt. In einer neueren Studie wurden Daten aus Meeressedimenten und planktische und benthische Foraminiferen-Daten verwendet, die bis ins Jahr 400 unserer Zeitrechnung zurückreichen.[23]

Alle diese paläoklimatischen Daten kommen zu demselben beunruhigenden Ergebnis: Die AMOC hat sich im letzten Jahrhundert so stark abgeschwächt wie nie zuvor innerhalb unserer Zeitrechnung.

Obwohl die Klimamodelle eine wesentliche Schwächung der AMOC erst gegen Ende dieses Jahrhunderts vorhersagen, scheint diese bereits eingetreten zu sein. Auch hier zeigt sich wieder, dass die Klimamodelle bei weitem nicht so »alarmistisch« sind, wie die Klimaskeptiker zu behaupten pflegen, sondern in mancher Hinsicht übermäßig vorsichtig sind und mitunter die entscheidenden Folgen zu gering einschätzen. Es ist daher kaum zu erwarten, dass einige der grundlegenderen wissenschaftlichen Unsicherheiten in dem von uns anvisierten Zeithorizont, nämlich den nächsten Jahren, in denen wir wichtige klimapolitische Entscheidungen treffen müssen, endgültig geklärt werden können. Wir müssen daher erneut auf den altbekannten Grundsatz zurückgreifen, dass die Ungewissheit nicht unser Freund ist. Sie ist der Grund, welcher das Handeln umso dringlicher macht – und nicht weniger dringend.

Die Frage ist: Was könnten die Modelle übersehen oder in diesem speziellen Fall nicht richtig darstellen? An erster Stelle rangiert hier Grönland, insbesondere die Schmelze des GIS und der Süßwassereintrag in den Nordatlantik. So scheint die Grönlandschmelze die bisherigen Modellvorhersagen zu übertreffen. Allein im Juli 2019 sind fast 200 Milliarden Tonnen Schmelzwasser in den Nordatlantik geflossen – genug, um den globalen Meeresspiegel um das kleine, aber messbare Stückchen von einem halben Millimeter anzuheben. All dieses Gletscherschmelzwasser reduziert den Salzgehalt im Nordatlantik, und zwar früher als angenommen.[24]

Obwohl unmittelbare Untersuchungen der AMOC in den letzten Jahrzehnten teilweise widersprüchliche Tendenzen zeigen, kommt die jüngste, umfassendste Studie, die eine Reihe sich ergänzender Messgrößen vergleicht, zu dem Schluss, dass der Kollaps der AMOC bereits im Gange ist. Eine Einschränkung besteht bei den Klimaprojektionen, welche die Grundlage für die IPCC-Bewertungen bilden, darin, dass die Klimamodelle in der Regel nicht mit umfassenden Modellen für die Eisschilder gekoppelt sind, so dass die Wechselwirkungen zwischen dem Zerfall und der Schmelze der Eisschilder, dem Süßwasserabfluss und der AMOC-Dynamik in den Modellierungen nicht gut dargestellt werden. Ein weiteres Beispiel dafür, dass solche Klimaprojektionen in mancherlei Hinsicht zu vorsichtig sind, da sie nicht die gesamte Bandbreite der Dynamik und des Zusammenspiels abbilden, die im tatsächlichen Klimasystem existieren.[25]

Dieser Vorbehalt ist insofern wichtig, als es immer mehr Belege dafür gibt, dass viele dieser Entwicklungen miteinander interagieren, was mögliche Kaskadeneffekte zur Folge hat. Wie wir bereits erfahren haben, gibt es Hinweise darauf, dass die Erwärmung durch den Treibhauseffekt uns in einen La-Niña-ähnlichen Klimazustand versetzen könnte. Außerdem haben wir gerade gesehen, dass der Klimawandel eine Abschwächung der AMOC bewirken kann. Es gibt mittlerweile Hinweise darauf, dass sich diese Entwicklungen wechselseitig verstärken könnten. Eine neuere Studie zeigt, dass der Zusammenbruch der AMOC durch den Wärmestau im tropischen Atlantik zu wärmeren Meeresoberflächentemperaturen im tropischen Südatlantik führt. Dies wiederum bewirkt eine weiträumige tropische atmosphärische Zirkulation im Stil einer Meeresbrise, wodurch sich die Passatwinde verstärken und der Auftrieb von kaltem, Tiefenwasser zunimmt, was zu einem La-Niña-ähnlichen Zustand beiträgt.[26]

Bevor nun der Eindruck entsteht, dass es sich hier um eine rein akademische oder theoretische Betrachtung handelt, sollten wir uns in Erinnerung rufen, was wir in den letzten Jahren erlebt haben. Die Ozeane haben Jahr für Jahr neue Wärmerekorde aufgestellt. Im gleichen Zeitraum verzeichneten jedoch sowohl die Region »Cold Blob« im subpolaren Nordatlantik als auch der östliche tropische Pazifik Rekordkälte. Und wenn wir schon beim Thema Wechselwirkungen und Kipppunkte sind, sollten wir bedenken, dass die früher als erwartet einsetzende Schmelze des Grönlandeises, die zu einer Verlangsamung der AMOC beigetragen hat, auch schneller als erwartet zum Anstieg des Meeresspiegels beiträgt. Dies bringt uns zu unserem nächsten Thema: Anstieg des Meeresspiegels, verstärkte tropische Wirbelstürme und erhöhtes Gefahrenpotenzial an den Küsten.[27]

BEDROHTE KÜSTEN

Der Klimawandel stellt eine zweifache Gefahr für unsere Küsten dar. Zum einen steigt der Meeresspiegel und zum anderen werden die tropischen Wirbelstürme intensiver. Die Untersuchung des gemeinsamen Zeitalters hilft uns, beide Phänomene besser zu verstehen, indem sie eine Ausgangslinie liefert, im Vergleich zu der wir die Geschwindigkeit und das Ausmaß der aktuellen Veränderungen beurteilen können, aber auch, indem sie die klimatischen Faktoren erhellt, welche die Veränderungen in der Vergangenheit bestimmt haben.

Noch vor anderthalb Jahrzehnten waren Vorhersagen über den künftigen Meeresspiegelanstieg aufgrund der begrenzten Möglichkeiten der Klimamodellierung nur eingeschränkt aussagekräftig. So gingen die Projektionen des IPCC im Vierten Sachstandsbericht von 2007 davon aus, dass der Meeresspiegel bis zum Ende des Jahrhunderts im ungünstigsten Fall um lediglich einen halben Meter ansteigen würde. Allerdings enthielten die Projektionen den (»gravierenden«!) Warnhinweis, dass der Beitrag der Eisschilder außer Acht gelassen wurde, da man sich nicht sicher war, ob diese überhaupt abgebildet werden konnten. Diese Aussagen führten ihrerseits zu Medienberichten, die die tatsächlichen Aussichten hinsichtlich des Meeresspiegelanstiegs in den kommenden Jahrzehnten deutlich zu gering darstellte.[28]

Der Umstand, dass der vermutlich größte Einflussfaktor auf den künftigen Meeresspiegelanstieg in der maßgeblichen internationalen Klimabilanz nicht berücksichtigt wurde, war sowohl aus wissenschaftlicher Sicht als auch im Hinblick auf die öffentliche Wahrnehmung beunruhigend. Mein Kollege Stefan Rahmstorf sah daher die Notwendigkeit, diese Lücke zu stopfen, indem er eine alternative Methode zur prozessbasierten Modellierung vorschlug, einen sogenannten semi-empirischen Ansatz zur Vorhersage des künftigen Meeresspiegelanstiegs. Dieser beruht auf dem Prinzip, dass die Prozesse, die dem außergewöhnlichen Anstieg des Meeresspiegels zugrunde liegen – einschließlich der thermischen Ausdehnung des Meerwassers, des Abschmelzens von Gletschern und des Zusammenbruchs von Eisschildern – durch die Erwärmung im Vergleich zur vorindustriellen Ausgangssituation abgebildet werden können.

In einem viel beachteten Beitrag in der Fachzeitschrift *Science* von 2007 belegte Rahmstorf den sehr engen historischen Zusammenhang zwischen der Erderwärmung und der Geschwindigkeit, mit der sich der Meeresspiegel in den letzten anderthalb Jahrhunderten verändert hat. Auf der Grundlage dieser Beziehung projizierte er einen Anstieg des Meeresspiegels um mehr als eineinhalb Meter bis zum Ende des Jahrhunderts, wobei er von einem Worst-Case-Szenario für Emissionen und Erwärmung ausging. Einige Experten standen diesem neuen Ansatz skeptisch gegenüber. Vielleicht ist ja die Paläoklimaforschung wieder einmal der Retter in der Not?[29]

Der Meeresspiegel während dem gemeinsamen Zeitalter kann anhand von Ablagerungen im Küstenbereich bestimmt werden. Im Jahr 2006 nahm ich an einem Projekt unter der Leitung des Küsten-Sedimentologen Andrew Kemp teil, der heute an der Tufts Universität tätig ist. Dabei wurden Sedimente aus Salzwiesen entlang der Ostküste der USA verwendet, um den Verlauf des Meeresspiegelanstiegs im Laufe des Erdzeitalters zu rekonstruieren. Die Überflutung der salzigen Marschen durch die Gezeiten, die von den Sedimenten aufgezeichnet wird, korreliert mit dem globalen Meeresspiegel. So ist es erwiesen, dass bestimmte Foraminiferen-Arten in unterschiedlichen Tiefen des Meeres leben. Die in den Sedimenten gefundenen Foraminiferen-Fossilien können daher zur Ermittlung des regionalen Meeresspiegels in der Vergangenheit herangezogen werden. Unter Berücksichtigung der im sechsten Kapitel angesprochenen isostatischen Anpassung (isostatischer Rebound-Effekt) ist es möglich, die auf den globalen Meeresspiegelanstieg zurückzuführende Veränderung des regionalen Meeresspiegels zu isolieren. Es zeigt sich, dass diese bei einer Vielzahl voneinander unabhängiger Standorte ähnlich ist, was auf einen stabilen und einheitlichen globalen Meeresspiegelanstieg hindeutet.[30]

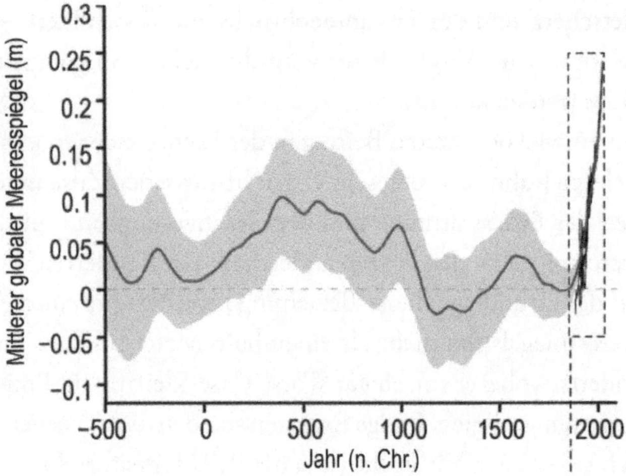

Abbildung 19: Globaler Meeresspiegelanstieg im Laufe der Zeit

Die daraus resultierenden Daten belegen, dass der gegenwärtige Anstieg des Meeresspiegels, in Bezug auf die letzten zwei Jahrtausende, beispiellos ist. Diese Erkenntnis wurde auch durch jüngste Studien untermauert. All dies sind weitere Belege für die gravierenden Folgen der derzeitigen, vom Menschen verursachten Erwärmung des Planeten. Die Studie liefert jedoch noch weitere Erkenntnisse. Dazu wurden die globalen Durchschnittstemperaturen der letzten zwei Jahrtausende auf der Grundlage von klimarelevanten Proxydaten rekonstruiert, um Rahmstorfs semi-empirisches Modell des globalen Meeresspiegelanstiegs zu stützen. Diese alternative Methode bestätigte die wesentlichen Eigenschaften der sedimentbasierten Rekonstruktion des Meeresspiegels, einschließlich des beispiellosen Anstiegs in jüngster Zeit, der mit der einzigartigen Erderwärmung des letzten Jahrhunderts zusammenhängt. Sie ermöglichte zudem eine weitere Präzisierung der statistischen Parameter des semi-empirischen Modells. Vor allem aber wurde das Modell als Vorhersageinstrument für den weltweiten Meeresspiegelanstieg bestätigt.[31]

Spulen wir die Zeit sechs Jahre vor, zum darauffolgenden Fünften Sachstandsbericht des IPCC von 2013: Rahmstorfs semi-empirisches Modell wird kaum erwähnt. Dennoch scheint die Botschaft jener Arbeit gehört worden zu sein. Denn dank der erstmaligen Einbeziehung des Einflusses der Eisschilddynamik, die in dem Fall mit Hilfe der Prozessmodellierung abgebildet wurde, korrigierte der IPCC seine Meeresspiegelprognosen drastisch nach oben. Er ging nun von einem Worst-Case-Szenario von etwa 1,2 Meter aus, was nur geringfügig unter den halbempirischen Modellprognosen liegt. Weitere acht Jahre später, im Sechsten Sachstandsbericht des IPCC aus dem Jahr 2021, wurden die Prognosen noch einmal drastisch nach oben korrigiert: Im schlimmsten Fall wird darin bis zum Ende des Jahrhunderts ein Meeresspiegelanstieg von fast zwei Metern erwartet, was auch den heutigen Stand der Wissenschaft widerspiegelt.[32]

Ähnlich verhält es sich mit dem anderen durch den Klimawandel bedingten Risikofaktor für die Küsten – den tropischen Wirbelstürmen. Darunter fallen Zyklone, Hurrikane und Taifune, allesamt Mitglieder der gleichen Familie. Obwohl sich ein breiter Konsens darüber abzeichnet, dass die stärksten tropischen Wirbelstürme an Intensität gewinnen und mehr Schäden durch Wind und Überschwemmungen verursachen werden, besteht weniger Einigkeit über die *Anzahl* der Stürme, die wir erleben werden. Mehrere Studien, die ineinander verwobene Atmosphärenmodelle verwenden, sagen einen Rückgang der Zahl der Stürme sowohl weltweit als auch im Atlantikbecken voraus. Ein solches Modell ist ein feinmaschig unterteiltes regionales Klimamodell, das in ein gröberes globales Klimamodell eingebettet ist. Allerdings werden solch hochauflösende Modelle oft mit einer Auflösung betrieben, die nicht ausreicht, um wichtige atmosphärische Prozesse aufzulösen. Ein alternativer Ansatz des Herunterskalierens (»Downscaling«) von Kerry Emanuel vom MIT, vermeidet diese Probleme, geht aber von einigen vereinfachenden Annahmen aus. Dieser kommt zu einem ganz anderen Ergebnis und leitet aus den jüngsten IPCC-Klimamodell-Simulationen eine deutliche Zunahme sowohl hinsichtlich der Intensität als auch der Anzahl der Stürme in allen Meeresbecken ab.[33]

Paläoklimatische Erkenntnisse und die Modellierung des Verhaltens tropischer Wirbelstürme in der Vergangenheit liefern neue Erkenntnisse für diese Diskussion. Kerry Emanuel hat dem Ganzen sogar einen Namen gegeben: Paläotempestologie. Im Jahr 2009 arbeitete ich mit zwei Paläotempestologen namens Jonathan Woodruff von der UMass und Jeff Donnelly von dem ozeanographischen Forschungsinstitut »Woods Hole Oceanographic Institution« zusammen. Sie hatten Jahre damit verbracht, die wertvollen Aufzeichnungen vergangener Hurrikane, die in der Karibik und entlang des Golfs von Mexiko und der Ostküste der USA auf Land trafen, zu sammeln. Diese Daten stammten wieder einmal aus küstennahen Ablagerungen, allerdings aus einer ganz besonderen Art von Sedimenten, den so genannten Überschwemmungsablagerungen. Dabei handelt es sich um Meeressedimente, die in Küstenlagunen vorkommen, wo sie eigentlich nicht hingehören. Die einzige Möglichkeit, wie sie dorthin gelangt sein *könnten*, besteht darin, dass sie von einem extrem starken Küstensturm dorthin transportiert wurden – oder vielleicht von einem Tsunami, wobei sich diese oft anhand von anderen historischen Daten differenzieren lassen. Durch die Bohrung eines Sedimentkerns in der Lagune und unter Verwendung geeigneter Datierungsmarker lässt sich die Geschichte dieser Stürme nachvollziehen.

Aus den Aufzeichnungen der einzelnen Überschwemmungsablagerungen konnten wir eine für das gesamte Atlantikbecken gültige Übersicht erstellen, aus der sich die Entwicklung der großen Wirbelstürme im Atlantikbecken der letzten 2.000 Jahre ablesen lässt. Dazu nutzten wir ein statistisches Modell, das die Aktivität tropischer Wirbelstürme auf der Grundlage von Klimavariablen wie der Meerestemperatur im tropischen Atlantik und El Niño vorhersagt. Mit unserem statistischen Modell lassen sich bereits seit einigen Jahren erfolgreich saisonale Stürme vorhersagen – und das oftmals besser als mit anderen Methoden. Indem wir unser statistisches Modell mit Rekonstruktionen solcher

Klimaveränderungen aus Proxydaten kombinierten, konnten wir eine individuelle Bestimmung der atlantischen tropischen Wirbelsturmaktivität für die vergangenen 1.500 Jahre ermitteln.[34]

Unsere Berechnungen zeigen, dass beide Methoden sehr ähnliche Ergebnisse liefern, sowohl die Sedimentaufzeichnungen von Hurrikanen, die auf Festland treffen, als auch das statistische Modell, das sich auf paläoklimatische Rekonstruktionen stützt. Beide deuten auf eine Periode hoher Aktivität während des Mittelalters hin. Das semi-empirische Modell führt dies auf eine Kombination von begünstigenden Faktoren zurück: warme Meeresoberflächentemperaturen im tropischen Atlantik und La-Niña-Bedingungen im tropischen Pazifik. Die tropische Wärme im Atlantik sorgt dabei für günstige thermodynamische Bedingungen zur Bildung tropischer Wirbelstürme. La-Niña-Bedingungen gehen zugleich mit einer geringeren senkrechten Windscherung einher, was die Bildung tropischer Wirbelstürme ebenfalls begünstigt. Die Aktivität dieser Wirbelstürme im gesamten Atlantik war in den letzten Jahrzehnten höher als in jedem vergleichbaren Zeitraum, was auf genau diese Kombination verstärkender Faktoren zurückzuführen ist. Wenn der Klimawandel tatsächlich nicht nur eine Erwärmung des tropischen Atlantiks begünstigt, sondern, wie wir bereits angedeutet haben, ein eher La-Niña-ähnliches Klima, dann deuten diese Ergebnisse darauf hin, dass wir einen »perfekten Sturm« bekommen werden – also im amerikanischen Sprachgebrauch ein Zusammentreffen der unglücklichsten Umstände – und damit eine aktive atlantische Hurrikansaison.[35]

Zusammen stellen der steigende Meeresspiegel und intensivere Wirbelstürme eine noch viel größere Bedrohung für die Küstenregion dar. Meine frühere Doktorandin Andra Garner, die jetzt an der Rowan Universität in New Jersey lehrt, untersuchte im Rahmen ihrer Doktorarbeit das kombinierte Hochwasserrisiko für New York City. Sie verwendete dazu künstliche tropische Wirbelstürme auf der Grundlage von Kerry Emanuels Ansatz des Downscaling, angewandt auf die Simulationen der Klimamodelle des letzten Jahrtausends in

Verbindung mit den revidierten Prognosen des Meeresspiegels aus der Arbeit von DeConto und Pollard, die im vorherigen Kapitel beschrieben wurden. Garner fand heraus, dass eine Überflutung von mehr als zwei Metern, die vor der vom Menschen verursachten globalen Erwärmung im Durchschnitt einmal in 500 Jahren auftrat, heute etwa alle 24 Jahre und bis zur Mitte des Jahrhunderts etwa alle fünf Jahre stattfinden würde – zumindest wenn die CO_2-Emissionen so bleiben, wie sie sind. Der Supersturm Sandy, der im Oktober 2012 New York und die Küste von Jersey heimsuchte, verursachte Schäden in Höhe von rund 70 Milliarden Dollar, von denen mindestens acht Milliarden auf den Klimawandel zurückzuführen sind. Man stelle sich einmal vor, New York City und viele andere Küstenstädte, müssten alle paar Jahre mit so etwas fertig werden. Genau darauf steuern wir zu, sollten wir keine konzertierten Klimaschutzmaßnahmen ergreifen.[36]

DER AUFSTIEG UND FALL DER AMO

Ein Argument, das von Klimaskeptikern häufig vorgebracht wird, um die gegenwärtige Klimakrise in Frage zu stellen, ist, dass viele der Haupttrends angeblich nicht mit der vom Menschen verursachten Erderwärmung zusammenhängen, sondern stattdessen Teil einer niederfrequenten Schwankung im Klimasystem sind. Ganz nach dem Motto: Wenn die verheerenden Wirbelstürme im Atlantik, die wir in den letzten Jahren erlebt haben, lediglich Teil eines Langzeitzyklus sind, warum sollten wir uns dann Sorgen machen? Wir müssen einfach nur Geduld haben! Diese Behauptung klingt überzeugend, wird aber durch keinerlei Fakten gestützt. Ganz im Gegenteil.

Die Auswertung von Paläoklimadaten, die zur Rekonstruktion des Hockeyschlägers führte, war ein Ergebnis meiner früheren Doktorarbeit. Dabei analysierte ich alle möglichen Klimadaten, um Belege für solche natürlichen langfristigen klimatischen Schwankungen zu ermitteln. In den frühen 1990er Jahren deuteten statistische Analysen von Klimadaten im Nordatlantik und angrenzenden Regionen auf eine niederfrequente Schwankung hin, bei der bis Mitte des 20. Jahrhunderts eine Erwärmung, in den 1970er Jahren eine Abkühlung und danach erneut eine Erwärmung zu erkennen war. Auch die ersten Langzeitsimulationen von Klimamodellen, bei denen die Ozeane nicht statisch, sondern dynamisch waren, lieferten in begrenztem Umfang Anhaltspunkte dafür. Einige dieser Simulationen, bei denen Ozean und Atmosphäre miteinander verknüpft wurden, zeigten Langzeitschwankungen mit einer Dauer von 50 bis 70 Jahren. Wie auch bei der jährlichen ENSO-Oszillation sind diese Schwankungen auf Wechselwirkungen zwischen der Atmosphäre und dem Ozean zurückzuführen, wobei der schwerfällige AMOC für das sehr langsame Tempo sorgt. 1995 verfasste ich zusammen mit Jeffrey Park von der Yale Universität und Ray Bradley von der UMass einen Artikel, in dem wir ein von uns entwickeltes Instrument zur Ermittlung von Klimaschwankungen in den Klimadaten schilderten. Wir verwendeten bei dieser Methode eine Reihe von Proxydaten, welche die letzten 600 Jahre umfassten. Unsere Analysen stützten die These einer niederfrequenten Schwankung.[37]

In einem weiteren Aufsatz, den ich im Jahr 2000 gemeinsam mit Tom Delworth verfasste, einem Klimawissenschaftler am Princeton Geophysical Fluid Dynamics Laboratory, wurden Simulationsrechnungen von Klimamodellen, Messdaten und langfristige Rekonstruktionsdaten untersucht, um die Existenz einer 50 bis 70-jährigen Schwankung im Klimasystem zu belegen, an der auch die AMOC und die Wechselwirkung zwischen Ozean und Atmosphäre im Nordatlantik beteiligt sind. Da es sich um eine mehrjährige, im Nordatlantik angesiedelte Pendelbewegung handelte, nannte ich sie die Atlantische Multidekadische Oszillation (AMO).[38]

Die Vorstellung, dass eine natürliche, innere Schwankung mit einer Zeitskala von mehreren Dekaden, in dem Fall von 50 bis 70 Jahren, und nicht der Klimawandel für eine Reihe von Klimatendenzen verantwortlich sein könnte, einschließlich der Erwärmung des tropischen

Atlantiks und der Zunahme atlantischer Wirbelstürme, hat sich seitdem weit verbreitet. Ich fürchte, ich habe dabei geholfen, ein Monster zu erschaffen. Die Forschungen der letzten zehn Jahre, in denen Beobachtungen und Simulationen von Klimamodellen ausgewertet wurden, stellen diese früheren Arbeiten jedoch in Frage. Als Wissenschaftler muss man den Hinweisen nachgehen, auch wenn man dadurch in die unangenehme Lage kommt, seine eigene Sichtweise ändern zu müssen. So ist das nun mal. Denn genau so arbeitet die Wissenschaft. In diesem speziellen Fall haben mich die Erkenntnisse zu der Schlussfolgerung geleitet, dass genau das Phänomen, das ich mit beschrieben und selbst benannt habe, die AMO, gar nicht existiert.[39]

Kürzlich haben meine Mitarbeiterinnen und Mitarbeiter und ich die neuesten Klimamodelle ausgewertet, welche die Grundlage für den jüngsten IPCC-Bericht bilden. Wir haben uns die *Kontroll*-Simulationen angesehen, bei denen nichts verändert wurde und auch keine Vulkanausbrüche, Schwankungen der Sonneneinstrahlung oder die Erhöhung der menschlichen Treibhausgasemissionen berücksichtigt wurden. Das Simulationsmodell wird einfach sich selbst überlassen, um innere Schwankungen zu generieren, die durch Wettereinflüsse und die Wechselwirkungen mit Meeresströmungen und anderen Elementen des Klimasystems verursacht werden. Diese Kontroll-Simulationen erbrachten keinen eindeutigen Nachweis für innere, AMO-ähnliche Schwankungen. Tatsächlich lieferten sie keinerlei Anhaltspunkte für jedwede Art von Schwankungen, abgesehen von dem bekannten ENSO-Phänomen im Jahresverlauf. Die verbleibende innere Schwankungsbreite ist dabei kaum vom einfachen »Klima-Rauschen« zu unterscheiden.[40]

Das augenscheinliche AMO-Signal im gemessenen Temperaturverlauf wird lediglich in historischen Klimamodellrechnungen reproduziert, in denen die Simulationen menschliche Einflussfaktoren abbilden. Hierzu zählen der langfristige Anstieg der Treibhausgase sowie die Zunahme der Sulfataerosole und deren darauffolgende Abnahme in den 1970er Jahren in Folge des Clean Air Acts. Was wie eine »Pendelbewegung«

aussieht, entpuppt sich stattdessen als ein Artefakt der Wechselwirkung zwischen langfristiger Erderwärmung durch die Treibhausgase und des erst kürzlich reduzierten Kühleffekts durch die starke Reduktion der Sulfataerosole im späten 20. Jahrhundert. Es ist also eine Abschwächung und anschließende Beschleunigung der Erderwärmung, getarnt als vermeintlicher langfristiger Zyklus, der einen noch längerfristigen stetigen Erwärmungstrend verbirgt.

Doch wie lässt sich damit das offensichtliche AMO-Signal in den langfristigen Klimadaten erklären, die wir bereits 1995 ausgewertet hatten? In einer weiteren Veröffentlichung in der Zeitschrift *Science*, in der wir langfristige Modellsimulationen des vergangenen Jahrtausends analysierten, konnten wir nachweisen, dass der scheinbare mehrjährige »Zyklus« ein Artefakt aus natürlichen Einflüssen aus einer früheren Epoche ist. Genauer gesagt ist er eine Reaktion auf die Vulkanausbrüche der vergangenen Jahrhunderte, die sich zufällig über mehrere Jahrzehnte erstreckten. Eliminiert man die Vulkanausbrüche, so verschwindet auch die sogenannte Multidekaden-Oszillation. Unabhängig von uns kamen auch andere Forschende zu demselben Ergebnis.[41]

Die wissenschaftlichen Erkenntnisse stützen somit nicht die Vorstellung einer inneren, mehrjährigen, AMO-ähnlichen Klimaschwankung. Sie bestätigen ferner auch nicht die These, dass diese Schwankungen und eben nicht die vom Menschen verursachte Erwärmung für den Anstieg der Meeresoberflächentemperaturen im tropischen Atlantik und die Zunahme atlantischer Wirbelstürme verantwortlich wären. Doch journalistische Gepflogenheiten lassen sich nicht so leicht abstreifen. Eine Suche bei Google-News, die ich während des Schreibens dieses Absatzes durchführte, förderte fünf Medienbeiträge aus den letzten zwei Wochen zutage, in denen eine erhöhte Aktivität atlantischer Wirbelstürme der AMO zugeschrieben wurde.[42]

KLIMASENSITIVITÄT NEU BETRACHTET. WIEDER EINMAL.

Angefangen bei den Treibhausklimata zu Zeiten des P-T-Massenaussterbens und des PETM bis hin zum Eiszeitklima des Pliozäns und Pleistozäns haben wir gesehen, wie das Paläoklima zur Ermittlung der entscheidenden Größe beitragen kann, der so genannten Gleichgewichts-Klimasensitivität (ECS). Auch wenn die ECS im Zusammenhang mit der Erderwärmung definiert wurde, lässt sie sich tatsächlich auch anhand der Reaktionen des Klimas auf andere Faktoren messen, einschließlich der natürlichen solaren und vulkanischen Einflüsse. Der historische Klimadatensatz selbst liefert relativ wenig Anhaltspunkte für die ECS. Das liegt an seiner geringen Tiefe und der Tatsache, dass es mehrere konkurrierende Einflussfaktoren gibt, von denen einige, wie etwa die Auswirkungen von Sulfataerosolen, recht unsicher sind. Allein auf der Grundlage dieser Erkenntnisse bestünde eine Chance von eins zu drei, dass die ECS unter 1,5 °C oder über 6 °C liegt. Glücklicherweise gibt es bekanntlich noch andere Anhaltspunkte, die unsere Bewertung der Klimasensitivität untermauern und dazu beitragen, die Unsicherheit zu verringern.

Dazu zählen unter anderem die Auswirkungen von Vulkanausbrüchen auf das Klima, die Abkühlung während des letzten eiszeitlichen Maximums, die geologischen Beweise für Veränderungen beim CO_2 und der Temperaturen im Laufe der Jahrmillionen. Hinzu kommt das so genannte Expertenurteil, bei dem eine Gruppe führender Personen aus der Wissenschaft nach ihrer Einschätzung befragt wird, und nicht zuletzt der Vergleich von paläoklimatischen Daten und Modellsimulationen über die vorindustrielle Epoche, der sich in der Regel auf das vergangene Jahrtausend beschränkt, da hier die Daten am verlässlichsten sind.

Die Studien über das letzte Jahrtausend brachten kurioserweise die niedrigsten Werte der ECS von allen. Ein bedeutender Artikel aus dem Jahr 2006 schätzte die ECS auf etwa 2 °C, also 1 °C unterhalb der meisten anderen Abschätzungen. Die Studie machte Schlagzeilen, »Der Klimawandel wird erheblich, *aber nicht extrem* ausfallen« (»Climate

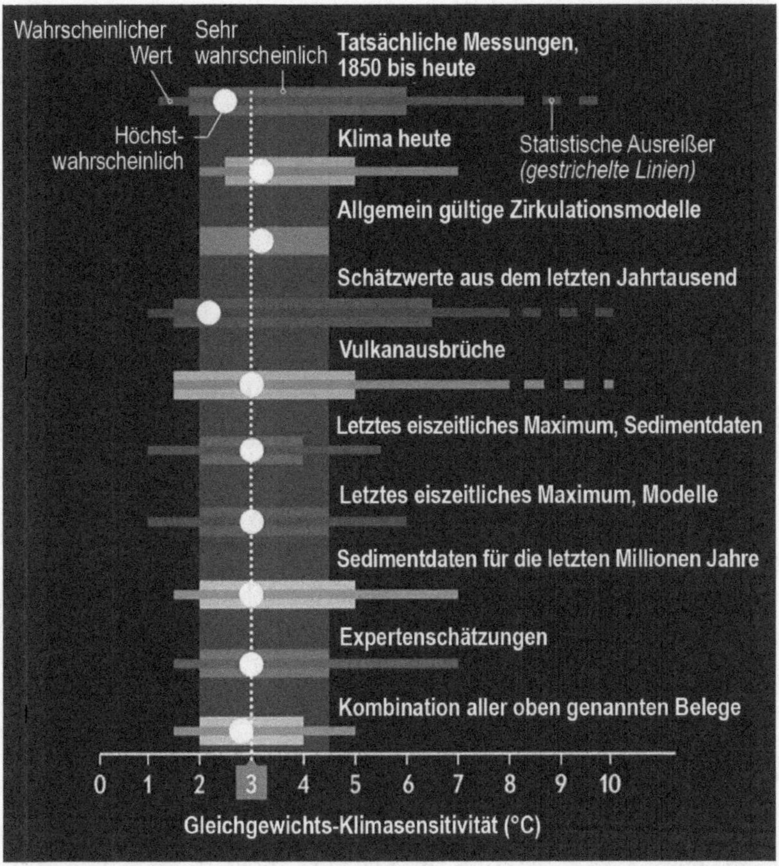

Abbildung 20: Abschätzungen der Gleichgewichts-Klimasensitivität (ECS) auf Grundlage verschiedener Datenreihen

Change Will Be Significant *but Not Extreme*«) schrieb die *Washington Post*. Das wäre eine sehr gute Nachricht, wenn es denn stimmen würde. Das ist aber mit ziemlicher Sicherheit nicht der Fall.[43]

Für die Studie wurde ein einfaches Klimamodell verwendet, wie es im zweiten Kapitel beschrieben wurde. In einem solchen Modell wird nur die globale Durchschnittstemperatur berechnet, die ECS ist dabei ein einfacher Parameter, der variiert werden kann. Geprägt wird das Modell durch die natürlichen Einflussfaktoren, die in der vorindustriellen Zeit vorherrschend waren. Die ECS kann so lange variiert werden, bis die Modellsimulation der Vergangenheit mit den Rekonstruktionen der Temperaturentwicklung übereinstimmt. Die beste Deckungsgleichheit liefert die Prognose für die ECS. Diese Schätzung ist jedoch nur so gut wie die Daten, die in das Modell einfließen.

Die Hauptursache für den Klimawandel im vorindustriellen Zeitalter waren Abkühlungen, die nach heftigen Vulkanausbrüchen auftraten. Doch gibt es ein kleines Problem. Zwischen den starken vulkanischen Abkühlungsspitzen, die von den Modellen vorhergesagt werden, und der eher gedämpften Abkühlung, die sich in den Temperaturrekonstruktionen zeigt, kommt es zu einer Diskrepanz. Tatsächlich reichte die oben erwähnte Studie von 2006 nur bis ins späte 13. Jahrhundert zurück, um somit den größten Vulkanausbruch des vergangenen Jahrtausends im Jahr 1258 n. Chr. nicht berücksichtigen zu müssen. Der Einfluss dieses Ausbruchs auf die Einstrahlung wurde mittels vulkanischen Aerosolablagerungen in Eiskernen ermittelt. Die Wirkung hätte demnach das Vierfache des großen Pinatubo-Ausbruchs von 1991 betragen müssen. Der Vulkanausbruch hätte zu einer Abkühlung von 2 °C oder mehr führen müssen. In den rekonstruierten Werten der globalen Durchschnittstemperaturen ist jedoch nur eine geringe oder gar keine Reaktion zu erkennen. Dieses Problem, das durch die Unstimmigkeit aus dem Jahr 1258 n. Chr. deutlich wird, geht es darüber hinaus.

Meine Kollegen und ich vertreten die Auffassung, dass diese Problematik darauf zurückzuführen ist, dass sich die Rekonstruktionen zu sehr auf Bohrkerne von Bäumen stützen, die in der Peripherie der borealen oder alpinen Vegetationszone gewachsen sind, wo das Wachstum von den Temperaturen begrenzt wird. Solche Standorte wurden ausgewählt, weil das Baumwachstum dort die Temperaturen stärker widerspiegelt. Da es sich jedoch um derart kalte Standorte handelt, kann ein großer Vulkanausbruch die sommerlichen Temperaturen so weit senken, dass die Bäume gar nicht mehr wachsen. Anhand von Temperatursimulationen des letzten Jahrtausends und eines einfachen Modells für die Reaktion des Baumwachstums haben wir gezeigt, dass das dazu führen könnte, dass die Jahresringstärke nicht mehr als Maß für die Abkühlung nach großen Eruptionen taugt und zudem chronologische Fehler auftreten, die sich im Laufe der Zeit summieren, da in Jahren ohne Wachstum in weiten Gebieten Wachstumsringe fehlen würden. Dieser Effekt führt zu einer Dämpfung und Verschleierung der Auswirkungen sehr großer Ausbrüche, die sich mit der Zeit verstärken. Der Trend lässt sich in den Rekonstruktionen der Sommertemperaturen auf der Grundlage von Baumringen beobachten und wird von unserem Modell für das Baumwachstum reproduziert. Wir schätzten, dass sich durch diesen Umstand eine ECS von etwa 2,0 °C ergeben würde, während der wahre Wert bei 3,0 °C liegt.[44]

Obwohl Baumringdatierer diese Schlussfolgerungen in Zweifel gezogen haben, gibt es noch weitere Hinweise darauf, dass die Ergebnisse grundsätzlich stimmen. So ergibt eine neue Zuordnung der Baumringreihen mit Berücksichtigung der vermuteten chronologischen Fehler eine wesentlich stärkere Abkühlung, die im Einklang mit den Modellsimulationen steht. Eine gesonderte Analyse unter der Leitung von Andrew Schurer von der Universität Edinburgh, bei der die Daten mit Klimamodellsimulationen des letzten Jahrtausends verglichen wurden, ergab, dass das einfache Weglassen der wenigen größten Vulkanausbrüche, welche für das Problem der Fehleinschätzungen durch die Baumringe am anfälligsten sind, zu Ergebnissen führt, die mit den ECS-Werten von etwa 3 °C übereinstimmen. Ohne diese zusätzliche Überprüfung und Korrekturen würde man fälschlicherweise zu dem Schluss kommen, dass die Klimasensitivität wesentlich geringer als vermutet ist – wie es auch die Autoren der Studie von 2006 taten.[45]

Hier wird einmal mehr deutlich, dass die Aufzeichnungen des Paläoklimas uns zwar wichtige Erkenntnisse über den Klimawandel liefern können, wir sie aber auch kritisch prüfen müssen, indem wir uns ihrer Einschränkungen und möglichen Verzerrungen immer bewusst sind.

Konkret hatte in diesem Fall eine ungenaue Abschätzung der Klimasensitivität aus Untersuchungen zu Beginn des letzten Jahrtausends zu einem falschen Sicherheitsgefühl bezüglich der Perspektive für die menschengemachte weitere Erderwärmung erzeugt.

Tatsächlich gibt es sogar ein potentiell noch gravierenderes Problem, das weit über die Frage hinausgeht, wie zuverlässig Proxydaten vergangene Klimaveränderungen widerspiegeln. Die Klimaänderungen während dem gemeinsamen Zeitalter wurden überwiegend durch Ursachen wie etwa vulkanische Eruptionen ausgelöst, die eine *Abkühlung* zur Folge hatten. Anders ausgedrückt: Es handelt sich hier um »kalte« Änderungen des Klimasystems. Dies ist insofern wichtig, als dass die ECS *keine* universelle Größe ist. Die relevanten Rückkopplungsprozesse sind für kalte und warme globale Klimazonen nicht notwendigerweise die gleichen. In kalten Klimasystemen, wie dem LGM, sind eisbedingte Rückkopplungen entscheidend, wie wir im sechsten Kapitel gesehen haben. In warmen Klimata hingegen spielen Rückkopplungen des Kohlenstoffkreislaufs im Zusammenhang mit dem Schmelzen von Permafrostböden und der Freisetzung von Methan eine wichtige Rolle. Ebenso gibt es Veränderungen der Wolken, die nur in Treibhausklimata ausgelöst werden, wie wir im fünften Kapitel gesehen haben.

Diese Asymmetrie führt dazu, dass ECS-Werte, die aus vergangenen kalten Perioden wie dem LGM oder kühlen Klimaphasen wie dem vorindustriellen Zeitalter stammen, möglicherweise für eine Projektion der zukünftigen Erwärmung durch den Treibhauseffekt nicht geeignet sind. Ein Worst-Case-Emissionsszenario könnte zu CO_2-Konzentrationen führen, wie sie seit zig Millionen Jahren nicht mehr vorkamen. Wir befinden uns also in einer Zwickmühle. Unsere verlässlichsten paläoklimatischen Daten beziehen sich auf die jüngere Vergangenheit wie die Common Era und das LGM, für die sowohl die Paläodaten als auch die relevanten Einflussfaktoren am besten bekannt sind. In beiden Fällen handelt es sich jedoch um kalte oder kühle Klimaverhältnisse, bei denen es unwahrscheinlich ist, dass sie Rückkopplungen mit dem

Treibhausklima aufweisen und daher auch nicht die Klimasensitivität des Treibhausklimas widerspiegeln. Bei einem politischen Szenario, das keine oder nur geringe Klimaschutzmaßnahmen vorsieht, könnten wir bis zum Ende des Jahrhunderts 1.200 ppm CO_2-Äquivalente erreichen [Manche Treibhausgase wirken um ein Vielfaches stärker als CO_2, so ist Methan 27mal klimawirksamer, Anm. d. Ü.]. Um so hohe Werte in der geologischen Vergangenheit zu finden, müssen wir bis ins frühe Eozän vor etwa 50 Millionen Jahren zurückgehen. Wie wir im fünften Kapitel gelernt haben, gibt es potenzielle neue Rückkopplungen des Treibhausklimas, die eintreten würden und die Klimasensitivität erhöhen könnten.

In einer Untersuchung aus dem Jahr 2020 unter Federführung von Steve Sherwood von der Universität von New South Wales, dessen Arbeit zum Hitzestress durch Klimawandel bereits im fünften Kapitel erwähnt wurde, wurden mehrere paläoklimatische Nachweise miteinander verknüpft. Ein Ziel der Studie war, die bestehende Unsicherheit in der ECS zu reduzieren. Das Ergebnis, das die bisher einvernehmliche Spanne von 1,5 bis 4,5 °C auf eine »wahrscheinlichen« Spanne von 2,3 bis 4,5 °C eingegrenzt werden konnte. Die Reduzierung der Werte am unteren Ende des Korridors scheint gerechtfertigt, schließlich gibt es so gut wie keine Belege – einschließlich des letzten Jahrtausends, wenn man, wie oben beschrieben, entsprechende Korrekturen vornimmt –, die Werte von 2,0 °C unterstützen würden. Aber ist die gleichbleibende obere Grenze der Spanne noch gerechtfertigt? Wie bereits im fünften Kapitel dargelegt, gibt es ja Hinweise auf ECS-Werte von bis zu 5 °C während einiger früherer Hitzeperioden wie dem Höhepunkt des PETM. Da das obere Ende des Spektrums in der Sherwood-Analyse sich vor allem auf paläoklimatische Beweise aus kalten Klimazonen und nicht auf die Treibhausklimata der fernen Vergangenheit stützt, bin ich hier ein wenig skeptisch. Denn weder die Abkühlung während der größten Vulkanausbrüche des Erdzeitalters noch die Tiefsttemperaturen des Erdneuzeitalters sagen etwas über die Rückkopplungsprozesse aus, die für Treibhausklimata spezifisch sind. Dabei handelt es sich jedoch um genau die Art von Klimata, auf die wir bei einem Szenario der Untätigkeit zusteuern könnten.[46]

GEFÄHRLICHE EINGRIFFE DURCH DEN MENSCHEN

Im Dezember 2015 wurde das Pariser Klimaschutzabkommen verabschiedet, oft auch als Übereinkommen von Paris bezeichnet. Die Unterzeichnung fand auf der 21. Vertragsstaatenkonferenz (»Conference of the Parties«, COP21) der Klimarahmenkonvention der Vereinten Nationen (»United Nations Framework Convention on Climate Change«, UNFCC) in Paris statt. In diesem Protokoll kommen die Länder (von denen inzwischen 195 den Vertrag ratifiziert haben), überein, dass, »der Anstieg der globalen Durchschnittstemperatur deutlich unter 2 °C über dem vorindustriellen Niveau gehalten wird und Anstrengungen unternommen werden, um den Temperaturanstieg auf 1,5 °C über dem vorindustriellen Niveau zu begrenzen.« Jenseits dieses Niveaus der globalen Erwärmung können die Auswirkungen des Klimawandels – in Form von zerstörerischen und todbringenden Wetterkatastrophen, Überschwemmungen an den Küsten, gesundheitlichen Beeinträchtigungen und erhöhter Sterblichkeit, geschädigten Ökosystemen, zerstörten Wäldern und bedrohten Ozeanen – mit Fug und Recht als in zunehmendem Maße als katastrophal bezeichnet werden.[47]

Ein wichtiger Unsicherheitsfaktor bei der Bewertung des verbleibenden Kohlenstoffbudgets zur Vermeidung dieser Gefahrenschwellen ist die Ermittlung des Ausmaßes der bereits eingetretenen Erderwärmung. Dies mag seltsam erscheinen, da ja genaue Thermometeraufzeichnungen die Veränderung der globalen Durchschnittstemperatur im letzten Jahrhundert belegen. Nur begann die vom Menschen herbeigeführte Erderwärmung schon früher. Auch wenn man William Ruddimans Hypothese des frühen Anthropozäns beiseite lässt, ist es naheliegend, den Ausgangswert für die Messung der vom Menschen verursachten

Erwärmung auf den Beginn der industriellen Revolution zu datieren, als die Verbrennung fossiler Brennstoffe in großem Maßstab eingesetzt hat. Das würde bedeuten, dass als Ausgangspunkt die Mitte des 18. Jahrhunderts anzusetzen wäre. Die vom IPCC und vielen Forschenden angewandte Konvention lautet jedoch, das späte 19. Jahrhundert, also 1850 bis 1900, als Bezugspunkt heranzuziehen. Das ist der am weitesten zurückliegende Zeitraum, für den zuverlässige Messungen der globalen Oberflächentemperaturen vorliegen.[48]

Das Problem dieser Konvention ist, dass Modellrechnungen zeigen, dass die vom Menschen verursachte Erderwärmung zu diesem Zeitpunkt bereits eingesetzt hatte. Die Verwendung einer Bezugsgröße aus dem späten 19. Jahrhundert unterschätzt folglich die Erwärmung, die bereits stattgefunden hat und auch, wie nahe wir bereits an potenziell gefährlichen Erwärmungsschwellen und Kipppunkten angelangt sind. Da die Aufzeichnungen der Messgeräte bereits auf eine Erwärmung von 1,2 °C seit dem späten 19. Jahrhundert hindeuten, wirken sich schon ein oder zwei Zehntel Grad erheblich darauf aus, wie nahe wir an den Schwellenwerten von 1,5 °C und 2 °C sind und welche CO_2-Budgets uns noch zur Verfügung stehen, um diese zu vermeiden.

Rekonstruktionen der globalen Durchschnittstemperatur während dem gemeinsamen Zeitalter weisen Unschärfen in der Größenordnung von mehreren Zehntel Grad auf, was ihre Eignung zur Ermittlung der Erwärmung vor dem Einsatz von Messinstrumenten auf ein oder zwei Zehntel Grad begrenzt. Simulationen von Klimamodellen können jedoch präzisere Ergebnisse liefern. Andrew Schurer und seine Mitarbeiter, zu denen auch ich gehörte, nutzten eine Reihe der neuesten Simulationen um zu ermitteln, ob vor dem späten 19. Jahrhundert eine vom Menschen verursachte Erwärmung von etwa 0,1 bis 0,2 °C zu verzeichnen ist. Unter Einbeziehung dieser zusätzlichen »vorinstrumentellen« Erwärmung berechneten Schurer und sein Team eine 40-prozentige Verringerung des Kohlenstoffbudgets, das uns bleibt, wenn wir das Hauptlimit von 2 °C Erwärmung einhalten wollen. Zur Vermeidung einer Erderwärmung von

1,5 °C muss das CO_2-Budgets sogar noch deutlicher reduziert werden. Angesichts anderer Unsicherheitsfaktoren, wie beispielsweise der Frage, wie Luft- und Meeresoberflächentemperaturen bei der Berechnung der globalen Durchschnittstemperatur miteinander verrechnet werden und wie instrumentelle und modellbasierte Temperaturreihen miteinander kombiniert werden, dürften die Budgets sogar noch geringer ausfallen. Falls wir nach weiteren Anhaltspunkten suchen, die verdeutlichen, warum Ungewissheit nicht unser Freund ist, so ist dies ein solches Beispiel.[49]

WAS HABEN WIR GELERNT?

Das gemeinsame Zeitalter liefert einige wichtige Lektionen zur Klimakrise. Zunächst macht es uns darauf aufmerksam, wie beispiellos die heute zu beobachtenden Entwicklungen wirklich sind. Diese nackte Realität wurde bereits vor mehr als zwei Jahrzehnten durch die Hockeyschlägerkurve deutlich. Aber die Erkenntnisse gehen weit über den Hockeyschläger hinaus.

Es zeigt sich, dass die vom Menschen verursachte Erderwärmung viele Teilbereiche unseres Klimas stört und wichtige Formen der Klimaschwankungen verändert, darunter das ENSO-Phänomen, den asiatische Sommermonsun und die große nordatlantische Ozeanzirkulation. Auch wenn die wissenschaftlichen Zusammenhänge manchmal etwas komplex sind, so sind es die Folgen nicht: zunehmende Dürre im Westen Nordamerikas und in anderen Regionen der Welt, verheerende Überschwemmungen in Südasien, aktivere atlantische Wirbelstürme, kollabierende Fischbestände im Nordatlantik und ein schnellerer Anstieg des Meeresspiegels an der Ostküste der USA.

Die paläoklimatischen Daten aus dem Erdzeitalter unterstreichen die dramatische Zunahme des Gefahrenpotenzials für die Küsten durch den Anstieg des Meeresspiegels und die Zunahme von Tropenstürmen. Und sie liefern Informationen für wichtige klimapolitische Einschätzungen, wie z. B. dem Kohlenstoffbudget, das uns bleibt, um die Erwärmung unter den gefährlichen planetarischen Schwellenwerten von 1,5 bzw. 2,0 °C zu halten.

Die vorindustrielle gemeinsame Epoche eröffnet uns auch einen umfassenderen Blick auf die natürliche Klimavariabilität. Analysen des letzten Jahrtausends lassen etwa Zweifel an der Existenz AMO-ähnlicher innerer Schwankungen über mehrere Jahrzehnte aufkommen, die als Argument dafür angeführt wurden, ob denn der Klimawandel überhaupt für die zunehmende Aktivität atlantischer Wirbelstürme verantwortlich ist.

Um es mit den Worten von Clint Eastwood zu sagen (alle Millennials, die zu jung sind, um die Anspielung zu verstehen, mögen es verzeihen): Eine wissenschaftliche Disziplin sollte ihre Grenzen kennen. Denn wenngleich die paläoklimatischen Belege aus dem Erdzeitalter eine Reihe von wichtigen Erkenntnissen liefern, gibt es auch Grenzen für Schlussfolgerungen, die wir zuverlässig aus den verfügbaren Belegen ziehen können. Wir sollten die tatsächlichen Abweichungen zwischen den Modellen und den Proxydaten nicht unter den Teppich kehren, wie es die Wissenschaft manchmal zu tun pflegt. Schließlich können diese Abweichungen auf Schwächen in den zugrundeliegenden Daten hindeuten und zu systematischen Fehlbewertungen politikrelevanter Größen wie der ECS führen, wie wir bereits gesehen haben. Obwohl die vorliegenden Daten solide Anhaltspunkte für das untere Ende des ECS-Spektrums liefern könnten, gibt es Grund zur Skepsis gegenüber Versuchen, das obere Ende des Spektrums zu deckeln. Diese Versuche stützen sich in erster Linie auf paläoklimatische Informationen aus kühlen Klimata, wie sie das vorindustrielle vergangene Jahrtausend bereitstellt. Beobachtungen aus Treibhausklimata legen die Vermutung nahe, dass das Klima dort empfindlicher als in kalten Klimazonen ist. Es wäre nicht sehr klug, diese Erkenntnisse zu ignorieren.[50]

KAPITEL 8

Das Vergangene ist die Vorgeschichte. Oder etwa nicht?

Was die Zukunft angeht, besteht Deine Aufgabe nicht darin, sie vorherzusehen, sondern sie zu ermöglichen.

– ANTOINE DE SAINT EXUPÉRY, *Citadelle*

Mein verstorbener Freund und Mentor, der große Klimawissenschaftler und Redner Stephen Schneider, sprach häufig in Aphorismen. Als er einmal die Bedrohung durch den Klimawandel charakterisierte, bemerkte er, dass »das Ende der Welt« und »gut für dich« die beiden »unwahrscheinlichsten Folgen« sein werden. Anders ausgedrückt: Die Wahrheit liegt mit ziemlicher Sicherheit zwischen diesen beiden Extremen. Oder wie Schneider zu sagen pflegte: »Die Wahrheit ist schlimm genug.«[1]

Die Untersuchung der wichtigsten Klimaepisoden der Erdgeschichte untermauert Schneiders pointierte Charakterisierung der Klimakrise. Es gibt keine Notwendigkeit, die Bedrohung zu dramatisieren. Schon allein die Fakten erfordern ein sofortiges und drastisches Handeln. Eine objektive Bewertung paläoklimatischer Aufzeichnungen zeigt uns, dass es noch nicht zu spät ist, eine wirklich katastrophale Klimazukunft zu vermeiden. Die Hürden, die dem Handeln im Wege stehen, sind nicht physischer oder gar technologischer Natur, sondern – zumindest zum gegenwärtigen Zeitpunkt – ausschließlich politischer Natur. Um einen meiner eigenen Aphorismen zu verwenden: Es besteht *Dringlichkeit*, aber es gibt auch *Handlungsspielraum* (was sich auf Englisch schöner liest: »There is *urgency*, but there is *agency*, too.«). Die Auswirkungen des Klimawandels stellen zweifelsohne eine existenzielle Bedrohung dar, wenn wir nicht aktiv werden. Aber wir *können* handeln. Unser einzigartiger Augenblick kann noch immer bewahrt werden.

BLICK ZURÜCK

Nun, was genau haben wir bei unseren Streifzügen in die Vergangenheit eigentlich gelernt? Welche neuen Perspektiven hat uns unsere Reise durch die Epochen vermittelt, wenn es um die heutige Klimakrise geht? Wir starteten bei den Ursprüngen, im zarten Schein unserer jungen Sonne vor 4,5 Milliarden Jahren, und arbeiteten uns bis zu den glühenden Kohlen der Industrialisierung vor.

Unsere Analyse des Paradoxons der schwachen jungen Sonne und der Gaia-Hypothese haben die Bedeutung von stabilisierenden Rückkopplungen innerhalb des Klimasystems verdeutlicht. Sie tragen dazu bei, das Klima der Erde zu mäßigen. Auch hat sich gezeigt, dass der Planet und das Leben auf ihm in hohem Maße widerstandsfähig sind. Dies lassen die Reaktionen auf schleichende Veränderungen erkennen, wie etwa die allmähliche Intensivierung der Sonnenaktivitäten im Laufe der Erdgeschichte, die Bewegung der Kontinente und die Freisetzung von CO_2 aus der Erdkruste in die Atmosphäre.

Aber wir haben auch erfahren, dass Störungen im System Ereignisketten auslösen können, die außer Kontrolle geraten und in Teufelskreisen anstelle von stabilisierenden Rückkopplungen münden. Ein Paradebeispiel ist hier das Paläoproterozoikum vor mehr als zwei Milliarden Jahren, als die biologische Innovation der sauerstofferzeugenden Photosynthese zu einem raschen Absinken des atmosphärischen CO_2 und zu positiven, sich verstärkenden Rückkopplungen wie Abkühlung und Eisbildung führte, die letztendlich den Planeten in einen Schneeball verwandelten. Und es ist auch klar: Die Widerstandsfähigkeit, die wir hier beschreiben, hat eindeutig ihre Grenzen. Das System kann nur bis zu einem bestimmten Punkt ausgereizt werden.

Wir haben das schwerste uns bekannte Artensterben in der Erdgeschichte untersucht, das P-T-Massenaussterben vor 250 Millionen Jahren, bei dem 90 Prozent aller Arten auf der Erde ausgelöscht wurden. Einige halten dieses Geschehen für einen simplen Fall von klimabedingtem Artensterben, der angeblich durch Methanrückkopplungen noch verstärkt wurde. Nun, die Erderwärmung spielte sicherlich bei diesem Aussterbeereignis eine Schlüsselrolle, ebenso wie das Methan am Meeresboden. Ausgelöst hatte es jedoch CO_2, das durch Vulkanausbrüche in der Region der Sibirischen Fallen ausgegast war und eine erhebliche Menge Kohlenstoff freisetzte. Die daraus resultierende Erwärmung lag im Übrigen im Rahmen dessen, was nach gängigen Berechnungen der Klimasensitivität zu erwarten gewesen wäre. Das heißt, es gab weder eine »Methanbombe« noch massive »Treibhausrückkopplungen«, auch wenn Schlagzeilen allzu oft davor warnen, dass uns solche Katastrophen bereits drohen.

Außerdem trugen neben der Erderwärmung noch eine Reihe anderer Umstände zum Massenaussterben bei. Hierzu gehörten die Sauerstoffarmut in der Atmosphäre und den Meeren sowie eine tödliche »Schwefelwasserstoff-Stinkbombe«, die zur Zerstörung der Ozonschicht geführt hätte. Hinzu gesellte sich die Versauerung der Weltmeere durch vulkanische Schwefelemissionen und der Anstieg des CO_2-Gehalts in der Atmosphäre. Einige dieser Mechanismen sind auch heute noch von Bedeutung, andere hingegen nicht. Unter anderem fehlt Pangäa, der damals existierende Riesenkontinent. Denn als sich die Erde erwärmte, trocknete Pangäa aus und entwaldete, was eine ganze Kaskade von negativen Auswirkungen zur Folge hatte, darunter die Abnahme der Kohlenstoffeinlagerung, die Verringerung des atmosphärischen Sauerstoffs, die Sauerstoffarmut der Meere und schließlich die Vergiftung der Meere durch Schwefelwasserstoff. Es ist extrem unwahrscheinlich, dass eine vom Menschen verursachte Erderwärmung diesen speziellen Giftcocktail hervorrufen würde, der für das Große Sterben verantwortlich war. Das soll jedoch nicht heißen, dass viele dieser Faktoren heute keine Bedrohung für uns und andere Lebensformen darstellen, insbesondere die durch menschliche CO_2-Emissionen verursachte Klimaerwärmung und Ozeanversauerung. Das tun sie sehr wohl. Und sollten wir es nicht schaffen, unsere hemmungslose Nutzung fossiler Brennstoffe einzudämmen, erwartet uns unser eigener Horrorfilm.

Der tödliche Asteroideneinschlag des K-Pg vor 66 Millionen Jahren lehrt uns noch etwas anderes. Die Dinosaurier haben den Aufprall der Himmelskörper nicht voraussehen können und wären ohnehin machtlos gewesen, etwas dagegen zu unternehmen. Im Gegensatz dazu können wir die metaphorischen Asteroiden, die auf uns zurasen, durchaus sehen – und wir *können* etwas dagegen tun. Einer davon war der nukleare Winter, eine Bedrohung, die ironischerweise mit dem Kalten Krieg zusammenhing. Dass diese Gefahr erkannt wurde, geht auf die Entdeckung des Einschlagereignisses zurück, welches die Ursache für das K-Pg-Aussterben war und somit die Verbindung zwischen Boliden und Bomben (»Bolides And Bombs«) veranschaulicht.

Diese Metapher ist besonders treffend, wenn es um die Klimakrise geht. Sie ist sogar so naheliegend, dass sie Regisseur Adam McKay in der Satire *Don't Look Up* aufgegriffen hat, die sich mit der Klimakrise beschäftigt. Der Film fußt auf der Idee, dass ein gewaltiger Komet auf uns zusteuert und die Zerstörung des Planeten unmittelbar bevorsteht. Er ist damit eine nur leicht verschleierte Allegorie auf die heutige Untätigkeit in Sachen Klima. Leonardo DiCaprio spielt darin den ranghohen Wissenschaftler, der angesichts uneinsichtiger Politiker und gleichgültiger Massenmedien versucht, die Öffentlichkeit über die drohende Katastrophe zu informieren. Zur großen Belustigung meiner Freunde und Familie nannte DiCaprio meinen Namen, als er über seine Inspiration für diese Rolle sprach. Ich muss jedoch zugeben, dass ich in Anbetracht einiger charakterlicher Schwächen seiner Figur, darunter auch ein außerehelicher Seitensprung, nicht ganz sicher bin, ob das wirklich so vorteilhaft ist! Jedenfalls geht es in dem Film darum, dass wir unseren Asteroiden, oder auch Kometen, durchaus auf uns zukommen sehen, und dass wir immer noch etwas unternehmen können. Es gibt, wie schon geschrieben, Dringlichkeit und Handlungsspielraum. Die Bedrohung ist existenziell, aber was letztlich geschieht, liegt immer noch weitgehend in unserer Hand.[2]

Natürlich unterscheidet sich unsere heutige Realität erheblich von der antiken Welt einer schwachen jungen Sonne und einer Schneeball-Erde. Das P-T-Massenaussterben ist daher, wie wir gesehen haben, eine unzulängliche Analogie für heute. Und es gibt keinerlei Anzeichen dafür, dass in absehbarer Zeit *tatsächlich* ein den Planeten zerschmetternder Asteroid oder Komet auf uns zukommt. Unsere Reise kann also weitergehen. Wir werfen daher einen Blick auf andere Klimaszenarien, die der heutigen Situation näherkommen dürften, um weitere Erkenntnisse zu gewinnen.

Daraufhin haben wir uns mit dem PETM befasst. Dort löste eine anfängliche Erwärmung infolge einer Reihe von Vulkanausbrüchen, bei denen in der Regel viel CO_2 freigesetzt wurde, innerhalb von nur 10.000 Jahren eine rasante Erwärmung des Planeten um 4 bis 6 °C aus. Auch wenn die Geschwindigkeit der Erderwärmung im Vergleich zu heute immer noch verschwindend gering war, ist das PETM vielleicht das beste Beispiel einer schnellen globalen Klimaerwärmung, die durch eine massive – wenn auch natürliche – Freisetzung von CO_2 ausgelöst wurde. Manche vermuten, die Erwärmung der Tiefsee habe ausgereicht, um ein großes Reservoir von Methan am Meeresgrund aus dem Gleichgewicht zu bringen, was wesentlich zur Erwärmung beigetragen habe. So ist das PETM in der Tat das Paradebeispiel, welches von Pessimisten, die den unausweichlichen und unmittelbar bevorstehenden Untergang des Erdklimas prognostizieren, immer wieder vorgebracht wird. Sie beharren darauf, dass es eine Analogie für die von Methan verursachte unkontrollierte Erderwärmung und dem Aussterben der Menschheit ist, die uns angeblich bevorsteht.

Aber die Beweise stützen diese Darstellung nicht. Die derzeit verfügbaren wissenschaftlichen Erkenntnisse belegen, einschließlich der Isotopenanalyse, dass es während des PETM keinen größeren Austritt von Methan aus Hydraten am Meeresboden gab. Die Erwärmung scheint vielmehr hauptsächlich durch einen anfänglich raschen CO_2-Impuls infolge vulkanischer Ausgasungen ausgelöst worden zu sein, auf den eine geringere, aber kontinuierliche Emission über mehrere 10.000 Jahre hinweg folgte. Obwohl die Berechnungen der CO_2- und Temperaturentwicklung für diesen Zeitraum mit Unsicherheiten behaftet sind, deuten sie auf eine Klimasensitivität hin, die im Großen und Ganzen in den uns vertrauten Grenzen liegt, wenn auch am etwas oberen Ende des Spektrums. Die abgeleiteten Werte für die ECS von 3,7 bis 4,5 °C liegen leicht über dem heutigen Stand von rund 3 °C. Einige Untersuchungen deuten, wie gezeigt, darauf hin, dass die ECS *während* des PETM gar angestiegen sein könnte, vielleicht sogar bis auf 5 °C. Mögliche Treibhaus-Rückkopplungen könnten in Gang gekommen sein – wie etwa durch Wolken – als sich die globale Durchschnittstemperatur schwülwarmen 32 °C näherte. Letztendlich kam die »unkontrollierten Erwärmung« aber zu einem Stopp.

Welche Lehren können wir also aus dem PETM ziehen? Zunächst einmal die gute Nachricht: Selbst als die Erde heißer war, als sie es im schlimmsten Fall durch die Emission fossiler Brennstoffe werden könnte, kam es zu keiner unbegrenzten Aufheizung. Es kam nicht einmal zu einem Massensterben – obwohl es gleichwohl Gewinner und Verlierer gab, da der schnelle Klimawandel sowohl Herausforderungen als auch Chancen mit sich brachte. Die Ironie der Geschichte ist, dass wir – oder besser gesagt, unsere Primatenvorfahren – zu den Gewinnern zählten. Und nun die schlechte Nachricht: Selbst, wenn eine Erwärmung auf PETM-Niveau unerreichbar ist, so könnte eine Politik völliger Untätigkeit beim Klimaschutz den Planeten so weit erwärmen, dass wesentliche Regionen für den Menschen unbewohnbar heiß werden würden. Die Erde würde zu einem heißeren, dichter besiedelten Planeten mit weniger Nahrung und Trinkwasser mutieren. Es muss kein außer Kontrolle geratenes Treibhaus wie auf der Venus sein, um eine dystopische Zukunft herbeizuführen. Die Verlierer eines solchen Szenarios wären wir.

Das PETM ist in jedem Fall eine unzureichende Analogie, da der Ausgangszustand, das milde Treibhaus des frühen Eozäns, im Vergleich zu heute recht heiß war. Ein besseres Abbild lässt sich sicherlich in einer Welt finden, in der es etwas frostiger war als heute. Dies führt uns in das späte Känozoikum, in dem die uns heute so vertrauten Gletscher – der Grönländische und der Antarktische Eisschild – zum ersten Mal auftauchten. Das mittlere Pliozän, vor etwa drei Millionen Jahren, scheint daher eine besonders geeignete Analogie für die heutige Zeit zu sein. Damals war die CO_2-Konzentration mit etwa 400 ppm ähnlich hoch wie heute.

Auf den ersten Blick erscheinen die Erkenntnisse aus dem mittleren Pliozän unheilvoll. Bei ähnlichen oder etwas niedrigeren CO_2-Konzentrationen wie heute, lag die globale Durchschnittstemperatur um mindestens 1,2 °C höher über der heutigen. Der Meeresspiegel dürfte um mehr als 30 Meter höher gewesen haben. Das deutet darauf hin, dass es kein GIS, kein WAIS und auch kein Stück des Ostantarktischen Eisschilds mehr gab. Mitunter werden solche Erkenntnisse angeführt, um anzudeuten, dass die derzeitigen CO_2-Werte, wenn sie denn unverändert bleiben würden, zu einer zusätzlichen Erderwärmung von 1 bis 2 °C und einem Anstieg des Meeresspiegels um mehr als einen Meter führen werden. Verschiedenen aufgeregten Pressemitteilungen und Medienberichten zufolge müssen wir deshalb sofort damit beginnen, uns an eine Welt wie im mittleren Pliozän anzupassen, wie sie nur Noah und seine Arche kannten.[3]

Aber auch das entspricht nicht der Realität. Zuallererst ist ein oft beschworener Anstieg des Meeresspiegels um fast 25 Meter, wie bereits im sechsten Kapitel erläutert, vermutlich das Resultat einer Fehlinterpretation der Sedimentationsdaten, bei denen geologische Effekte wie die isostatische Anpassung nicht richtig berücksichtigt wurden. Der tatsächliche Anstieg des Meeresspiegels sollte vielmehr bei rund neun Metern im Vergleich zu heute gelegen haben. Das ist mit Sicherheit immer noch übel. Aber eben noch lange nicht eine Szenerie wie in *Waterworld* [ein Film, der in einer dystopischen Zukunft spielt, in der durch eine ökologische Katastrophe die Polkappen der Erde geschmolzen und die Kontinente fast vollständig im Wasser versunken sind, Anm. d. Ü.].

Noch viel entscheidender ist, dass die Vergleiche mit dem mittleren Pleistozän das uns inzwischen bekannte physikalische Phänomen der Hysterese außer Acht lassen. Nur weil der GIS noch nicht existierte, als die CO_2-Konzentration im Laufe der CO_2-Absenkung im Känozoikum langsam auf 400 ppm sank, heißt das noch lange nicht, dass es bei Erreichen ähnlicher Werte durch den vom Menschen herbeigeführten CO_2-Ausstoß dem Untergang geweiht ist. Denn wenn der Eisschild einmal da ist, ist er bis zu einem gewissen Grad widerstandsfähig. Zudem sind die globalen Durchschnittstemperaturen dank des GIS kühler als sie es sonst wären.

Wir sind noch nicht auf eine Welt wie im mittleren Pliozän festgelegt. Um den gegenwärtigen Zustand nicht zu optimistisch zu betrachten, genügt es daher zu erwähnen, dass die Hysterese nur einen begrenzten Spielraum zulässt. Es ist denkbar, dass schon eine weitere Erwärmung um etwa 0,5 °C ausreicht, um den GIS aus dem Gleichgewicht zu bringen. Die Tatsache, dass wir bereits eine erhebliche Oberflächenschmelze in Grönland erleben, ist Warnung genug.

Ein Sprung ins Pleistozän, vorbei an den ersten acht 100.000-jährigen Sägezahnzyklen, führt uns in die vorletzte Zwischeneiszeit, die Eem-Warmzeit. Damals war der CO_2-Gehalt mit dem heutigen vorindustriellen Niveau von etwa 280 ppm vergleichbar, die globalen Durchschnittstemperaturen lagen auf einem ähnlichen Niveau wie heute. Die geologischen Befunde zeigen, dass der globale Meeresspiegel damals mindestens sechs Meter höher war als heute, was erhebliche Mengen an Schmelzwasser aus der Antarktis und einigen Teilen Grönlands voraussetzt. Eine Einschätzung, was solche Entwicklungen für uns heute zur Folge hätten, ist jedoch schwierig, da sowohl das CO_2 als auch die Temperaturen während der Eiszeiten des Pleistozäns in einer Weise miteinander korreliert haben, die es nicht gerade leicht macht, einen einfachen kausalen Zusammenhang zwischen CO_2 und Erderwärmung zu bestimmen.[4]

Die ungewöhnliche Umlaufbahn der Erde begünstigte besonders warme Sommer in hohen Breitengraden und somit den Rückgang des Eises in Grönland. Obwohl die globalen Durchschnittstemperaturen mit den heutigen vergleichbar sind, waren die arktischen Sommer fast 2 °C wärmer und in erster Linie für den Verlust des Grönlandeises verantwortlich. Das ist für uns heute eine erfreuliche Botschaft, da wir eine solche Erwärmung immer noch vermeiden können. Durch eine ambitionierte Politik, mit der die CO_2-Emissionen in den kommenden Jahrzehnten auf Null gesenkt werden, dürften die arktischen Sommer mit ziemlicher Sicherheit weniger als 2 °C wärmer werden als heute. Sogar unter den gegenwärtigen Rahmenbedingungen, ohne weitere Maßnahmen, ist dies wahrscheinlich. Jedoch werden wir in einem Worst-Case-Szenario »ohne politische Maßnahmen«, in dem wir bestehende Verpflichtungen und Restriktionen zurückfahren, die Schwelle von 2 °C Erwärmung im arktischen Sommer bis zur Mitte des Jahrhunderts voraussichtlich überschreiten. Die Zukunft liegt also erneut in unseren Händen.[5]

Wie wir wissen, haben sowohl die Eisbären als auch das arktische Meereis die Eem-Warmzeit überlebt. Es gibt auch keine Belege dafür, dass es trotz der massiven arktischen Erwärmung zu einer erheblichen Freisetzung von Permafrost-Methan gekommen ist. Die Eem-Epoche liefert uns somit eines der stichhaltigsten Argumente gegen die unter den Klimakatastropisten weit verbreitete Vorstellung, dass die Erwärmung der Arktis in Form einer »Methanbombe« entweder bereits im Gange ist oder unmittelbar bevorsteht. Die Wahrheit, das sei an dieser Stelle nochmals betont, ist schon schlimm genug.[6]

Die Kehrseite der Eem-Periode war die letzte große Eiszeit (»Last Glacial Maximum«, LGM), als die orbitalen Bedingungen eher kalte Sommer in den hohen Breiten und eine starke kontinentale Vergletscherung begünstigten. Vorsichtige Schätzungen der ECS, abgeleitet aus der Abkühlung der LGM, die nicht nur die niedrigeren CO_2-Werte, sondern auch andere Einflussfaktoren wie Staub und die erhöhte Albedo der größeren kontinentalen Eisflächen berücksichtigen, deuten auf ECS-Werte von etwa 3 °C hin. Simulationen, die nicht nur die LGM, sondern die gesamte Geschichte der 100.000-jährigen Zyklen des mittleren bis späten Pleistozäns abbilden, liefern ähnliche ECS-Werte.

Auch wenn diese Daten, die auf eine moderate Klimasensitivität schließen lassen, uns ein wenig beruhigen mögen, so werden wir daran erinnert, dass die in den eiszeitlichen Klimaverhältnissen des Pleistozäns herrschenden Bedingungen nicht unbedingt dieselben Rückkopplungen und Abläufe widerspiegeln, die für diejenigen Treibhausklimata charakteristisch sein werden, auf die wir uns vermutlich zubewegen.

Heutzutage werden wissenschaftliche Meinungsverschiedenheiten mitunter in Echtzeit in den sozialen Medien ausgefochten. So war ich im Oktober 2020 an einem Online-Dialog beteiligt, an dem mehrere Forschende mitwirkten, deren Arbeiten Ihnen inzwischen bekannt sein dürften: Gavin Schmidt, Mitverfasser des im siebten Kapitel besprochenen Artikels von Sherwood und anderen, Matt Huber, dessen Arbeit zur Klimasensitivität im Treibhaus wir im fünften Kapitel kennengelernt haben, und die Paläoklimatologin Jessica Tierney von der Universität Arizona, die den im sechsten Kapitel besprochenen Artikel zur Klimasensitivität der LGM verfasst hat. In der Diskussion ging es um genau diese Frage: Können wir die Unsicherheiten hinsichtlich des oberen Endes des Spektrums der Klimasensitivität begrenzen, indem wir uns vorrangig auf Informationen aus den Eishausklimata des Pleistozäns stützen? Schmidt und Tierney bejahten die Frage, während ich mich Huber anschloss, der die Frage verneinte. Fazit: Es gibt durchaus Differenzen unter den Experten in solchen Fragen. Für mich jedenfalls ist und bleibt das Treibhaus weiterhin nebulös, weshalb ich mir angesichts möglicher Überraschungen durchaus ernsthafte Sorgen mache.[7]

Schließlich kommen wir zum gemeinsamen Zeitalter, das sich über die letzten zwei Jahrtausende erstreckt und in der wir heute leben. Die Erkenntnisse dabei sind in etwa so subtil wie ein Hockeyschläger auf dem eigenen Hinterteil. Wir sind Teil eines noch nie zuvor durchgeführten Experiments mit unserem Planeten. Die Tragweite dieses gefährlichen Versuchs verraten die Grafiken, in denen die beispiellose Erwärmung innerhalb des letzten Jahrhunderts und der damit einhergehende Anstieg des Meeresspiegels dargestellt werden. Angesichts schwacher Trends vergangener Jahrhunderte sind die Auswirkungen der Verbrennung fossiler Brennstoffe und anderer kohlenstoffintensiver menschlicher Aktivitäten des Industriezeitalters ebenso offensichtlich wie drastisch. Die Fragilität unserer gegenwärtigen Situation ist offenkundig.

Da uns heute paläoklimatische Erkenntnisse aus 4,5 Milliarden Jahren zur Verfügung stehen, sollten wir den Blick nach vorne richten und uns des unscharfen Bildes in der Kristallkugel bedienen, die uns die Klimawissenschaft zur Verfügung stellt. Auch wenn wir nicht mit Klarheit vorhersagen können, wie unsere Zukunft aussehen wird, können wir doch darüber nachdenken, welche Zukunft wir noch gestalten können.

BLICK NACH VORN

Wir müssen uns darüber im Klaren sein, dass der Aussagekraft von paläoklimatischen Studien hinsichtlich der noch offenen wissenschaftlichen Fragen zur Klimakrise Grenzen gesetzt sind. Wir haben viele davon gesehen: das Phänomen, dass Proxydaten manche Abweichungen unterschätzen können, und die Schwierigkeit, die vielfältigen Einflussgrößen zu entwirren – klimatischer und sonstiger Art, die sich auf das auswirken können, was in einem bestimmten Datensatz aufgezeichnet wurde. Denn die Vergangenheit ist immer ein wenig verschwommen, und zwar umso mehr, je weiter wir in der Zeit zurückgehen, da immer weniger Daten zur Verfügung stehen und diese womöglich verfälscht sein können. Es ist keine Schande anzuerkennen, dass Paläoklimastudien nicht alle offenen Fragen zu Klimadynamik, Klimavariabilität und Klimawandel beantworten können. Die Erkenntnisse aus dem Paläoklima sollten vielmehr als eine sehr wertvolle Informationsquelle betrachtet werden, die in Kombination mit anderen Quellen zu einem umfassenderen Verständnis des Klimasystems und der Klimakrise führen kann.

In dem fiktionalen Klima-Katastrophenfilm *The Day After Tomorrow* erklärt der Protagonist – ein Paläoklimatologe, gespielt von Dennis Quaid – einem verzweifelten Regierungsmitarbeiter, was er zu bieten hat – nämlich »eine Rekonstruktion einer prähistorischen Klimaveränderung. Es ist kein Vorhersagemodell«. Er verwendet es dennoch zur Vorhersage und prophezeit natürlich mit verblüffender Präzision die Klimakatastrophe, die sich im Film zuträgt. Aber das ist nicht die reale Welt. Und der Paläoklimatologe hatte darin mit seiner ersten Aussage völlig Recht. Die grundlegendste Einschränkung der paläoklimatischen Rückschlüsse besteht darin, dass sie zwar unser Verständnis des Klimasystems verbessern können, aber nicht für tatsächliche Vorhersagen über die Zukunft verwendet werden können. Die Vergangenheit ist *nicht* immer eine Vorgeschichte. Daher müssen wir uns mit Prognosemodellen auseinandersetzen, welche die Gesetze der Physik auf das Ökosystem der Erde anwenden, um solche Vorhersagen für die Zukunft zu treffen.

Der Weltklimarat IPCC hat mehrere Szenarien entwickelt, die als Repräsentative Konzentrationspfade (»Representative Concentration Pathways«, RCPs) bezeichnet werden und verschiedene mögliche Verläufe von CO_2-Emissionen beschreiben, die auf unterschiedlichen Annahmen künftiger Klimapolitik beruhen. Es handelt sich dabei nicht um Vorhersagen, aber um nützliche Leitlinien dafür, wie bestimmte politische Entscheidungen zu unterschiedlichen Niveaus zukünftiger planetarischer Erwärmung führen. Das Szenario RCP2.6 stellt das dar, was wir als substanzielle Klimamaßnahmen bezeichnen könnten, indem die Konzentrationen der CO_2-Äquivalente unter

450 ppm gehalten werden und die Erderwärmung, in Relation zum vorindustriellen Zeitalter, auf etwa 2 °C begrenzt wird. RCP4.5 steht für das, was als gegenwärtige Politik bezeichnet werden könnte. Hier werden die CO_2-Konzentrationen auf unter 560 ppm, dem Doppelten des vorindustriellen Niveaus, gehalten und die Erwärmung auf etwa 3 °C begrenzt. RCP8.5 kann durchaus als ein Worst-Case-Szenario bezeichnet werden. Der CO_2-Gehalt übersteigt dabei bis zum Ende des Jahrhunderts 1.200 ppm – also dem Vierfachen beziehungsweise zweier Verdoppelungen des vorindustriellen Niveaus. Ein solches Szenario entspricht entweder einer Politik der völligen Untätigkeit, einschließlich der Umkehrung bereits eingeleiteter klimapolitischer Maßnahmen, oder einer Politik unzureichender Maßnahmen in Verbindung mit Rückkopplungen, die sich mehr als erwartet selbst verstärken, was zum Beispiel auf die Verbrennung von Wäldern oder die Freisetzung von Methan zurückzuführen sein könnte. Die globale Durchschnittstemperatur würde bei diesem Szenario bis zum Ende des Jahrhunderts wahrscheinlich um etwa 5 °C und bis zum Jahr 2300 um etwa 9 °C gegenüber dem vorindustriellen Niveau ansteigen. Am oberen Ende der modellbedingten Unsicherheiten ist sogar eine Erwärmung von bis zu 13 °C möglich.

Die paläoklimatischen Aufzeichnungen setzen diese Modellprojektionen in einen eindeutigen Kontext. Im schlimmsten Fall würden wir die eiszeitlichen Verhältnisse des späten Känozoikums hinter uns lassen und zu den treibhausähnlichen Zuständen des Eozäns zurückkehren. Bis zum Ende dieses Jahrhunderts würden die globalen Durchschnittstemperaturen denen des späten Eozäns gleichen, also der Zeit vor etwa 35 Millionen Jahren. Bis zum Jahr 2300 wären es die Temperaturen des mittleren Eozäns, also vor etwa 45 Millionen Jahren. Wenn wir Pech haben und sich das obere Ende der Streuung des Modells als richtig erweist, würde die Erwärmung um 13 °C zu einer globalen Durchschnittstemperatur von 28 °C führen, die mit der des frühen Eozäns vergleichbar wäre.

Wie wir im fünften Kapitel über das schwül-heiße Eozän gelernt haben, wäre eine derart heiße Welt für Menschen größtenteils unbewohnbar. Es käme in weiten Teilen des Planeten regelmäßig zu Kühlgrenztemperaturen im gefährlichen bis tödlichen Bereich von knapp 27 °C. Eine solche Welt ließe sich durch vernünftige Anstrengungen zur Verringerung der CO_2-Emissionen leicht vermeiden. Das heißt nicht, dass wir tödliche Hitze ganz verhindern können. Denn selbst in einem Szenario mit substanziellen Klimaschutzmaßnahmen, in dem die Erwärmung unter 2 °C gehalten wird – oder gar in einem Szenario mit drastischen und unverzüglichen Maßnahmen, die notwendig sind, um die Erwärmung unter 1,5 °C zu halten – wird das Risiko steigen, gefährlicher Hitze ausgesetzt zu sein. Diese Vorhersage zu machen ist leicht, da wir bereits heute Anzeichen dafür sehen.

Die Hitzewelle in Europa im Jahr 2003, bei der 30.000 Menschen ums Leben kamen, war ein Vorbote dessen, was kommen wird. Neuere Studien gehen davon aus, dass jedes Jahr bis zu fünf Millionen Menschen durch Hitzestress und andere gefährliche Wetterextreme sterben werden. Rechnet man zusätzlich die vier Millionen Todesfälle pro Jahr durch die Luftverschmutzung hinzu, verursacht durch die Verbrennung fossiler Brennstoffe, so sind es insgesamt neun Millionen. Die Gesamtzahl der Todesfälle in einem Jahr ist damit nahezu doppelt so hoch wie die Zahl der weltweit registrierten Todesfälle durch die Covid-19-Pandemie. Die Verbrennung fossiler Brennstoffe und der von ihr verursachte beschleunigte Klimawandel sind somit weitaus tödlicher als die schlimmste Pandemie, mit der die Welt bisher konfrontiert war.[8]

Die negativen gesundheitlichen Auswirkungen von Hitzestress sind, wie bereits erwähnt, bereits in verschiedenen Städten im Westen der USA zu verzeichnen. Eine dieser Städte ist Phoenix (Arizona). Mancher erinnert sich vielleicht an eine Meldung aus dem Juni 2017. Phoenix, das ohnehin für seine brütende Sommerhitze bekannt ist, erlebte zu der Zeit eine Hitzewelle mit Rekordwerten. Am 20. Juni 2017 stiegen die Temperaturen am Flughafen von Phoenix auf 48,9 °C und überstiegen

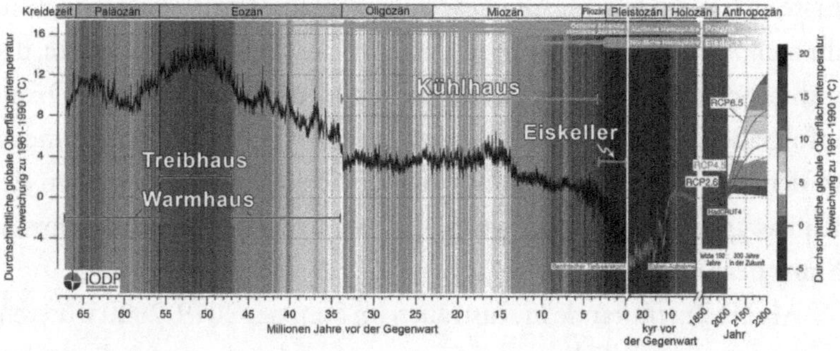

Abbildung 21: Modellgestützte Projektionen der künftigen Erwärmung unter verschiedenen CO_2-Emissionsszenarien im Kontext der paläoklimatischen Aufzeichnungen aus dem Känozoikum

damit die maximale zulässige Höchsttemperatur (47,8 °C) für den Start von Flugzeugen. Der Hintergrund: Warme Luft hat eine geringere Dichte als kalte Luft. Sobald die bodennahe Luft 47,8 °C erreicht, kann nicht mehr genug Auftrieb erzeugt werden, um den Start zu ermöglichen, bevor das beschleunigende Flugzeug das Ende der Startbahn erreicht. Folglich wurden alle Flüge ausgesetzt.[9]

Ich habe es selbst miterlebt. Meine Familie und ich waren gerade von einem Urlaub am Grand Canyon zurückgekehrt, als wir in einem Hotel in der Nähe des Flughafens von Phoenix übernachteten, um am nächsten Morgen nach Hause zu fliegen. Meine Tochter und ich gingen am Nachmittag im Pool des Hotels schwimmen. Es war wie ein Sprung in eine Badewanne. Barfuß auf dem Pflaster zu laufen, fühlte sich an, als würde man auf heißen Kohlen gehen. So dauerte es auch nicht lange, bis wir uns in die Oase unseres klimatisierten Hotelzimmers zurückzogen.

In jener Nacht wurden meine Frau und ich gegen 3 Uhr morgens von unserer damals elfjährigen Tochter aus dem Schlaf gerissen. Sie war wegen Atemproblemen in großen Schwierigkeiten. Also nahmen wir ein Taxi und brachten sie in die Notaufnahme des nächstgelegenen Krankenhauses. Der Arzt gab ihr ein Inhalationsgerät, was ihre Symptome fürs

Erste zu lindern schien. Als wir wieder zu Hause waren, gingen wir mit ihr zum Arzt, der bei ihr intermittierendes Asthma diagnostizierte, das wahrscheinlich durch die gefährlich hohen Werte bodennahen Ozons infolge der Rekordhitze ausgelöst worden war. Das war der Moment, in dem ich zum ersten Mal mit den gefährlichen Auswirkungen des Klimawandels konfrontiert wurde. Es traf mich persönlich, im wahrsten Sinne des Wortes.[10]

Als die Buschbrände in Australien im Sommer 2019/2020 wüteten, dem sogenannten Schwarzen Sommer, wurde ich erneut direkt mit der Klimakrise konfrontiert. Ich war für ein Sabbatical nach Sydney gekommen, um die Auswirkungen des Klimawandels auf extreme Wetterereignisse in Australien zu untersuchen. Tatsächlich erlebte ich diese Auswirkungen in Echtzeit in Form einer explosiven Mischung aus Rekordhitze und Dürre, die Australien in eine Höllenlandschaft mit gewaltigen, zerstörerischen und tödlichen Buschbränden verwandelte, die sich über den ganzen Kontinent ausbreiteten.[11]

Solche Episoden haben mittlerweile Millionen von Menschen auf der ganzen Welt erlebt. Im fünften Kapitel wurde auf die monatelange Hitzewelle verwiesen, die Indien und Pakistan im Frühjahr 2022 heimsuchte. Bei Kühlgrenztemperaturen von über 30 °C erlagen dort Dutzende von Menschen einem Hitzschlag. Laut der IPCC-Hauptautorin Dr. Chandni Singh testete die Rekordhitzewelle »die Grenzen der menschlichen Überlebensfähigkeit«. Die anhaltende extreme Hitze führte zu Stromausfällen und hatte negative Auswirkungen auf die Weizenerträge, was die kaskadierenden Folgen eines solchen extremen Hitzeereignisses verdeutlicht.[12]

Die Vereinigten Staaten haben bereits mehrere Sommer mit Hitzewellen erlebt. Im Juni 2021 kam es zu einer berüchtigten »Hitzeglocke« (»heat dome«). Der kontinentale Hitzestau stellte im pazifischen Nordwesten Temperaturrekorde auf, mit Höchsttemperaturen von 46,7 °C in Portland, 42,2 °C in Seattle und Temperaturen über 37 °C bis weit in den Südwesten Kanadas. Die Forschergruppe vom Projekt

World Weather Attribution nutzte ein auf Klimamodellen basierenden Erkennungs- und Attributionsansatz, um den Einfluss des Klimawandels bei diesem Ereignis zu bewerten. Sie schätzten, dass es sich ohne Berücksichtigung des Klimawandels um ein Ereignis handelt, das alle 150.000 Jahre auftreten kann. Mit anderen Worten: Selbst wenn man alle bisherigen Eiszeiten und Zwischeneiszeiten zusammen betrachtet, ist es *noch* sehr unwahrscheinlich, dass ein solches Ereignis in dem Zeitraum eintritt. Noch erstaunlicher ist jedoch die Feststellung, dass es sich auch dann noch um ein *eher* unwahrscheinliches *Jahrtausendereignis* handelt, wenn man die Auswirkungen der vom Menschen verursachten Erwärmung mit *einbezieht.*[13]

Eine solche Hitzekuppel könnte als eine Verkettung unglücklicher Umstände angesehen werden, ein Zufallsereignis in der Wetterlotterie. Es ist aber auch möglich, dass unsere Wettermodelle einige wichtige Faktoren, die zu solch extremen Ereignissen führen, nicht richtig erfassen. In einem Gastbeitrag in der *New York Times* habe ich, zusammen mit meiner Freundin und Kollegin Susan Joy Hassol, für das letztere argumentiert. Wir wiesen unter anderem darauf hin, dass das Phänomen der Resonanz in aktuellen Klimamodellen nur unzureichend erfasst wird, aber bei der Konstellation des Jetstreams, die zu diesem noch nie dagewesenen Wetterereignis geführt hat, eine Rolle spielte.[14]

Resonanz ist ein Phänomen wellenförmiger Schwingungen, das von Wellenlängen im Quantenbereich bis hin zu planetarischen Größenordnungen vorkommt. Menschen, die unter der Dusche singen, kennen dieses Phänomen vermutlich nur zu gut. Dabei wird unsere Stimme verstärkt, da die Abmessungen der Duschkabine mit einer Breite von etwa einem Meter ungefähr den Wellenlängen der von uns erzeugten Töne entsprechen. Die Schallwellen werden an den Wänden der Dusche reflektiert, zwischen den Wänden bildet sich eine »stehende Welle«, wodurch die Amplitude der Schallwellen verstärkt wird. Ein ähnliches Phänomen kann bei atmosphärischen Störwellen auftreten, die auch als Rossby-Wellen oder planetarische Wellen bezeichnet werden. Sie sind uns auch als die Nord-Süd-Schwankungen, Mäander und Wellen des Jetstreams vertraut, wie sie auf Wetterkarten verzeichnet sind.

Wie mein Team und ich nachgewiesen haben, wird dieses Resonanzverhalten durch die beschleunigte Erwärmung der Arktis begünstigt. Der verringerte Temperaturgegensatz zwischen der kalten Arktis und den warmen Subtropen führt dazu, dass sich der Jetstream verlangsamt und unter bestimmten Umständen, wie sie Anfang Juni 2021 herrschten, eine stabile und stark geschlängelte Position einnimmt. Dank der Resonanz konnte sich das sehr tiefliegende Hochdruckzentrum im Westen ausbilden und sich dort festsetzen, wo es zu einer gefährlich heißen Hitzekuppel heranwuchs.[15]

Ein Jahr später, im Juni 2022, kam es auf der ganzen nördlichen Hemisphäre zu einer Reihe von Wetterextremen, die mit der Strömungsresonanz des Jetstreams zusammenhängen. Dazu gehörte die Rekordhitze in Nordamerika mit dreistelligen Temperaturwerten (in °F) in weiten Teilen der mittleren und östlichen Vereinigten Staaten. Ein Drittel der US-Bevölkerung war gefährlich heißen Bedingungen ausgesetzt. Rekordüberschwemmungen in Montana verwüsteten unterdessen den Yellowstone-Nationalpark. Dabei handelte es sich um ein immer häufiger anzutreffendes Phänomen – ein sogenanntes hybrides Extremwetterereignis. In diesem Fall traf ein gewaltiger Schub an Gletscherschmelzwasser aufgrund eines ungewöhnlich warmen Frühlings auf ein ortsfestes Tiefdruckgebiet, das innerhalb weniger Tage Niederschläge wie sonst in drei Monaten ausschüttete. Ein anderes hybrides Ereignis, das immer häufiger zu beobachtenden ist, besteht aus einer extremen Sommertrockenheit mit Waldbränden und einer damit einhergehenden Schädigung der Vegetation und Destabilisierung des Mutterbodens, auf das eine todbringende Schlammlawine folgt. Zu diesen Schlammlawinen kommt es, wenn im Winter aufgrund einer wärmeren Atmosphäre mit mehr Niederschlagsfeuchte sintflutartige Regenfälle einsetzen. Eine solche Konstellation hat sich im Winter 2017/2018 auf tragische Weise ergeben, fast zwei Dutzend Menschen verloren dabei im südlichen

Kalifornien ihr Leben. Ähnlich viele Einwohner Kaliforniens kamen im Dezember 2022 und Januar 2023 bei sogenannten »Bombenzyklonen« ums Leben [Wirbelstürme, die aufgrund von starken Temperaturunterschieden explosionsartig entstehen, Anm. d. Ü.].[16]

Die Resonanz des Jetstream, die im Juni 2022 für die extremen Hitze- und Niederschlagsmengen in Nordamerika sorgte, brachte auch im weiteren Verlauf der Strömung Ungemach. So erlebte auch Europa eine Rekordhitze. In Frankreich waren Anfang Juni an vielen Orten Hitzerekorde zu verzeichnen, fast zwei Monate vor dem gewöhnlichen Höhepunkt der Sommerhitze. In Norditalien kam es nicht nur zu übermäßiger Hitze, sondern auch zu einer lang anhaltenden Trockenheit, bei der es über hundert Tage lang nicht regnete. Und in Indien, das einfach nicht zur Ruhe zu kommen scheint, wurden Millionen von Häusern durch rekordverdächtige Überschwemmungen überflutet. Bereits im Hochsommer 2018 kam es in Nordamerika, Europa und Asien zu einer Reihe ähnlicher extremer Wetterereignisse, die mit dieser Resonanz in Zusammenhang stehen.[17]

Warum erwähne ich den Jetstream, die Wellenresonanzen und die extremen Wetterereignisse so ausgiebig? Mir geht es dabei auch um die Frage nach wissenschaftlichen Unsicherheiten. Diese Ungewissheit wird von Kritikern von Klimaschutzmaßnahmen oft als Rechtfertigung für Untätigkeit oder Verzögerung vorgebracht. Aber genau das Gegenteil ist doch der Fall. Im sechsten und siebten Kapitel wurde deutlich, dass frühere Klimamodelle das Potenzial für den Kollaps von Eisschildern und den Anstieg des Meeresspiegels unterschätzten, weil Schlüsselprozesse, die mit dem Zusammenbruch von Eisschildern in Verbindung stehen, in den Modellen nicht berücksichtigt wurden. Als diese Prozesse allmählich in die Modelle integriert wurden, ergaben sich immer höhere Vorhersagen für den Anstieg des Meeresspiegels bis zum Jahr 2100, so dass wir jetzt nicht mehr von einer Erhöhung des Meeresspiegels um 0,3 Meter ausgehen, sondern von der sehr realen Möglichkeit von rund einem Meter.

Ähnlich verhält es sich mit Extremwetterereignissen. Mein Team und ich haben nachgewiesen, dass gegenwärtige Klimamodelle die Prozesse nicht genau erfassen können, die bei Jetstream-Wellenresonanzen ablaufen. Das ist problematisch, da diese Abläufe, wie wir jetzt gesehen haben, in viele der verheerenden Extremwetterereignissen der letzten Jahre verwickelt sind. Zudem gibt es Hinweise darauf, dass der Klimawandel solche Resonanzereignisse häufiger werden lässt. Sowohl die Diagnose der Auswirkungen, die der Klimawandel bereits auf Extremereignisse hat, als auch die Projektionen einer zukünftigen Zunahme dieser Ereignisse werden von den Klimamodellen der aktuellen Generation vermutlich unterbewertet.[18]

Wieder einmal sind die Klimamodelle unscharf und keine Kristallkugeln. Sie bieten jedoch wichtige Anhaltspunkte. In vielerlei Hinsicht liefern sie uns die bestmögliche Orientierungshilfe, indem sie sich auf die Gesetze der Physik, Chemie und Biologie stützen, um quantitative und präzise Prognosen über unsere mögliche Zukunft zu erstellen. Das ist um einiges besser, als sich auf Vermutungen, Meinungen und wilde Spekulationen zu berufen. So entspricht beispielsweise die globale Erderwärmung weitgehend den Vorhersagen früherer Klimamodelle. Doch wenn es um *einige* der wichtigsten Folgen des Klimawandels geht, wie den Zusammenbruch der Eisschilder, den Anstieg des Meeresspiegels, den Rückzug des arktischen Meereises, die Verlangsamung oder den Zusammenbruch des Förderbands der Ozeanzirkulation, die Dürre im Westen Nordamerikas und die Zunahme extremer Wetterereignisse, dann führt das Fehlen oder die unzureichende Darstellung wesentlicher Prozesse in den Modellen zu einer systematischen Unterschätzung der Geschwindigkeit und des Ausmaßes der Veränderungen.[19]

In einer politischen Ökonomie, in der polemische, überspitzte und polarisierende Kommentare die meisten Klicks, Likes und Retweets erzielen, haben es solch nuancierte Betrachtungen schwer, sich durchzusetzen. Vor allem in den sozialen Medien treffe ich häufig auf Menschen, die davon überzeugt sind, dass das jüngste extreme Wetterereignis eine

Bestätigung dafür ist, dass die Klimakrise viel ernster ist, als wir dachten, und dass Wissenschaftler und Klimaexperten die erschreckende Wahrheit absichtlich vor der Öffentlichkeit »verstecken«. Diese Art von Verschwörungserzählungen war früher bei den Leugnern des Klimawandels anzutreffen, heute ist es immer öfter auch bei den Klimapessimisten zu beobachten. Eine solche Stimmung kam zum Beispiel im Zuge der Hitzewelle Mitte Juni 2022 auf, als eine Person mich und meine Kollegin, die Klimawissenschaftlerin Katharine Hayhoe, mit einem Tweet attackierte: »Wieder einmal sehen wir, dass die Klimawissenschaft, so wie sie der Öffentlichkeit oft präsentiert wird, zu konservativ ist. Sie vermeidet das, was zum jeweiligen Zeitpunkt als schlimmstes [*sic*] Szenario angesehen wird . Doch GENAU DIESE [Worst-Case-Szenarien, Anm. d. Ü.] werden HEUTE unserer neuen Realität.«[20]

Das stimmt nicht, oder bestenfalls nur zum Teil. Ich antwortete: »Tatsächlich deckt sich die Erderwärmung weitgehend mit den frühen Vorhersagen aus Klimamodellen. Einige Auswirkungen, wie das Abschmelzen der Eisschilder und der Anstieg des Meeresspiegels, sowie die Verlangsamung des ‚Förderbandes' der Ozeanzirkulation übertreffen diese Prognosen.« Wie wir gesehen haben, wird schon die derzeitige Politik die Erwärmung wahrscheinlich unter 3 °C halten, also weit entfernt von den hier diskutierten »Worst-Case«-Szenarien. Das bedeutet nicht, dass einige Auswirkungen nicht schon früher und weitaus dramatischer zu spüren sein werden, denn das sind sie. Wie schon der große Stephen Schneider vor Jahrzehnten riet, ist es weder »das Ende der Welt« noch »gut für dich«. Die gesammelten Erkenntnisse geben *weder* Anlass zu Fatalismus *noch* zu Selbstgefälligkeit.[21]

Es ist außerdem von großer Bedeutung zu begreifen, dass es sich beim Klimawandel nicht um einen Abgrund handelt, in den wir uns bei Erreichen bestimmter Schwellenwerte der planetarischen Erwärmung stürzen, wie z. B. der oft diskutierten 1,5 °C Erwärmung, auch wenn dies oft so dargestellt wird. Klimaschutzmaßnahmen sind nicht binär, es gibt nicht entweder »Erfolg« oder »Misserfolg«. Eine bessere Analogie wäre eine gefährliche Autobahn, auf der wir unterwegs sind. Daher müssen wir die frühestmögliche Ausfahrt nehmen. Die gefährlichen Auswirkungen des Klimawandels sind, wie sich gezeigt hat, bereits zu spüren – in Form von verheerenden Dürren, Hitzewellen, Waldbränden, Überschwemmungen und extremen Stürmen. Die Lieferketten wurden infolge einer Kombination aus einer Pandemie – die vermutlich zumindest teilweise eine Folge von Umweltzerstörung ist – und extremeren Wetterereignissen unterbrochen. Dies hatte mitunter katastrophale Folgen, wie etwa bei Engpässen von Babynahrung. Extreme Hitze verursacht erhebliche Produktivitätseinbußen bei den Arbeitnehmern und kostet allein der US-Wirtschaft jährlich fast 100 Milliarden Dollar.[22]

Ein gefährlicher Klimawandel ist nicht zu vermeiden, denn er ist bereits im Gange. Es geht also darum, wie schlimm wir ihn werden lassen wollen. Wenn wir die Erderwärmung auf weniger als 1,5 °C begrenzen, können schwerwiegende Auswirkungen verhindert werden. Aber wenn wir diese Ausfahrt vom Highway der CO_2-Emissionen verpassen, sind 2 °C sicherlich 2,5 °C vorzuziehen. Und sollten wir auch *diese* Ausfahrt nicht nehmen, sind 2,5 °C mit Sicherheit noch immer besser als 3 °C. Betrachten wir einmal die Problematik des Artensterbens. Der Weltklimarat schätzt, dass bei einer Erderwärmung von 1,5 °C bis zu 14 Prozent und bei 2 °C bis zu 18 Prozent der Arten verschwinden könnten. Das ist sicherlich sehr tragisch, jedoch führen andere ungehemmte menschliche Aktivitäten wie die Zerstörung von Lebensräumen und die Ausbeutung von Tieren durch den Menschen zu noch weitaus höheren Aussterberaten. Die Zahl steigt jedoch auf 29 Prozent bei 3 °C, 39 Prozent bei 4 °C und 48 Prozent bei 5 °C. Die Hälfte aller Arten würde zweifellos ein sechstes Aussterbeereignis bedeuten, das mit den großen Aussterbeereignissen der geologischen Vergangenheit der Erde vergleichbar wäre. Aber in einem Szenario mit wirksamen Klimaschutzmaßnahmen ist das vermeidbar.[23]

Trotz der unermüdlich geäußerten Klagen über ein klimabedingtes Massensterben, die nur allzu oft in den Schlagzeilen auftauchen, sind wir noch nicht einmal im Entferntesten auf eine solche Zukunft festgelegt. Wir können katastrophale Klimafolgen vermeiden, *wenn wir sinnvolle Maßnahmen zur Bewältigung der Klimakrise ergreifen*. Ja, hier handelt es sich um ein wichtiges »wenn«. Die Wissenschaft sagt uns zumindest, dass es machbar ist. Eine der wichtigsten Entwicklungen in der Klimawissenschaft des letzten Jahrzehnts ist die Erkenntnis, dass die Erderwärmung von der Gesamtmenge an CO_2 abhängt, die bis zu einem bestimmten Zeitpunkt ausgestoßen wird. Dies hat zu dem Konzept des CO_2-Budgets geführt, das festlegt, wie viel zusätzliches CO_2 wir uns leisten können, um die Erwärmung auf ein bestimmtes Niveau zu begrenzen.

Früher war es gängige Meinung, dass die Erwärmung der Erdoberfläche noch jahrzehntelang andauern würde, selbst wenn wir aufhörten, CO_2 in die Atmosphäre zu emittieren, da die Trägheit der Ozeane dazu führen würde, dass sich diese weiter erwärmen, selbst wenn die CO_2-Konzentration nicht mehr ansteigt. Man spricht hier auch von einer bereits unausweichlichen Erwärmung (»Committed Warming«). Dieser Aspekt stimmt nur zum Teil. Sie ist vielmehr ein Artefakt früherer vereinfachter Klimamodelle, bei denen der CO_2-Gehalt auch nach einem hypothetischen Emissionsstopp konstant gehalten wurde. Spätere, umfassendere Simulationen, bezogen die Dynamik des CO_2-Kreislaufs in den Meeren mit ein. Sie ergaben, dass die CO_2-Konzentration nach dem Ende der Emissionen tatsächlich sinken würde, da die Ozeane weiterhin CO_2 aus der Atmosphäre entziehen würden. Dieser Rückgang des Treibhauseffekts gleicht im Modell die begangene Erwärmung aus, es ergibt sich eine wesentlich flachere Temperaturkurve. Mit anderen Worten: Die globalen Durchschnittstemperaturen stabilisieren sich schnell, sobald die CO_2-Emissionen auf Netto-Null sinken.[24]

Daraus lässt sich ein CO_2-Budget für eine konkrete stabile globale Temperaturvorgabe berechnen. Um die Temperaturen unter 1,5 °C zu halten, müssen die CO_2-Emissionen innerhalb von drei Jahrzehnten auf Null gesenkt werden, und wir müssen innerhalb eines Jahrzehnts auf halbem Wege dorthin angelangt sein. Dabei gibt es einige erschwerende Bedingungen. Wird beispielsweise die Verbrennung von Kohle eingestellt, geht die kühlende Wirkung der Sulfataerosolverschmutzung zurück, was zu einer Erwärmung führt. Diese Erwärmung wird jedoch weitgehend dadurch ausgeglichen, dass andere Faktoren, die die Erwärmung antreiben, zurückgehen, zum Beispiel die Emission von Treibhausgasen wie Methan und Ruß aus der Verbrennung fossiler Brennstoffe. Diese zusätzlichen Faktoren heben sich ebenfalls fast gegenseitig auf.[25]

Es gibt Szenarien, in denen die globalen Durchschnittstemperaturen ein bestimmtes Niveau wie etwa das von 1,5 °C überschreiten, bis zur Mitte des Jahrhunderts auf bis zu 2 °C ansteigen um dann wieder auf unter 1,5 °C abzusinken und sich schließlich auf diesem Niveau stabilisieren. Dieser Vorgang wird als Überschwingen (»Overshoot«) bezeichnet, wobei ein kurzes, geringes Überschwingen unter dem Aspekt der Klimafolgen vorteilhafter ist als ein lang andauerndes, starkes Überschwingen. Aber wie bereits erwähnt, gibt es hierzu keine absoluten Maßstäbe. Je weniger und je kürzer die Erwärmung, desto besser. Der IPCC verfasste 2018 die bislang umfassendste und zuverlässigste Risikobewertung über alle Bereiche – Gesundheit, Ernährung, Wasser, Konflikte, Armut und natürliche Ökosysteme. Die Schlussfolgerung lautete, dass wir den Planeten nicht um mehr als 1,5 °C erwärmen sollten, und *schon gar nicht* um mehr als 2 °C. Und sollten wir doch über diese Ziele hinausschießen, müssen wir die Dauer der Überschreitung so gering wie möglich halten.

Wo stehen wir hinsichtlich dieser Bestrebungen? Die auf der UN-Klimakonferenz (COP26) in Glasgow Ende 2021 eingegangenen, nach oben angepassten Verpflichtungen wurden von Forschenden bewertet. Demnach ist es sehr wahrscheinlich, dass die Erderwärmung unter 2 °C gehalten werden kann, was einen erheblichen Fortschritt gegenüber der Erwärmung von rund 4 °C darstellt, auf die wir noch vor dem Pariser Klimagipfel 2015 zusteuerten. Dennoch ist dieser Weg weitaus riskanter als es eine Begrenzung der Klimaerwärmung auf 1,5 °C wäre. Abgesehen davon ist das Eingehen von Verpflichtungen etwas ganz anderes, als diese einzuhalten. Wie meine Kollegin Susan Joy Hassol und ich in einem Kommentar in der Los Angeles Times zum Abschluss der COP26 erklärten, ist die Begrenzung der Erderwärmung auf 1,5 °C immer noch möglich, aber *»nur, wenn jetzt mit der harten Arbeit begonnen wird«*.[26]

Ein Weg zur Einhaltung der 1,5 °C-Grenze setzt unter anderem voraus, dass keine neuen fossilen Infrastrukturen geschaffen werden, während tatsächlich der Bau von Pipelines fortgesetzt wird. Eine Handvoll Konzerne aus dem Bereich der fossilen Brennstoffe – darunter Exxon Mobil und das russische Staatsunternehmen für fossile Brennstoffe Gazprom – planen derzeit neue Projekte, mit denen etwa 200 Milliarden Barrel Öl und Gas gefördert werden sollen. Das entspricht in etwa den Emissionen von China, dem derzeit weltweit größten Verursacher von CO_2-Emissionen. Zum Vergleich: Die USA haben in Summe weltweit die meisten CO_2-Emissionen verursacht, sind also der kumulativ größte Emittent.[27]

Politische Entscheidungsträger, Meinungsführer und Unternehmen müssen in die Verantwortung genommen werden. Denn obwohl die Bevölkerung selbst inzwischen mit überwältigender Mehrheit konzertierte Klimaschutzmaßnahmen befürwortet, kann sie die notwendigen Veränderungen nicht selbst herbeiführen. Wir als Individuen können zwar als Verbraucher klimafreundliche Entscheidungen treffen. Aber wir können nicht die Subventionierung der Erneuerbaren Energien-Branche erzwingen oder gar die Beihilfen für die fossile Brennstoffindustrie abschaffen, einen CO_2-Preis festlegen oder Großprojekte im Zusammenhang mit fossilen Brennstoffen verhindern. Nur unsere gewählten politischen Entscheidungsträger sind dazu in der Lage. In den USA hat sich eine der beiden großen Parteien, die Republikaner, weitgehend der fossilen Energiewirtschaft unterworfen, und letztendlich auch entsprechend gehandelt.[28]

Das größte Hindernis für Klimaschutzmaßnahmen stellt, wie ich in *Propagandaschlacht ums Klima (The New Climate War)* ausführlich dargelegt habe, eine anhaltende, massive, milliardenschwere Desinformationskampagne der fossilen Brennstoffindustrie dar. Gleichermaßen schuldig sind deren Helfershelfer in den konservativen Medien. Und keiner ist darin mehr involviert als Rupert Murdoch, ein enger und langjähriger Geschäftspartner des weltgrößten Ölexporteurs, der saudi-arabischen Königsfamilie. Dennoch können wir von unseren Freunden in Australien etwas lernen, wenn es darum geht, sich zu wehren [der Medienunternehmer Rupert Murdoch wurde in Australien geboren, Anm. d. Ü.].[29]

Murdoch hat seinen Verlag News Corp zu einer Waffe gegen den Klimaschutz werden lassen, indem er sein internationales Medienimperium dazu nutzte, die Leugnung des Klimawandels und die Desinformation der fossilen Brennstoffindustrie zu verbreiten. Zu seinen Nachrichtensendern gehören der berüchtigte Kanal Fox News, der das Bewusstsein von Millionen amerikanischen Zuschauern seit Jahren im Alleingang mit Propaganda der fossilen Brennstoffindustrie vergiftet. In Australien, wo er fast zwei Drittel der gesamten Zeitungsauflage sowie die großen Fernsehsender Sky News und Foxtel kontrolliert, hat Murdoch die Medienlandschaft sogar noch stärker im Griff.[30]

Und dennoch zeichnen sich in Murdochs Filterblase der Desinformation erste Risse ab. Dazu muss man ein wenig in der Geschichte zurückgehen. Ähnlich wie in den USA, wo einst die Republikaner den Umweltschutz und insbesondere den Klimaschutz unterstützten, gab es in Australien eine Zeit, in der sich beide großen Parteien hinsichtlich der Klimapolitik einig waren – die fortschrittliche Labor Party und die als die Liberalen bezeichnete konservative Partei. Zur Begrenzung der CO_2-Emissionen schlug der liberale Premierminister John Howard 2006 erstmals ein System mit Deckelung und Handel vor (»Cap-and-Trade«). Das erste Gesetz zur Umsetzung dieses Emissionshandelssystems (»Emissions Trading Scheme«, ETS) führte Malcolm Turnbull ein, der damalige Umweltminister der liberalen Partei.[31]

Labor-Chef Kevin Rudd, der mit Howard in Sachen Klimapolitik kooperierte, wurde 2007 zum Premierminister gewählt. Er unternahm den Versuch, ein ETS einzuführen. Doch eine seltsame Zweckgemeinschaft war dagegen – Liberale, unter Führung des Klimawandelleugners Tony Abbott, und die Grünen, denen der Vorschlag nicht weit genug ging. Als Rudds Parteikollegin Julia Gillard ihn 2011 als Premierministerin ablöste, verabschiedete sie erfolgreich das ETS. Somit war, nach der Europäischen Union, Australien das erste große Industrieland, das marktwirtschaftliche Instrumente zur Begrenzung der CO_2-Emissionen einführte.

Die australischen Interessenverbände der fossilen Brennstoffindustrie machten umgehend gegen das Emissionshandelssystem mobil. Die üblichen Verdächtigen – die Vertreter der fossilen Brennstoffindustrie und die Murdoch-Medien – griffen Gillard an. Sie stellten das ETS »als eine Bürde dar, die den Unternehmen schadet und die Haushalte belastet, anstatt die Umweltverschmutzung zu verringern und eine sicherere Zukunft für unsere Kinder zu gewährleisten«, wie es die *New York Times* formulierte. In Wirklichkeit waren die Preissteigerungen minimal, und da die Erlöse an die Verbraucher zurückflossen, profitierten Geringverdienende sogar davon. Aber das spielte keine große Rolle, denn der Schaden war bereits angerichtet. Labor wurde bei den nächsten Wahlen abgewählt. Und obwohl Turnbull, der Vorsitzende der Liberalen Partei, das ETS unterstützte, inszenierte eine wachsende Widerstandsgruppe am rechten Rand der Liberalen und der Nationalen Partei, unterstützt von den Interessen der fossilen Brennstoffindustrie und den Murdoch-Medien, einen Putsch, der Turnbull durch Abbott ersetzte, den Klimawandelleugner und Apologeten fossiler Brennstoffe.[32]

Allerdings bildete sich eine Bewegung unabhängiger Politiker, die weder Labor noch der Liberalen Partei angehören und den Klimaschutz befürworten. Sie nennen sich selbst »Teal Independents«. »Teal« – türkisgrün – ist hier eine Kombination aus Grün, als Zeichen dafür, dass der Umwelt Vorrang eingeräumt wird, und Blau als traditionelle Farbe der Liberalen Partei. Die erste Vertreterin dieser Bewegung war Zali Steggall aus Warringah, einem wohlhabenden Wahlbezirk an der

Küste von Sydney. Sie gewann ihren Sitz bei den australischen Wahlen im Mai 2019 durch einen Sieg über den amtierenden liberalen Abgeordneten. Sie machte den Klimawandel zu einem zentralen Thema ihrer Kampagne. Ihr Gegner war ein Leugner des Klimawandels, der sich gegen Klimaschutzmaßnahmen aussprach. Außerdem hatte er in der Vergangenheit immer wieder frauenfeindliche Äußerungen gegen Politikerinnen getätigt. Er hatte seinen Sitz 25 Jahre lang inne, bis er von Steggall besiegt wurde. Sein Name? Tony Abbott.[33]

Bei den australischen Parlamentswahlen im Mai 2022 war es der Murdoch-Propagandamaschine nicht gelungen, eine Regierung aus Konservativen ins Amt zu hieven, die fossilen Brennstoffe unterstützt. Das Klima wurde zum entscheidenden Wahlkampfthema. Das nachhaltige Vermächtnis des »Schwarzen Sommers« war sicherlich einer der Gründe dafür. Aber wir sollten die Bedeutung des Aufstiegs der Unabhängigen nicht unterschätzen. Denn er steht symbolisch für die tektonische Verschiebung innerhalb der australischen Politik. Die Labor-Partei, die Grünen – die zwei Sitze im Unterhaus hinzugewannen – und nicht zuletzt die Unabhängigen, traten alle mit einem Programm für verstärkte Klimaschutzmaßnahmen und ehrgeizigere Emissionsziele an. Die neue Regierung der Labor Partei unter der Führung von Anthony Albanese hat sich verpflichtet, die Emissionen bis 2030 um 43 Prozent zu reduzieren.

In einem Kommentar, den ich zusammen mit Malcolm Turnbull verfasste – den ich während meines Sabbaticals im Schwarzen Sommer kennenlernte – erörterte ich die möglichen Lehren, die wir Amerikaner aus den Geschehnissen in Australien ziehen könnten. Wie hat es Australien etwa geschafft, die Murdoch-Klima-Desinformationsmaschinerie zu besiegen? Eine Maschinerie, die der Klimapolitik in den Vereinigten Staaten seit Jahren so effektiv den Kampf angesagt hat.[34]

Mehrere Besonderheiten des australischen Wahlsystems machten es resistent gegen Murdochs korrumpierenden Einfluss. Zwei Dinge tragen zu einer demokratischeren politischen Repräsentation bei: das

Fehlen von Gerrymandering (Manipulation der Wahlbezirke) und die Wahlpflicht. Beides wären in den USA durchaus erstrebenswerte Prinzipien, doch ihre Umsetzung wäre ein harter Kampf angesichts des wahrscheinlichen Widerstands in den roten Bundesstaaten [Rot ist die Farbe der Republikaner, Anm. d. Ü.]. Der letzte und wichtigste Punkt ist das australische Prinzip der Präferenzwahl. Gegenwärtig ist ein solches Prinzip nur in zwei US-Bundesstaaten gesetzlich verankert. Interessanterweise handelt es sich dabei aber nicht um blaue Staaten [Blau ist die Farbe der Demokraten, Anm. d. Ü.]: Einer ist lila (Maine) und der andere tiefrot (Alaska). Das ist wohl auch der Grund, warum die beiden republikanischen Senatoren aus diesen Staaten – Lisa Murkowski und Susan Collins – eine Politik der Mitte verfolgen, die der großen Mehrheit ihrer Fraktion nicht zusagt.

Immer mehr Städte und Gemeinden haben eine Listenwahl eingeführt, und 29 Bundesstaaten erwägen derzeit eine solche Regelung. Sie erfreut sich großer parteiübergreifender Zustimmung – etwas, das im heutigen überparteilichen politischen Umfeld der USA recht selten ist. Die potenziell bahnbrechende Wirkung dieses Verfahrens wurde durch das Abschneiden der »Teal Independents« in Australien deutlich. Sie traten gegen die etablierten Liberalen an, von denen die meisten in der Regel Erststimmen in Höhe von 50 Prozent oder mehr erhielten. Konnten die Unabhängigen diese Stimmen um nur 10 Prozentpunkte auf 40 Prozent oder weniger reduzieren und dann vielfach den zweiten Platz belegen, so hatten sie gute Chancen, mit Unterstützung von Labor- und Grünen-Wählern zu gewinnen. Genau das ist passiert.

Wie Malcolm Turnbull und ich am Ende unseres Kommentars feststellten, »hat die Macht des Volkes Murdoch ausgestochen. Vielleicht gelingt ihr das auch in den USA«. In Anbetracht der Rolle der USA als Verursacher der größten kumulierten CO_2-Emissionen ist eine amerikanische Führungsrolle von entscheidender Bedeutung, um die Zustimmung anderer großer Verursacher zu erhalten, einschließlich China und Indien. Dies ist eine Möglichkeit, einen Wandel herbeizuführen. Es gibt einen Fahrplan um in der Klimapolitik voranzukommen.[35]

Ausgerechnet jetzt, in diesem vielversprechenden Moment, taucht ein neues Hindernis auf. Heute ist nicht mehr die Verleugnung die größte Herausforderung, da sie angesichts der Auswirkungen der Klimakrise, die wir alle in Echtzeit beobachten können, unhaltbar ist. Es ist vielmehr der Weltuntergangsglaube, der behauptet, es sei bereits zu spät zum Handeln.

Der Untergangsglaube hat verschiedene Ausprägungen, eines der bekanntesten Beispiele ist die Bewegung »Deep Adaptation« (»Tiefgreifende Anpassung«), gegründet von Jem Bendell, einem Wissenschaftler aus Großbritannien. Anfang 2019 veröffentlichte Bendell ein Dokument, das das Medienunternehmen *Vice* als »das Klimawandel-Papier, das so deprimierend ist, dass es Menschen in therapeutische Behandlung treibt« bezeichnete. Aber es war kein begutachteter wissenschaftlicher Artikel. Daher wurde er von Fachzeitschriften auch nicht angenommen, so dass Bendell ihn schließlich selbst auf seiner persönlichen Website veröffentlichte. Trotz des eindeutigen Mangels an wissenschaftlicher Stringenz wurde das Papier weitaus häufiger aufgerufen als ein herkömmlicher, von Fachleuten begutachteter Artikel: Mehr als 100.000 Menschen haben ihn gelesen. Obwohl Bendells Untergangsstimmung deutlich besser getarnt ist als etwa jene von anderen Verzweiflungspropheten wie Guy McPherson, der 2012 darauf bestand, dass eine unkontrollierte globale Erwärmung die überwiegende Mehrheit der Menschen bis 2020 töten würde, behauptet Bendell dennoch, dass ein »klimabedingter gesellschaftlicher Zusammenbruch in naher Zukunft unvermeidlich ist«. Bendell versteht darunter etwa ein Jahrzehnt, wie er vor fünf Jahren sagte. Seine Behauptungen stützt er dabei auf die diskreditierte Prämisse einer bevorstehenden arktischen »Methanbombe« und einer unkontrollierbaren Erwärmung, die seiner Meinung nach den Zusammenbruch der Landwirtschaft, eine exponentielle Zunahme von Infektionskrankheiten und möglicherweise – wie er andeutet – das

Aussterben der Menschheit zur Folge haben wird. Deep Adaptation hat inzwischen eine riesige Fangemeinde, obwohl das Ganze wissenschaftlich völlig unglaubwürdig ist.[36]

Die Gefahr eines gesellschaftlichen Zusammenbruchs ist sicherlich ein Thema über das gesprochen werden sollte. In einer Zeit, in der wir weltweit die Umwelt immer weiter schädigen – durch Abholzung, Luft- und Wasserverschmutzung, Überfischung und die Förderung fossiler Brennstoffe – in einer Zeit, in der wir uns auf Kollisionskurs mit den planetarischen Grenzen der Nachhaltigkeit befinden und neue Pandemien durch die Zerstörung von Lebensräumen entstehen, gibt es durchaus Anlass, an der Tragfähigkeit einer Politik zu zweifeln, die auch weiterhin auf Wachstum durch den Abbau natürlicher Ressourcen setzt. In einer Zeit, in der Fehl- und Falschinformationen überhandnehmen, die von böswilligen Akteuren als Werkzeuge eingesetzt werden, um den Unmut und die Ressentiments der Bevölkerung zu nähren und eine Agenda des Autoritarismus und Faschismus voranzutreiben, gibt es reichlich Grund zur Sorge. Sollten Sie sich nicht die geringsten Sorgen machen, dann haben Sie nicht richtig hingeschaut.

Es ist durchaus nachvollziehbar, dass manche Klimaschutzbewegten frustriert sind angesichts der schleppenden und immer noch unzureichenden Maßnahmen, die bisher ergriffen wurden. Aber sie sollten nicht zulassen, dass diese Frustration von falschen Propheten missbraucht und instrumentalisiert wird, um sie auf einen Pfad des Desinteresses und der Untätigkeit zu führen. Ja, wir haben eine gewaltige Herausforderung vor uns. Aber die unermüdlich vorgetragenen Klagen über ein bevorstehendes klimabedingtes »Aussterben der Menschheit« und eine »unkontrollierbare Erderwärmung« sind sowohl wissenschaftlich unhaltbar als auch wenig hilfreich. Wie Susan Joy Hassol und ich im *Time Magazine* schrieben, »gibt es keinen Punkt, über den hinaus wir nicht weiter versuchen sollten, die Erwärmung zu begrenzen. Jeder Bruchteil eines Grades entscheidet über das Ausmaß des Leids, das durch die Klimakatastrophe über uns hereinbrechen wird«.[37]

Anstatt in Untergangsstimmung und Depression zu verfallen, muss die Enttäuschung in berechtigten, rechtschaffenen Zorn umgewandelt werden. Die Forschung zeigt, dass Wut im Gegensatz zu Emotionen wie Furcht, Angst und Depression tatsächlich zu Stärkung, Engagement und Handeln führt. Kurz gesagt, wir müssen den wahren Feind erkennen – die üblen Akteure in der fossilen Brennstoffindustrie und ihre Helfershelfer – und diese Wut und Frustration in politisches Handeln transformieren.[38]

Der Rückblick auf die Geschichte des Erdklimas gibt uns bei diesem Vorhaben Anlass zur Hoffnung. Er hat uns gezeigt, dass weder eine unkontrollierbare, durch Methan hervorgerufene Erderwärmung noch eine unbewohnbare, PETM-ähnliche Treibhauswelt in irgendeinem Szenario – abgesehen von völliger Untätigkeit in Kombination mit großem Pech – denkbar sind. Das heißt aber nicht, dass es keinen Grund zur Sorge gibt. Denn nicht erst eine unkontrollierte Erderwärmung gefährdet die Stabilität der menschlichen Zivilisation. Bereits heute ist diese Stabilität durch politische Bewegungen und den zunehmenden Wettbewerb um schwindende natürliche Ressourcen gefährdet. Der Klimawandel gießt dabei noch Öl ins Feuer, indem er die Produktivität senkt, Lieferketten und Vertriebssysteme unterbricht, Konflikte um Wasser, Nahrungsmittel und Land anheizt und destabilisierende Pandemien begünstigt.

Wir kehren also zu der grundlegenden Frage zurück, die dieses Buch zu beantworten versucht: Steht unser Klima bereits heute auf Messers Schneide und droht es in einer Todesspirale aus Methan und unkontrollierter Erwärmung zu kollabieren? Oder ist es widerstandsfähig genug, um die weitere Verbrennung fossiler Brennstoffe mit minimalen Folgen zu tolerieren? Die Antwort darauf ist, wie Stephen Schneider schon vor Jahrzehnten bemerkte, *weder noch*.

Selbst bei einem Business-as-usual-Szenario, in dem wir es versäumen, auf die bereits eingeleiteten klimapolitischen Maßnahmen aufzubauen, sollte die Erwärmung des Planeten 3 °C wahrscheinlich nicht überschreiten. Denn es gibt keine »Methanbomben«, keine unkontrollierte Erwärmung und keine Treibhaus-Erde. Aber bei einer solchen Erderwärmung ist mit viel Leid, dem Aussterben von Arten, dem Verlust von Menschenleben, der Destabilisierung der gesellschaftlichen Infrastruktur, Chaos und Konflikten zu rechnen. Vielleicht wäre es sogar das Ende unseres einzigartigen Augenblicks.

Das ist keine Welt, in der wir leben wollen, und es ist keine Welt, die wir unseren Kindern und Enkeln hinterlassen möchten. Auch wenn die Zukunft sehr wohl vorhersehbar ist, so ist sie doch nicht vorherbestimmt. Wenn wir auf den Maßnahmen aufsetzen, die bereits ergriffen wurden, und die Maschinerie unserer Zivilisation in den kommenden Jahren und Jahrzehnten dekarbonisieren, können wir unseren einzigartigen Augenblick bewahren.

Das ist es, was uns unser Rückblick auf das Klima der Vergangenheit und der Gegenwart überzeugend vor Augen führt. Das sollte unser Aufruf und unser Auftrag sein.

Danksagung

Ich bin den vielen Menschen dankbar, die mir im Laufe der Jahre geholfen und mich unterstützt haben. An erster Stelle steht meine Familie: meine Frau Lorraine, meine Tochter Megan, meine Eltern Larry und Paula, meine Brüder Jay und Jonathan und der Rest der Familien Mann, Sonstein, Finesod, und Santy.

Ich bin all jenen zu Dank verpflichtet, die mich inspiriert haben, mir als Mentor zur Seite standen und mir als Vorbild dienten, unter anderem Carl Sagan, Stephen Schneider, Jane Lubchenko, John Holdren, Bill Nye, Paul Ehrlich, Donald Kennedy, Warren Washington und Susan Joy Hassol. Ich danke den führenden Köpfen der Jugend-Klimabewegung, darunter Greta Thunberg, Alexandria Villaseñor, Luisa Neubauer, Ilana Cohen, Jerome Foster und Jamie Margolin für die Inspiration, die sie uns gegeben haben.

Mein besonderer Dank gilt den Kollegen, die mir Feedback und Anregungen gegeben haben, darunter Gavin Schmidt, Lee Kump, Matt Huber, Bill Ruddiman, Richard Alley, Dave Pollard, Rob DeConto, Matt Osman, Stefan Rahmstorf und Matteo Willeit. Und ich danke all meinen Kollegen und Mitarbeitern an der Universität von Pennsylvania, die mir das Gefühl gegeben haben, dort willkommen zu sein. Dazu gehören unter anderem die Präsidentin Liz Magill, die Dekane Steven Fluharty und John L. Jackson Jr. sowie Katherine Unger Baillie, David Brainard, Joan A. Buccilli, Shannon, Christiansen, Bill Cohen, Cornelia Colijn, Nicholas Crivaro, Ezekiel Emanuel, Emily Falk, Joseph Francisco, David Goldsby, Vit Henisz, Kathleen Hall Jamieson, LaShawn R. Jefferson, Doug Jerolmack,

Heather Kostick, Sarah E. Light, Irina Marinov, Bekezela Mbofana, Kathleen Morrison, Jennifer Pinto-Martin, Simon Richter, Vanessa Schipani und Michael Weisberg.

Ich bin den verschiedenen Politikern an beiden Enden des politischen Spektrums zu großem Dank verpflichtet, die sich gegen mächtige Interessen gestellt haben, um mich und andere Wissenschaftler angesichts politisch motivierter Angriffe zu unterstützen und zu verteidigen, und die sich für einen fundierten klimapolitischen Diskurs eingesetzt haben. Zu ihnen gehören Sherwood Boehlert, Jerry Brown, Bob Bullard, Bob Casey Jr., Bill Clinton, Hillary Clinton, Peter Garrett, Al Gore, Mark Herring, Bob Inglis, Jay Inslee, Edward Markey, Terry McAuliffe, John McCain, Christine Milne, Jim Moran, Alexandria Ocasio-Cortez, Harry Reid, Bernie Sanders, Arnold Schwarzenegger, Arlen Specter, Malcolm Turnbull, Henry Waxman, Sheldon Whitehouse und ihre Mitarbeitenden.

Ich möchte auch meinen Agentinnen Jodie Solomon, Rachel Vogel und Suzi Jamil sowie dem Team von PublicAffairs, darunter meiner Lektorin Colleen Lawrie, den Publizisten Brooke Parsons und Miguel Cervantes, der Lektorin Charlotte Byrnes, der Produktionsleiterin Michelle Welsh-Horst und Pete Garceau, dem Coverkünstler Pete Garceau, für ihre harte Arbeit und Unterstützung danken. Ich möchte allen anderen Freunden, Unterstützern und Kollegen aus Vergangenheit und Gegenwart für ihre Hilfe, Zusammenarbeit, Freundschaft und Inspiration im Laufe der Jahre danken, darunter John Abraham, Kylie Ahern, Ken Alex, Yoca Arditi-Rocha, Kurt Bardella, Ed Begley Jr, Andre Berger, Lew Blaustein, Doug Bostrom, Max Boykoff, Ray Bradley, Sir Richard Branson, Jonathan Brockopp, Bill Brune, James Byrne, Mike Cannon-Brookes, Elizabeth Carpino, Nick Carpino, Keya Chatterjee, Noam Chomsky, Kim Cobb, Ford Cochran, Michel Cochran, Julie Cole, John Collee, Leila Conners, John Cook, Jason Cronk, Jen Cronk, Michel Crucifix, Heidi Cullen, Hunter Cutting, Greg Dalton, Fred Damon, Kert Davies, Didier de Fontaine, Brendan Demelle, Andrew Dessler, Steve D'Hondt, Henry Diaz, Leonardo DiCaprio, Paulo D'Oderico, Pete Dominick, Andrea Dutton, Bill Easterling, Kerry Emanuel, Matt England, Howie Epstein, Jenni Evans, Morgan Fairchild, Thierry Fichefet, Chris Field, Frances Fisher, Pete Fontaine, Josh Fox, Al Franken, Peter Frumhoff, Jose Fuentes, Andra Garner, Peter Garrett, Peter Gleick, Jeff Goodell, Amy Goodman, Hugues Goosse, Nellie Gorbea, David Graves, David Grinspoon, David Halpern, Thom Hartmann, David Haslingden, Susan Joy Hassol, Katharine Hayhoe, Tony Haymet, Megan Herbert, Bill Higgins, Michele Hollis, Rob Honeycutt, Ben Horton, Malcolm Hughes, Jan Jarrett, Paul Johansen, Phil Jones, Jim Kasting, Bill Keene, Sheril Kirshenbaum, Barbara Kiser, Johanna Köb, Jonathan Koomey, Miroslava Korenha, Kalee Kreider, Paul Krugman, Lauren Kurtz, Greg Laden, Chris Larson, Deb Lawrence, Tony Leiserowitz, Stephan Lewandowsky, Diccon Loxton, Ed Maibach, Scott Mandia, Joseph Marron, John Mashey, Francois Massonnet, Roger McConchie, Andrea McGimsey, Bill McKibben, Pete Meyers, Sonya Miller, Chris Mooney, John Morales, Granger Morgan, Ellen Mosely-Thompson, Leilani Munter, Ray Najjar, Giordano Nanni, Jeff Nesbit, Phil Newell, Gerald North, Dana Nuccitelli, Miriam O'Brien, Michael Oppenheimer, Naomi Oreskes, Tim Osborn, Jonathan Overpeck, Lisa Oxboel, Rajendra Pachauri, Blair Palese, David Paradice, Jeffrey Park, Rick Piltz, Phil Plait, James Powell, Stefan Rahmstorf, Cliff Rechtschaffen, Hank Reichman, Ann Reid, Catherine Reilly, James Renwick, Andy Revkin, Tom Richard, David Ritter, Alan Robock, Joe Romm, Lyndall Rowley, Mark Ruffalo, Scott Rutherford, Sasha Sagan, Barry Saltzman, Ben Santer, Julie Schmid, Gavin Schmidt, Steve Schneider, John Schwartz, Eugenie Scott, Joan Scott, Marshall Shepherd, Drew Shindell, Randy Showstack, Hank Shugart, David Silbert, Peter Sinclair, Michael Smerconish, Dave Smith, Jodi Solomon, Richard Somerville, Graham Spanier, Amanda Staudt, Eric Steig, Byron

Steinman, David Stensrud, Nick Stokes, Sean Sublette, Larry Tanner, Jake Tapper, Lonnie Thompson, Sarah Thompson, Kim Tingley, Dave Titley, Lawrence Torcello, Kevin Trenberth, Fred Treyz, Katy Tur, Leah Tyrrell, Ana Unruh-Cohen, Jean-Pascal van Ypersele, Ali Velshi, Dave Verardo, Mikhail Verbitsky, David Vladeck, Nikki Vo, Bob Ward, Bud Ward, Bill Weir, Ray Weymann, Robert Wilcher, John B. Williams, Barbel Winkler und Christopher Wright.

Bildnachweis

Abbildung 1: Matthew B. Osman, Jessica E. Tierney, Jiang Zhu, Robert Tardif, Gregory J.Hakim, u. a., »Globally Resolved Surface Temperatures Since the Last Glacial Maximum«, *Nature* 599, 239-244 (2021), https://doi.org/10.1038/s41586-021-03984-4.

Abbildung 2: Mit freundlicher Genehmigung von Ray Troll.

Abbildung 3: National Oceanographic and Atmospheric Administration (NOAA), »climateqa_hottest_ocean_temp_610.png«, *Climate.gov*, 9. Februar 2021, https://www.climate.gov/media/11915 Grafik von Hunter Allen und Michon Scott, unter Verwendung von Daten des NOAA National Climatic Data Center, mit freundlicher Genehmigung von Carrie Morrill.

Abbildung 4: »Datei: Ozeanzirkulations-Förderband.jpg«, *Wikipedia*, 21. November 2007 ,https://en.m.wikipedia.org/wiki/File:Ocean_circulation_conveyor_gürtel.jpg.

Abbildung 5: Christian Heinrich (Foto Feeling).

Abbildung 6: Lee R. Kump, James F. Kasting, und Robert G. Crane, *The Earth System,* New York: Pearson, 2004.

Abbildung 7: Mit freundlicher Genehmigung von Bill Schopf.

Abbildung 8: Deborah Dardis und Pat Pendarvi, »Petroleum Is a Fossil Fuel«, *South Eastern Louisiana University*, 12. Juli 2010, http://www2.southeastern.edu/orgs/oilspill/fossil.html. Modifiziert nach: Lucy E. Edwards und John Pojeta, Jr., »Fossils, Rocks, and Time«, U.S. Geological Survey, U.S. Department of the Interior, 1993.

Abbildung 9: T. H. Torsvik, M. A. Smethurst, J. G. Meert, R. Van der Voo, W. S. McKerrow, u. a., »Continental Break-up and Collision in the Neoproterozoic and Palaeozoic-A Tale of Baltica and Laurentia«, *EarthScience Reviews* 40(3-4), 229-258 (1996), https://doi.org/10.1016/0012-8252(96)00008-6. Copyright Elsevier.

Abbildung 10: USRA/Lunar and Planetary Institute.

Abbildung 11: Bruce Dorminey, »Did a Comet Fragment Kill the Dinosaurs? Not Likely, Say Researchers,« *Forbes,* 28. Februar 2021, https://www.forbes.com/sites/brucedorminey/2021/02/28/did-a-comet-fragment-kill-the-dinosaurs-not-likely-say-researchers/ . Illustration von David A. Kring.

Abbildung 12: BBC/John Sayer.

Abbildung 13: »*Spherical Cow*« von Piumadaquila.com, aus Adobe Stock.

Abbildung 14: Foto des Autors.

Abbildung 15: »*Mesohippus*« von Heinrich Harder (1858-1935).

Abbildung 16: Adaptiert von M. Willeit, A. Ganopolski, R. Calov und V. Brovkin, »Mid-Pleistocene Transition in Glacial Cycles Explained by Declining CO_2 and Regolith Removal«, *Science Advances* 5(4), eaav7337 (2019), https://doi.org/10.1126/sciadv.aav7337. Mit freundlicher Genehmigung von Matteo Willeit, Potsdam-Institut für Klimafolgenforschung.

Abbildung 17: »Grubensee in den La Brea Teergruben«, mit freundlicher Genehmigung des Natural History Museum of Los Angeles County.

Abbildung 18: Mit freundlicher Genehmigung von Elijah Wolfson für das *Time Magazine* (Michael E. Mann, »‚Widespread and Severe'. The Climate Crisis Is Here, but There's Still Time to Limit the Damage«, 9. August 2021, https://time.com/6088531/ipcc-climate-report-hockey-stick-curve/).

Abbildung 19: Abbildung 2.28(b) aus Sergey K. Gulev, Peter W. Thorne, Jinho Ahn, Frank J. Dentener, Catia M. Domingues, u. a., »Changing State of the Climate System«, in Valérie Masson-Delmotte, Panmao Zhai, Anna Pirani, Sarah L. Connors, Clotilde Péan, u. a. (Hrsg.), *Climate Change 2021: The Physical Science Basis*, Working Group I Beitrag zum Sechsten Sachstandsbericht der Zwischenstaatlichen Sachverständigengruppe für Klimaänderungen, Cambridge, UK: Cambridge University Press, 2021, 287-422, https://doi.org/10.1017/9781009157896.004.

Abbildung 20: Copyright © (2014) SCIENTIFIC AMERICAN, a Division of Nature American, Inc. Alle Rechte vorbehalten.

Abbildung 21: University of California-Santa Cruz, »High-Fidelity Record of Earth's Climate History Puts Current Changes in Context«, *Phys. org*, 10. September 2020, https://phys.org/news/2020-09-high-fidelity-erde-klima-geschichte-aktuell.html. Mit freundlicher Genehmigung von Thomas Westerhold.

Quellenverzeichnis

Einführung

1 In der Originalausgabe dieses Buchs werden fast ausschließlich US-amerikanische Konventionen verwendet, d. h. Temperaturen werden in Grad Fahrenheit (°F), Entfernungen in Fuß oder Meilen angegeben, obwohl die wissenschaftlichen Größen definiert sind. Wir haben diese Werte entsprechend umgerechnet.

2 Ira Flatow, »Truth, Deception, and the Myth of the One-Handed Scientist«, *The Humanist*, 18. Oktober 2012, https://thehumanist.com/magazine/november-december-2012/features/truth-deception-and-the-myth-of-the-one-handed-scientist/.

3 Der Begriff wurde vom ehemaligen *New York Times*-Wissenschaftler Andrew Revkin geprägt. Siehe: Andrew C. Revkin, »Media Mania for a ‚Front-Page Thought' on Climate«, *Dot Earth New York Times Blog*, 14. Dezember 2007, https://archive.nytimes.com/dotearth.blogs.nytimes.com/2007/12/14/the-mania-for-a-front-page-thought-on-climate/.

Kapitel Eins | Unser Augenblick ist gekommen

1 Blythe A. Williams, »Effects of Climate Change on Primate Evolution in the Cenozoic«, *Nature Education Knowledge* 7(1), 1 (2016).

2 M. E. Raymo und W. F. Ruddiman, »Tectonic Forcing of Late Cenozoic Climate«, *Nature* 359, 117-122 (1992), https://doi.org/10.1038/359117a0.

3 Siehe: James Zachos, Mark Pagani, Lisa Sloan, Ellen Thomas und Katharina Billups, »Trends, Rhythms, and Aberrations in Global Climate 65 Ma to Present«, *Science* 292, 686-693 (2001), https://doi.org/10.1126/science.1059412.

4 Tom Yulsman, »In the Blink of an Eye, We're Turning Back the Climatic Clock by 50 Million Years«, *Discover Magazine*, 14. Dezember 2018, https://www.discovermagazine.com/environment/in-the-blink-of-an-eye-were-turning-back-the-climatic-clock-by-50-million-years.

5 James C. Zachos, Gerald R. Dickens und Richard E. Zeebe, »An Early Cenozoic Perspective on Greenhouse Warming and Carbon-Cycle Dynamics«, *Nature* 451, 279-283 (2008), https://doi.org/10.1038/nature06588; R. Potts, »Environmental

Hypotheses of Pliocene Human Evolution«, in R. Bobe, Z. Alemseged und A. K. Behrensmeyer (Hrsg.), *Hominin Environments in the East African Pliocene: An Assessment of the Faunal Evidence*, Dordrecht: Springer, 2007, 25-49.

6 M. E. Raymo, »The Timing of Major Climate Terminations«, *Paleoceanography and Paleoclimatology* 12, 577-585 (1997), https://doi.org/10.1029/97PA01169.

7 Nicholas R. Longrich, »When Did We Become Fully Human? What Fossils and DNA Tell Us About the Evolution of Modern Intelligence«, *The Conversation*, 9. September 2020, https://theconversation.com/when-did-we-become-fully-human-what-fossils-and-dna-tell-us-about-the-evolution-of-modern-intelligence-143717.

8 Jason Daley, »Climate Change Likely Iced Neanderthals Out of Existence«, *Smithsonian Magazine*, 29. August 2018, https://www.smithsonianmag.com/smart-news/modern-humans-didnt-kill-neanderthals-weather-did-180970167/.

9 John Noble Wilford, »When Humans Became Human«, *New York Times*, 26. Februar 2002, https://www.nytimes.com/2002/02/26/science/when-humans-became-human.html

10 James Trefil, »Evidence for a Flood«, *Smithsonian Magazine*, 1. April 2000, https://www.smithsonianmag.com/science-nature/evidence-for-a-flood-102813115/; David R. Montgomery, »Biblical-Type Floods Are Real, and They're Absolutely Enormous«, *Discover*, 29. August 2012, https://www.discovermagazine.com/planet-earth/biblical-type-floods-are-real-and-theyre-absolutely-enormous.

11 Julian B. Murton, Mark D. Bateman, Scott R. Dallimore, James T. Teller und Zhirong Yang, »Identification of Younger Dryas Outburst Flood Path from Lake Agassiz to the Arctic Ocean«, *Nature* 464, 740-743 (2010), https://doi.org/10.1038/nature08954.

12 Stefan Rahmstorf, Jason E. Box, Georg Feulner, Michael E. Mann, Alexander Robinson, u. a.,»Exceptional Twentieth-Century Slowdown in Atlantic Ocean Overturning Circulation«, *Nature Climate Change* 5, 475-480 (2015), https://doi.org/10.1038/nclimate2554.

13 Conrad P. Kottak, *Window on Humanity: »A Concise Introduction to Anthropology«*, Boston, McGraw-Hill, 2005, 155-156.

14 Ofer Bar-Yosef, »Climatic Fluctuations and Early Farming in West and East Asia«, *Current Anthropology* 52(S4), S175-S193 (2011), https://doi.org/10.1086/659784.

15 An der archäologischen Stätte Tell Qaramel, nördlich des heutigen Aleppo, gibt es zum Beispiel Beweise für den Anbau vor 11.700 Jahren. Dort befinden sich die frühesten bekannten Tempel – zwei an der Zahl.

16 Bar-Yosef, »Climatic Fluctuations and Early Farming in West and East Asia«.

17 Takuro Kobashi, Jeffrey P. Severinghaus, Edward J. Brook, Jean-Marc Barnola und Alexi M. Grachev, »Precise Timing and Characterization of Abrupt Climate Change 8200 Years Ago from Air Trapped in Polar Ice«, *Quaternary Science Reviews* 26(9-10), 1212-1222 (2007), https://doi.org/10.1016/j.quascirev.2007.01.009; Harvey Weiss und Raymond S. Bradley, »What Drives Societal Collapse?« *Science* 291, 609-610 (2001), https://doi.org/10.1126/science.1058775.

18 Daniel Hillel, »*Rivers of Eden: The Struggle for Water and the Quest for Peace in the Middle East*«, New York: Oxford University Press, 1994, 355; Weiss und Bradley, »What Drives Societal Collapse?«.

19 Max Engel und Helmut Brückner, »Holocene Climate Variability of Mesopotamia and Its Impact on the History of Civilisation«, in Eckart Ehlers und Katajun Amirpur (Hrsg.), »*Middle East and North Africa: Climate, Culture and Conflicts*«, Leiden, The Netherlands: Brill, 2021, 3. Kapitel, https://doi.org/10.1163/9789004444973_005.

20 Heinz Wanner, Jürg Beer, Jonathan Bütikofer, Thomas J. Crowley, Ulrich Cubasch, u. a., »Mid- to Late Holocene Climate Change: An Overview«, *Quaternary Science Reviews* 27(19-20), 1791-1828 (2008), https://doi.org/10.1016/j.quascirev.2008.06.013; Weiyi Sun, Bin Wang, Qiong Zhang, Deliang Chen, Guonian Lu und Jian Liu, »Middle East Climate Response to the Saharan Vegetation Collapse During the Mid-Holocene«, *Journal of Climate* 34(1), 229-242 (2021), https://doi.org/10.1175/JCLI-D-20-0317.1; Ian J. Orland, Feng He, Miryam Bar-Matthews, Guangshan Chen, Avner Ayalon und John E. Kutzbach, »Resolving Seasonal Rainfall Changes in the Middle East During the Last Interglacial Period«, *Proceedings of the National Academy of Sciences* 116(50), 24985-24990 (2019), https://doi.org/10.1073/pnas.1903139116.

21 R. E. Sojka, D. L. Bjorneberg und J. A. Entry, »Irrigation: An Historical Perspective«, in R. Lal (Hrsg.), *Encyclopedia of Soil Science,* erste Auflage, New York: Marcel Dekker, Inc., 2002, 745-749.

22 H. Weiss, M.-A. Courty, W. Wetterstrom, F. Guichard, L. Senior, u. a., »The Genesis and Collapse of Third Millennium North Mesopotamian Civilization«, *Science* 261, 995-1004 (1993), https://doi.org/10.1126/science.261.5124.995; Weiss und Bradley, »What Drives Societal Collapse?«; Vasile Ersek, »How Climate Change Caused the World's First Ever Empire to Collapse«, *The Conversation*, 3. Januar 2019, https://theconversation.com/how-climate-change-caused-the-worlds-first-ever-empire-to-collapse-109060.

23 Ersek, »How Climate Change Caused the World's First Ever Empire to Collapse«; Raymond S. Bradley und Jostein Bakke, »Is There Evidence for 4.2 ka BP Event in the Northern North Atlantic Region?«, *Climate of the Past* 15, 1665–1676 (2019), https://doi.org/10.5194/cp-15-1665-2019. Weiss suchte Paläoklimaexperten in Yale auf, die in der Lage sein könnten, den Beweis für eine Klimastörung zu erbringen, als er diese Hypothese in den frühen 1990er Jahren erstmals verfolgte – ich war einer von ihnen, und so erfuhr ich zum ersten Mal von dieser Arbeit.

24 Die Indus-Tal-Zivilisation ging einige Jahrhunderte später unter, unter anderem weil sie vom Handel mit Mesopotamien abhängig war, das vom Untergang des Akkadischen Reiches betroffen war: »What Happened to the Indus Civilisation?«, *BBC Bitesize*, abgerufen am 17. Februar 2022, https://www.bbc.co.uk/bitesize/topics/zxn3r82/articles/z8b987h. Die minoische Zivilisation wurde um 3500 v. Chr. durch einen Vulkanausbruch zerstört. Mehrere andere bronzezeitliche Zivilisationen brachen kurz nach 3200 v. Chr. zusammen. Die Annahme, dass das Alte Reich von Ägypten zusammenbrach, wird von neueren Forschungen in Frage gestellt, die einen relativ reibungslosen Übergang vom alten zum neuen Reich nahelegen: An-

drew Lawler, »Did Egypt's Old Kingdom Die-or Simply Fade Away?«, *National Geographic*, 24. Dezember 2015, https://www.nationalgeographic.com/history/article/151224-egypt-climate-change-old-kingdom-archaeology.

25 Für eine Reihe von Alternativhypothesen, zusätzlich zur Monsun-/Passatwind-hypothese, siehe: Sarah M. White, A. Christina Ravelo und Pratigya J. Polissar, »Dampened El Niño in the Early and Mid-Holocene Due to Insolation-Forced Warming/Depening of the Thermocline«, *Geophysical Research Letters* 45, 316-326 (2017), https://doi.org/10.1002/2017GL075433.

26 Northern Illinois University, »Archaeologists Shed New Light on Americas' Earliest Known Civilization«, *Science Daily*, 4. Januar 2005, https://www.sciencedaily.com/releases/2005/01/050104112957.htm.

27 Andrew Lawler, »Did Egypt's Old Kingdom Die-or Simply Fade Away?«.

28 Siehe z.B.: Kyle Harper, »6 Ways Climate Change and Disease Helped Topple the Roman Empire«, *Vox*, 4. November, 2017, https://www.vox.com/the-big-idea/2017/10/30/16568716/six-ways-climate-change-disease-toppled-roman-empire; Kyle Harper, »How Climate Change and Plague Helped Bring Down the Roman Empire«, *Smithsonian Magazine*, 19. Dezember 2017, https://www.smithsonianmag.com/science-nature/how-climate-change-and-disease-helped-fall-rome-180967591/.

29 Siehe: Dagomar Degroot, Kevin Anchukaitis, Martin Bauch, Jakob Burnham, Fred Carnegy, u. a., »Towards a Rigorous Understanding of Societal Responses to Climate Change«, *Nature* 591, 539-550 (2021), https://doi.org/10.1038/s41586-021-03190-2; J. Luterbacher, J. P. Werner, J. E. Smerdon, L. Fernández-Donado, F. J. González-Rouco, u. a., »European Summer Temperatures Since Roman Times«, *Environmental Research Letters* 11, 024001 (2016), https://doi.org/10.1088/1748-9326/11/2/024001.

30 Drew T. Shindell, Gavin A. Schmidt, Michael E. Mann, David Rind und Anne Waple, »Solar Forcing of Regional Climate Change During the Maunder Minimum«, *Science* 294, 2149–2152 (2001), https://doi.org/10.1126/science.1064363; Ilya G. Usoskin, »A History of Solar Activity over Millennia«. *Living Reviews in Solar Physics* 10, 1 (2013), https://doi.org/10.12942/lrsp-2013-1.

31 Degroot u. a., »Towards a Rigorous Understanding of Societal Responses to Climate Change«.

32 Sarah Zielinski, »Plague Pandemic May Have Been Driven by Climate, Not Rats,« *Smithsonian Magazine*, 23. Februar 2015, https://www.smithsonianmag.com/science-nature/plague-pandemic-may-have-been-driven-climate-not-rats-180954378/ Im Jahr 1453 n. Chr. ereignete sich zufällig auch einer der größten Vulkanausbrüche der letzten 1.000 Jahre: der Ausbruch von Kuwae in Vanuatu im tropischen westlichen Pazifik. Es gibt jedoch keine Beweise dafür, dass er beim Fall von Konstantinopel in jenem Jahr irgendeine Rolle gespielt hat. Zufälle gibt es!

33 Siehe Michael E. Mann, Zhihua Zhang, Scott Rutherford, Raymond S. Bradley, Malcolm K. Hughes,, u. a., »Global Signatures and Dynamical Origins of the Little Ice Age and Medieval Climate Anomaly,« *Science* 326, 1256–1260 (2009), https://doi.org/10.1126/science.1177303; Michael E. Mann, »Beyond the Hock-

ey Stick: Climate Lessons from the Common Era«, *Proceedings of the National Academy of Sciences* 118(39), e2112797118 (2021), https://doi.org/10.1073/pnas.2112797118.

34 Eli Kintisch, »Why Did Greenland's Vikings Disappear?«, *Science*, 10. November 2016, https://www.science.org/content/article/why-did-greenland-s-vikings-disappear; George Dvorsky, »Over-Hunting Walruses Likely Forced Vikings to Abandon Greenland«, *Gizmodo*, 7. Januar 2020, https://gizmodo.com/over-hunting-walruses-likely-forced-vikings-to-abandon-1840859102; Michael E. Mann, »Medieval Climatic Optimum«, in Michael C. MacCracken und John S. Perry (Hrsg.), *Encyclopedia of Global Environmental Change*, London: John Wiley and Sons Ltd., 2001, 514–516; Michael E. Mann, »Little Ice Age«, in Michael C. MacCracken und John S. Perry (Hrsg.), *Encyclopedia of Global Environmental Change*, London: John Wiley and Sons Ltd, 2001, 504–509.

35 Jeffrey S. Dean, William H. Doelle und Janet D. Orcutt, »Adaptive Stress: Environment and Demography,« in George J. Gumerman (Hrsg.), *Themes in Southwest Prehistory*, Santa Fe: School for Advanced Research, 1993, 53–86; Robert L. Axtell, Joshua M. Epstein, Jeffrey S. Dean, George J. Gumerman, Alan C. Swedlund, u. a., »Population Growth and Collapse in a Multiagent Model of the Kayenta Anasazi in Long House Valley«, *Proceedings of the National Academy of Sciences* 99, 7275–7279 (2002), https://doi.org/10.1073/pnas.092080799.

36 Degroot u. a., »Towards a Rigorous Understanding of Societal Responses to Climate Change«.

37 Mike Duncan, »Climate Chaos Helped Spark the French Revolution – and Holds a Dire Warning for Today«, *Time*, 20. Oktober 2021, https://time.com/6107671/french-revolution-history-climate/.

38 Einen beispielhaften Bericht finden Sie unter: Michael Reilly, »'Little Ice Age' Hastened Fall of Aztecs, Incas«, *NBC News*, 22. Dezember 2008, https://www.nbcnews.com/id/wbna28353083; Charles C. Mann, 1491: *New Revelations of the Americas Before Columbus,* New York: Vintage Books, 2006; Peter M. J. Douglas, Arthur A. Demarest, Mark Brenner und Marcello A. Canuto, »Impacts of Climate Change on the Collapse of Lowland Maya Civilization«, *Annual Review of Earth and Planetary Sciences* 44, 613–645 (2016), https://doi.org/10.1146/annurev-earth-060115-012512 .

39 William F. Ruddiman, *»Plows, Plagues, and Petroleum: How Humans Took Control of Climate«,* Princeton: Princeton University Press, 2005.

40 Richard J. Blaustein, »William Ruddiman and the Ruddiman Hypothesis«, *Humans and Nature*, 27. September 2015, https://humansandnature.org/william-ruddiman-and-the-ruddiman-hypothesis/.

41 Carl Sagan, *»Billions and Billions: Thoughts on Life and Death at the Brink of the Millennium«,* New York: Random House, 1997.

42 Hannah Miao, »Climate Change Is a Major Factor Behind Increased Migration at U.S. Southern Border, Experts Say«, *CNBC*, 18. April 2021, https://www.cnbc.com/2021/04/18/us-mexico-border-climate-change-factor-behind-increased-migration.html.

43 Andrew Freedman, »The Worst Drought in 900 Years Helped Spark Syria's Civil War«, *Mashable*, 2. März 2016, https://mashable.com/article/syria-drought-900-years-civil-war; Colin P. Kelley, Shahrzad Mohtadi, Mark A. Cane, Richard Seager und Yochanan Kushnir, »Climate Change in the Fertile Crescent and Implications of the Recent Syrian Drought«, *Proceedings of the National Academy of Sciences* 112, 3241–3246 (2015), https://doi.org/10.1073/pnas.1421533112.

Kapitel Zwei | Gaia und Medea: Schneeball-Erde und die schwache junge Sonne

1 Für eine Anwendung von Energiebilanzmodellen, siehe: Michael E. Mann, »Earth Will Cross the Climate Danger Threshold by 2036«, *Scientific American*, 1. April 2014, https://www.scientificamerican.com/article/earth-will-cross-the-climate-danger-threshold-by-2036/. Eine elementare Diskussion der Mathematik wird in diesem ergänzenden Beitrag beschrieben: Michael E. Mann, »Why Global Warming Will Cross a Dangerous Threshold in 2036«, *Scientific American*, 1. April 2014, https://www.scientificamerican.com/article/mann-why-global-warming-will-cross-a-dangerous-threshold-in-2036/.

2 Carl Sagan und George Mullen, »Earth and Mars: Evolution of Atmospheres and Surface Temperatures«, *Science* 177, 52-56 (1972), https://doi.org/10.1126/science.177.4043.52

3 Für eine gute Hintergrunddiskussion, siehe: Lee R. Kump, James F. Kasting und Robert G. Crane, »*The Earth System*«, dritte Auflage, San Francisco: Prentice Hall, 2010.

4 Lynn Margulis, »Gaia Is a Tough Bitch«, in John Brockman (Hrsg.), »*The Third Culture: Beyond the Scientific Revolution*«, New York: Touchstone, 1995, 7. Kapitel.

5 James E. Lovelock und Lynn Margulis, »Atmospheric Homeostasis by and for the Biosphere: Die Gaia-Hypothese«, *Tellus* 26(1-2), 2-10 (1974), https://doi.org/10.3402/tellusa.v26i1-2.9731.

6 John Postgate, »Gaia Gets Too Big for Her Boots«, *New Scientist* 118(1607), 60 (1988), zitiert in Michael Ruse, »Earth's Holy Fool?«, *Aeon*, 14. Januar 2013, https://aeon.co/essays/gaia-why-some-scientists-think-its-a-nonsensical-fantasy.

7 Robert A. Berner, »Weathering, Plants, and the Long-Term Carbon Cycle«, *Geochimica et Cosmochimica Acta* 56(8), 3225-3231 (1992), https://doi.org/10.1016/0016-7037(92)90300-8.

8 Ein Profil von Lovelock finden die Leser in der ersten Ausgabe von »*Dire Predictions: Understanding Global Warming*«, New York: Pearson, 2008, von meinem ehemaligen Kollegen Lee R. Kump von der Penn State Geosciences und mir. Kump war seit Mitte der 1990er Jahre ein Mitarbeiter Lovelocks.

9 Für eine technischere Beschreibung von Daisyworld, siehe: »*The Earth System*«, Kump u. a.. Eine umfassendere Diskussion bietet Lovelock, siehe: James Lovelock, »*Healing Gaia: Practical Medicine for the Planet*«, New York: Harmony Books, 1991.

10 D. A. Evans, N. J. Beukes und J. L. Kirschvink, »Low-Latitude Glaciation in the Palaeoproterozoic Era«, *Nature* 386, 262-266 (1997), https://doi.org/10.1038/386262a0; George E. Williams und Phillip W. Schmidt, »Paleomagnetism of the Paleoproterozoic Gowganda and Lorrain Formations, Ontario: Low Paleolatitude for Huronian Glaciation«, *Earth and Planetary Science Letters* 153(3-4), 157-169 (1997), https://doi.org/10.1016/S0012-821X(97)00181-7. Frühe Beweise für Tillite in niedrigen Breitengraden wurden zum Beispiel erbracht von: W. B. Harland, »Critical Evidence for a Grat Infra-Cambrian Glaciation«, *Geologische Rundschau* 54 (1), 45-61 (1964), https://doi.org/10.1007/BF01821169. Beweise für Dropstones werden diskutiert in: S. K. Donovan und R. K. Pickerill, »Dropstones: Their Origin and Significance: A Comment«, Palaeo geography, Palaeoclimatology, *Palaeoecology* 131(1-2), 175-178 (1997), https://doi.org/10.1016/S0031-0182(96)00150-2. Der Nachweis von Gletscherschliffen wurde erbracht von: P. A. Jensen und E. Wulff-Pedersen, »Glacial or Non-glacial Origin for the Bigganjargga Tillite, Finnmark, Northern Norway«, *Geological Magazine* 133(2), 137-145 (1996), https://doi.org/10.1017/S0016756800008657; A. Bekker, A. J. Kaufman, J. A. Karhu und K. A. Eriksson, »Evidence for Paleoproterozoic Cap Carbonates in North America«, *Precambrian Research* 37, 167-206 (2005), https://doi.org/10.1016/j.precamres.2005.03.009.

11 Robert E. Kopp, Joseph L. Kirschvink, Isaac A. Hilburn und Cody Z. Nash, »The Paleoproterozoic Snowball Earth: A Climate Disaster Triggered by the Evolution of Oxygenic Photosynthesis«, *Proceedings of the National Academy of Sciences* 102(32), 11131-11136 (2005), https://doi.org/10.1073/pnas.0504878102. Einige Wissenschaftler haben diese Interpretation in Frage gestellt. Alcott und Kollegen behaupten, dass diese Sauerstoffspitze durch natürliche, langfristige geochemische Zyklen entstanden sein könnte: Lewis J. Alcott, Benjamin J. W. Mills und Simon W. Poulton, »Stepwise Earth Oxygenation Is an Inherent Property of Global Biogeochemical Cycling«, *Science* 366, 1333-1337 (2019), https://doi.org/10.1126/science.aax6459. Andere neuere Arbeiten argumentieren weiterhin, dass Mikroben tatsächlich die Hauptrolle spielten: Haitao Shang, Daniel H. Rothman und Gregory P. Fournier, »Oxidative Metabolisms Catalyzed Earth's Oxygenation«, *Nature Communications* 13, 1328 (2022), https://doi.org/10.1038/s41467-022-28996-0. Die vorherrschende Meinung ist jedoch, dass sich die sauerstoffhaltige Photosynthese 10 bis 100 Millionen Jahre vor dem Großen Sauerstoffereignis entwickelt haben könnte, dass aber ein großer Eintrag reduzierender Gase aus dem Erdmantel die Sauerstoffspitze wahrscheinlich verzögerte; siehe z. B.: Lee R. Kump, »Hypothesized Link Between Neoproterozoic Greening of the Land Surface and the Establishment of an Oxygen-Rich Atmosphere«, *Proceedings of the National Academy of Sciences* 111, 14062-14065 (2014), https://doi.org/10.1073/pnas.132149611. Jüngste Analysen von Schwefelisotopendaten zeigen, dass die Vergletscherung auf den Sauerstoffanstieg folgte, was die alternative Hypothese ausschließt, dass die Vergletscherung selbst der Grund für das Große Sauerstoffereignis war: Matthew R. Warke, Tommaso Di Rocco, Aubrey L. Zerkle, Aivo Lepland, Anthony R. Prave,

u. a., »The Great Oxidation Event Preceded a Paleoproterozoic ‚Snowball Earth'«, *Proceedings of the National Academy of Sciences* 117, 13314-13320 (2020), https://doi.org/10.1073/pnas.2003090117.

12 Peter Ward, »*The Medea Hypothesis: Is Life on Earth Ultimately Self-Destructive?*«, Princeton University Press, 2009.

13 Christopher McKay, »Thickness of Tropical Ice and Photosynthesis on a Snowball Earth«, *Geophysical Research Letters* 27(14), 2153-2156 (2000), https://doi.org/10.1029/2000GL008525.

14 Das Titelblatt der Januar-Ausgabe 2000 des *Scientific American* bewarb einen Artikel über die vermutete Eiszeit im Neoproterozoikum mit dem Titel »Beyond ice ages: Eine Sternchentheorie über die gefrorene Vergangenheit unseres Planeten«; Paul F. Hoffman und Daniel P. Schrag, »Snowball Earth«, *Scientific American* 282(1), 68-75 (2000). Siehe auch: Paul F. Hoffman, Alan J. Kaufman, Galen P. Halverson und Daniel P. Schrag, »A Neoproterozoic Snowball Earth«, *Science* 281, 1342-1346 (1998), https://doi.org/10.1126/science.281.5381.1342; Jakub Žárský, Vojtěch Žárský, Martin Hanáček und Viktor Žárský, »Cryogenian Glacial Habitats as a Plant Terrestrialisation Cradle-The Origin of the Anydrophytes and Zygnematophyceae Split«, *Frontiers in Plant Science* 12, 735020 (2021), https://doi.org/10.3389/fpls.2021.735020; Kump, »Hypothesized Link Between Neoproterozoic Greening of the Land Surface and the Establishment of an Oxygen-Rich Atmosphere.«

15 Siehe z. B.: N. M. Chumakov, »A Problem of Total Glaciations on the Earth in the Late Precambrian«, *Stratigraphy and Geological Correlation* 16, 107-119 (2008), https://doi.org/10.1134/S0869593808020019; Philip A. Allen und James L. Etienne, »Sedimentary Challenge to Snowball Earth«, *Nature Geoscience* 1, 817-825 (2008), https://doi.org/10.1038/ngeo355; Nicholas Eyles und Nicole Januszczak, »›Zipper-Rift‹: A Tectonic Model for Neoproterozoic Glaciations During the Breakup of Rodinia after 750 Ma«, *Earth-Science Reviews* 65(1-2), 1-73 (2004), https://doi.org/10.1016/S0012-8252(03)00080-1; Jiasheng Wang, Ganqing Jiang, Shuhai Xiao, Qing Li und Qing Wei, »Carbon Isotope Evidence for Widespread Methane Seeps in the ca. 635 Ma Doushantuo Cap Carbonate in South China«, *Geology* 36(5), 347-350 (2008), https://doi.org/10.1130/G24513A.1; William T. Hyde, Thomas J. Crowley, Steven K. Baum und W. Richard Peltier, »Neoproterozoic ›Snowball Earth‹ Simulations with a Coupled Climate/Ice-Sheet Model«, *Nature* 405, 425-429 (2000), https://doi.org/10.1038/35013005; Daniel P. Schrag und Paul F. Hoffman, »Life, Geology and Snowball Earth«, *Nature* 409, 306 (2001), https://doi.org/10.1038/35053170.

16 Eine gute Übersicht findet sich in: Kendal McGuffie und Ann Henderson-Sellers, »A Climate Modelling Primer«, New York: Wiley, 1987. Siehe auch: Georg Feulner, »The Faint Young Sun Problem«, *Reviews of Geophysics* 50(2), RG2006 (2012), https://doi.org/10.1029/2011RG000375. Für die ursprüngliche Arbeit von Budyko und Sellers, siehe: M. I. Budyko, »The Effect of Solar Radiation Variations on the Climate of the Earth«, *Tellus* 21(5), 611-619 (1969); William D. Sellers, »A Global Climatic Model Based on the Energy Balance of the Earth-Atmosphere System«, *Journal of Applied Meteorology and Climatology* 8(3), 392-400 (1969).

17 Der Begriff »*Snowball Earth*« wurde geprägt in: Joseph Kirschvink, »Late Proterozoic Low-Latitude Global Glaciation: The Snowball Earth«, in J. William Schopf und Cornelis Klein (Hrsg.), »*The Proterozoic Biosphere: A Multidisciplinary Study*«, New York: Cambridge University Press, 1992, 51-52.
18 Feulner, »The Faint Young Sun Problem«.
19 M. I. Budyko, »The Future Climate«, *Eos* 53(10), 868-874 (1972), https://doi.org/10.1029/EO053i010p00868.
20 Dirk Notz und Julienne Stroeve, »Observed Arctic Sea-Ice Loss Directly Follows Anthropogenic CO_2 Emission«, *Science* 354, 747-750 (2016), https://doi.org/10.1126/science.aag2345.

Kapitel Drei: Das Grosse Aussterben war alles andere als grossartig

1 Siehe Steven M. Holland »Ordovizisch-silurisches Aussterben« in der *Encyclopedia Britannica*, zuletzt aktualisiert am 1. Juni 2020, https://www.britannica.com/science/Ordovician-Silurian-extinction. Es ist erwähnenswert, dass das Massenaussterben in zwei Phasen stattfand und dass andere Faktoren – einschließlich der Sauerstoffarmut in den Ozeanen – in der späteren Phase eine Rolle gespielt haben könnten.
2 Robert A. Berner, »GEOCARBSULF: A combined model for Phanerozoic atmospheric O_2 and CO_2«, *Geochimica et Cosmochimica Acta*, 70 (2006), pp. 5653-5664. https://doi.org/10.1016/j.gca.2005.11.032.
3 Jeffery T. Kiehl und Christine A. Shields, «Climate Simulation of the Latest Permian: Implications for Mass Extinction,« *Geology* 33(9), 757–760 (2005), https://doi.org/10.1130/G21654.1; R. M. H. Smith, «Changing Fluvial Environments Across the Permian-Triassic Boundary in the Karoo Basin, South Africa and Possible Causes of Tetrapod Extinctions,« *Palaeogeography, Palaeoclimatology, Palaeoecology* 117(1–2), 81–104 (1995), https://doi.org/10.1016/0031-0182(94)00119-S; Robert A. Berner, «Examination of Hypotheses for the Permo–Triassic Boundary Extinction by Carbon Cycle Modeling,« *Proceedings of the National Academy of Sciences* 99(7), 4172–4177 (2002), https://doi.org/10.1073/pnas.032095199.
4 Raymond B. Huey und Peter D. Ward, »Hypoxia, Global Warming, and Terrestrial Late Permian Extinctions«, *Science* 308, 398–401 (2005), https://doi.org/10.1126/science.1108019; Robert J. Brocklehurst, Emma R. Schachner, Jonathan R. Codd und William I. Sellers, »Respiratory Evolution in Archosaurs«, *Philosophical Transactions of the Royal Society* B 375, 20190140 (1793), https://doi.org/10.1098/rstb.2019.0140.
5 Siehe Pressemeldungen des MIT, die zwei Studien beschreiben : Jennifer Chu, »An Extinction in the Blink of an Eye«, *MIT News,* 10. Februar 2014, https://news.mit.edu/2014/an-extinction-in-the-blink-of-an-eye-0210; Jennifer

Chu, »Siberian Traps Likely Culprit for End-Permian Extinction«, *MIT News*, 16. September 2015, https://news.mit.edu/2015/siberian-traps-end-permian-extinction-0916.

6 Siehe: Ying Cui und Lee R. Kump, »Global Warming and the End-Permian Extinction Event: Proxy and Modeling Perspectives«, *Earth-Science Reviews* 149, 5–22 (2015), https://doi.org/10.1016/J.Earscirev.2014.04.007.

7 Siehe: Scripps Institution for Oceanography, »Mauna Loa and South Pole Isotopic 13C Ratio«, *Scripps CO_2 Program*, zuletzt im Januar 2023 aktualisiert, https://scrippsco2.ucsd.edu/graphics_gallery/isotopic_data/mauna_loa_and_south_pole_isotopic_c13_ratio.html.

8 Thure E. Cerling, »Carbon Dioxide in the Atmosphere: Evidence from Cenozoic and Mesozoic Paleosols«, *American Journal of Science* 291, 377–400 (1991), https://doi.org/10.2475/ajs.291.4.377.

9 Yuyang Wu, Daoliang Chu, Jinnan Tong, Haijun Song, Jacopo Dal Corso, u. a., »Six-Fold Increase of Atmospheric pCO_2 During the Permian-Triassic Mass Extinction«, *Nature Communications* 12, 2137 (2021), https://doi.org/10.1038/s41467-021-22298-7.

10 Siehe: Cui und Kump, »Global Warming and the End-Permian Extinction Event: Proxy and Modeling Perspectives«. Eine Komplikation besteht darin, dass das derzeitige Erwärmungsmuster die verstärkenden Auswirkungen der Eisschmelze in den hohen Breiten widerspiegelt. Es ist möglich, dass es im späten Perm nur sehr wenig Eis gegeben hat. Wenn das stimmt, wäre die Erwärmung in den hohen Breiten weniger verstärkt worden, und der Anpassungsfaktor wäre daher kleiner, vielleicht nicht viel größer als 1.

11 Wu u. a., »Six-Fold Increase of Atmospheric pCO_2 During the Permian-Triassic Mass Extinction«.

12 Der Originalbericht heißt »Ad Hoc Study Group on Carbon Dioxide and Climate«, *Carbon Dioxide and Climate: A Scientific Assessment*, Washington, DC: National Academy of Sciences, 1979. Siehe auch: Neville Nicholls, »40 Years Ago, Scientists Predicted Climate Change. And Hey, They Were Right«, *The Conversation*, 22. Juli 2019, https://theconversation.com/40-years-ago-scientists-predicted-climate-change-and-hey-they-were-right-120502; Reto Knutti und Gabriele C. Hegerl, »The Equilibrium Sensitivity of the Earth's Temperature to Radiation Changes«, *Nature Geoscience* 1, 735–743 (2008), https://doi.org/10.1038/ngeo337.

13 Adam Morton, »Summer's Bushfires Released More Carbon Dioxide than Australia Does in a Year«, *The Guardian*, 21. April 2020, https://www.theguardian.com/australia-news/2020/apr/21/summers-bushfires-released-more-carbon-dioxide-than-australia-does-in-a-year.

14 Daniel J. Lunt, Alan M. Haywood, Gavin A. Schmidt, Ulrich Salzmann, Paul J. Valdes und Harry J. Dowsett, »Earth System Sensitivity Inferred from Pliocene Modelling and Data«, *Nature Geoscience* 3, 60–64 (2010), https://doi.org/10.1038/ngeo706.

15 Dana L. Royer, Robert A. Berner, and Jeffrey Park, »Climate Sensitivity Constrained by CO_2 Concentrations over the Past 420 Million Years«, *Nature* 446, 530–532 (2007), https://doi.org/10.1038/nature05699.

16 Siehe: Michael E. Mann, »Beyond the Hockey Stick: Climate Lessons from the Common Era«, *Proceedings of the National Academy of Sciences* 118(39), e2112797118, https://doi.org/10.1073/pnas.2112797118, 2021.
17 Siehe: M. O. Clarkson, S. A. Kasemann, R. A. Wood, T. M. Lenton, S. J. Daines, u. a., »Ocean Acidification and the Permo-Triassic Mass Extinction«, *Science* 348, 229–232 (2015), https://doi.org/10.1126/science.aaa0193.
18 Wu u. a., »Six-Fold Increase of Atmospheric pCO_2 During the Permian– Triassic Mass Extinction«.
19 Andrew H. Knoll, Richard K. Bambach, Jonathan L. Payne, Sara Pruss,und Woodward W. Fischer, »Paleophysiology and End-Permian Mass Extinction«, *Earth and Planetary Science Letters* 256(3–4), 295–313 (2007), https://doi.org/10.1016/j.epsl.2007.02.018.
20 Guancheng Li, Lijing Cheng, Jiang Zhu, Kevin E. Trenberth, Michael E. Mann und John P. Abraham, »Increasing Ocean Stratification over the Past Half-Century«, *Nature Climate Change* 10, 1116–1123 (2020), https://doi.org/10.1038/s41558-020-00918-2. Für eine Zusammenfassung der Ergebnisse des Artikels siehe: Michael E. Mann, »The Oceans Appear to Be Stabilizing. Here's Why It's Very Bad News«, *Newsweek*, 28. September 2020, https://www.newsweek.com/climate-change-oceans-stabilizing-1534512.
21 Michael R. Rampino und Ken Caldeira, »Major Perturbation of Ocean Chemistry and a 'Strangelove Ocean' After the End-Permian Mass Extinction«, *Terra Nova* 17(6), 554–559 (2005), https://doi.org/10.1111/j.1365-3121.2005.00648.x.
22 Lee R. Kump, Alexander Pavlov und Michael A. Arthur, »Massive Release of Hydrogen Sulfide to the Surface Ocean and Atmosphere During Intervals of Oceanic Anoxia«, *Geology* 33(5), 397–400 (2005), https://doi.org/10.1130/G21295.1.
23 Arthur Capet, Emil V. Stanev, Jean-Marie Beckers, James W. Murray und Marilaure Grégoire, »Decline of the Black Sea Oxygen Inventory«, *Biogeosciences* 13(4), 1287–1297 (2016), https://doi.org/10.5194/bg-13-1287-2016; Peter Schwartzstein, »The Black Sea Is Dying, and War Might Push it Over the Edge«, *Smithsonian Magazine*, 11. Mai 2016, https://www.smithsonianmag.com/science-nature/black-sea-dying-and-war-might-push-it-over-edge-180959053/.
24 Henk Visscher, Cindy V. Looy, Margaret E. Collinson, Henk Brinkhuis, Johanna H. A. van Konijnenburg-van Cittert, u. a., »Environmental Mutagenesis During the End-Permian Ecological Crisis«, *Proceedings of the National Academy of Sciences* 101, 12952–12956 (2004), https://doi.org/10.1073/pnas.0404472101.
25 »Global Warming Led to Climatic Hydrogen Sulfide and Permian Extinction«, Pressemeldung Penn State, 21. Februar 2005, https://www.psu.edu/news/research/story/global-warming-led-climatic-hydrogen-sulfide-and-permian-extinction/.
26 John Quiggin, »Australia Has Stalled for Too Long, We Need to Quit Fossil Fuels Now«, *Gizmodo*, 7. April 2022, https://www.gizmodo.com.au/2022/04/australia-has-stalled-for-too-long-we-need-to-quit-fossil-fuels-now/.
27 Andrew Freedman, »Australia Fires: Yearly Greenhouse Gas Emissions Nearly Double Due to Historic Blazes«, *The Independent*, 25. Januar 2020, https://www.independent.co.uk/news/world/australasia/australia-fires-greenhouse-gasemissions-climate-crisis-fossil-fuel-a9301396.html; Laura Millan Lom-

brana Hayley Warren, and Akshat Rathi, »Measuring the Carbon-Dioxide Cost of Last Year's Worldwide Wildfires«, Bloomberg, 10. Februar 2020, https://www.bloomberg.com/graphics/2020-fire-emissions; Rhett A. Butler, «Amazon Destruction«, Mongabay, 23. November 2021, https://rainforests.mongabay.com/amazon/amazon_destruction.html; Fiona Harvey, »Tropical Forests Losing Their Ability to Absorb Carbon, Study Finds«, The Guardian, 4. März 2020, https://www.theguardian.com/environment/2020/mar/04/tropical-forests-losing-their-ability-to-absorb-carbon-study-finds; Wannes Hubau, Simon L. Lewis, Oliver L. Phillips, Kofi Affum-Baffoe, Hans Beeckman, , »Asynchronous Carbon Sink Saturation in African and Amazonian Tropical Forests«, Nature 579, 80–87 (2020), https://doi.org/10.1038/s41586-0202035-0.

28 Siehe Scripps Institution for Oceanography, »Scripps O_2 Global Oxygen Measurements«, *Scripps O_2 Program*, abgerufen am 9. April 2022, https://scrippso2.ucsd.edu/.

29 »Global Warming Led to Climatic Hydrogen Sulfide and Permian Extinction«, Pressemeldung Penn State; Andreas Oschlies, Peter Brandt, Lothar Stramma und Sunke Schmidtko, »Drivers and Mechanisms of Ocean Deoxygenation«, *Nature Geoscience* 11, 467–473 (2018), https://doi.org/10.1038/s41561-018-0152-2.

30 Einen guten Überblick bietet die National Oceanic and Atmospheric Administration: »Understanding Ocean Acidification«, *NOAA Fisheries*, abgerufen am 9. April 2022, https://www.fisheries.noaa.gov/insight/understanding-ocean-acidification. Siehe zum Beispiel diesen Bericht der International Union for Conservation of Nature: »Latin American and Caribbean Countries Threatened by Rising Ocean Acidity, Experts Warn«, *IUCN*, 3. April 2018, https://www.iucn.org/news/secretariat/201804/latin-american-and-caribbean-countries-threatened-rising-ocean-acidity-experts-warn.

31 O. Hoegh-Guldberg, P. J. Mumby, A. J. Hooten, R. S. Steneck, P. Greenfield, u. a., »Coral Reefs Under Rapid Climate Change and Ocean Acidification«, *Science* 318, 1737–1742 (2007), https://doi.org/10.1126/science.1152509.

32 Kelsey Piper, »When the World Actually Solved an Environmental Crisis«, *Vox*, 3. Oktober 2021, https://web.archive.org/web/20211003120318, / https://www.vox.com/futureperfect/22686105/future-of-life-ozone-hole-environmental-crisis.

33 Siehe zum Beispiel Ian Johnston, »Earth's Worst-Ever Mass Extinction of Life-Holds ‚Apocalyptic' Warning About Climate Change, Say Scientists«, *The Independent*, 24. März 2017, https://www.independent.co.uk/climate-change/news/earth-permian-mass-extinction-apocalypse-warning-climate-change-frozen-methane-a7648006.html; Dana Nuccitelli, »There are Genuine Climate Alarmists, but They're Not in the Same League as Deniers«, *The Guardian*, 9. Juli 2018, https://www.theguardian.com/environment/climate-consensus-97-percent/2018/jul/09/there-are-genuine-climate-alarmists-but-theyre-not-in-the-same-league-as-deniers; Timothy Gardner, »Global Methane Emissions Rising Dueto Oil and Gas, Agriculture–Studies«, *Reuters*, 14. Juli 2020, https://www.reuters.com/article/us-climate-change-methane/global-methane-emissions-rising-due-to-oil-and-gas-agriculture-studies-idUSKCN24F2X8.

Kapitel Vier | Mächtiger Brontosaurus: Hast du keine Lektion für uns?

1 Luis W. Álvarez, Walter Álvarez, Frank Asaro, und Helen V. Michel, »Extraterrestrial Cause for the Cretaceous-Tertiary Extinction«, *Science* 208, 1095–1108 (1980), https://doi.org/10.1126/science.208.4448.1095.

2 Die einzige Ausnahme ist das semiterrestrische Krokodil. Für eine umfassende Übersicht siehe: Peter Schulte, Laia Alegret, Ignacio Arenillas, Jos. A. Arz, Penny J. Barton, u. a., »The Chicxulub Asteroid Impact and Mass Extinction at the Cretaceous-Paleogene Boundary«, *Science* 327(5970), 1214–1218 (2010), https://doi.org/10.1126/science.1177265.

3 »Bolide«, *Wikipedia*, aufgerufen am 25. April 2022, https://en.wikipedia.org/wiki/Bolide; Alan R. Hildebrand und William V. Boynton, »Proximal Cretaceous-Tertiary Boundary Impact Deposits in the Caribbean«, *Science* 248(4957), 843–847 (1990), https://doi.org/10.1126/science.248.4957.843.

4 Nicholas St. Fleur, »Drilling into the Chicxulub Crater, Ground Zero of the Dinosaur Extinction«, *New York Times,* 17. November 2016, https://www.nytimes.com/2016/11/18/science/chicxulub-crater-dinosaur-extinction.html; Daphne Leprince-Ringuet, »Supercomputer Simulates the Impact of the Asteroid that Wiped out Dinosaurs«, *ZDNET*, 26. Mai 2020, https://www.zdnet.com/article/supercomputer-simulates-the-impact-of-the-asteroid-that-wiped-out-dinosaurs/; David Kindy, »Mile-High Tsunami Caused by Dinosaur-Killing Asteroid Left Behind Towering ‚Megaripples'«, *Smithsonian Magazine,* 19. Juli 2021, https://www.smithsonianmag.com/smart-news/mile-high-tsunami-caused-dinosaur-killing-asteroid-left-behind-towering-megaripples-180978229/.

5 Jonathan Amos, »Tanis: Fossil Found of Dinosaur Killed in Asteroid Strike, Scientists Claim«, *BBC,* 6. April 2022, https://www.bbc.com/news/science-environment-61013740.

6 Nola Taylor Redd, »After the Dinosaur-Killing Impact, Soot Played a Remarkable Role in Extinction«, *Smithsonian Magazine,* 27. April 2020, https://www.smithsonianmag.com/science-nature/soot-dinosaur-impact-180974708/.

7 Siehe zum Beispiel: Elizabeth Kolbert, *»The Sixth Extinction: An Unnatural History«*, London, Bloomsbury, 2014.

8 Der Film, über den ich in *»The Hockey Stick and the Climate Wars«*, New York, Columbia University Press, 2012, berichte, hatte mich so beeindruckt, dass ich im folgenden Herbst in der Schule ein selbstlernendes Programm für das Spiel »Drei gewinnt« geschrieben habe.

9 Ronald Reagan, »White House Diaries: Monday, 10. Oktober 1983«, *The Ronald Reagan Presidential Foundation and Institute*, aufgerufen am 10. September, 2019, https://www.reaganfoundation.org/ronald-reagan/white-house-diaries/diary-entry-10101983/.

10 Siehe: »Carl«, *BabyCentre*, aufgerufen am 1. Mai 2022, https://www.babycentre.co.uk/babyname/1005569/carl; Polly Logan-Banks, »Number 7 Numerology«, BabyCentre, aufgerufen am 1. Mai 2022,

https://www.babycentre.co.uk/a25017039/number-7-in-numerology. Ich fühle mich gezwungen, darauf hinzuweisen, dass Carl Sagan, so treffend diese Beschreibung auch sein mag, zu den ersten gehören würde, die solche abergläubischen Einschätzungen zurückweisen. Und als wissenschaftlicher Mensch muss ich mich ihm anschließen. Aber ich fühle mich auch gezwungen, darauf hinzuweisen, dass Carl Jung dieses scheinbar ergänzende Beispiel für Gleichzeitigkeit begrüßt haben könnte.

11 R. P. Turco, O. B. Toon, T. P. Ackerman, J. B. Pollack, und C. Sagan, »Nuclear Winter: Global Atmospheric Consequences of Nuclear War«, *Science* 222, 1283–1292 (1983), https://doi.org/10.1126/science.222.4630.1283; eine umfassende Übersicht über den so genannten TTAPS-Artikel finden Sie unter: Naomi Oreskes und Erik M. Conway, »*Merchants of Doubt: How a Handful of Scientists Obscured the Truth on Issues from Tobacco Smoke to Global Warming*«, New York, Bloomsbury, 2010.

12 »President Obama Names Harvard Physicist John P. Holdren as Science Adviser«, *APS News*, Februar 2009, https://www.aps.org/publications/apsnews/200902/holdren.cfm ; Paul R. Ehrlich, Anne H. Ehrlich, und John P. Holdren, »*Ecoscience: Population, Resources, Environment*«, San Francisco: Freeman, 1977; Paul R. Ehrlich, John Harte, Mark A. Harwell, Peter H. Raven, Carl Sagan, u. a., »Long-Term Biological Consequences of Nuclear War«, *Science* 222, 1293–1300 (1983), https://doi.org/10.1126/science.6658451; Paul J. Crutzen und John W. Birks, »The Atmosphere After a Nuclear War: Twilight at Noon«, *Ambio* 11 (2/3), 114–125 (1982).

13 »Walking in Your Footsteps«. *The Police Wiki*, aufgerufen am 17. September 2021, http://www.thepolicewiki.org/Police_wiki/index.php?title=Walking_In_Your_Footsteps. Im Übrigen kann man mit dem Text durchaus ein wenig hadern. Man könnte beispielsweise anmerken, dass der Brontosaurus nicht dem K-Pg-Einschlag zum Opfer gefallen ist. Er starb tatsächlich 79 Millionen Jahre früher aus, in der späten Jurazeit. Damit dies nicht wie ein kleiner Datierungsfehler erscheint, sei darauf hingewiesen, dass zwischen dem Aussterben von *Brontosaurus* und dem K-Pg-Ereignis mehr Zeit verstrichen ist als seit dem K-Pg-Ereignis. Wenn wir schon über die Datierung streiten: Das K-Pg-Ereignis fand vor 66 Millionen Jahren statt, nicht vor den im Text erwähnten »50 Millionen Jahren«. Der *Brontosaurus* schließlich war 1982 noch nicht einmal ein »Ding«. In den 1970ern entdeckte man, dass es sich in Wirklichkeit um dieselbe Art handelt wie die früher benannte Art *Apatosaurus*. Bei der Benennung von Dinosauriern gilt: Wer zuerst kommt, mahlt zuerst. Die Paläontologen, die sich an die Regeln hielten, mussten dem armen *Brontosaurus* absagen. Aber ein einnehmendes Lied und eine treffende Metapher verdienen ein gewisses Maß an Nachsicht und poetischer Freiheit, und wir sollten diese kleinen Übertretungen verzeihen.

14 Ed Regis, »The Doomslayer«, *Wired*, 1. Februar 1997, https://www.wired.com/1997/02/the-doomslayer-2/; »World Scientists' Warning to Humanity«, *Union of Concerned Scientists*, 16. Juli 1992, https://www.ucsusa.org/resources/1992-world-scientists-warning-humanity; »A

Joint Statement by Fifty-Eight of the World's Scientific Academies«, *Population Summit of the World's Scientific Academies*, 1993, http://www.nap.edu/openbook.php?record_id=9148&page=R2.

15 Ich habe die Angelegenheit ausführlich erörtert in: »*Michael E. Mann, The Hockey Stick and the Climate Wars: Dispatches from the Front Lines*«, New York, Columbia University Press, 2012.

16 Ich hatte das Vergnügen, am 17. Februar 2021 in der Brooklyn Public Library an einem Autorengespräch mit Sasha Sagan über mein letztes Buch »*The New Climate War*« teilzunehmen. Es ist hier archiviert:: BPLvideos, »Green Series: Michael Mann on , The New Climate War' with Sasha Sagan« (video), *YouTube*, 24. Februar 2021, https://www.youtube.com/watch?v=nWbFnORuI4s.

17 Johnny Carson (Gastgeber), »*The Tonight Show*«, Episode 3885, am 2. März 1978 auf NBC ausgestrahlt; Matthew R. Francis, »When Carl Sagan Warned the World About Nuclear Winter«, *Smithsonian Magazine*, 15. November 2017, https://www.smithsonianmag.com/science-nature/when-carl-sagan-warned-world-about-nuclear-winter-180967198/.

18 Siehe zum Beispiel: Philip Ball, »Lessons from Cold Fusion, 30 Years On«, *Nature*, 27. Mai 2019, https://www.nature.com/articles/d41586-019-01673-x.

19 Associated Press, »Hansen and Hannah Arrested in West Virginia Mining Protest«, *The Guardian*, 24. Juni 2009, https://www.theguardian.com/environment/2009/jun/24/james-hansen-daryl-hannah-mining-protest; Jeanna Bryner, »NASA Climate Scientist Arrested in Pipeline Protest,« *Live Science*, 13. Februar 2013, https://www.livescience.com/27117-nasa-climate-scientist-arrest.html; Ethan Freedman, »It's Critical the Message Makes It to the Mainstream: NASA Climate Scientist Speaks on His Tearful Protest«, *The Independent*, 17. April 2022, https://www.independent.co.uk/climate-change/news/protest-nasa-scientist-rebellion-b2059788.html.

20 Siehe: Keay Davidson, *Carl Sagan: »A Life«*, New York: John Wiley & Sons, 2000.

21 J. Hansen, D. Johnson, A. Lacis, S. Lebedeff, P. Lee, u. a., »Climate Impact of Increasing Atmospheric Carbon Dioxide«, *Science* 213, 957–966 (1981), https://doi.org/10.1126/science.213.4511.957; Benjamin Franta, »Shell and Exxon's Secret 1980s Climate Change Warnings«, *The Guardian*, 19. September 2018, https://www.theguardian.com/environment/climate-consensus-97-per-cent/2018/sep/19/shell-and-exxons-secret-1980s-climate-change-warnings.

22 Siehe: U. S. National Academy of Sciences, »Understanding Climate Change: *A Program for Action*«, Washington, DC: National Academies Press, 1975; Thomas C. Peterson, William M. Connolley, und John Fleck, »The Myth of the 1970s Global Cooling Scientific Consensus«, *Bulletin of the American Meteorological Society* 89(9), 1325–1338 (2008), https://doi.org/10.1175/2008BAMS2370.1; S. I. Rasool und S. H. Schneider, »Atmospheric Carbon Dioxide and Aerosols: Effects of Large Increases on Global Climate«, *Science* 173, 138–141 (1971), https://doi.org/10.1126/science.173.3992.138.

23 Ein gutes Beispiel ist dieser äußerst irreführende Kommentar: Conrad Black, »The Moving Targets of the Climate Change Movement«, *The Hill*, 25. März 2021, https://thehill.com/opinion/energy-environment/544472-t he-moving-targets-of-the-climate-change-movement/.
24 Starley L. Thompson und Stephen H. Schneider, »Nuclear Winter Reappraised«, *Foreign Affairs*, Sommer 1986, https://www.foreignaffairs.com/articles/1986-06-01/nuclear-winter-reappraised; Owen Jarus, »The 9 Most Powerful Nuclear Weapon Explosions«, *Live Science*, 23. März 2022, https://www.livescience.com/most-powerful-nuclear-explosions; Curt Covey, Stephen H. Schneider, und Starley L. Thompson, »Global Atmospheric Effects of Massive Smoke Injections from a Nuclear War: Results from General Circulation Model Simulations«, *Nature* 308, 21–25 (1984), https://doi.org/10.1038/308021a0. Siehe auch: S. L. Thompson, V. V. Aleksandrov, G. L. Stenchikov, S. H. Schneider, C. Covey, und R. M. Chervin, »Global Climatic Consequences of Nuclear War: Simulations with Three Dimensional Models«, *Ambio* 13(4), 236–243 (1984).
25 Malcolm W. Browne, »Nuclear Winter Theorists Pull Back«, *New York Times*, 23. Januar 1990, https://www.nytimes.com/1990/01/23/science/nuclear-winter-theorists-pull-back.html; R. P. Turco, O. B. Toon, T. P. Ackerman, J. B. Pollack, und C. Sagan, »Climate and Smoke: An Appraisal of Nuclear Winter«, *Science* 247, 166–176 (1990), https://doi.org/10.1126/science.11538069.
26 Alan Robock, »Nuclear Winter Is a Real and Present Danger«, *Nature* 473, 275–275 (2011), https://doi.org/10.1038/473275a.
27 Siehe: Mann, *»The Hockey Stick and the Climate Wars«*.
28 William F. Buckley Jr., »The Specter of Nuclear War«, *The Washington Post*, 22. April 1985; Matthew R. Francis, »When Carl Sagan Warned the World About Nuclear Winter«, *Smithsonian Magazine*, 15. November 2017, https://www.smithsonianmag.com/science-nature/when-carl-sagan-warned-world-about-nuclear-winter-180967198/.
29 Siehe: Oreskes und Conway, »Merchants of Doubt«; Ross Gelbspan, » *The Heat Is On: The Climate Crisis, The Cover-up, The Prescription*«, New York: Basic Books, 1997; James Hoggan, mit Richard Littlemore, *»Climate Cover-Up: The Crusade to Deny Global Warming«*, Vancouver: Greystone, 2009; Mann, *»The Hockey Stick and the Climate Wars«*.
30 S. Fred Singer, »Is the ‚Nuclear Winter' Real?«, *Nature* 310, 625 (1984), https://doi.org/10.1038/310625a0; Jill Lepore, »The Atomic Origins of Climate Science: How Arguments About Nuclear Weapons Shaped the Debate over Global Warming«, *New Yorker*, 22. Januar 2017, https://www.newyorker.com/magazine/2017/01/30/the-atomic-origins-of-climate-science; Singer, »Is the ‚Nuclear Winter' Real?«; S. Fred Singer, »On a ‚Nuclear Winter'« (Brief), *Science* 227, 356 (1985), https://doi.org/10.1126/science.227.4685.356.a.
31 Für eine ausführliche Darstellung dieser Personen, einschließlich ihres Hintergrunds und der Geschichte, wie sie in von der Industrie finanzierte PR-Kampagnen verwickelt wurden, einschließlich der Leugnung des Klimawandels, siehe: Oreskes und Conway, *»Merchants of Doubt«*; Davidson, *Carl Sagan*; Mann, *» The Hockey Stick and the Climate Wars«*.

32 Oreskes und Conway, »*Merchants of Doubt*«, 2. Kapitel
33 Lepore, »The Atomic Origins of Climate Science«; Edward Teller, »Widespread After-Effects of Nuclear War«, *Nature* 310, 621–624 (1984), https://doi.org/10.1038/310621a0.
34 Siehe: Charles Schwartz, »Defying the Laws of Physics: A Professor Takes a Stand Against Star Wars«, *Sojourners*, Ma8 1987, https://sojo.net/magazine/may-1987/defying-laws-physics-professor-takes-stand-against-star-wars.
35 Sharon Begley, »The Truth About Denial«, *Newsweek*, 13. August 2007.
36 Robock, »Nuclear Winter Is a Real and Present Danger«.
37 Die moderierte Debatte zwischen Patrick Michaels und Alan Robock fand am 15. Juli 1997 statt, während der Konferenz »The Costs of Kyoto« am Competitive Enterprise Institute in Washington, DC. Ein Protokoll ist bei *Climate Files* verfügbar: https://www.climatefiles.com/deniers/patrick-michaels-collection/1997-cei-debate-climate-change-patrick-michaels-alan-robock/.
38 Carl Sagan, »With Science on Our Side«, *The Washington Post*, 9. Januar 1994, https://www.washingtonpost.com/archive/entertainment/books/1994/01/09/with-science-on-our-side/9e5d2141-9d53-4b4b-aa0f-7a6a0faff845/; Alfio Alessandro Chiarenza, Alexander Farnsworth, Philip D. Mannion, Daniel J. Lunt, Paul J. Valdes, u. a., »Asteroid Impact, Not Volcanism, Caused the End-Cretaceous Dinosaur Extinction«, *Proceedings of the National Academy of Sciences* 117(29), 17084–17093 (2020), https://doi.org/10.1073/pnas.2006087117; Paul R. Renne, Courtney J. Sprain, Mark A. Richards, Stephen Self, Lo.c Vanderkluysen, und Kanchan Pande, »State Shift in Deccan Volcanism at the Cretaceous-Paleogene Boundary, Possibly Induced by Impact«, *Science* 350(6256), 76–78 (2015), https://doi.org/10.1126/science.aac7549.
39 Manabu Sakamoto, Michael J. Benton, und Chris Venditti, »Dinosaurs in Decline Tens of Millions of Years Before Their Final Extinction«, *Proceedings of the National Academy of Sciences* 113(18), 5036–5040 (2016), https://doi.org/10.1073/pnas.1521478113.
40 Wallace S. Broecker und Tsung-Hung Peng, »*Tracers in the Sea*«, Palisades, NY: Lamont-Doherty Geological Observatory, 1982.
41 Broecker and Peng, »*Tracers in the Sea*«.
42 Steven D'Hondt, Percy Donaghay, James C. Zachos, Danielle Luttenberg, und Matthias Lindinger, »Organic Carbon Fluxes and Ecological Recovery from the Cretaceous-Tertiary Mass Extinction«, *Science* 282, 276–279 (1998), https://doi.org/10.1126/science.282.5387.276.
43 J. Brad Adams, Michael E. Mann, und Steven D'Hondt, »The Cretaceous-Tertiary Extinction: Modeling Carbon Flux and Ecological Response«, *Paleoceanography and Paleoclimatology* 19, PA1002 (2004), https://doi.org/10.1029/2002PA000849.
44 Jim Shelton, »Mystery Solved: Ocean Acidity in the Last Mass Extinction«, *Yale University News*, 21. Oktober 2019, https://news.yale.edu/2019/10/21/mystery-solved-ocean-acidity-last-mass-extinction; Michael J. Henehan, Andy Ridgwell, Ellen Thomas, Shuang Zhang, Laia Alegret, u. a., »Rapid Ocean Acidification

and Protracted Earth System Recovery Followed the End-Cretaceous Chicxulub Impact«, *Proceedings of the National Academy of Sciences* 116(45), 22500–22504 (2019), https://doi.org/10.1073/pnas.1905989116.
45 Henehan u. a., »Rapid Ocean Acidification and Protracted Earth System Recovery«.
46 T. J. Raphael und Jack D'Isidoro, »How the Threat of Nuclear Winter Changed the Cold War«, *The World*, 5. April 2016, https://theworld.org/stories/2016-04-05/how-threat-nuclear-winter-changed-cold-war.
47 Henry Jacoby, Benjamin Santer, Gary Yohe, und Richard Richels, »Fighting Climate Change in a Fragmented World«, *The Hill*, 7. Mai 2022, https://thehill.com/opinion/energy-environment/3479916-fighting-climate-change-in-a-fragmented-world/; Michael E. Mann, *Propagandaschlacht ums Klima: Wie wir die Anstifter klimapolitischer Untätigkeit besiegen,* Verlag Solare Zukunft, 2021
48 Gordon N. Inglis, Fran Bragg, Natalie J. Burls, Margot J. Cramwinckel, David Evans, u. a., »Global Mean Surface Temperature and Climate Sensitivity of the Early Eocene Climatic Optimum (EECO), Paleocene–Eocene Thermal Maximum (PETM), and Latest Paleocene«, *Climate of the Past* 16(5), 1953–1968 (2020), https://doi.org/10.5194/cp-16-1953-2020.

Kapitel Fünf | Treibhaus Erde

1 Tom Dunkley Jones, Daniel J. Lunt, Daniela N. Schmidt, Andy Ridgwell, Appy Sluijs, u. a., »Climate Model and Proxy Data Constraints on Ocean Warming Across the Paleocene–Eocene Thermal Maximum«, *Earth-Science Reviews* 125, 123–145 (2013), https://doi.org/10.1016/j.earscirev.2013.07.004.
2 Siehe: Francesca A. McInerney und Scott L. Wing, »The Paleocene-Eocene Thermal Maximum: A Perturbation of Carbon Cycle, Climate, and Biosphere with Implications for the Future«, *Annual Review of Earth and Planetary Sciences* 39, 489–516 (2011), https://doi.org/10.1146/annurev-earth-040610-133431; Aradhna K. Tripati und Henry Elderfield, »Abrupt Hydrographic Changes in the Equatorial Pacific and Subtropical Atlantic from Foraminiferal Mg/Ca Indicate Greenhouse Origin for the Thermal Maximum at the Paleocene-Eocene Boundary«, *Geochemistry, Geophysics, Geosystems* 5(2), Q02006 (2004), https://doi.org/10.1029/2003GC000631.
3 David A. Carozza, Lawrence A. Mysak, und Gavin A. Schmidt, »Methane and Environmental Change During the Paleocene-Eocene Thermal Maximum (PETM): Modeling the PETM Onset as a Two-Stage Event«, *Geophysical Research Letters* 38(5), L05702 (2011), https://doi.org/10.1029/2010GL046038.
4 Alexander Gehler, Philip D. Gingerich, und Andreas Pack, »Temperature and Atmospheric CO_2-Concentration Estimates Through the PETM Using Triple Oxygen Isotope Analysis of Mammalian Bioapatite«, *Proceedings of the National Academy of Sciences* 113(28), 7739–7744 (2016), https://doi.org/10.1073/pnas.1518116113.

5 Richard E. Zeebe, Andy Ridgwell und James C. Zachos, »Anthropogenic Carbon Release Rate Unprecedented During the Past 66 Million Years«, *Nature Geoscience* 9, 325–329 (2016), https://doi.org/10.1038/ngeo2681. Siehe auch: Andrew Freedman, »Carbon Dioxide Is Rising at Its Fastest Rate in 66 Million Years«, *Mashable*, 21. März 2016, https://mashable.com/article/co2-fastest-66-million-years.

6 Christophe McGlade und Paul Ekins, »The Geographical Distribution of Fossil Fuels Unused When Limiting Global Warming to 2 °C«, *Nature* 517, 187–190 (2015), https://doi.org/10.1038/nature14016.

7 Thomas A. Stidham und Jaelyn J. Eberle, »The Palaeobiology of High Latitude Birds from the Early Eocene Greenhouse of Ellesmere Island, Arctic Canada«, *Scientific Reports* 6, 20912 (2016), https://doi.org/10.1038/srep20912; Joost Frieling, Holger Gebhardt, Matthew Huber, Olabisi A. Adekeye, Samuel O. Akande, u. a., »Extreme Warmth and Heat-Stressed Plankton in the Tropics During the Paleocene-Eocene Thermal Maximum«, *Science Advances* 3(3), e1600891 (2017), https://doi.org/10.1126/sciadv.1600891.

8 Timothy Bralower und David Bice, »Ancient Climate Events: Paleocene Eocene Thermal Maximum«, Earth 103: *Earth in the Future,* abgerufen am 17. April 2022, https://www.e-education.psu.edu/earth103/node/639.

9 Paul L. Koch, William C. Clyde, Robert P. Hepple, Marilyn L. Fogel, Scott L. Wing, und James C. Zachos, »Carbon and Oxygen Isotope Records from Paleosols Spanning the Paleocene-Eocene Boundary, Bighorn Basin, Wyoming«, in Scott L. Wing, Philip D. Gingerich, Birger Schmitz, und Ellen Thomas (Hrsg.), *Causes and Consequences of Globally Warm Climates in the Early Paleogene*, Special Paper 369, Boulder, CO: Geological Society of America, 2003, 49–64. So ist die Beschreibung der Assistenz-Forschungsprofessorin der Staatlichen Universität von Pennsylvania Allie Baczynski: »Paleocene-Eocene Thermal Maximum in Bighorn Basin, Wyoming with Allie Baczynski«, *Traveling Geologist*, 6. Juli 2016, http://www.travelinggeologist.com/2016/07/paleocene-eocene-thermal-maximum-in-bighorn-basin-wyoming-with-allie-baczynski/.

10 Michael Marshall, »Tropical Forests Thrived in Ancient Global Warming«, *New Scientist*, 11. November 2010, https://www.newscientist.com/article/dn19713-tropical-forests-thrived-in-ancient-global-warming/; Gabriel J. Bowen, David J. Beerling, Paul L. Koch, James C. Zachos, und Thomas Quattlebaum, »A Humid Climate State During the Palaeocene/Eocene Thermal Maximum«, *Nature* 432, 495–499 (2004), https://doi.org/10.1038/nature03115.

11 Siehe: Robert Kopp, Jonathan Buzan und Matthew Huber, »The Deadly Combination of Heat and Humidity«, *New York Times*, 6. Juni 2015, https://www.nytimes.com/2015/06/07/opinion/sunday/the-deadly-combination-of-heat-and-humidity.html.

12 Siehe diese Diskussion zwischen Experten: Michelle Jewell, Rob Dunn, Ethan Coffel, Steve Sherwood und Abigail D'Ambrosia, »Tiny Monkey-Horses, Unbearable Heat and Wet Bulbs, an Interview About the Future«, *Applied Ecology News*, 1. Februar 2021, https://cals.ncsu.edu/applied-ecology/news/tiny-monkey-horses-unbearable-heat-and-wet-bulbs-an-interview-about-the-future/; siehe: Jewell u. a., »Tiny Monkey-Horses, Unbearable Heat and Wet Bulbs, an Interview About the

Future«; Kim Stanley Robinson, *»The Ministry for the Future«*, New York, Orbit, 2020; »A Climate Change Q & A with Kim Stanley Robinson & Michael E. Mann« (online Q & A), *Orbit LIVE!*, 7. Oktober 2020, https://www.crowdcast.io/e/climatechangeqa-oct2020/register; Lydia Millet, Kim Stanley Robinson, und Michael Mann, »The Future Is Now for Climate Change«, Panel beim Tucson Festival of Books, 6. März 2021, https://tucsonfestivalofbooks.org/?action=display_event&id=7579&year=2021; Rounak Jain, »Heatwave in India: What Is Wet Bulb Temperature, Why Is It Important and How to Measure It«, *Business Insider India*, 4. Mai 2022, https://www.businessinsider.in/science/environment/news/heatwave-in-india-what-is-wet-bulb-temperature-why-is-it-important-and-how-to-measure-it/articleshow/91306156.cms.

13 Katarzyna B. Tokarska, Nathan P. Gillett, Andrew J. Weaver, Vivek K. Arora, und Michael Eby, »The Climate Response to Five Trillion Tonnes of Carbon«, *Nature Climate Change* 6, 851–855 (2016), https://doi.org/10.1038/nclimate3036; Colin Raymond, Tom Matthews, und Radley M. Horton, »The Emergence of Heat and Humidity Too Severe for Human Tolerance«, *Science Advances* 6, eaaw1838 (2020), https://doi.org/10.1126/sciadv.aaw1838; Steven C. Sherwood und Michael Huber, »An Adaptability Limit to Climate Change Due to Heat Stress«, *Science* 107, 9552–9555 (2010), https://doi.org/10.1073/pnas.0913352107.

14 Sourav Mukherjee, Ashok Kumar Mishra, Michael E. Mann, und Colin Raymond, »Anthropogenic Warming and Population Growth May Double US Heat Stress by the Late 21st Century«, *Earth's Future* 9(5), e2020EF001886 (2021), https://doi.org/10.1029/2020EF001886; Michael E. Mann, Stefan Rahmstorf, Kai Kornhuber, Byron A. Steinman, Sonya K. Miller, u. a., »Projected Changes in Persistent Extreme Summer Weather Events: The Role of Quasi-resonant Amplification«, *Science Advances* 4(10), eaat3272 (2018), https://doi.org/10.1126/sciadv.aat3272; Denise Mann, »Workers in U.S. Southwest in Peril as Summer Temperatures Rise«, *U.S. News & World Report*, 18. Mai 2022, https://www.usnews.com/news/health-news/articles/2022-05-18/workers-in-u-s-southwest-in-peril-as-summer-temperatures-rise.

15 Riley Black, »Hot Fossil Mammals May Give a Glimpse of Nature's Future«, *National Geographic*, 13. August 2015, https://www.nationalgeographic.com/science/article/hot-fossil-mammals-may-give-a-glimpse-of-natures-future.

16 Ross Secord, Jonathan I. Bloch, Stephen G. B. Chester, Doug M. Boyer, Aaron R. Wood, u. a., »Evolution of the Earliest Horses Driven by Climate Change in the Paleocene-Eocene Thermal Maximum«, *Science* 535, 959–962 (2012), https://doi.org/10.1126/science.1213859. Es gibt auch Spekulationen, dass der höhere CO_2-Gehalt zu weniger nahrhaften Blättern geführt haben könnte, was wiederum kleinere Pflanzenfresser begünstigt hätte. Siehe: Pennsylvania State University, »Insects Will Feast, Plants Will Suffer: Ancient Leaves Show Affect of Global Warming«, *ScienceDaily*, 15. Februar 2008, www.sciencedaily.com/releases/2008/02/080211172638.htm. Beispiele in: Michael E. Mann, *Propagandaschlacht ums Klima: Wie wir die Anstifter klimapolitischer Untätigkeit besiegen,* Verlag Solare Zukunft, 2021; R. Daniel Bressler, »The Mortality Cost of Carbon«, *Nature Communications* 12, 4467 (2021), https://doi.org/10.1038/s41467-021-24487-w.

17 Allison Mills, »Boron Proxies Detail Past Ocean Acidification«, *Earth Magazine*, 2. September 2014, https://www.earthmagazine.org/article/boron-proxies-detail-past-ocean-acidification/.

18 Christian Robert und James P. Kennett, »Paleocene and Eocene Kaolinite Distribution in the South Atlantic and Southern Ocean: Antarctic Climatic and Paleoceanographic Implications«, *Marine Geology* 103, 99–110 (1994), https://doi.org/10.1016/0025-3227(92)90010-F ; Karen L. Bice und Jochem Marotzke, »Could Changing Ocean Circulation Have Destabilized Methane Hydrate at the Paleocene/Eocene Boundary?«, *Paleoceanography and Paleoclimatology* 17(2), 1018 (2002), https://doi.org/10.1029/2001PA000678; Flavia Nunes und Richard D. Norris, »Abrupt Reversal in Ocean Overturning During the Palaeocene/ Eocene Warm Period«, *Nature* 439, 60–63 (2006), https://doi.org/10.1038/nature04386.

19 Riley Black, »An Ancient Era of Global Warming Could Hint at Our Scorching Future«, *Popular Science*, 16. August 2021, https://www.popsci.com/environment/petm-climate-change/; Dean Scott, »Warmer Oceans Ahead May Bring More Waves of Toxic Red Tide«, *Bloomberg Law*, 6. November 2018, https://news.bloomberglaw.com/environment-and-energy/warmer-oceans-ahead-may-bring-more-waves-of-toxic-red-tide.

20 *Land of the Lost dot com* Homepage, abgerufen am 21. Mai 2022, https://www.landofthelost.com/.

21 Adam Frank, »Was There a Civilization on Earth Before Humans?«, *Atlantic*, 13. April 2018, https://www.theatlantic.com/science/archive/2018/04/are-we-earths-only-civilization/557180/; Gavin A. Schmidt und Adam Frank, »The Silurian Hypothesis: Would It Be Possible to Detect an Industrial Civilization in the Geological Record?«, *International Journal of Astrobiology* 18(2), 142–150 (2018), https://doi.org/10.1017/S1473550418000095.

22 Adam Frank, »A New Frontier Is Opening in the Search for Extraterrestrial Life«, *Washington Post*, 31. Dezember 2020, https://www.washingtonpost.com/outlook/2020/12/31/breakthrough-listen-seti-technosignatures/; »Our Founders«, *Planetary Society*, abgerufen am 22. Mai 2022, https://www.planetary.org/about/our-founders.

23 Keay Davidson, *»Carl Sagan: A Life«,* New York: John Wiley & Sons, 1999. Ein Freund Sagans, David Grinspoon – mit dem ich selbst befreundet bin – bringt in seinem inspirierenden Buch *»Earth in Human Hands«,* New York, Grand Central Publishing, 2016, ein überzeugendes Argument vor.

24 Adam Frank, »Was There a Civilization on Earth Before Humans?«

25 Gavin Schmidt, »Under the Sun«, *Vice*, 16. April 2018, https://www.vice.com/en/article/3kj4y8/gavin-schmidt-fiction-under-the-sun.

26 Für einen guten Überblick siehe: Andrea Thompson, »How Did Iceland Form?« *Live Science*, 22. März 2010, https://www.livescience.com/8129-iceland-form.html.

27 A. D. Saunders, S. M. Jones, L. A. Morgan, K. L. Pierce, M. Widdowson, und Y. G. Xu, »Regional Uplift Associated with Continental Large Igneous Provinces: The Roles of Mantle Plumes and the Lithosphere«, *Chemical Geology* 241, 282–318 (2007), https://doi.org/10.1016/j.chemgeo.2007.01.017; Michael Storey, Robert

A. Duncan, und Carl C. Swisher, III, »Paleocene–Eocene Thermal Maximum and the Opening of the Northeast Atlantic«, *Science* 316, 587–589 (2007), https://doi.org/10.1126/science.1135274; Marcus Gutjahr, Andy Ridgwell, Philip F. Sexton, Eleni Anagnostou, Paul N. Pearson, u. a., »Very Large Release of Mostly Volcanic Carbon During the Palaeocene–Eocene Thermal Maximum«, *Nature* 548, 573–577 (2017), https://doi.org/10.1038/nature23646; Katrin J. Meissner und Timothy J. Bralower, »Volcanism Caused Ancient Global Warming«, *Nature* 548, 531–533 (2017), https://doi.org/10.1038/548531a; Laura L. Haynes und Bärbel Hönisch, »The Seawater Carbon Inventory at the Paleocene–Eocene Thermal Maximum«, *Proceedings of the National Academy of Sciences* 117, 24088–24095 (2020), https://doi.org/10.1073/pnas.2003197117.

28 Meissner und Bralower, »Volcanism Caused Ancient Global Warming«; Ryan L. Sriver, Axel Timmermann, Michael E. Mann, Klaus Keller, und Hugues Goosse, »Improved Representation of Tropical Pacific Ocean – Atmosphere Dynamics in an Intermediate Complexity Climate Model«, *Journal of Climate* 27(1), 168–187 (2014), https://doi.org/10.1175/JCLI-D-12-00849.1; Hugues Goosse, Joel Guiot, Michael E. Mann, Svetlana Dubinkina, und Yoann Sallaz-Damaz, »The Medieval Climate Anomaly in Europe: Comparison of the Summer and Annual Mean Signals in Two Reconstructions and in Simulations with Data Assimilation«, *Global and Planetary Change* 84–85, 35–47 (2012), https://doi.org/10.1016/j.gloplacha.2011.07.002; H. Goosse, E. Crespin, A. de Montety, M. E. Mann, H. Renssen, und A. Timmermann, »Reconstructing Surface Temperature Changes over the Past 600 Years Using Climate Model Simulations with Data Assimilation«, *Journal of Geophysical Research* 115, D09108 (2010), https://doi.org/10.1029/2009JD012737; E. Crespin, H. Goosse, T. Fichefet, und M. E. Mann, »The 15th Century Arctic Warming in Coupled Model Simulations with Data Assimilation«, *Climate of the Past* 5, 389–405 (2009), https://doi.org/10.5194/cp-5-389-2009.

29 Meissner und Bralower, »Volcanism Caused Ancient Global Warming«. Eine neuere Studie aus dem Jahr 2020, die sich auf die Analyse des Verhältnisses von Bor und Kalzium in Meeressedimenten stützt – ein Indikator für gelösten anorganischen Kohlenstoff im Ozean – geht von einer etwas höheren Zahl aus, von knapp 14,900 GtC, und kommt zu dem Schluss, dass es sich dabei um höchstens acht Prozent handelt: Haynes und Hönisch, »The Seawater Carbon Inventory at the Paleocene–Eocene Thermal Maximum«.

30 Tapio Schneider, Colleen M. Kaul, und Kyle G. Pressel, »Possible Climate Transitions from Breakup of Stratocumulus Decks Under Greenhouse Warming«, *Nature Geoscience* 12, 163–167 (2019), https://doi.org/10.1038/s41561-019-0310-1.

31 Paul Voosen, »A World Without Clouds? Hardly Clear, Climate Scientists Say«, *Science*, 26. Februar 2019, https://www.science.org/content/article/world-without-clouds-hardly-clear-climate-scientists-say.

32 Gutjahr u. a., »Very Large Release of Mostly Volcanic Carbon During the Palaeocene–Eocene Thermal Maximum«. Siehe auch: Michael E. Mann, »Beyond the Hockey Stick: Climate Lessons from the Common Era«, *Proceedings of the National Academy of Sciences* 118(39), e2112797118 (2021), https://doi.org/10.1073/pnas.2112797118.

33 Rodrigo Caballero und Matthew Huber, »State-Dependent Climate Sensitivity in Past Warm Climates and Its Implications for Future Climate Projections«, *Proceedings of the National Academy of Sciences 110*, 14162–14167 (2013), https://doi.org/10.1073/pnas.130336511; Gary Shaffer, Matthew Huber, Roberto Rondanelli, und Jens Olaf Pepke Pedersen, »Deep Time Evidence for Climate Sensitivity Increase with Warming«, *Geophysical Research Letters* 43, 6538–6545 (2016), https://doi.org/10.1002/2016GL069243; Gordon N. Inglis, Fran Bragg, Natalie J. Burls, Margot J. Cramwinckel, David Evans, u. a., »Global Mean Surface Temperature and Climate Sensitivity of the Early Eocene Climatic Optimum (EECO), Paleocene–Eocene Thermal Maximum (PETM), and Latest Paleocene,« *Climate of the Past* 16(5), 1953–1968 (2020), https://doi.org/10.5194/cp-16-1953-2020; Tobias Friedrich, Axel Timmermann, Michelle Tigchelaar, Oliver Elison Timm, und Andrey Ganopolski, »Nonlinear Climate Sensitivity and Its Implications for Future Greenhouse Warming«, *Science Advances* 2(11), e1501923 (2016), https://doi.org/10.1126/sciadv.1501923; Ivan Mitevski, Lorenzo Polvani, und Clara Orbe, »Asymmetric Warming/Cooling Response to CO_2 Increase/Decrease Mainly Due to Non-logarithmic Forcing, Not Feedbacks«, *Geophysical Research Letters* 49, e2021GL097133 (2022), https://doi.org/10.1029/2021GL097133.

34 Michael E. Mann, *Propagandaschlacht ums Klima: Wie wir die Anstifter klimapolitischer Untätigkeit besiegen*, Verlag Solare Zukunft, 2021.

35 Madeleine Stone, »Earth Is Setting Heat Records. It Will Be Much Hotter One Day«, *National Geographic*, 20. August 2020, https://www.nationalgeographic.com/science/article/earth-130-degrees-this-week-much-hotter-one-day.

36 Alicia Newton, »Arctic Ice Across the Ages«, *Nature Geoscience* 3, 304 (2010), https://doi.org/10.1038/ngeo861; Carolyn D. Ruppel, »Methane Hydrates and Contemporary Climate Change«, *Nature Education Knowledge* 3(10), 29 (2011), https://www.nature.com/scitable/knowledge/library/methane-hydrates-and-contemporary-climate-change-24314790/.

37 Timothy Gardner, »Global Methane Emissions Rising Due to Oil and Gas, Agriculture—Studies«, *Reuters*, 14. Juli 2020, https://www.reuters.com/article/us-climate-change-methane/global-methane-emissions-rising-due-to-oil-and-gas-agriculture-studies-idUSKCN24F2X8; Gabrielle B. Dreyfus, Yangyang Xu, Drew T. Shindell, Durwood Zaelke, und Veerabhadran Ramanathan, »Mitigating Climate Disruption in Time: A Self-Consistent Approach for Avoiding Both Near-Term and Long-Term Global Warming«, *Proceedings of the National Academy of Sciences* 119(22), e2123536119 (2022), https://doi.org/10.1073/pnas.2123536119.

38 Michael E. Mann und Susan Joy Hassol, »That Heat Dome? Yeah, It's Climate Change«, *New York Times*, 29. Juni 2021, https://www.nytimes.com/2021/06/29/opinion/heat-dome-climate-change.html.

39 Christopher R. Schwalm, Spencer Glendon, und Philip B. Duffy, »RCP8.5 Tracks Cumulative CO_2-Emissions«, *Proceedings of the National Academy of Sciences* 117, 19656–19657 (2020), https://doi.org/10.1073/pnas.2007117117.

40 Valérie Masson-Delmotte, Panmao Zhai, Anna Pirani, Sarah L. Connors, Clotilde Péan, u. a. (Hrsg.), »*Climate Change 2021: The Physical Science Basis*, Working Group I Beitrag zum Sechsten Sachstandsbericht der Zwischenstaatlichen Sachverständigengruppe für Klimaänderungen«, Cambridge University Press, 2021, https://doi.org/10.1017/9781009157896.

41 Peter Brannen, »This Is How Your World Could End«, *The Guardian*, 9. September 2017, https://www.theguardian.com/environment/2017/sep/09/this-is-how-your-world-could-end-climate-change-global-warming; Steven C. Sherwood und Matthew Huber, »An Adaptability Limit to Climate Change Due to Heat Stress«, *Science* 107, 9552–9555 (2010), https://doi.org/10.1073/pnas.0913352107.

42 Derek M. Norman, »The 1977 Blackout in New York City Happened Exactly 42 Years Ago«, *New York Times*, 4. Juli 2019, https://www.nytimes.com/2019/07/14/nyregion/1977-blackout-photos.html.

Kapitel Sechs | Eine Botschaft aus dem Eis

1 Eine besonders anschauliche Beschreibung dieser Zeit findet sich hier: Peter Brannen, »This Is How Your World Could End«, *The Guardian*, 9. September 2017, https://www.theguardian.com/environment/2017/sep/09/this-is-how-your-world-could-end-climate-change-global-warming.

2 Eivind O. Straume, Aleksi Nummelin, Carmen Gaina, und Kerim H. Nisancioglu, »Climate Transition at the Eocene–Oligocene Influenced by Bathymetric Changes to the Atlantic–Arctic Oceanic Gateways«, *Proceedings of the National Academy of Sciences* 119(17), e2115346119 (2022), https://doi.org/10.1073/pnas.2115346119; Zhonghui Liu, Mark Pagani, David Zinniker, Robert De-Conto, Matthew Huber, u. a., »Global Cooling During the Eocene – Oligocene Climate Transition«, *Science* 323, 1187–1190 (2009), https://doi.org/10.1126/science.1166368.

3 Siehe: »Interval 2«, *American Museum of Natural History*, abgerufen am 17. April 2022, https://research.amnh.org/paleontology/perissodactyl/environment/interval2; »Eocene Epoch (54–33 mya)«, *PBS*, abgerufen am 7. April 2022, https://www.pbs.org/wgbh/evolution/change/deeptime/eocene.html; Dorien de Vries, Steven Heritage, Matthew R. Borths, Hesham M. Sallam, und Erik R. Seiffert, »Widespread Loss of Mammalian Lineage and Dietary Diversity in the Early Oligocene of Afro-Arabia«, *Communications Biology* 4, 1172 (2021), https://doi.org/10.1038/s42003-021-02707-9.

4 Paul N. Pearson, Gavin L. Foster, und Bridget S. Wade, »Atmospheric Carbon Dioxide Through the Eocene–Oligocene Climate Transition«, *Nature* 461,1110–1113 (2009), https://doi.org/10.1038/nature08447.

5 Robert M. DeConto und David Pollard, »Rapid Cenozoic Glaciation of Antarctica Induced by Declining Atmospheric CO_2«, *Nature* 421, 245–249 (2003), https://doi.org/10.1038/nature01290. Es ist zu beachten, dass die genauen Ergebnisse offenbar modell- und studienabhängig sind. Siehe zum Beispiel: Aisling M.

Dolan, Bas de Boer, Jorge Bernales, Daniel J. Hill, und Alan M. Haywood, »High Climate Model Dependency of Pliocene Antarctic Ice-Sheet Predictions«, *Nature Communications* 9, 2799 (2018), https://doi.org/10.1038/s41467-018-05179-4.

6 Eleni Anagnostou, Eleanor H. John, Kirsty M. Edgar, Gavin L. Foster, Andy Ridgwell, u. a., »Changing Atmospheric CO_2-Concentration was the Primary Driver of Early Cenozoic Climate«, *Nature* 533, 380–384 (2016), https://doi.org/10.1038/nature17423; M. Huber und R. Caballero, »The Early Equable Climate Problem Revisited«, *Climate of the Past* 7(2), 603–633 (2011), https://doi.org/10.5194/cp-7-603-2011; Margot J. Cramwinckel, Matthew Huber, Ilja J. Kocken, Claudia Agnini, Peter K. Bijl, u. a., »Synchronous Tropical and Polar Temperature Evolution in the Eocene«, *Nature* 559, 382–386 (2018), https://doi.org/10.1038/s41586-018-0272-2.

7 David Pollard und Robert M. DeConto, »Hysteresis in Cenozoic Antarctic Ice-Sheet Variations«, *Global and Planetary Change* 45, 9-21 (2005), https://doi.org/10.1016/j.gloplacha.2004.09.011.

8 Eine bemerkenswerte Ausnahme ist der östliche und zentrale äquatoriale Pazifik, der ein El Niño-ähnliches Erwärmungsmuster aufwies. Siehe: Marci M. Robinson, Harry J. Dowsett, und Mark A. Chandler, »Pliocene Role in Assessing Future Climate Impacts«, *Eos* 89(49), 501-502 (2008), https://doi.org/10.1029/2008eo490001.

9 Eric J. Barron, »A Warm, Equable Cretaceous: The Nature of the Problem«, *Earth-Science Reviews* 19(4), 305–338 (1983), https://doi.org/10.1016/00128252(83)90001-6; Robert L. Korty und Kerry A. Emanuel, »The Dynamic Response of the Winter Stratosphere to an Equable Climate Surface Temperature Gradient«, *Journal of Climate* 20, 5213–5228 (2007), https://doi.org/10.1175/2007JCLI1556.1. Meine Mitarbeiter und ich haben diesen Mechanismus ebenfalls erforscht: Ryan L. Sriver, Marlos Goes, Michael E. Mann, und Klaus Keller, »Climate Response to Tropical Cyclone-Induced Ocean Mixing in an Earth System Model of Intermediate Complexity«, *Journal of Geophysical Research: Oceans* 115, C10042 (2010), https://doi.org/10.1029/2010JC006106.

10 Richard Levy, David Harwood, Fabio Florindo, Francesca Sangiorgi, Robert Tripati, u. a., »Antarctic Ice Sheet Sensitivity to Atmospheric CO_2-Variations in the Early to Mid-Miocene«, *Proceedings of the National Academy of Sciences* 113(13), 3453-3458 (2016), https://doi.org/10.1073/pnas.1516030113; Aisling M. Dolan, Bas de Boer, Jorge Bernales, Daniel J. Hill, und Alan M. Haywood, »High Climate Model Dependency of Pliocene Antarctic Ice-Sheet Predictions«, *Nature Communications* 9, 2799 (2018), https://doi.org/10.1038/s41467-018-05179-4; David Pollard und Robert M. DeConto, »Modelling West Antarctic Ice Sheet Growth and Collapse Through the Past Five Million Years«, *Nature* 458, 329-332 (2009), https://doi.org/10.1038/nature07809.

11 Maureen E. Raymo, Jerry X. Mitrovica, Michael J. O'Leary, Robert M. DeConto, und Paul J. Hearty, »Departures from Eustasy in Pliocene Sea-Level Records«, *Nature Geoscience* 4, 328–332 (2011), https://doi.org/10.1038/ngeo1118. Mein ehemaliger Kollege an der Penn State University, David Pollard, sagte mir, dass er diese Beiträge für plausibler hält. Doch er argumentiert, dass der tatsächliche

Anstieg des Meeresspiegels nur zehn Meter betragen haben könnte, bestehend aus sechs Metern aus Grönland, drei Metern aus den marinen Teilen des WAIS und vielleicht einem Meter aus den marinen Teilen des EAIS.

12 Siehe zum Beispiel: Gloria Dickie, »Climate Tipping Points of Coral Die-Off, Ice Sheet Collapse Closer than Thought«, *Reuters*, 8. September 2022, https://www.reuters.com/business/environment/climate-tipping-points-coral-die-off-ice-sheet-collapse-closer-than-thought-2022-09-08/.

13 Daniel J. Lunt, Alan M. Haywood, Gavin A. Schmidt, Ulrich Salzmann, Paul J. Valdes, und Harry J. Dowsett, »Earth System Sensitivity Inferred from Pliocene Modelling and Data«, *Nature Geoscience* 3, 60–64 (2010), https://doi.org/10.1038/ngeo706; IPCC, »Zusammenfassung für politische Entscheidungsträger«, in Valérie Masson-Delmotte, Panmao Zhai, Hans-Otto Pörtner, Debra Roberts, Jim Skea, u. a. (Hrsg.), »*1,5 °C Globale Erwärmung*, Ein IPCC-Sonderbericht über die Auswirkungen einer globalen Erwärmung um 1,5 °C gegenüber vorindustriellem Niveau und die damit verbundenen globalen Treibhausgasemissionspfade im Zusammenhang mit einer Stärkung der weltweiten Reaktion auf die Bedrohung durch den Klimawandel, nachhaltiger Entwicklung und den Anstrengungen zur Beseitigung von Armut«, *Cambridge University Press*, 2018, https://doi.org/10.1017/9781009157940.001.

14 Siehe: Lunt u. a., »Earth System Sensitivity Inferred from Pliocene Modelling and Data«; Tony E. Wong, Ying Cui, Dana L. Royer und Klaus Keller, »A Tighter Constraint on Earth-System Sensitivity from Long-Term Temperature and Carbon-Cycle Observations«, *Nature Communications* 12, 3173 (2021), https://doi.org/10.1038/s41467-021-23543-9.

15 Alexander Robinson, Reinhard Calov und Andrey Ganopolski, »Multistability and Critical Thresholds of the Greenland Ice Sheet«, *Nature Climate Change* 2, 429-432 (2012), https://doi.org/10.1038/nclimate1449 ; Daniel J. Lunt, Gavin L. Foster, Alan M. Haywood, und Emma J. Stone, »Late Pliocene Greenland Glaciation Controlled by a Decline in Atmospheric CO_2-Levels«, *Nature* 454, 1102-1105 (2008), https://doi.org/10.1038/nature07223.

16 Robinson u. a. (»Multistability and Critical Thresholds of the Greenland Ice Sheet«) drücken ihre Schwellenwerte in Form einer sommerlichen Temperaturanomalie und nicht in Form eines CO_2-Gehalts aus, was die Interpretation erschwert, und sie berücksichtigen nicht die Zyklen der Erdumlaufbahn, die die Wahrscheinlichkeit des Überschreitens wichtiger Temperaturschwellen beeinflussen können. Ridley u. a. finden eine Hysterese, aber ihre Analyse wird durch vorübergehende Effekte erschwert: Jeff Ridley, Jonathan M. Gregory, Philippe Huybrechts, und Jason Lowe, »Thresholds for Irreversible Decline of the Greenland Ice Sheet«, *Climate Dynamics* 35, 1049–1057 (2010), https://doi.org/10.1007/s00382-009-0646-0. Lunt u. a. (»Earth System Sensitivity Inferred from Pliocene Modelling and Data«) betrachten nur den Übergang von kleinen zu großen Eisschildern und geben nicht an, welche CO_2-Werte in ihren Simulationen verwendet wurden.

17 »The Isthmus of Panama and the Ice Ages«, *Science* 287, 13 (2000), https://doi.org/10.1126/science.287.5450.13b.

18 John Turner, Phil Anderson, Tom Lachlan-Cope, Steve Colwell, Tony Phillips, u. a., »Record Low Surface Air Temperature at Vostok Station, Antarctica«, *Journal of Geophysical Research: Atmospheres* 114(D24), D24102 (2009), https://doi.org/10.1029/2009JD012104.

19 Marc Kaufman, »Russians Drill into Previously Untouched Lake Miles Below Antarctic Glacier«, *Washington Post*, 6. Februar 2012, https://www.washingtonpost.com/national/health-science/russians-drill-into-previously-untouched-lake-vostok-below-antarctica/2012/02/06/gIQAGziNuQ_story.html.

20 Milutin Milankovitch, »*Théorie Mathématique des Phénomènes Thermiques Produits par la Radiation Solaire*«, Paris: Gauthier-Villars (1920).

21 John Imbrie und John Z. Imbrie, »Modeling the Climatic Response to Orbital Variations«, *Science* 207, 943-953 (1980), https://doi.org/10.1126/science.207.4434.943.

22 Neela Banerjee, »Prominent Climate Change Denier Now Admits He Was Wrong«, *Christian Science Monitor*, 30. Juli 2012, https://www.csmonitor.com/Science/2012/0730/Prominent-climate-change-denier-now-admits-he-was-wrong; »Our Team«, *Deep Isolation*, abgerufen am 2. Juni 2022, https://www.deepisolation.com/team/.

23 »Nemesis Star Theory: The Sun's ‚Death Star' Companion«, *Space.com*, 20. Juli 2017, https://www.space.com/22538-nemesis-star.html.

24 Walter Munk, Naomi Oreskes, und Richard Muller, »Gordon James Fraser MacDonald: 30. Juli 1930– 14. Mai 2002«, in *Biographical Memoirs*, Volume 84, Washington, DC: The National Academies Press (2004), 225-250, https://nap.nationalacademies.org/read/10992/chapter/13; Richard A. Muller und Gordon J. MacDonald, »Glacial Cycles and Orbital Inclination«, *Nature* 377, 107–108 (1995), https://doi.org/10.1038/377107b0.

25 Richard A. Kerr, »Upstart Ice Age Theory Gets Attentive but Chilly Hearing«, *Science* 277, 183-184 (1997), https://doi.org/10.1126/science.277.5323.183. Siehe auch: Wallace S. Broecker, David L. Thurber, John Goddard, Teh-Lung Ku, R. K. Matthews, und Kenneth J. Mesolella, »Milankovitch Hypothesis Supported by Precise Dating of Coral Reefs and Deep-Sea Sediments«, *Science* 159, 297-300 (1968), https://doi.org/10.1126/science.159.3812.297.

26 1962 veröffentlichte Saltzman einen Artikel, in dem er das atmosphärische Phänomen der thermischen Konvektion durch eine Reihe von nichtlinearen Gleichungen modellierte. Bei der numerischen Lösung dieser Gleichungen stellte er fest, dass bestimmte Lösungen ein instabiles Verhalten aufwiesen. Ein Jahr später veröffentlichte Lorenz in derselben Zeitschrift den inzwischen berühmten Artikel, in dem er nachwies, dass dieses Gleichungssystem ein chaotisches Verhalten aufweist – etwas, das zwar theoretisch möglich war, aber für ein reales physikalisches System noch nie nachgewiesen wurde. Lorenz würdigte Saltzman in der Danksagung: »Der Autor ist Dr. Barry Saltzman zu Dank verpflichtet, der ihn auf die Existenz nichtperiodischer Lösungen der Konvektionsgleichungen aufmerksam gemacht hat.«: Edward N. Lorenz, »Deterministic Nonperiodic Flow«, *Journal of the Atmospheric Sciences* 20, 130-141 (1963). Siehe auch: »Necrologies: Barry Saltzman 1931–2000«, *Bulletin of the American Meteorological Society* 82(7), 1448-1450 (2001), https://journals.ametsoc.org/downloadpdf/journals/

bams/82/7/1520-0477-82_7_1448.pdf; »In Memoriam: Yale Pioneer in the Theory of Weather and Climate, Barry Saltzman«, Yale University News, 5. Februar 2001, https://news.yale.edu/2001/02/05/memoriam-yale-pioneer-theory-weather-and-climate-barry-saltzman.

27 Eine repräsentative Veröffentlichung finden Sie unter: B. Saltzman und M. Y. Verbitsky, »Multiple Instabilities and Modes of Glacial Rhythmicity in the Plio-Pleistocene: A General Theory of Late Cenozoic Climatic Change«, *Climate Dynamics* 9(1), 1–15 (1993), https://doi.org/10.1007/BF00208010.

28 M. Willeit, A. Ganopolski, R. Calov, und V. Brovkin, »Mid-Pleistocene Transition in Glacial Cycles Explained by Declining CO_2 and Regolith Removal«, *Science Advances* 5(4), eaav7337 (2019), https://doi.org/10.1126/sciadv.aav7337.

29 A. Ganopolski und R. Calov, »The Role of Orbital Forcing, Carbon Dioxide and Regolith in 100 kyr Glacial Cycles«, *Climate of the Past* 7(4), 1415–1425 (2011), https://doi.org/10.5194/cp-7-1415-2011.

30 Nicholas P. McKay, Jonathan T. Overpeck, und Bette L. Otto-Bliesner, »The Role of Ocean Thermal Expansion in Last Interglacial Sea Level Rise«, *Geophysical Research Letters* 38(14), L14605 (2011), https://doi.org/10.1029/2011GL048280; Robert M. DeConto und David Pollard, »Contribution of Antarctica to Past and Future Sea-Level Rise«, *Nature* 531, 591-597 (2016), https://doi.org/10.1038/nature17145.

31 Tim Stephens, »100,000-Year-Old Polar Bear Genome Reveals Ancient Hybridization with Brown Bears«, *UC Santa Cruz News*, 16. Juni 2022, https://news.ucsc.edu/2022/06/polar-bear-bruno.html; Emma Stone und Alex Farnsworth, »The Last Time Earth Was This Hot Hippos Lived in Britain (That's 130,000 Years Ago)«, *The Conversation*, 20 Januar 2016, https://theconversation.com/the-last-time-earth-was-this-hot-hippos-lived-in-britain-thats-130-000-years-ago-53398; Th. van Kolfschoten, »The Eemian Mammal Fauna of Central Europe«, *Netherlands Journal of Geosciences* 79 (2–3), 269-281 (2000), https://doi.org/10.1017/S0016774600021752.

32 Nathaelle Bouttes, »Warm Past Climates: Is Our Future in the Past?«, *The National Centre for Atmospheric Science*, 13. August 2018, https://web.archive.org/web/20180813004809/https://www.ncas.ac.uk/en/climate-blog/397-warm-past-climates-is-our-future-in-the-past

33 Eric Post, Richard B. Alley, Torben R. Christensen, Marc Macias-Fauria, Bruce C. Forbes, u. a., »The Polar Regions in a 2 °C Warmer World«, *Science Advances* 5(12), eaaw9883 (2019), https://doi.org/10.1126/sciadv.aaw9883; Ruediger Stein, Kirsten Fahl, Paul Gierz, Frank Niessen, und Gerrit Lohmann, »Arctic Ocean Sea Ice Cover During the Penultimate Glacial and the Last Interglacial«, *Nature Communications* 8, 373 (2017), https://doi.org/10.1038/s41467-017-00552-1; Clara Moskowitz, »Polar Bears Evolved Just 150,000 Years Ago«, *Live Science*, 1. März 2010, https://www.livescience.com/10956-polar-bears-evolved-150-000-years.html.

34 Matthew B. Osman, Jessica E. Tierney, Jiang Zhu, Robert Tardif, Gregory J. Hakim, u. a., »Globally Resolved Surface Temperatures Since the Last Glacial Maximum«, *Nature* 599, 239–244 (2021), https://doi.org/10.1038/s41586-021-03984-4.

35 »La Brea Tar Pits and Hancock Park«, *La Brea Tar Pits and Museum*, abgerufen am 7. Juni 2022, https://tarpits.org/experience-tar-pits/la-brea-tar-pits-and-hancock-park.
36 Fen Montaigne, »The Fertile Shore«, *Smithsonian Magazine*, Januar 2020, https://www.smithsonianmag.com/science-nature/how-humans-came-to-americas-180973739/; David J. Meltzer, »Overkill, Glacial History, and the Extinction of North America's Ice Age Megafauna«, *Proceedings of the National Academy of Sciences* 117, 28555–28563 (2020), https://doi.org/10.1073/pnas.201503211.
37 Liz Calvario, »,Before the Flood': Leonardo DiCaprio's Climate Change Doc Gets Record 60 Million Views«, *IndieWire*, 16. November 2016, https://www.indiewire.com/2016/11/before-the-flood-climate-change-documentary-record-60-million-views-1201747088/; David Adam, »Gore's Climate Film Has Scientific Errors – Judge«, *The Guardian*, 11. Oktober 2007, https://www.theguardian.com/environment/2007/oct/11/climatechange.
38 »Convenient Untruths« (Gruppenbeitrag), *RealClimate*, 15. Oktober 2007, https://www.realclimate.org/index.php/archives/2007/10/convenient-untruths/.
39 Nathan Collins, »A Two-Million-Year History of the Temperature of the Earth«, *Pacific Standard*, 27. September 2016, https://psmag.com/news/a-two-million-year-history-of-the-temperature-of-the-earth; Anthea Batsakis, »What Two Million Years of Climate History Tells Us About the Future«, *Cosmos Magazine*, 26. September 2016, https://cosmosmagazine.com/earth/climate/what-two-million-years-of-climate-history-tells-us-about-the-future/. Siehe auch: Carolyn W. Snyder, »Evolution of Global Temperature over the Past Two Million Years«, *Nature* 538, 226-228 (2016), https://doi.org/10.1038/nature19798.
40 Gavin A. Schmidt, Jeff Severinghaus, Ayako Abe-Ouchi, Richard B. Alley, Wallace Broecker, u. a., »Overestimate of Committed Warming«, *Nature* 547, E16–E17 (2017), https://doi.org/10.1038/nature22803; IPCC, »Zusammenfassung für politische Entscheidungsträger« (2018).
41 Jessica E. Tierney, Jiang Zhu, Jonathan King, Steven B. Malevich, Gregory J. Hakim, und Christopher J. Poulsen, »Glacial Cooling and Climate Sensitivity Revisited«, *Nature* 584, 569-573 (2020), https://doi.org/10.1038/s41586-020-2617-x.
42 Scott A. Kulp und Benjamin H. Strauss, »New Elevation Data Triple Estimates of Global Vulnerability to Sea-Level Rise and Coastal Flooding«, *Nature Communications* 10, 4844 (2019), https://doi.org/10.1038/s41467-019-12808-z.
43 Frank Pattyn, Catherine Ritz, Edward Hanna, Xylar Asay-Davis, Rob DeConto, u. a., »The Greenland and Antarctic Ice Sheets Under 1.5 °C Global Warming«, *Nature Climate Change* 8, 1053-1061 (2018), https://doi.org/10.1038/s41558-018-0305-8
44 Jeff Goodell, »The Doomsday Glacier«, *Rolling Stone*, 9. Mai 2017, https://www.rollingstone.com/politics/politics-features/the-doomsday-glacier-113792/. Siehe den Bericht meines *RealClimate*-Kollegen Stefan Rahmstorf vom Potsdam-Institut für Klimafolgenforschung: »Sea Level in the 5th IPCC Report«, *RealClimate*, 15. Oktober 2013, https://www.realclimate.org/index.php/

archives/2013/10/sea-level-in-the-5th-ipcc-report/. Siehe auch: Kulp und Strauss, »New Elevation Data Triple Estimates of Global Vulnerability to Sea-Level Rise and Coastal Flooding«.

45 J. H. Mercer, »West Antarctic Ice Sheet and CO_2 Greenhouse Effect – Threat of Disaster«, *Nature* 271, 321–325 (1978), https://doi.org/10.1038/271321a0.

46 E. Rignot, J. Mouginot, M. Morlighem, H. Seroussi, und B. Scheuchl, »Widespread, Rapid Grounding Line Retreat of Pine Island, Thwaites, Smith und Kohler Glaciers, West Antarctica, from 1992 to 2011«, *Geophysical Research Letters* 41, 3502–3509 (2014), https://doi.org/10.1002/2014GL060140; Goodell, »The Doomsday Glacier«.

47 DeConto und Pollard, »Contribution of Antarctica to Past and FutureSea-Level Rise«.

48 Katie Hunt, »Massive Amount of Water Found Below Antarctica's Ice Sheet for 1st Time«, *CNN*, 5. Mai 2022, https://www.cnn.com/2022/05/05/world/antarctica-hidden-water-climate-scn/index.html; C-Smart Solutions (@C_Smart_Climate), »Does new mapping of a massive amount of groundwater... «, *Twitter*, 7. Mai 2022, https://twitter.com/C_Smart_Climate/status/1522946760922046464; Persönliche Kommunikation (Email) mit Richard Alley, 7. Mai 2022; Prof. Michael E. Mann (@MichaelEMann), »My go-to person on this is my colleague Richard Alley ... «, *Twitter*, 7. Mai 2022, https://twitter.com/MichaelEMann/status/1522997499287453697.

49 Pattyn et al., »The Greenland and Antarctic Ice Sheets Under 1.5 °C Global Warming.«

50 Tamsin L. Edwards, Sophie Nowicki, Ben Marzeion, Regine Hock, Heiko Goelzer, u. a., »Projected Land Ice Contributions to Twenty-First-Century Sea Level Rise«, *Nature* 593, 74-82 (2021), https://doi.org/10.1038/s41586-021-03302-y; Robert M. DeConto, David Pollard, Richard B. Alley, Isabella Velicogna, Edward Gasson, u. a., »The Paris Climate Agreement and Future Sea-Level Rise from Antarctica«, *Nature* 593, 83-89 (2021), https://doi.org/10.1038/s41586-021-03427-0.

51 Persönliche Kommunikation (E-Mail) mit Richard Alley, 30. November 2022.

52 Edwards u. a., »Projected Land Ice Contributions to Twenty-First-Century Sea Level Rise«; DeConto u. a., »The Paris Climate Agreement and Future Sea-Level Rise from Antarctica«.

53 DeConto u. a., »The Paris Climate Agreement and Future Sea-Level Rise from Antarctica«.

Kapitel Sieben | Jenseits des Hockeyschlägers

1 Michael E. Mann, » *The Hockey Stick and the Climate Wars: Dispatches from the Front Lines*«, New York, Columbia University Press, 2012.

2 Die Diskussion in diesem Kapitel wurde teilweise aus einem Artikel des Autors aus dem Jahr 2021 übernommen: Michael E. Mann, »Beyond the Hockey Stick: Climate Lessons from the Common Era«, *Proceedings of the National Academy of Sciences* 118(39), e2112797118 (2021), https://doi.org/10.1073/pnas.2112797118.

3 Tammy M. Rittenour, Julie Brigham-Grette und Michael E. Mann, »El Niño-like Climate Teleconnections in New England During the Late Pleistocene«, *Science* 288, 1039–1042 (2000), https://doi.org/10.1126/science.288.5468.1039.
4 Eystein Jansen, Jonathan Overpeck, Keith R. Briffa, Jean-Claude Duplessy, Fortunat Joos, u. a., »Palaeoclimate«, in Susan Solomon, Dahe Qin, Martin Manning, Z. Chen, Melinda Marquis, u. a. (Hrsg.), *Climate Change 2007: The Physical Science Basis*, Cambridge University Press, 2007, 433–497, https://www.ipcc.ch/report/ar4/wg1/.
5 Siehe: William F. Ruddiman, »The Early Anthropogenic Hypothesis: Challenges and Responses«, *Reviews of Geophysics* 45, RG4001 (2007), https://doi.org/10.1029/2006RG000207.
6 Olive Heffernan, »Why the Hockey Stick Graph Will Always Be Climate Science's Icon«, *New Scientist*, 23. April 2018, https://www.newscientist.com/article/2167127-why-the-hockey-stick-graph-will-always-be-climate-sciences-icon/; Mann, »*The Hockey Stick and the Climate Wars*«.
7 Carl Sagan, »With Science on Our Side«, *Washington Post*, 9. Januar 1994, https://www.washingtonpost.com/archive/entertainment/books/1994/01/09/with-science-on-our-side/9e5d2141-9d53-4b4b-aa0f-7a6a0faff845/ ; Carl Sagan und Anne Druyan, »*The Demon-Haunted World: Science as a Candle in the Dark*«, New York, Ballantine Books, 1997.
8 Michael E. Mann, Raymond S. Bradley und Malcolm K. Hughes, »Global-Scale Temperature Patterns and Climate Forcing over the Past Six Centuries«, *Nature* 392, 779–787 (1998), https://doi.org/10.1038/33859; Michael E. Mann, Raymond S. Bradley und Malcolm K. Hughes, »Northern Hemisphere Temperatures During the Past Millennium: Inferences, Uncertainties, and Limitations«, *Geophysical Research Letters* 26, 759–762 (1999). https://doi.org/10.1029/1999GL900070; Valérie Masson-Delmotte, Michael Schulz, Ayako Abe-Ouchi, Jürg Beer, Andrey Ganopolski, u. a., »Information from Paleoclimate Archives«, in Thomas F. Stocker, Dahe Qin, Gian-Kasper Plattner, Melinda M. B. Tignor, Simon K. Allen, u. a. (Hrsg.), »*Climate Change 2013: The Physical Science Basis*«, Beitrag der Arbeitsgruppe I zum Vierten Sachstandsbericht des Zwischenstaatlichen Ausschusses für Klimaänderungen, Cambridge University Press, 2013, 383–464; PAGES 2k Consortium, »A Global Multiproxy Database for Temperature Reconstructions of the Common Era«, *Scientific Data* 4, 170088 (2017), https://doi.org/10.1038/sdata.2017.88.
9 IPCC, »Zusammenfassung für politische Entscheidungsträger«, in Robert T. Watson, Daniel L. Albritton, Terry Barker, Igor A. Bashmakov, Osvaldo Canziani, u. a. (Hrsg.), *Climate Change 2001: Synthesis Report*, Beitrag der Arbeitsgruppen I, II und III zum Dritten Sachstandsbericht des Zwischenstaatlichen Ausschusses für Klimaänderungen, Cambridge University Press, 2001, 1–34; Michael E. Mann, »'Widespread and Severe', The Climate Crisis Is Here, but There's Still Time to Limit the Damage«, *Time*, 9. August 2021, https://time.com/6088531/ipcc-climate-report-hockey-stick-curve/; IPCC, »Zusammenfassung für politische Entscheidungsträger«, in Valérie Masson-Delmotte, Panmao Zhai, Anna Pirani, Sarah L. Connors, Clotilde Péan, u. a. (Hrsg.), »*Climate Change 2021: The Phy-*

sical Science Basis, Working Group I Beitrag zum Sechsten Sachstandsbericht der Zwischenstaatlichen Sachverständigengruppe für Klimaänderungen«, Cambridge University Press, 2021, 3–32.

10 IPCC, »Zusammenfassung für politische Entscheidungsträger« (2021).

11 D. L. Druckenbrod, M. E. Mann, D. W. Stahle, M. K. Cleaveland, M. D. Therrell und H. H. Shugart, »Late 18th Century Precipitation Reconstructions from James Madison's Montpelier Plantation«, *Bulletin of the American Meteorological Society* 84, 57–71 (2003), https://doi.org/10.1175/BAMS-84-1-57.

12 Druckenbrod u. a., »Late 18th Century Precipitation Reconstructions from James Madison's Montpelier Plantation«.

13 Thomas Jefferson, »*The Writings of Thomas Jefferson*«, Volume 16, Washington, DC: Thomas Jefferson Memorial Association, 1905; zitiert bei Druckenbrod u. a., »Late 18th Century Precipitation Reconstructions from James Madison's Montpelier Plantation«.

14 Richard Seager, Mark Cane, Naomi Henderson, Dong-Eun Lee, Ryan Abernathey und Honghai Zhang, »Strengthening Tropical Pacific Zonal Sea Surface Temperature Gradient Consistent with Rising Greenhouse Gases«, *Nature Climate Change* 9, 517–522 (2019), https://doi.org/10.1038/s41558-019-0505-x.

15 Amy C. Clement, Richard Seager, Mark A. Cane und Stephen E. Zebiak, »An Ocean Dynamical Thermostat«, *Journal of Climate* 9, 2190–2196 (1996), https://doi.org/10.1175/1520-0442(1996)009<2190:AODT>2.0.CO;2; Mark A. Cane, Amy C. Clement, Alexey Kaplan, Yochanan Kushnir, Dmitri Pozdnyakov, u. a., »Twentieth-Century Sea Surface Temperature Trends«, *Science* 275, 957–960 (1997), https://doi.org/10.1126/science.275.5302.957.

16 Ruben van Hooidonk und Matthew Huber, »Equivocal Evidence for a Thermostat and Unusually Low Levels of Coral Bleaching in the Western Pacific Warm Pool«, *Geophysical Research Letters* 36, L06705 (2009), https://doi.org/10.1029/2008GL036288; Ian N. Williams, Raymond T. Pierrehumbert und Matthew Huber, »Global Warming, Convective Threshold and False Thermostats«, *Geophysical Research Letters* 36, L21805 (2009), https://doi.org/10.1029/2009GL039849; Yiyong Luo, Jian Lu, Fukai Liu und Oluwayemi Garuba, »The Role of Ocean Dynamical Thermostat in Delaying the El Niño-Like Response over the Equatorial Pacific to Climate Warming«, *Journal of Climate* 30, 2811–2827 (2017), https://doi.org/10.1175/JCLI-D-16-0454.1; S. Coats und K. B. Karnauskas, »A Role for the Equatorial Undercurrent in the Ocean Dynamical Thermostat«, *Journal of Climate* 31, 6245–6261 (2018), https://doi.org/10.1175/JCLI-D-17-0513.1; Ulla K. Heede, Alexey V. Fedorov und Natalie J. Burls, »Time Scales and Mechanisms for the Tropical Pacific Response to Global Warming: A Tug of War Between the Ocean Thermostat and Weaker Walker«, *Journal of Climate* 33, 6101–6118 (2020), https://doi.org/10.1175/JCLI-D-19-0690.1.

17 Michael E. Mann, Zhihua Zhang, Scott Rutherford, Raymond S. Bradley, Malcolm K. Hughes, u. a., »Global Signatures and Dynamical Origins of the Little Ice Age and Medieval Climate Anomaly«, *Science* 326, 1256–1260 (2009), https://doi.org/10.1126/science.1177303; Benjamin I. Cook, Jason E. Smerdon, Richard Seager und Edward R. Cook, »Pan-Continental Droughts in North America over the Last Millennium«, *Journal of Climate* 27, 383–397 (2014),

https://doi.org/10.1175/JCLI-D-13-00100.1; Byron A. Steinman, Mark B. Abbott, Michael E. Mann, Joseph D. Ortiz, Song Feng, u. a., »Ocean-Atmosphere Forcing of Centennial Hydroclimate Variability in the Pacific Northwest«, *Geophysical Research Letters* 41, 2553–2560 (2014), https://doi.org/10.1002/2014GL059499; J. Brad Adams, Michael E. Mann und Caspar M. Ammann, »Proxy Evidence for an El Niño-like Response to Volcanic Forcing«, *Nature* 426, 274–278 (2003), https://doi.org/10.1038/nature02101; Michael E. Mann, Mark A. Cane, Stephen E. Zebiak und Amy Clement, »Volcanic and Solar Forcing of the Tropical Pacific over the Past 1.000 Years«, *Journal of Climate* 18, 447–456 (2005), https://doi.org/10.1175/JCLI-3276.1; Evgeniya Predybaylo, Georgiy Stenchikov, Andrew T. Wittenberg und Sergey Osipov, »El Niño/Southern Oscillation Response to Low-Latitude Volcanic Eruptions Depends on Ocean Pre-conditions and Eruption Timing«, *Communications Earth & Environment* 1, 12 (2020), https://doi.org/10.1038/s43247-020-0013-y; Sylvia G. Dee, Kim M. Cobb, Julien Emile-Geay, Toby R. Ault, R. Lawrence Edwards, u. a., »No Consistent ENSO Response to Volcanic Forcing over the Last Millennium«, *Science* 367, 1477–1481 (2020), https://doi.org/10.1126/science.aax2000; Benjamin I. Cook, Toby R. Ault und Jason E. Smerdon, »Unprecedented 21st Century Drought Risk in the American Southwest and Central Plains«, *Science Advances* 1, e1400082 (2015), https://doi.org/10.1126/sciadv.1400082. Siehe auch die Diskussion in: Mann, »Beyond the Hockey Stick«.

18 Cook u. a., »Unprecedented 21st Century Drought Risk in the American Southwest and Central Plains«.

19 Mann u. a., »Global Signatures and Dynamical Origins of the Little Ice Age and Medieval Climate Anomaly«.

20 R. P. Acosta und M. Huber, »Competing Topographic Mechanisms for the Summer Indo-Asian Monsoon«, *Geophysical Research Letters* 47,e2019GL085112 (2020), https://doi.org/10.1029/2019GL085112; Fangxing Fan, Michael E. Mann, Sukyoung Lee und Jenni L. Evans, »Observed and Modeled Changes in the South Asian Summer Monsoon over the Historical Period«, *Journal of Climate* 23, 5193–5205 (2010), https://doi.org/10.1175/2010JCLI3374.1; Fangxing Fan, Michael. E. Mann, Sukyoung Lee und Jenni L. Evans, »Future Changes in the South Asian Summer Monsoon: An Analysis of the CMIP3 Multimodel Projections«, *Journal of Climate* 25, 3909–3928 (2012), https://doi.org/10.1175/JCLI-D-11-00133.1.

21 Fangxing Fan, Michael. E. Mann und Caspar M. Ammann, »Understanding Changes in the Asian Summer Monsoon over the Past Millennium: Insights from a Long-Term Coupled Model Simulation«, *Journal of Climate* 22, 1736–1748 (2009), https://doi.org/10.1175/2008JCLI2336.1.

22 L. C. Jackson, R. Kahana, T. Graham, M. A. Ringer, T. Woollings, u. a., »Global and European Climate Impacts of a Slowdown of the AMOC in a High Resolution GCM«, *Climate Dynamics* 45, 3299–3316 (2015), https://doi.org/10.1007/s00382-015-2540-2.

23 Stefan Rahmstorf, Jason E. Box, Georg Feulner, Michael E. Mann, Alexander Robinson, u. a., »*Exceptional Twentieth-Century Slowdown in Atlantic Ocean Overturning Circulation*«, *Nature Climate Change* 5, 475–480 (2015),

https://doi.org/10.1038/nclimate2554; L. Caesar, G. D. McCarthy, D. J. R. Thornalley, N. Cahill und S. Rahmstorf, »Current Atlantic Meridional Overturning Circulation Weakest in Last Millennium«, *Nature Geoscience* 14, 118–120 (2021), https://doi.org/10.1038/s41561-021-00699-z.

24 Stefan Hofer, Charlotte Lang, Charles Amory, Christoph Kittel, Alison Delhasse, u. a., »Greater Greenland Ice Sheet Contribution to Global Sea Level Rise in CMIP6«, *Nature Communications* 11, 6289 (2020), https://doi.org/10.1038/s41467-020-20011-8.

25 Eleanor Frajka-Williams, Isabelle J. Ansorge, Johanna Baehr, Harry L. Bryden, Maria Paz Chidichimo, u. a., »Atlantic Meridional Overturning Circulation: Observed Transport and Variability«, *Frontiers in Marine Science* 6, 260 (2019), https://doi.org/10.3389/fmars.2019.00260.

26 Bryam Orihuela-Pinto, Matthew H. England und Andréa S. Taschetto, »Interbasin and Interhemispheric Impacts of a Collapsed Atlantic Overturning Circulation«, *Nature Climate Change* (2022), https://doi.org/10.1038/s41558-022-01380-y. Siehe ebenso also: Nicola Jones, »Rare ‚Triple' La Niña Climate Event Looks Likely–What Does the Future Hold?«, *Nature*, 23. Juni 2022, https://www.nature.com/articles/d41586-022-01668-1.

27 Lijing Cheng, John Abraham, Kevin E. Trenberth, John Fasullo, Tim Boyer, u. a., »Another Record: Ocean Warming Continues Through 2021 Despite La Niña Conditions«, *Advances in Atmospheric Sciences* 39, 373–385 (2022), https://doi.org/10.1007/s00376-022-1461-3. Rekordtemperaturen des »Cold Blob« wurden von meinem *RealClimate*-Kollegen Stefan Rahmstorf gemeldet: »Q & A About the Gulf Stream System Slowdown and the Atlantic ‚Cold Blob'«, *RealClimate*, 14. Oktober 2016, https://www.realclimate.org/index.php/archives/2016/10/q-a-about-the-gulf-stream-system-slowdown-and-the-atlantic-cold-blob/. Über rekordverdächtig kalte Temperaturen im östlichen und zentralen äquatorialen Pazifik berichtete der leitende NOAA-Wissenschaftler Michael McPhaden während eines wissenschaftlichen Vortrags, den er am 8. Juni 2022 hielt: Prof. Matt England (@ProfMatt England), »East and central Pacific SST anomalies at their coldest since 1950…«, *Twitter*, 8. Juni 2022, https://twitter.com/ProfMattEngland/status/1534388415457660928.

28 Siehe: Stefan Rahmstorf, »The IPCC Sea Level Numbers«, *RealClimate*, 27. März 2007, https://www.realclimate.org/index.php/archives/2007/03/the-ipcc-sea-level-numbers/.

29 Stefan Rahmstorf, »A Semi-Empirical Approach to Projecting Future Sea-Level Rise«, *Science* 315, 368–370 (2007), https://doi.org/10.1126/science.1135456.

30 Andrew C. Kemp, Benjamin P. Horton, Jeffrey P. Donnelly, Michael E. Mann, Martin Vermeer und Stefan Rahmstorf, »Climate Related Sea-Level Variations over the Past Two Millennia«, *Proceedings of the National Academy of Sciences* 108, 11017–11022 (2011), https://doi.org/10.1073/pnas.1015619108.

31 Robert E. Kopp, Andrew C. Kemp, Klaus Bittermann, Benjamin P. Horton, Jeffrey P. Donnelly, u. a., »Temperature-Driven Global Sea-Level Variability in the Common Era«, *Proceedings of the National Academy of Sciences* 113, E1434–E1441 (2016), https://doi.org/10.1073/pnas.1517056113.

32 Siehe: Stefan Rahmstorf, »Sea Level in the 5th IPCC Report«, *RealClimate*, 15. Oktober 2013, https://www.realclimate.org/index.php/archives/2013/10/sea-level-in-the-5th-ipcc-report/ ; Stefan Rahmstorf, »Sea Level in the IPCC 6th Assessment Report (AR6)«, *RealClimate*, 13. August 2021, https://www.realclimate.org/index.php/archives/2021/08/sea-level-in-the-ipcc-6th-assessment-report-ar6/.

33 Kerry Emanuel, »Response of Global Tropical Cyclone Activity to Increasing CO_2: Results from Downscaling CMIP6 Models«, *Journal of Climate* 34, 57–70 (2020), https://doi.org/10.1175/JCLI-D-20-0367.1.

34 Siehe: Jeff Masters, »Above-Normal Atlantic Hurricane Season Is Most Likely This Year: NOAA«, *The Weather Underground*, 25. Mai 2017, https://www.wunderground.com/cat6/above-normal-atlantic-hurricane-season-most-likely-year-noaa.

35 Michael E. Mann, Jonathan D. Woodruff, Jeffrey P. Donnelly und Zhihua Zhang, »Atlantic Hurricanes and Climate over the Past 1.500 Years,« *Nature* 460, 880–883 (2009), https://doi.org/10.1038/nature08219.

36 Andra J. Reed, Michael E. Mann, Kerry A. Emanuel, Ning Lin, Benjamin P. Horton, u. a., »Increased Threat of Tropical Cyclones and Coastal Flooding to New York City During the Anthropogenic Era«, *Proceedings of the National Academy of Sciences* 112, 12610–12615 (2015), https://doi.org/10.1073/pnas.1513127112; Nathan Rott, »Climate Change's Impact on Hurricane Sandy Has a Price: $8 Billion«, *NPR*, 18. Mai 2021, https://www.npr.org/2021/05/18/997666304/climate-changes-impact-on-hurricane-sandy-has-a-price-8-billion; Andra J. Garner, Michael E. Mann, Kerry A. Emanuel, Robert E. Kopp, Ning Lin, u. a., »Impact of Climate Change on New York City's Coastal Flood Hazard: Increasing Flood Heights from the Preindustrial to 2300 CE«, *Proceedings of the National Academy of Sciences* 114, 11861–11866 (2017), https://doi.org/10.1073/pnas.1703568114.

37 T. Delworth, S. Manabe und R. J. Stouffer, »Interdecadal Variations of the Thermohaline Circulation in a Coupled Ocean-Atmosphere Model«, *Journal of Climate* 6, 1993–2011 (1993), https://doi.org/10.1175/1520-0442(1993)006 <1993:IVOTTC>2.0.CO;2; Michael E. Mann, Jeffrey Park und R. S. Bradley, »Global Interdecadal and Century-Scale Climate Oscillations During the Past Five Centuries«, *Nature* 378, 266–270 (1995), https://doi.org/10.1038/378266a0.

38 T. L. Delworth und M. E. Mann, »Observed and Simulated MultidecadalVariability in the Northern Hemisphere«, *Climate Dynamics* 16, 661–676 (2000), https://doi.org/10.1007/s003820000075. Der Wissenschaftsjournalist Richard Kerr schrieb einen Beitrag für Science über unseren Artikel. In einem Interview fragte er mich, wie wir ihn nennen sollten: Richard A. Kerr, »A North Atlantic Climate Pacemaker for the Centuries«, *Science* 288, 1984–1985 (2000), https://doi.org/10.1126/science.288.5473.1984.

39 Siehe Diskussion in: Mann, *The Hockey Stick and the Climate Wars*. A review is provided in: Michael E. Mann, Byron A. Steinman, and Sonya K. Miller, »Absence of Internal Multidecadal and Interdecadal Oscillations in Climate Model Simulations«, *Nature Communications* 11, 49 (2020), https://doi.org/10.1038/s41467-019-13823-w.

40 Mann u. a., »Absence of Internal Multidecadal and Interdecadal Oscillations in Climate Model Simulations«.

41 Amanda J. Waite, Jeremy M. Klavans, Amy C. Clement, Lisa N. Murphy, Volker Liebetrau, u. a., »Observational and Model Evidence for an Important Role for Volcanic Forcing Driving Atlantic Multidecadal Variability over the Last 600 Years«, *Geophysical Research Letters* 47, e2020GL089428 (2020), https://doi.org/10.1029/2020GL089428.
42 Die Suche wurde am 15. Juni 2022 durchgeführt und ergab die folgenden Treffer: Addrew Shawn, »Hurricane Season 2022: How Long It Lasts and What to Expect«, *Verve Times*, June 8, 2022, https://vervetimes.com/hurricane-season-2022-how-long-it-lasts-and-what-to-expect/; Ryan Smith, »Acrisure Predicts Above-Average Hurricane Season for 2022«, *Insurance Business America*, 2. Juni 2022, https://www.insurancebusinessmag.com/us/news/catastrophe/acrisure-predicts-aboveaverage-hurricane-season-for-2022-408198.aspx; Jairo Ibarra, »Acrisure: 2022 Atlantic Hurricane Season Below 2020, 2021 Activity«, *Insurance Insider*, 1. Juni 2022, https://www.insuranceinsider.com/article/2a69ya394pmcmwe97s16o/catastrophes-section/acrisure-2022-atlantic-hurricane-season-below-2020-2021-activity; »Acrisure Re Issues Qualified Storm Season Prediction,« *The Royal Gazette*, 1. Juni 2022, https://www.royalgazette.com/re-insurance/business/article/20220601/acrisure-re-issues-qualified-storm-season-prediction/; Karen Braun, »La Niña May Further Disrupt Commodity Markets via Hurricanes«, *Reuters,* 8. Juni 2022, https://www.reuters.com/markets/commodities/la-nina-may-further-disrupt-commodity-markets-via-hurricanes-2022-06-08/.
43 Gabriele C. Hegerl, Thomas J. Crowley, William T. Hyde und David J. Frame, »Climate Sensitivity Constrained by Temperature Reconstructions over the Past Seven Centuries«, *Nature* 440, 1029–1032 (2006), https://doi.org/10.1038/nature04679; Rick Weiss, »Climate Change Will Be Significant but Not Extreme, Study Predicts«, *Washington Post*, 20. April 2006, https://www.washingtonpost.com/wp-dyn/content/article/2006/04/19/AR2006041902335.html.
44 Michael E. Mann, Jose D. Fuentes und Scott Rutherford, »Underestimation of Volcanic Cooling in Tree-Ring-Based Reconstructions of Hemispheric Temperatures«, *Nature Geoscience* 5, 202–205 (2012), https://doi.org/10.1038/ngeo1394; Michael E. Mann, Scott Rutherford, Andrew Schurer, Simon F. B. Tett und Jose D. Fuentes, »Discrepancies Between the Modeled and Proxy-Reconstructed Response to Volcanic Forcing over the Past Millennium: Implications and Possible Mechanisms«, *Journal of Geophysical Research: Atmospheres* 118, 7617–7627 (2013), https://doi.org/10.1002/jgrd.50609.
45 Scott Rutherford und Michael E. Mann, »Missing Tree Rings and the AD 774–775 Radiocarbon Event«, *Nature Climate Change* 4, 648–649 (2014), https://doi.org/10.1038/nclimate2315; Hegerl u. a., »Climate Sensitivity Constrained by Temperature Reconstructions over the Past Seven Centuries«; Andrew P. Schurer, Gabriele C. Hegerl, Michael E. Mann, Simon F. B. Tett und Steven J. Phipps, »Separating Forced from Chaotic Climate Variability over the Past Millennium«, *Journal of Climate* 26, 6954–6973 (2013), https://doi.org/10.1175/JCLI-D-12-00826.1.

46 S. C. Sherwood, M. J. Webb, J. D. Annan, K. C. Armour, P. M. Forster, u. a., »An assessment of Earth's climate sensitivity using multiple lines of evidence«, *Reviews of Geophysics* 58, e2019RG000678 (2020), https://doi.org/10.1029/2019RG000678.

47 United Nations, »Paris Agreement«, *United Nations Framework Convention on Climate Change*, 2015, https://unfccc.int/sites/default/files/english_paris_agreement.pdf, Artikel 2. IPCC, »Zusammenfassung für politische Entscheidungsträger«, in Valérie Masson-Delmotte, Panmao Zhai, Hans-Otto Pörtner, Debra Roberts, Jim Skea, u. a. (Hrsg.), »*1,5 °C Globale Erwärmung*, Ein IPCC-Sonderbericht über die Auswirkungen einer globalen Erwärmung um 1,5 °C gegenüber vorindustriellem Niveau und die damit verbundenen globalen Treibhausgasemissionspfade im Zusammenhang mit einer Stärkung der weltweiten Reaktion auf die Bedrohung durch den Klimawandel, der nachhaltigen Entwicklung und den Bemühungen um die Beseitigung der Armut auf die Bedrohung durch den Klimawandel, nachhaltige Entwicklung und den Anstrengungen zur Beseitigung von Armut«, *Cambridge University Press*, 2018, https://doi.org/10.1017/9781009157940.001.

48 Richard J. Millar, Jan S. Fuglestvedt, Pierre Friedlingstein, Joeri Rogelj, Michael J. Grubb, u. a., »Emission Budgets and Pathways Consistent with Limiting Warming to 1.5 °C«, *Nature Geoscience* 10, 741–747 (2017), https://doi.org/10.1038/ngeo3031.

49 A. P. Schurer u. a., »Importance of the Pre-industrial Baseline for Likelihood of Exceeding Paris Goals«; A. P. Schurer, K. Cowtan, E. Hawkins, M. E. Mann, V.Scott und S. F. B. Tett, »Interpretations of the Paris Climate Target«, *Nature Geoscience* 11, 220–221 (2018), https://doi.org/10.1038/s41561-018-0086-8.

50 PAGES 2k Consortium, »Consistent Multidecadal Variability in Global Temperature Reconstructions and Simulations over the Common Era«, *Nature Geoscience* 12, 643–649 (2019), https://doi.org/10.1038/s41561-019-0400-0.

Kapitel Acht | Das Vergangene ist die Vorgeschichte. Oder etwa nicht?

1 Stephen Schneider sprach bei einem Vortrag zum Thema am 3. November 2009, im Commonwealth Club in San Francisco, ein Teil ist hier dokumentiert: Stanford Woods Institute for the Environment, »Stephen Schneider | Climate One Montage« (Video), *YouTube*, 29. März 2013, https://www.youtube.com/watch?v=7YZ-84pD895Q.

2 Ryan Smith, »Leonardo DiCaprio a ‚Sweet Guy', Says Scientist Who Inspired ‚Don't Look Up' Role«, *Newsweek*, 31. Dezember 2021, https://www.newsweek.com/leonardo-dicaprio-sweet-guy-michael-mann-scientist-dont-look-role-1664590.

3 Siehe zum Beispiel: Rob Waugh, »Warning That Alpine Permafrost ‚May Accelerate Global Warming'«, *Yahoo! News*, 15. März 2022, https://news.yahoo.com/warning-that-alpine-permafrost-may-accelerate-global-warming-144856632.html.

Dieser Artikel basiert auf einer Pressemitteilung der Universität von Arizona: Mikayla Mace Kelley, »Fast-Melting Alpine Permafrost May Contribute to Rising Global Temperatures«, *University of Arizona News*, 14. März 2022, https://news.arizona.edu/story/fast-melting-alpine-permafrost-may-contribute-rising-global-temperatures.

4 Robert M. DeConto und David Pollard, »Contribution of Antarctica to Past and Future Sea-Level Rise«, *Nature* 531, 591–597 (2016), https://doi.org/10.1038/nature17145.

5 Eric Post, Richard B. Alley, Torben R. Christensen, Marc Macias-Fauria, Bruce C. Forbes, u. a., »The Polar Regions in a 2 °C Warmer World«, *Science Advances* 5, eaaw9883 (2019), https://doi.org/10.1126/sciadv.aaw9883.

6 Rüdiger Stein, Kirsten Fahl, Paul Gierz, Frank Niessen,Gerrit Lohmann, »Arctic Ocean Sea Ice Cover During the Penultimate Glacial and the Last Interglacial«, *Nature Communications* 8, 373 (2017), https://doi.org/10.1038/s41467-017-00552-1; Clara Moskowitz, »Polar Bears Evolved Just 150,000 Years Ago«, *Live Science*, 1. März 2010, https://www.livescience.com/10956-polar-bears-evolved-150-000-years.html.

7 Siehe den Kommentar im Anschluss an diesen Beitrag: Prof. Michael E. Mann (@MichaelEMann), »Ein weiterer Grund dafür, dass Behauptungen, wir könnten das obere Ende des Unsicherheitsbereichs der Klimasensitivität ausschließen, verfrüht sind.« (»Another reason that claims that we can rule out the upper end of the climate sensitivity uncertainty range are premature«), *Twitter*, 26. Oktober 2020, https://twitter.com/climatedynamics/status/1321068288697344000.

8 Laura Millan Lombrana, »Climate Change Linked to 5 Million Deaths a Year, New Study Shows«, *Bloomberg*, 7. Juli 2021, https://www.bloomberg.com/news/articles/2021-07-07/climate-change-linked-to-5-million-deaths-a-year-new-study-shows#xj4y7vzkg; »Fossil Fuels May Be Responsible for Twice as Many Deaths as First Thought«, *The Economist*, 25. Februar 2021, https://www.economist.com/graphic-detail/2021/02/25/fossil-fuels-may-be-responsible-for-twice-as-many-deaths-as-first-thought.

9 Denise Mann, »Workers in U.S. Southwest in Peril as Summer Temperatures Rise«, *U.S. News & World Report*, 18. Mai 2022, https://www.usnews.com/news/health-news/articles/2022-05-18/workers-in-u-s-southwest-in-peril-as-summer-temperatures-rise; Zachary Hansen, »It's So Hot in Phoenix, They Can't Fly Planes«, *AZ Central,* 20. Juni 2017, https://www.azcentral.com/story/travel/nation-now/2017/06/19/its-so-hot-phoenix-they-cant-flyplanes/410766001/.

10 »Maricopa's Ozone High Pollution Advisory Extended Through Tuesday, 20. Juni 2017«, *Phoenix Interagency Dispatch Center*, 19. Juni 2017, https://www.az-phc.com/2017/06/page/36/./

11 Michael Mann, »Australia, Your Country Is Burning–Dangerous Climate Change Is Here with You Now«, *The Guardian,* 1. Januar 2020, https://www.theguardian.com/commentisfree/2020/jan/02/australia-your-country-is-burning-dangerous-climate-change-is-here-with-you-now

12 »‚Unprecedented' South Asian Heatwave ‚Testing the Limits of Human Survivability'«, *Climate Signals*, 3. Mai 2022, https://www.climatesignals.org/headlines/unprecedented-south-asian-heatwave-testing-limits-human-survivability.

13 »Western North American Extreme Heat Virtually Impossible Without Human-Caused Climate Change«, *World Weather Attribution*, 7. Juli 2021, https://www.worldweatherattribution.org/western-north-american-extreme-heat-virtually-impossible-without-human-caused-climate-change/.

14 Michael E. Mann und Susan Joy Hassol, »That Heat Dome? Yeah, It's Climate Change«, *New York Times*, 29. Juni 2021, https://www.nytimes.com/2021/06/29/opinion/heat-dome-climate-change.html.

15 Michael E. Mann, Stefan Rahmstorf, Kai Kornhuber, Byron A. Steinman, Sonya K. Miller, und Dim Coumou, »Influence of Anthropogenic Climate Change on Planetary Wave Resonance and Extreme Weather Events«, *Scientific Reports* 7, 45242 (2017), https://doi.org/10.1038/srep45242; Michael E. Mann, Stefan Rahmstorf, Kai Kornhuber, Byron A. Steinman, Sonya K. Miller, u. a., »Projected Changes in Persistent Extreme Summer Weather Events: The Role of Quasi-resonant Amplification«, *Science Advances* 4, eaat3272 (2018), https://doi.org/10.1126/sciadv.aat3272.

16 Mein Kollege Kai Kornhuber von der Columbia Universität wies nach, dass die Resonanzbedingungen zu diesem Zeitpunkt bestanden: Prof. Michael E. Mann (@MichaelEMann), »Das extreme Wetter, das wir auf der Nordhalbkugel erleben, scheint eine Folge von ‚Resonanz' zu sein.« (»The extreme weather we're seeing in the Northern Hemisphere appears to be a consequence of ›resonance‹ … «), *Twitter*, 20. Juni 2022, https://twitter.com/MichaelEMann/status/1538892180521115649; Susan Joy Hassol und Michael E. Mann, »Heat Wave Bakes One-Third of Americans, Highlighting Urgency of Climate Legislation«, *The Hill*, 15. Juni 2022, https://thehill.com/opinion/energy-environment/3524705-heat-wave-bakes-one-third-of-americans-highlighting-urgency-of-climate-legislation; Gabrielle Canon, »‚Historic' Weather: Why a Cocktail of Natural Disasters Is Battering the US«, *The Guardian*, 8. Juni 2022, https://www.theguardian.com/us-news/2022/jun/17/compound-extremes-natural-disasters-us-west; USA TODAY Network und the Associated Press, »Here Are All the People Who Died in the California Mudslide«, *USA TODAY*, 4. Januar 2018, https://www.usatoday.com/story/news/nation-now/2018/01/13/all-people-who-died-california-mudslides/1031202001/; Gabrielle Canon, »California Storm Death Toll Climbs to 20 as Deluge Begins to Subside«, *The Guardian*, 17. Januar 2023, https://www.theguardian.com/us-news/2023/jan/17/california-storm-death-toll-deluge-subside.

17 Julhas Alam und Wasbir Hussain, »Millions of Homes Under Water as Floods Hit India, Bangladesh«, *Sydney Morning Herald*, 18. Juni 2022, https://www.smh.com.au/world/asia/millions-of-homes-under-water-as-floods-hit-india-bangladesh-20220618-p5auqr.html; Paolo Santalucia, »As Po Dries Up, Italy's Food and Energy Supplies Are at Risk«, *Associated Press*, 17. Juni 2022, https://apnews.com/article/climate-italy-and-environment-e0274e5f2b4dd6bb-2854cc7a970f75f6; Michael E. Mann, »It's Not Rocket Science: Climate Change Was Behind This Summer's Extreme Weather«, *Washington Post*, 2. November 2018, https://www.washingtonpost.com/opinions/its-not-rocket-science-climate-change-was-behind-this-summers-extreme-weather/2018/11/02/b8852584-dea9-11e8-b3f0-62607289efee_story.html.

18 Mann u. a., »Projected Changes in Persistent Extreme Summer Weather Events: The Role of Quasi-resonant Amplification«.

19 Warren Cornwall, »Even 50-Year-Old Climate Models Correctly Predicted Global Warming«, *Science*, 4. Dezember 2019, https://science.org/content/article/even-50-year-old-climate-models-correctly-predicted-global-warming.

20 Adam Quinton (@adamquinton), »Auch hier zeigt sich, dass die Klimawissenschaft, wie sie der Öffentlichkeit oft präsentiert wird, zu konservativ ist.« (»Again we see that climate science as often presented to the public is too conservative ... «), *Twitter*, 18. Juni 2022, https://web.archive.org/web/20220618121210/https://twitter.com/adamquinton/status/1538132292228489216.

21 Prof. Michael E. Mann (@MichaelEMann), »Tatsächlich entspricht die Erwärmung des Planeten weitgehend den Vorhersagen früherer Klimamodelle.« (»Actually, the warming of the planet is very much in line with early climate model predictions ... «), *Twitter*, 18. Juni 2022, https://twitter.com/MichaelEMann/status/1538175708471648256; Stanford Woods Institute for the Environment, »Stephen Schneider | Climate One Montage«.

22 Jamie Gumbrecht, »Formula Production at Abbott's Michigan Plant Delayed After Flooding from Severe Storms«, *CNN*, 16. Juni 2022, https://www.cnn.com/2022/06/15/health/abbott-formula-plant-flood-delay/index.html; Ciara Nugent, »Rising Heat Is Making It Harder to Work in the U.S., and the Costs to the Economy Will Soar with Climate Change«, *Time*, 31. August 2021, https://time.com/6093845/how-heat-hurts-the-economy/.

23 »UN Report: Nature's Dangerous Decline ‚Unprecedented'; Species Extinction Rates ‚Accelerating'«, *United Nations press release*, 6. Mai 2019, https://www.un.org/sustainabledevelopment/blog/2019/05/nature-decline-unprecedented-report/; IPCC [Hans-Otto Pörtner, Debra C. Roberts, Helen Adams, Carolina Adler, Paulina Aldunce, u. a.], »Zusammenfassung für politische Entscheidungsträger«, in Hans-Otto Pörtner, Debra C. Roberts, Melinda M. B. Tignor, Elvira Poloczanska, Katja Mintenbeck, u. a. (Hrsg.), «*Climate Change 2022: Impacts, Adaptation, and Vulnerability*, Working Group II Contribution to the Sixth Assessment Report of the Intergovernmental Panel on Climate Change«, Cambridge University Press, 2022.

24 Siehe: Mark Hertsgaard, Saleemul Huq und Michael E. Mann, »How a Little-Discussed Revision of Climate Science Could Help Avert Doom«, *Washington Post*, 23. Februar 2022, https://www.washingtonpost.com/outlook/2022/02/23/warming-timeline-carbon-budget-climate-science/.

25 Myles R. Allen, Opha Pauline Dube, William Solecki, Fernando Aragón-Durand, Wolfgang Cramer, u. a., »Framing and Context«, in Valérie Masson-Delmotte, Panmao Zhai, Hans-Otto Pörtner, Debra Roberts, Jim Skea, u. a. (Hrsg.), «1,5 °C Globale Erwärmung, Ein IPCC-Sonderbericht über die Auswirkungen einer globalen Erwärmung um 1,5 °C gegenüber vorindustriellem Niveau und die damit verbundenen globalen Treibhausgasemissionspfade im Zusammenhang mit einer Stärkung der weltweiten Reaktion auf die Bedrohung durch den Klimawandel, nachhaltiger Entwicklung und den Anstrengungen zur Beseitigung von Armut «, *Cambridge University Press*, 2018, 49–92, https://doi.org/10.1017/9781009157940.003.

26 Malte Meinshausen, Jared Lewis, Christophe McGlade, Johannes Gütschow, Zebedee Nicholls, u. a., »Realization of Paris Agreement Pledges May Limit Warming Just Below 2° C«, *Nature* 604, 304–309 (2022), https://doi.org/10.1038/s41586-022-04553-z; Michael E. MannSusan Joy Hassol, »Glasgow's Hope at a Critical Moment in the Climate Battle«, *Los Angeles Times*, 13. November 2021, https://www.latimes.com/opinion/story/2021-11-13/cop26-glasgow-climate-change.

27 Damian Carrington und Matthew Taylor, »Revealed: The ,Carbon Bombs' Set to Trigger Catastrophic Climate Breakdown«, *The Guardian*, 11. Mai 2022, https://www.theguardian.com/environment/ng-interactive/2022/may/11/fossil-fuel-carbon-bombs-climate-breakdown-oil-gas.

28 Siehe: Anthony Leiserowitz, Edward Maibach, Seth Rosenthal, John Kotcher, Jennifer Carman, u. a., »Public Support for Climate Action by the President and Congress Is Rising«, *Yale Program on Climate Change Communication*, 28. September 28 2021, https://climatecommunication.yale.edu/publications/public-support-for-climate-action-by-the-president-and-congress/; Oliver Milman, »Republicans Pledge Allegiance to Fossil Fuels Like It's Still the 1950s«, *The Guardian*, 7. Juni 2021, https://www.theguardian.com/us-news/2021/jun/07/republicans-fossil-fuels-coal.

29 Michael E. Mann, *»Propagandaschlacht ums Klima: Wie wir die Anstifter klimapolitischer Untätigkeit besiegen«,* Verlag Solare Zukunft, 2021; Nick Grimm, »Rupert and the Saudi Prince: Key Murdoch Ally Sells Off Shares in 21st Century Fox«, *Australian Broadcast Corporation*, 7. November 2017, https://www.abc.net.au/news/2017-11-08/key-murdoch-ally-saudi-prince-sells-shares-in-21st-century-fox/9129470.

30 Siehe zum Beispiel: Robin YoungSerena McMahon, »,Climate Denial' to ,Climate Delay': Rupert Murdoch's News Corp Pivots Media Narrative in Australia«, *WBUR*, 9. November 2021, https://www.wbur.org/hereandnow/2021/11/09/climate-change-tabloids-murdoch.

31 Eine ausführlichere Erörterung dieser Ereignisse finden Sie in: Michael E. Mann, *»Propagandaschlacht ums Klima: Wie wir die Anstifter klimapolitischer Untätigkeit besiegen«,* Verlag Solare Zukunft, 2021

32 Julia Baird, »A Carbon Tax's Ignoble End«, *New York Times*, 24. Juli 2014, https://www.nytimes.com/2014/07/25/opinion/julia-baird-why-tony-abbott-axed-australias-carbon-tax.html.

33 Ich hatte das Vergnügen, mich Mitte Februar 2020 mit Zali Steggall in ihrem Büro am Meer in Manly zu treffen. Manly ist eine Halbinsel, die in den Pazifischen Ozean hineinragt und das nördliche Tor des Hafens von Sydney bildet. Sie beherbergt einen der schönsten Strände Australiens (meine Familie und ich verbrachten dort den Neujahrstag 2020). Ich muss gestehen, dass ich vor dem Treffen ein wenig eingeschüchtert von Steggall war. Lag es daran, dass sie eine vierfache Olympionikin ist, deren Bronzemedaille in Nagano 1998 erst die zweite olympische Wintermedaille in der Geschichte Australiens war? Vielleicht. Aber ich denke, es liegt vor allem daran, dass sie einfach nur knallhart ist.

34 Michael Mann und Malcolm Turnbull, »How Australia's Electoral System Allowed Voters to Finally Impose a Ceasefire in the Climate Wars«, *The Guardian*, 27. Mai 2022, https://www.theguardian.com/commentisfree/2022/may/28/how-australias-electoral-system-allowed-voters-to-finally-impose-a-ceasefire-in-the-climate-wars.

35 MannTurnbull, »How Australia's Electoral System Allowed Voters to Finally Impose a Ceasefire in the Climate Wars«.

36 Zing Tsjeng, »The Climate Change Paper So Depressing It's Sending People to Therapy«, *Vice*, 27. Februar 2019, https://www.vice.com/en/article/vbwpdb/the-climate-change-paper-so-depressing-its-sending-people-to-therapy; Jem Bendell, »Deep Adaptation: A Map for Navigating Climate Tragedy«, IFLAS Occasional Paper 2, 27. Juli 2018, https://web.archive.org/web/20180805214026/https://www.lifeworth.com/deepadaptation.pdf; Thomas Nicholas, Galen Hall und Colleen Schmidt, »The Faulty Science, Doomism, und Flawed Conclusions of Deep Adaptation«, *Scientists' Warning*, 4. Juli 2020, https://www.scientistswarning.org/2020/07/14/the-faulty-science-doomism-and-flawed-conclusions-of-deep-adaptation/; Tsjeng, »The Climate Change Paper So Depressing It's Sending People to Therapy«; Jack Hunter, »The ‚Climate Doomers' Preparing for Society to Fall Apart«, *BBC News*, 16. März 2020, https://www.bbc.com/news/stories-51857722.

37 Susan Joy Hassol und Michael E. Mann, »Now Is Not the Time to Give in to Climate Fatalism«, *Time*, 12. April 2022, https://time.com/6166123/climate-change-fatalism/.

38 Samantha K. Stanley, Teaghan L. Hogg, Zoe Leviston und Iain Walker, »From Anger to Action: Differential Impacts of Eco-anxiety, Eco-depression, and Eco-anger on Climate Action and Wellbeing«, *The Journal of Climate Change and Health* 1, 100003 (2021), https://doi.org/10.1016/j.joclim.2021.100003.

MICHAEL E. MANN ist Professor für Atmosphärenforschung an der Universität von Pennsylvania. Das Magazin Scientific American wählte ihn 2002 zu einem der 50 führenden Visionäre in Wissenschaft und Technik. Neben anderen Ehrungen und Auszeichnungen war er Teil des Wissenschaftsteams des UN-Weltklimarats IPCC, der 2007 den Friedensnobelpreis erhielt. 2018 erhielt er den Award for Public Engagement with Science der American Association for the Advancement of Science und 2018 den Climate Communication Prize der American Geophysical Union. Im Jahr 2019 wurde er mit dem Tyler Prize for Environmental Achievement ausgezeichnet. 2020 ist er in die Nationale Akademie der Wissenschaften der USA gewählt worden. Michael Mann ist Autor zahlreicher Bücher, darunter

Dire Predictions: Understanding Climate Change

The Hockey Stick and the Climate Wars: Dispatches from the Front Lines

The Madhouse Effect: How Climate Change Denial Is Threating Our Planet, Destroying Our Politics, and Driving Us Crazy
auf Deutsch erschienen unter dem Titel:
Der Tollhauseffekt: Wie die Leugnung des Klimawandels unseren Planeten bedroht, unsere Politik zerstört und uns in den Wahnsinn treibt
ISBN (PRINT): 978-3-933634-46-7 (Verlag Solare Zukunft) – vergriffen
ISBN (PDF): 978-3-98726-342-2 (oekom verlag)
ISBN (E-PUB): 978-3-98726-343-9 (oekom verlag)

The New Climate War: The Fight to Take Back Our Planet
auf Deutsch erschienen unter dem Titel:
Propagandaschlacht ums Klima: Wie wir die Anstifter klimapolitischer Untätigkeit besiegen
ISBN (Print): 978-3-933634-48-1 (Verlag Solare Zukunft)
ISBN (PDF): 978-3-98726-344-6 (oekom verlag)
ISBN (E-PUB): 978-3-98726-345-3 (oekom verlag)